Attila Pethö

Algebraische Algorithmen

Attila Pethö

Algebraische Algorithmen

Herausgegeben von Michael Pohst

Die Deutsche Bibliothek – CIP-Einheitsaufnahme

Pethö, Attila:
Algebraische Algorithmen / Attila Pethö. Hrsg. von Michael Pohst. –
Braunschweig ; Wiesbaden : Vieweg, 1999

Prof. Dr. Attila Pethö
Institute for Mathematics and Informatics
Lajos Kossuth University
H-4010 Debrecen
e-mail: pethoe@math.klte.hu

Prof. Dr. Michael Pohst
Technische Universität Berlin
Fachbereich Mathematik
Straße des 17. Juni 135
D-10623 Berlin
e-mail: pohst@math.tu-berlin.de

Umschlaggestaltung: Weigel, www.CorporateDesignGroup.de

ISBN-13: 978-3-528-06598-0   e-ISBN-13: 978-3-322-80280-4
DOI: 10.1007/978-3-322-80280-4

*Nem az a fontos, hogy tudjuk-e formálni
a követ, hanem, hogy mivé.*[†]

Melocco Miklós

Vorwort

Ich habe in dem akademischen Jahr 1990/91 die Ehre gehabt, auf Einladung von Prof. Dr. Johannes Buchmann eine Vorlesung über Computeralgebra an der Universität des Saarlandes halten zu können. Die Notizen zu dieser Vorlesung bilden die Grundlage des vorliegenden Buches. Dieses Material wurde zwar ergänzt und umstrukturiert, aber die Grundkonzeption blieb unverändert.

Dieses Buch befaßt sich mit algebraischen Algorithmen vom Gesichtspunkt der Arithmetik. Ich konzentriere mich auf solche algebraischen Begriffe und Methoden, welche sich als anwendbar erwiesen haben für die Lösung arithmetischer, insbesondere Diophantischer Aufgaben.

Die Grundalgorithmen der Arithmetik, die Operationen über den ganzen Zahlen, haben ihre heutige, wohlbekannte Form nach einer mehrere tausend Jahre dauernden Entwicklung bekommen. Der Bedarf für fehlerfreie Rechnung mit potentiell beliebig großen ganzen Zahlen hat sogar auf diesem Gebiet neue, unerwartete Kenntnisse geliefert. Die Entdeckung von A. Karatsuba und später von A. Schönhage und V. Strassen, daß wesentlich schnellere Multiplikationsalgorithmen existieren als die 'Grundschulmethode', war mir richtungsgebend bei der Wahl des Stoffes. Die Betrachtung klassischer Begriffe und Konstruktionen vom algorithmischen Gesichtspunkt führt oft zu interessanten neuen Entdeckungen. Ich möchte hier als Beispiel die Primzahltests, die effiziente Faktorisierung ganzer Zahlen und Polynome, die Bestimmung von Basen von Gittern und Polynomidealen mit günstigen Eigenschaften nennen. Solche Entdeckungen bereichern die Mathematik durch neue Fragestellungen und durch die Entwicklung neuer oder fast vergessener Gebiete. Ich denke hier zum Beispiel an die Theorie der endlichen Körper.

Die Computeralgebra, das heißt die Theorie der algebraischen Algorithmen, entwickelte sich in den letzten Jahren aus einem Forschungsgebiet weniger Wissenschaftler zu einer weit verbreiteten Technologie. Durch die Implementierung algebraischer Algorithmen entstanden die Computeralgebra-Systeme. Die Benutzer haben heute schon eine große Auswahl. Sie können wählen zwischen allgemeinen Systemen, wie DERIVE, MAGMA, MAPLE, MATHEMATICA,... Für die Lösung spezieller Aufgaben stehen ebenfalls viele Systeme zur Verfügung, wie GAP, KANT, PARI, SIMATH, UBASIC,... Die Entwicklung der Theorie und Technologie der Computeralgebra-Systeme wurde durch die leistungsfähigen und allgemein zugänglichen Rechenmaschinen wesentlich beschleunigt. Ich beschäftige mich in diesem

---

[†]'Die Frage ist nicht die, ob wir den Stein formen können, sondern wozu.' Mit diesem Gedanken des ungarischen Bildhauers Miklós Melocco möchte ich meine tiefste Verehrung dem Andenken meines Vaters und jedem Steinmetz ausdrücken.

Buch nicht mit den Implementierungen, aber ich richte die Aufmerksamkeit auf die Darstellungsmöglichkeiten der betrachteten Objekte. Ich lege ebenfalls einen besonderen Wert auf die Analyse der Algorithmen.

Das Buch ist in acht Kapitel gegliedert. In Kapitel 1 führe ich eine Pseudoprogrammiersprache für die Darstellung der Algorithmen ein. Kapitel 2 beschäftigt sich mit der allgemeinen Theorie der Euklidischen Ringe, insbesondere mit der Primfaktorzerlegung und mit der Bestimmung des größten gemeinsamen Teilers. In Kapitel 3 analysiere ich die Grundoperationen ganzer Zahlen. Modulare Methoden, der chinesische Restalgorithmus und endliche Körper werden in Kapitel 4 bearbeitet. Hier stellen wir noch einige Primzahltests und Faktorisierungsmethoden ganzer Zahlen dar. Die Schwerpunkte des langen Kapitels 5 sind die Kettenbruchentwicklung reeller Zahlen und Algorithmen für Gitter. Wir präsentieren hier Methoden für die Lösung Pellscher und Thuescher Gleichungen, sowie die Fincke-Pohst und LLL Algorithmen. Kapitel 6 ist eine Einführung in Polynomringe. Wir analysieren wieder die Grundoperationen und führen mehrere Maßbegriffe ein. Für die Berechnung des größten gemeinsamen Teilers von Polynomen stellen wir zwei Methoden dar; die erste beruht auf polynomialen Restfolgen, die zweite ist eine modulare Methode. Faktorisierung von Polynomen über endlichen Körpern und über $\mathbb{Z}$ ist das Thema von Kapitel 7. In dem letzten Kapitel beschäftigen wir uns mit Polynomidealen. Das Hauptziel ist dabei, den Buchberger Algorithmus für die Berechnung der Gröbner Basen von Polynomidealen zu formulieren. Als Abschluß des Buches behandeln wir einige Anwendungen von Gröbner Basen.

Die Nummern der Gleichungen, Algorithmen, Lemmata, Sätze und Folgerungen haben zwei Glieder. Auf der ersten Position steht die laufende Nummer des Kapitels. Die Zahl auf der zweiten Position ist die laufende Nummer der betreffenden Gleichung, etc. innerhalb des Kapitels. Diese Nummern dienen als Kreuzreferenzen. Nummern in eckigen Klammern verweisen auf das Literaturverzeichnis.

Wir definieren die Begriffe immer. Es kommen aber Sätze vor, welche wir ohne Beweis zitieren. In solchen, wenigen Fällen verweisen wir auf die relevante Literatur. Wir setzen Kenntnisse eines Kurses über Lineare Algebra voraus, etwa den Stoff in den Büchern von F.R. Gantmacher [46] oder G. Fischer [43]. Darüber hinaus soll der Leser über gewisse Programmiererfahrung in einer höheren Programmiersprache verfügen.

In den letzten Jahren sind mehrere Bücher mit verwandtem Thema erschienen. Ich denke an die Bücher Th. Becker und V. Weispfenning [10], B. Buchberger et al. [20], H. Cohen [30], D. Cox et al. [34], J.H. Davenport et al. [37], M. Mignotte [74], M. Pohst und H. Zassenhaus [81], M. Pohst [82] und F. Winkler [113]. Aus diesen, aus den Vorlesungsnotizen von F. Winkler et al. [113, 114] und aus der klassischen Monographie von D.E. Knuth [63] habe ich sehr viel gelernt, und ich kann sie zur Vertiefung der Kenntnisse meinem Leser gerne empfehlen.

Ich habe Algebra zuerst aus dem ausgezeichneten Lehrbuch von T. Szele [105] gelernt. Dieses Buch ist leider nur auf ungarisch erhältlich. Obwohl Professor Szele schon längst verstorben war, als ich mein Studium an der Lajos Kossuth Universität in Debrecen angefangen hatte, kann man seine Wirkung sicherlich auch in diesem Buch spüren. Ich danke meinen Professoren K. Buzási, J. Erdős und K. Győry, daß sie mir die Welt der Algebra, der Zahlentheorie und der Algorithmen eröffnet haben. Mein bester Dank gilt den Kollegen Professoren J. Buchmann, I. Gaál, K. Győry, M. Mignotte, M. Pohst und H.G. Zimmer. Unsere gemeinsamen Arbeiten und Diskussionen haben zur Ausformung des Stoffes wesentlich beigetragen. I. Gaál und F. Lemmermeyer haben das Manuskript sorgfältig gelesen. Auf ihren Rat habe ich zahlreiche Fehler korrigiert.

Mein besonderer Dank gilt dem Herausgeber, Herrn Prof. Dr. Michael Pohst. Das Rohmanuskript hat er mit riesiger Geduld gelesen und sorgfältig korrigiert. Er hat für die Ausbesserung der Ungenauigkeiten und Inkonsequenzen sehr viele wertvolle Vorschläge gemacht. Ohne seine Hilfe wäre dieses Buch nie erschienen.

Debrecen, den 30. März 1999

Inhaltsverzeichnis

1 Einleitung

1.1 Die Pseudoprogrammiersprache

Wir werden in diesem Buch viele Algorithmen angeben und analysieren. Um unsere Algorithmen einheitlich formulieren zu können, führen wir eine Pseudoprogrammiersprache ein, welche grundsätzlich der von D.E. Knuth [63] benutzten Sprache ähnlich ist. Diese Sprache konzentriert sich auf die wichtigsten Schritte der Algorithmen und vernachlässigt solche technischen Schwierigkeiten - zum Beispiel Typenanpassung, Auswertung komplizierter mathematischer Formeln -, welche in den existierenden Programmiersprachen unbedingt auftreten. Die Grundoperationen eines Ringes bezeichnen wir immer mit den Zeichen $+$ und $\cdot$, obwohl hinter diesen Bezeichnungen oft komplizierte Funktionen stehen. In den wichtigsten Fällen beschreiben wir natürlich diese Funktionen. Die Pseudoprogrammiersprache erlaubt uns, gewisse Schritte mit mathematischen Formeln darzustellen. Dies ist oft wesentlich kompakter als in der Darstellung in einer Programmiersprache.

Wir hoffen zwar, daß für Leser mit elementaren Programmierkenntnissen unsere Sprache verständlich ist, der einheitlichen Interpretation halber beschreiben wir trotzdem die Struktur der Algorithmen und die Bedeutung der wichtigsten Befehle.

Der Kopf der Algorithmen enthält den Namen und die Eingabe- und Ausgabeparameter. Letztere werden in den Zeilen *Input* und *Output* näher charakterisiert. Bemerkungen stehen in Klammern der Form $(*\ldots*)$. Das gilt nicht nur für den Kopf, sondern auch für den Algorithmuskörper.

Gehören mehrere Befehle zum Zuweisungsteil einer Kontrollanweisung, dann werden diese in geschweiften Klammern $\{\ldots\}$ zu einer Befehlsfolge zusammengefaßt.

In einer Zeile steht im allgemeinen ein Befehl. Von dieser Regel weichen wir ab, wenn mehrere kurze Befehle aufeinander folgen. Dann können sie in einer Zeile stehen. Sie werden durch Kommata getrennt. Das Ende der Zeile bedeutet das Ende eines Befehls oder einer Folge von Befehlen.

Gewisse Zeilen werden numeriert. Die Numerierung dient einerseits der logischen Gliederung des Algorithmus, andererseits der Markierung der Zeile. Die Markierung ist nötig für Sprungbefehle, sie ist aber oft auch sehr nützlich für eine Analyse der Algorithmen.

Im folgenden kann 'Ausdruck' viele verschiedene Objekte bedeuten. Er kann eine Konstante, eine mathematische Formel oder eine Funktion sein. Die verbale Beschreibung eines Algorithmus oder eines mathematischen Objektes kann ebenfalls als 'Ausdruck' bezeichnet werden.

Den einfachsten Befehl, die Wertezuweisung, bezeichnen wir mit dem Zeichen ← .
Der Befehl

$$x \leftarrow \text{Ausdruck}$$

bedeutet: es wird zunächst der aktuelle Wert des Ausdrucks berechnet, dann bekommt die Variable x diesen Wert.

Für die Ausgabe der Werte der Variablen $a, b, c, \ldots$ dient der Befehl **output**
$\{a, b, c, \ldots\}$. Wird nur der Wert einer Variablen ausgegeben, dann lassen wir das
geschweifte Klammerpaar weg.

Zu unserer Pseudoprogrammiersprache gehören einige Kontrollausdrücke. Sie werden zuerst aufgelistet, danach wird ihre Wirkung näher erklärt.

goto n

return

if Prädikat **then** Befehlsfolge

if Prädikat **then** Befehlsfolge 1 **else** Befehlsfolge 2

for Wertezuweisung **to** n **do** Befehlsfolge

while Prädikat **do** Befehlsfolge

repeat Befehlsfolge **until** Prädikat

Die obigen Kontrollausdrücke haben folgende Bedeutung:

- **goto** n ist eine Sprunganweisung. Ihre Wirkung ist, daß die Berechnung mit
  dem Befehl fortgesetzt wird, welcher mit der Zahl n markiert ist.

- **return** bezeichnet sowohl das logische als auch das praktische Ende der Berechnungen. Ein Algorithmus kann natürlich mehrere **return** Anweisungen
  haben.

- **if** Prädikat **then** Befehlsfolge : Hier wird zunächst das Prädikat ausgewertet.
  Ist sein Wert **true**, dann wird die Befehlsfolge durchgeführt. Sonst wird die
  Berechnung mit dem der **if** Anweisung folgenden Befehl fortgesetzt.

- **if** Prädikat **then** Befehlsfolge 1 **else** Befehlsfolge 2 : Diese Anweisung ähnelt
  der vorher genannten. Es wird zunächst wieder das Prädikat ausgewertet.
  Ist sein Wert **true**, dann wird die Befehlsfolge 1, sonst die Befehlsfolge 2
  durchgeführt.

- **for** Wertezuweisung **to** n **do** Befehlsfolge : Nehmen wir an, daß die Wertezuweisung die Gestalt $i \leftarrow$ Ausdruck hat. Dann wird zuerst der Ausdruck
  ausgewertet und die Variable i bekommt diesen Wert als Anfangswert. Danach
  wird die Befehlsfolge durchgeführt. Nachdem der letzte Befehl der Befehlsfolge
  abgearbeitet ist, wird zur Variablen i Eins addiert. Ist $i \leq n$, dann wird wieder die Befehlsfolge durchgeführt und i um Eins vermehrt. Ist dagegen $i > n$,
  dann wird die Berechnung mit dem der **for** Anweisung folgenden Befehl fortgesetzt. (Am Anfang wird also $i \leq n$ nicht kontrolliert, die Befehlsfolge wird
  mindestens einmal bearbeitet.)

- **while** Prädikat **do** Befehlsfolge : Es wird zuerst das Prädikat ausgewertet. Ist sein Wert **true**, dann führt der Algorithmus die Anweisungen der Befehlsfolge aus. Anschließend wird das Prädikat ausgewertet. Diese Prozedur dauert solange, bis einmal der Wert des Prädikats **false** wird. Dann wird die Berechnung mit dem der **while** Anweisung folgenden Befehl fortgesetzt.

- **repeat** Befehlsfolge **until** Prädikat : Hier geht es umgekehrt wie bei der while-Schleife. Zuerst wird die Befehlsfolge durchgeführt und danach das Prädikat ausgewertet. Ist sein Wert **false**, dann wird die Prozedur solange wiederholt, bis einmal der Wert des Prädikats **true** wird. Danach wird die Berechnung mit dem nächsten Befehl fortgesetzt. In diesem Fall dienen die Grundwörter **repeat** und **until** und nicht die Klammern $\{,\}$ zur Identifizierung der Grenzen der Befehlsfolge.

1.2 Listen

Im Laufe der Entwicklung der Computeralgebra-Systeme hat sich die Listendarstellung der algebraischen Objekte durchgesetzt. Wir möchten in diesem kurzen Abschnitt die von uns benötigten Grundlagen einer Listensprache zusammenfassen. Wir definieren darüber hinaus Funktionen, welche die Manipulation mit Listen ermöglichen. Ausführlichere Information kann der interessierte Leser zum Beispiel aus dem Buch von P.H. Winston und B.K. Horn [115] gewinnen.

Wir unterscheiden Atome und Listen. Es seien M_1 das Intervall [a,b], wobei $a, b \in \mathbb{Z}$ und M_2 das Alphabet $\{0, \ldots, 9, a, \ldots, z, A, \ldots, Z\}$ ist.

Atome sind die ganzen Zahlen, die zu M_1 gehören (numerische Atome) und endliche Wörter über dem Alphabet M_2, welche mit einem Buchstaben beginnen (symbolische Atome). Die Menge der symbolischen Atome werden wir mit M_2^* bezeichnen. Somit sind zum Beispiel *LISTEN*, *Attila50*, *ii* und *j6* symbolische Atome.

Jetzt können wir Listen definieren.

1. ( ) ist eine Liste (leere Liste).

2. Sind $L_1, \ldots, L_n$ Listen oder Atome (auch gemischt), dann ist $(L_1, \ldots, L_n)$ eine Liste.

3. Eine Liste ist ein Wort über dem Alphabet $\Omega = M_1 \cup M_2^* \cup \{(\} \cup \{)\} \cup \{,\}$, welches aus den Atomen und aus der leeren Liste mit endlich vielen Anwendungen von 2. erreichbar ist.

Die Menge der Listen bezeichnen wir mit $\mathcal{L}$. Wählt man zum Beispiel $a = 0$ und $b = 9$, dann gehören $(1, 9, 9, 8)$, (A, l, g, e, b, r, a), $(( ), (( ), ( )))$ und $((1, 0, 3), (j6), 5)$ zu $\mathcal{L}$. Im weiteren werden wir viele konkrete Beispiele angeben, wie Objekte in der Listendarstellung aussehen und wie die Operationen durchgeführt werden.

Wir setzen voraus, daß in der Listensprache die folgenden Grundfunktionen und Grundprädikate zur Verfügung stehen. T und NIL bezeichnen spezielle, symbolische Atome, die den Wahrheitswerten *true* und *false* entsprechen.

$$\text{Atom}(x) := \begin{cases} T, & \text{falls } x \text{ ein Atom ist} \\ NIL, & \text{sonst.} \end{cases}$$

Diese Funktion entscheidet, ob ein Wort über Ω ein Atom ist.

Es seien $a = (a_1, \ldots, a_n), b = (b_1, \ldots, b_n) \in \mathcal{L}$ und c ein Atom oder eine Liste. Die Bedeutung der folgenden Funktionen ist von selbst klar.

$$\begin{aligned}
\text{first}((a_1, \ldots, a_n)) &= a_1 \\
\text{red}((a_1, \ldots, a_n)) &= (a_2, \ldots, a_n) \\
\text{comp}(c, (a_1, \ldots, a_n)) &= (c, a_1, \ldots, a_n) \\
\text{conc}((a_1, \ldots, a_n), (b_1, \ldots, b_m)) &= (a_1, \ldots, a_n, b_1, \ldots, b_m)
\end{aligned}$$

Wir weisen darauf hin, daß der Wert der Funktionen $\text{comp}(a, b)$ und $\text{conc}(a, b)$ verschieden ist. Das Ergebnis von $\text{comp}((\,), (\,)) = ((\,), (\,))$ ist eine Liste der Länge zwei. Dagegen ist $\text{conc}((\,), (\,)) = (\,)$, also die leere Liste.

Es kommt oft vor, daß das Ergebnis gewisser Operationen zunächst eine Liste ist, welche sich von dem gewünschten Ergebnis nur in der Reihenfolge der Listenkomponenten unterscheidet. Um die richtige Reihenfolge herzustellen, können wir die Funktion $\text{inv}(a)$ benutzen, falls $a = (a_1, \ldots, a_n) \in \mathcal{L}$ gilt. Diese Funktion ist mit der Hilfe der Grundfunktionen, wie folgt, definiert:

if $a = (\,)$ **then** $\{$ inv $\leftarrow (\,)$, **return** $\}$
else inv $\leftarrow$ conc$($ inv$(\text{red}(a))$, $(\text{first}(a)))$.

2 Euklidische Ringe und Ringe mit eindeutiger Primfaktorzerlegung

In diesem Abschnitt fassen wir die wichtigsten algebraischen Grundkenntnisse zusammen. Wir definieren ZPE- und euklidische Ringe. Sie sind die Grundstrukturen, in denen wir später arbeiten werden.

Auch der größte gemeinsame Teiler wird hier eingeführt. Diese Funktion spielt in dem Buch eine besondere Rolle. Wir geben den euklidischen Algorithmus und ein Verfahren zur Berechnung einer Primfaktorzerlegung so allgemein wie möglich an. Diese Verfahren werden im Laufe des Buches noch öfter angesprochen. Als Abschluß behandeln wir die Lösung linearer diophantischer Gleichungen.

2.1 Integritätsbereiche

Ein kommutativer, nullteilerfreier Ring $(I, +, *)$ heißt *Integritätsbereich*. Gibt es ein Element $e \in I$ mit der Eigenschaft

$$ex = xe = x \text{ für alle } x \in I,$$

dann wird e das *Einselement* von I genannt. Das Einselement ist immer eindeutig bestimmt. Es wird oft mit 1 bezeichnet.

Es seien $\alpha, \beta \in I$. Wir nennen α einen Teiler von β und schreiben $\alpha|\beta$, wenn es ein $\gamma \in I$ gibt mit $\alpha\gamma = \beta$. Die Teilbarkeitsrelation ist eine Halbordnung, das heißt für alle $\alpha, \beta, \gamma \in I$ sind folgende Bedingungen erfüllt: $\alpha|\alpha$; für $\alpha|\beta$ und $\beta|\gamma$ folgt $\alpha|\gamma$.

Ein Element $\varepsilon \in I$ heißt *Einheit*, wenn ε ein Teiler von e ist. Die Einheiten eines Integritätsbereiches bilden bezüglich der Multiplikation eine Abelsche Gruppe.

Die Elemente $\alpha, \beta \in I$ werden *assoziiert* genannt, $\alpha \sim \beta$, wenn es eine Einheit ε gibt mit $\alpha\varepsilon = \beta$. Die Relation $\sim$ ist eine Äquivalenzrelation, welche mit der Multiplikation verträglich ist, das heißt, für $\alpha_1 \sim \alpha_2$ und $\beta_1 \sim \beta_2$ gilt

$$\alpha_1\beta_1 \sim \alpha_2\beta_2.$$

Es seien $\alpha, \beta \in I$. Ein Element δ heißt *größter gemeinsamer Teiler* (ggT) von α und β, wenn $\delta|\alpha$, $\delta|\beta$ und wenn für alle $\gamma \in I$ mit $\gamma|\alpha$ und $\gamma|\beta$ die Relation $\gamma|\delta$ erfüllt ist. Den größten gemeinsamen Teiler der Elemente α und β werden wir mit $\mathrm{ggT}(\alpha, \beta)$ bezeichnen. Definitionsgemäß gilt $\mathrm{ggT}(0, \alpha) = \alpha$, auch für $\alpha = 0$.

Der größte gemeinsame Teiler ist nur bis auf Einheiten bestimmt, wenn er überhaupt existiert. In $\mathbb{Z}$ zum Beispiel ist $\mathrm{ggT}(2,3) = 1$ oder -1. Unter der Bezeichnung $\mathrm{ggT}(\alpha,\beta) = \gamma$ verstehen wir immer, daß γ ein Element aus der Äquivalenzklasse bezüglich der Relation 'assoziiert' auf I ist. Ist diese Äquivalenzklasse die Klasse der Einheiten von I, dann werden wir die Elemente α und β *teilerfremd* nennen und diese Tatsache mit $\mathrm{ggT}(\alpha,\beta) = 1$ ausdrücken.

Es seien $\alpha, \beta, \gamma \in I$. Die folgenden Eigenschaften können einfach bewiesen werden:

$$\begin{aligned}
\mathrm{ggT}(\alpha,\beta) &= \mathrm{ggT}(\beta,\alpha) \quad \text{kommutativ} \\
\mathrm{ggT}(\alpha,\beta) &= \mathrm{ggT}(\alpha,\alpha \pm \beta) \\
\mathrm{ggT}(\alpha\gamma,\beta\gamma) &= \mathrm{ggT}(\alpha,\beta)\gamma \\
\mathrm{ggT}(\mathrm{ggT}(\alpha,\beta),\gamma) &= \mathrm{ggT}(\alpha,\mathrm{ggT}(\beta,\gamma)) \quad \text{assoziativ}
\end{aligned}$$

Die Assoziativität erlaubt es uns, den größten gemeinsamen Teiler auch für $n \geq 2$ Elemente durch

$$\mathrm{ggT}(\alpha_1,\ldots,\alpha_n) = \mathrm{ggT}(\mathrm{ggT}(\alpha_1,\ldots,\alpha_{n-1}),\alpha_n)$$

zu definieren.

Es seien $I = \mathbb{Z}[\sqrt{-5}] = \{a + b\sqrt{-5} : a,b, \in \mathbb{Z}\}, \alpha = 3, \beta = 1 + \sqrt{-5}$ und $\gamma = 1 - \sqrt{-5}$. Dann haben zum Beispiel $\alpha\gamma$ und $\beta\gamma$ keinen größten gemeinsamen Teiler. In der Tat, sowohl γ als auch 3 sind gemeinsame Teiler von $\alpha\gamma$ und $\beta\gamma$. Letzteres gilt wegen $\beta\gamma = 6$. Man kann einfach einsehen, daß weder $3|\gamma$ noch $\gamma|3$ in I gültig sein kann. Dieses Beispiel zeigt, daß die ggT-Funktion im allgemeinen nicht für jedes Elementpaar definiert ist.

Wenn in einem Integritätsbereich die ggT-Funktion für jedes Elementpaar definiert ist, dann werden wir die ggT-Funktion eine Operation auf I nennen.

Es sei $\alpha \in I$. Die Einheiten und die zu α assoziierten Elemente teilen offensichtlich α. Sie nennen wir *triviale* Teiler. Wenn ein von den Einheiten verschiedenes Element nur triviale Teiler hat, dann nennen wir es *irreduzibel*.

Ein Element $p \in I, p$ keine Einheit, wird *Primelement* genannt, wenn aus $p|\alpha\beta$ $(\alpha, \beta \in I)$ $p|\alpha$ oder $p|\beta$ folgt.

Ich möchte hier darauf hinweisen, daß wenn $I' \supset \{e,0\}$ ein Teilintegritätsbereich des Integritätsbereiches I ist, dann ist das Einselement e von I auch das Einselement von I'. Es seien nämlich e' das Einselement von I' und $a \in I'$, $a \neq 0$. Dann gilt $ae' = a = ae$ und somit $a(e'-e) = 0$. Da I' ein Integritätsbereich ist, muß $e'-e = 0$, das heißt $e' = e$ sein.

Die Eigenschaften 'Einselement' und somit auch 'Einheit' und 'Teilbarkeit' bleiben bei der Erweiterung der Struktur unverändert. Dagegen können sich 'Irreduzibilität' und 'Primalität' ändern. Zum Beispiel ist 2 ein Primelement (und irreduzibel) in $\mathbb{Z}$, aber es gilt $\sqrt{2} \cdot \sqrt{2}$ in $\mathbb{Z}[\sqrt{2}]$. Dieselbe Bemerkung gilt auch für die ggT-Funktion.

Behauptung 2.1 *Wenn $p \in I$ ein Primelement ist, dann ist es auch irreduzibel. Wenn ggT eine Operation auf I ist, dann gilt auch die Umkehrung.*

Beweis: Es sei $\alpha \in I$ ein Teiler von p. Wenn auch $p|\alpha$ gilt, dann sind sie assoziiert. Wir können also $p \nmid \alpha$ annehmen. Dann gibt es ein $\beta \in I$ mit $\alpha\beta = p$, somit $\beta|p$. Andererseits $p|\alpha\beta$ und, da $p \nmid \alpha$, muß $p|\beta$ gelten. Dann sind β und p assoziiert und α eine Einheit. Die erste Behauptung ist somit bewiesen.

Es sei nun p irreduzibel und nehmen wir $p|\alpha\beta$ mit $\alpha\beta \in I$ an. Wir können ohne Beschränkung der Allgemeinheit $p \nmid \alpha$ annehmen. Dann ist $\mathrm{ggT}(p,\alpha) = 1$. Es gilt andererseits

$$
\begin{aligned}
\mathrm{ggT}(p,\beta p,\beta\alpha) &= \mathrm{ggT}(\mathrm{ggT}(p,\beta p),\beta\alpha) = \mathrm{ggT}(p,\beta\alpha) = p \\
&= \mathrm{ggT}(p,\beta\mathrm{ggT}(p,\alpha)) = \mathrm{ggT}(p,\beta),
\end{aligned}
$$

das heißt p teilt β, was zu beweisen war. $\square$

2.2 Ringe mit eindeutiger Primfaktorzerlegung

Einen Integritätsbereich I nennen wir *Ring mit eindeutiger Primfaktorzerlegung* oder *ZPE-Ring*, wenn sich alle von 0 und Einheiten verschiedenen Elemente $\alpha \in I$ bis auf Reihenfolge und Einheitsfaktoren eindeutig in der Form

$$
\alpha = p_1 \cdots p_r \tag{2.1}
$$

schreiben lassen, wobei $p_1,\ldots,p_r$ irreduzible Elemente von I bezeichnen.

Wenn I ein ZPE-Ring ist und α die Gestalt (2.1) hat, dann können wir die miteinander assoziierten Primteiler von α zusammenfassen und erhalten damit die Darstellung

$$
\alpha = \varepsilon \cdot p_1^{\alpha_1} \cdots p_t^{\alpha_t}, \tag{2.2}
$$

wobei ε eine Einheit, $\alpha_1,\ldots,\alpha_t > 0$ ganze Zahlen und $p_1,\ldots,p_t$ paarweise nicht assoziierte Primelemente von I sind. Diese manchmal *kanonisch* genannte, Darstellung ist bis auf die Reihenfolge und die Wahl der Primelemente aus ihrer Assoziiertenklasse eindeutig.

Es seien $\alpha = \varepsilon_\alpha p_1^{\alpha_1} \cdots p_{t_\alpha}^{\alpha_{t_\alpha}}$ und $\beta = \varepsilon_\beta q_1^{\beta_1} \cdots q_{t_\beta}^{\beta_{t_\beta}}$ die kanonischen Darstellungen der Elemente α und β. Es sei weiter $\{\bar{r}_1,\ldots,\bar{r}_s\} = \{\bar{p}_1,\ldots,\bar{p}_{t_\alpha}\} \cup \{\bar{q}_1,\ldots,\bar{q}_{t_\beta}\}$, wobei $\bar{x}$ die Assoziiertenklasse von x bezeichnet. Dann dürfen wir

$$
\alpha = \varepsilon_\alpha' r_1^{\gamma_1} \cdots r_s^{\gamma_s} \quad \text{und} \quad \beta = \varepsilon_\beta' r_1^{\delta_1} \cdots r_s^{\delta_s}
$$

schreiben mit

$$
\gamma_{j_i} = \begin{cases} \alpha_i, & \text{wenn } r_{j_i} \sim p_i \quad i = 1,\ldots,s \\ 0, & \text{sonst} \end{cases}
$$

$$
\delta_{j_i} = \begin{cases} \beta_i, & \text{wenn } r_{j_i} \sim q_i \quad i = 1,\ldots,s \\ 0, & \text{sonst} \end{cases}
$$

Setzen wir nun

$$\mathrm{ggT}(\alpha, \beta) = \varepsilon \cdot r_1^{\mu_1} \cdots r_s^{\mu_s}, \tag{2.3}$$

wobei $\mu_i = \min\{\gamma_i, \delta_i\}$, dann ist es einfach zu sehen, daß $\mathrm{ggT}(\alpha, \beta)$ der ggT von α und β ist. Damit erhalten wir

Satz 2.1 *Es sei I ein ZPE–Ring. Dann ist* ggT *eine Operation über I.*

In einem in der Computeralgebra wichtigen Fall können wir auch die Umkehrung dieses Satzes beweisen.

Satz 2.2 *Es sei I ein Integritätsbereich mit* ggT*, so daß jedes $0 \neq \alpha \in I$ nur endlich viele wesentlich verschiedene Teiler hat. Dann ist I ein ZPE–Ring.*

Beweis: Um die Existenz der Darstellung (2.1) zu beweisen, brauchen wir nur die zweite Voraussetzung. Wir stellen nun ein Verfahren dar, womit man (2.1) bestimmen kann.

Algorithmus 2.1 (Primfaktorzerlegung)

Input: $\alpha \in I$; $\alpha \neq 0$, *Einheit*
Output: $p_1, \ldots, p_r \in I$ *irreduzibel, mit (2.1)*
            V_1, V_2 *Listen*

1. $V_1 \leftarrow (\ )$, $V_2 \leftarrow (\ )$,

2. **if** α *irreduzibel,* **then** $\{V_1 \leftarrow \mathrm{comp}(\alpha, V_1),$ **goto** *6.*$\}$,

3. $\beta \leftarrow$ *ein nicht trivialer Teiler von α,*

4. **if** β *irreduzibel,*
    then $V_1 \leftarrow \mathrm{comp}(\beta, V_1)$
    else $V_2 \leftarrow \mathrm{comp}(\beta, V_2)$,

5. $\alpha \leftarrow \alpha/\beta$, **goto** *2,*

6. **if** $V_2 = (\ )$
    then $\{$**output** V_1, **return**$\}$
    else $\{\alpha \leftarrow \mathrm{first}(V_2), V_2 \leftarrow \mathrm{red}(V_2),$ **goto** *2* $\}$.

Bemerkung 1 *Das obere Verfahren ist nur in folgendem Sinne ein Algorithmus. In den Schritten 2. und 3. brauchen wir je eine Subroutine, die die Irreduzibilität gegebener Elemente entscheiden kann, beziehungsweise die einen nicht trivialen Teiler gegebener Elemente bestimmen kann. Ist eines dieser Probleme in I algorithmisch nicht entscheidbar, dann liefert der Algorithmus 2.1 nur das Skelett eines Existenzbeweises.*

Um zu beweisen, daß Algorithmus 2.1 irreduzible Elemente mit (2.1) berechnet, müssen wir folgendes bemerken. In der Liste V_1 sammeln wir die irreduziblen Teiler von α und in der Liste V_2 diejenige, welche nicht unbedingt irreduzibel sind.

Es seien α_i beziehungsweise $V_1^{(i)}$ und $V_2^{(i)}$ das Element, welches im Schritt 2 getestet wird, beziehungsweise der Inhalt der Speicher V_1 und V_2, wenn der Schritt 2 zum i-ten mal durchgeführt wird. Es gilt dann

$$\alpha = \alpha_i \prod_{\beta \in V_1^{(i)}} \beta \prod_{\gamma \in V_2^{(i)}} \gamma, \tag{2.4}$$

wobei $\prod_{\gamma \in \emptyset} \gamma = 1$ gesetzt ist.

In der Tat ist (2.4) für $i = 0$ wahr. Nehmen wir an, daß es nach der i-ten Iteration gilt. Ist α_i irreduzibel, dann wird $V_1^{(i+1)} = \mathrm{comp}(\alpha_i, V_1^{(i)})$ gemäß Schritt 2 und wir kommen zum Schritt 6, wo das Verfahren entweder abbricht oder zum 2. Schritt mit $\alpha_{i+1} = \mathrm{first}(V_2^{(i)})$, $V_1^{(i+1)} = V_1^{(i)}$ und $V_2^{(i+1)} = \mathrm{red}(V_2^{(i)})$ zurückkehrt. Demzufolge bleibt (2.4) auch für $i + 1$ wahr.

Ist α_i nicht irreduzibel, dann kann α_i in der Gestalt $\alpha_i = \beta \cdot \gamma$ geschrieben werden, wobei weder β noch γ eine Einheit ist. Es wird dann $\alpha_{i+1} = \gamma$ und entweder $V_1^{(i+1)} = \mathrm{comp}(\beta, V_1^{(i)})$, $V_2^{(i+1)} = V_2^{(i)}$ oder $V_1^{(i+1)} = V_1^{(i)}$ und $V_2^{(i+1)} = \mathrm{comp}(\beta, V_2^{(i)})$ gesetzt, aber in beiden Fällen bleibt (2.4) wahr.

Es bleibt nur noch zu zeigen, daß das Verfahren abbricht. Bezeichne T_α die Menge der nicht trivialen, wesentlich verschiedenen Teiler von $\alpha \in I$. $|T_\alpha|$ ist nach der Voraussetzung für alle $\alpha \in I$ endlich. Ist die Menge T_α leer, dann ist α irreduzibel und der Algorithmus bricht nach Schritt 2 ab.

Es sei $|T_\alpha| = n > 0$ und nehmen wir an, daß für alle $\beta \in I$ mit $|T_\beta| < n$ der Algorithmus abbricht. In diesem Fall wird Schritt 3 erreicht, wo zwei nicht triviale Teiler β und γ von α, mit $\alpha = \beta\gamma$ bestimmt werden. Es gilt $|T_\beta|, |T_\gamma| < |T_\alpha|$, da die Teilbarkeit transitiv ist und β ein echter Teiler von α, aber nicht von sich selbst ist. Jetzt arbeitet der Algorithmus mit γ. Nach der Induktionsannahme bricht er entweder mit der vollständigen Faktorisierung von α ab oder es wird aus dem Speicher V_2 der Teiler β herausgenommen und mit diesem, als wäre er α, weitergearbeitet. Das Verfahren bricht in diesem Fall mit der Faktorisierung von β und somit auch von α ab.

Nehmen wir jetzt an, daß α zwei Darstellungen, etwa

$$\alpha = p_1 \cdots p_r = q_1 \cdots q_s$$

besitzt. Nach der Behauptung 2.1 sind $q_1, \ldots, q_s$ Primelemente. Wegen $q_1 | p_1 \cdots p_r$ muß q_1 einen der Faktoren $p_1, \ldots, p_r$ teilen. Wir können ohne Beschränkung der Allgemeinheit $q_1 | p_1$ annehmen. Da p_1 irreduzibel ist, muß $q_1 \sim p_1$ sein, und wir können q_1 kürzen. $\square$

Die Schwachstelle des Algorithmus ist Schritt 2. Es ist im allgemeinen schwierig, einen nicht trivialen Teiler von α zu finden. Zu dieser Frage wollen wir aber erst später für $\mathbb{Z}$ und für $K[x_1, \ldots, x_n]$ zurückkehren.

2.3 Euklidische Ringe

Wenn man Ringe vom algorithmischen Gesichtspunkt aus betrachtet, dann ist es naheliegend vorauszusetzen, daß die Grundoperationen Addition, Subtraktion und Multiplikation berechenbar sind. Eine weitere wichtige Operation ist die Berechnung der größten gemeinsamen Teiler, wenn die ggT-Funktion überhaupt existiert. Wir werden zahlreiche Beispiele sehen, wo diese Operation ein wesentlicher Bestandteil komplizierterer Verfahren ist. Man kann aus den Ergebnissen des letzten Abschnittes ein für alle ZPE-Ringe gültiges Verfahren für die ggT-Berechnung ableiten. Man bestimmt nämlich für α und β die kanonische Form (2.2) und setzt $ggT(\alpha, \beta)$ gemäß (2.3). Das ist im allgemeinen sehr umständlich, da man die Primfaktorzerlegung der beteiligten Zahlen benötigt und die Faktorisierung oft schwierig ist.

In gewissen Ringen existieren von der Primfaktorzerlegung unabhängige Verfahren zur Berechnung der ggT-Funktion. Einen solchen Fall möchten wir jetzt näher untersuchen.

Es sei E ein Integritätsbereich und $\varphi : E \to \mathbb{N} \cup \{0\}$ eine Abbildung mit den folgenden Eigenschaften:

- $\varphi(e) \neq 0$ für alle $e \in E \setminus \{0\}$,

- $\varphi(\alpha\beta) = \varphi(\alpha)\varphi(\beta)$ für alle $\alpha, \beta \in E$,

- Es gibt für alle $\alpha, \beta \in E$, $\beta \neq 0$, eindeutig bestimmte $\gamma, \delta \in E$ mit

$$\alpha = \beta\gamma + \delta \quad \text{und} \quad \varphi(\delta) < \varphi(\beta).$$

Dann ist E ein *euklidischer Ring* und φ wird die zugehörige euklidische *Norm* genannt.

Behauptung 2.2 *Es gilt*

(i) $\varphi(0) = 0$,

(ii) $\varphi(\varepsilon) = 1$ *dann und nur dann, wenn ε eine Einheit ist,*

(iii) Wenn β ein echter Teiler von α ist, dann ist $\varphi(\beta) < \varphi(\alpha)$.

Beweis: Es sei e das Einselement von E. Es gilt $\varphi(e) = \varphi(ee) = \varphi(e)\varphi(e)$ und somit $\varphi(e) = 1$. Es sei nun ε eine Einheit und $e = \varepsilon \cdot \varepsilon_1$, dann ist $1 = \varphi(e) = \varphi(\varepsilon)\varphi(\varepsilon_1)$ und somit $\varphi(\varepsilon) = 1$.

Wegen der Identität $\varphi(0) = \varphi(0)\varphi(0)$ kann $\varphi(0)$ entweder 0 oder 1 sein, aber die zweite Alternative ist ausgeschlossen, da sonst die dritte Bedingung für das Paar (e, e) nicht erfüllt ist.

Es sei $0 \neq \varepsilon \in E$ mit $\varphi(\varepsilon) = 1$, dann gibt es zum Paar e, ε ein $\gamma, \delta \in E$ mit $e = \gamma\varepsilon + \delta$ und $\varphi(\delta) < \varphi(\varepsilon) = 1$, das heißt $\varphi(\delta) = 0$, und dann muß $\delta = 0$ und ε eine Einheit sein. (i) und (ii) sind bewiesen und (iii) ist eine einfache Folgerung von (ii). $\square$

Die zwei wichtigsten Klassen euklidischer Ringe sind $\mathbb{Z}$ und $K[x]$, wobei K einen Körper bezeichnet. In $\mathbb{Z}$ ist $\varphi = |.|$ der absolute Betrag und in $K[x]$ ist $\varphi = 2^{\deg()}$, wobei der Grad des Nullpolynoms als $-\infty$ definiert ist. In diesen Fällen besitzt φ die zusätzliche Eigenschaft

$$\varphi(\alpha + \beta) \leq \varphi(\alpha) + \varphi(\beta),$$

damit ist φ eine Metrik.

Die folgende Behauptung kann durch Induktion nach $\varphi(\alpha)$ einfach bewiesen werden.

Behauptung 2.3 *Es sei E ein euklidischer Ring. Jedes $0 \neq \alpha \in E$ hat nur endlich viele wesentlich verschiedene Teiler.*

Jetzt können wir einen sehr wichtigen Algorithmus in einfacher und erweiterter Form vorführen. Im Weiteren werden wir $\gamma = \alpha$ div β und $\delta = \alpha$ mod β schreiben, wenn $\alpha = \beta\gamma + \delta$ mit $\varphi(\delta) < \varphi(\beta)$ gilt.

Algorithmus 2.2 (Euklidischer Algorithmus, einfach) *GCD*

Input: $\alpha, \beta \in E$.
Output: $\mathrm{ggT}(\alpha, \beta)$.

   1. **if** $\beta = 0$, **then output** α, **return**

   2. **repeat**
      $\delta \leftarrow \alpha$ mod β
      $\alpha \leftarrow \beta$
      $\beta \leftarrow \delta$
      until $\beta = 0$.

   3. **Output** α, **return**.

Algorithmus 2.3 (Euklidischer Algorithmus, erweitert) *GCDEX*

Input: $\alpha, \beta \in E$.
Output: $(\nu, \mu, \delta) \in E^3$ *mit* $\nu\alpha + \mu\beta = \delta = \mathrm{ggT}(\alpha, \beta)$.

   1. **if** $\beta = 0$ **then** { **output** $(1, 0, \alpha)$, **return** }

   2. $\begin{pmatrix} u_1, & u_2, & u_3 \\ v_1, & v_2, & v_3 \end{pmatrix} \leftarrow \begin{pmatrix} 1, & 0, & \alpha \\ 0, & 1, & \beta \end{pmatrix}$

   3. **repeat**
      $q \leftarrow u_3$ div v_3,

      $\begin{pmatrix} u_1 & v_1 \\ u_2 & v_2 \\ u_3 & v_3 \end{pmatrix} \leftarrow \begin{pmatrix} u_1 & v_1 \\ u_2 & v_2 \\ u_3 & v_3 \end{pmatrix} \begin{pmatrix} 0 & 1 \\ 1 & -q \end{pmatrix}$

      until $v_3 = 0$.

4. **output** (u_1, u_2, u_3), **return.**

Satz 2.3 *Algorithmus 2.3 ist korrekt und die 'repeat' Schleife wird höchstens $\varphi(\beta)$-mal durchgeführt.*

Beweis: Es ist klar, daß Algorithmus 2.3 die Erweiterung von Algorithmus 2.2 ist, deswegen haben wir einen analogen Satz für den ersten Algorithmus nicht formuliert. Bezeichne

$$U^{(0)} = \begin{pmatrix} u_1^{(0)} & u_2^{(0)} & u_3^{(0)} \\ v_1^{(0)} & v_2^{(0)} & v_3^{(0)} \end{pmatrix}$$

die Matrix, welche in dem zweiten Schritt initialisiert ist und in analoger Weise

$$U^{(i)} = \begin{pmatrix} u_1^{(i)} & u_2^{(i)} & u_3^{(i)} \\ v_1^{(i)} & v_2^{(i)} & v_3^{(i)} \end{pmatrix}$$

und q_i die Resultatmatrix und den Quotienten nach dem i-ten Durchlauf der 'repeat' Schleife 3. Dann gilt

$$U^{(i)T} = U^{(i-1)T} \begin{pmatrix} 0 & 1 \\ 1 & -q_i \end{pmatrix} \tag{2.5}$$

und somit

$$u_3^{(i-1)} = q_i v_3^{(i-1)} + v_3^{(i)}, \tag{2.6}$$

mit $\varphi(v_3^{(i)}) < \varphi(v_3^{(i-1)})$ für alle $i \geq 1$. Also bekommen wir eine absteigende Kette $\varphi(\beta) = \varphi(v_3^{(0)}) > \varphi(v_3^{(1)}) > \ldots > \varphi(v_3^{(i)}) > \ldots$ nicht negativer ganzer Zahlen. Diese Kette muß nach höchstens $\varphi(\beta)$ Schritten abbrechen. Damit ist die zweite Behauptung bewiesen.

Aus (2.5) folgt

$$U^{(i)T} = U^{(0)T} \prod_{j=1}^{i} \begin{pmatrix} 0 & 1 \\ 1 & -q_j \end{pmatrix} = U^{(0)T} \begin{pmatrix} A_i & B_i \\ C_i & D_i \end{pmatrix},$$

mit $A_i, B_i, C_i, D_i \in E$, wovon wir $u_1^{(i)} = A_i$, $u_2^{(i)} = C_i$ und

$$u_3^{(i)} = A_i \alpha + C_i \beta = u_1^{(i)} \alpha + u_2^{(i)} \beta \tag{2.7}$$

sofort ablesen können. Wenn der Algorithmus nach dem n-ten Schritt abbricht, dann – in (2.7) $i = n$ gesetzt – erhalten wir die behauptete lineare Identität.

Es bleibt nur noch

$$\text{ggT}(\alpha, \beta) = u_3^{(n)}$$

zu zeigen. Es sei τ ein gemeinsamer Teiler von α und β. Dann folgt $\tau | u_3^{(n)}$ unmittelbar aus (2.7). Da $u_3^{(i)} = v_3^{(i-1)}$ und $v_3^{(n)} = 0$ ist, erhalten wir $u_3^{(n-1)} = q_n v_3^{(n-1)} = q_n u_3^{(n)}$ aus (2.6). Somit teilt $u_3^{(n)}$ das Element $u_3^{(n-1)}$. Nehmen wir an, daß die Beziehungen $u_3^{(n)} | \text{ggT}(u_3^{(i)}, u_3^{(i-1)})$ für $i \leq n$ schon bewiesen ist. Aus (2.6) folgt

$$u_3^{(i-2)} = q_{i-1}v_3^{(i-2)} + v_3^{(i-1)} = q_{i-1}u_3^{(i-1)} + u_3^{(i)}. \tag{2.8}$$

Dies und die Induktionsannahme implizieren $u_3^{(n)}|u_3^{(i-2)}$. Damit haben wir $u_3^{(n)}|u_3^{(i)}$ für $i \geq 0$ bewiesen. Da $u_3^{(0)} = \alpha$ und $u_3^{(1)} = \beta$ ist, teilt $u_3^{(n)}$ sowohl α als auch β und ist somit ihr größter gemeinsamer Teiler. $\square$

In konkreten Strukturen werden wir auf die verschiedenen Möglichkeiten der Beschleunigung der ggT-Berechnung noch zurückkehren.

Kombiniert man Behauptung 2.3 und Satz 2.3 mit dem Satz 2.2, dann erhält man unmittelbar

Satz 2.4 *Jeder euklidische Ring ist ein ZPE–Ring.*

Die Umkehrung dieser Behauptung ist falsch, wie man aus dem Beispiel $\mathbb{Z}[x]$ sofort sieht.

Satz 2.5 *Es sei E ein euklidischer Ring. Es gibt eine bijektive Abbildung zwischen der Menge der Elemente $(\alpha, \beta) \in E^2$ mit $\beta \neq 0$ und der Menge der endlichen Folgen $(q_1, \ldots, q_n, u_n)$ mit $q_i, u_n \in E, n \geq 1$, $\varphi(q_i) > 0$ für $1 < i \leq n$ und $\varphi(u_n) > 0$.*

Bemerkung 2 *Die Folge $(q_1, \ldots, q_n, u_n)$ hat D.E. Knuth die euklidische Darstellung von (α, β) genannt.*

Beweis: Ordnet man dem Paar (α, β) die Folge der Elemente $(q_1, \ldots, q_n, u_3^{(n)})$ aus dem Beweis des Satzes 2.3 zu, dann genügen die q_i den im Satz aufgezählten Bedingungen. Andererseits, wenn $(q_1, \ldots, q_n, u_3^{(n)})$ gegeben ist, dann ist $u_3^{(n-1)} = q_n u_3^{(n)}$. Die $u_3^{(i)}$ mit $i \leq n - 2$ sind durch (2.8) eindeutig bestimmt und damit auch α und β. $\square$

2.4 Lineare Diophantische Gleichungen

Es sei I ein Integritätsbereich und $a_1, \ldots, a_n, b \in I$. Wenn wir die Lösungen der Gleichung

$$a_1 x_1 + \cdots + a_n x_n = b \tag{2.9}$$

in I suchen, dann sprechen wir von einer linearen diophantischen Gleichung. Die Untersuchungen über (2.9) beginnen wir mit dem folgenden allgemeinen Satz an.

Satz 2.6 *In einem euklidischen Ring E ist (2.9) genau dann lösbar, wenn b durch $ggT(a_1, \ldots, a_n)$ teilbar ist.*

Beweis: Die Notwendigkeit der Voraussetzung ist offensichtlich, wir müssen also nur noch zeigen, daß sie auch hinreichend ist. Es sei $\mathrm{ggT}(a_1, \ldots, a_n) = d$ und $b = dc$ für ein $c \in E$.

Es sei $X = \{a_1 x_1 + \ldots + a_n x_n \ : \ (x_1, \ldots, x_n) \in E^n\} \subseteq E$ und sei $Y = \varphi(X)$, wobei φ die euklidische Norm in E bezeichnet. Y ist eine Teilmenge von $\mathbb{N} \cup \{0\}$. Ist $a_1 \neq 0$, was wir ohne Beschränkung der Allgemeinheit voraussetzen dürfen, dann ist $\varphi(a_1) \neq 0$ und Y enthält eine von 0 verschiedene Zahl. Es seien y_0 die kleinste von 0 verschiedene Zahl in Y und $x_1^{(0)}, \ldots, x_n^{(0)} \in E$, so daß $\varphi(x_0) = y_0$ mit $x_0 = a_1 x_1^{(0)} + \ldots + a_n x_n^{(0)}$ gilt. Es existieren $q_i, r_i \in E$ mit

$$a_i = x_0 q_i + r_i, \quad 0 \leq \varphi(r_i) < \varphi(x_0), \quad i = 1, \ldots, n,$$

woraus

$$r_i = a_1(-x_1^{(0)} q_i) + \ldots + a_i(1 - x_i^{(0)} q_i) + \ldots + a_n(-x_n^{(0)} q_i) \in X$$

folgt. Somit ist $r_i = 0$ für alle $i = 1, \ldots, n$, also muß x_0 alle a_i teilen und ihr größter gemeinsamer Teiler sein. Der Satz ist damit bewiesen. $\square$

Den folgenden Satz kann man sehr einfach beweisen.

Satz 2.7 *Es sei* $x^{(0)} = (x_1^{(0)}, \ldots, x_n^{(0)}) \in I^n$ *eine Lösung von (2.9). $X \in I^n$ ist eine Lösung von (2.9) genau dann, wenn* $x - x^{(0)}$ *eine Lösung der homogenisierten Gleichung (2.9) (das heißt (2.9) mit $b = 0$) ist.*

Mit der Anwendung des Satzes 2.7 kann man die Lösungen von (2.9) für $n = 2$ sehr einfach angeben. Es seien nämlich $a_1, a_2 \in E, a_1 a_2 \neq 0$ und (x_1, x_2) die Lösung der Gleichung

$$a_1 x_1 + a_2 x_2 = 0. \tag{2.10}$$

Dann gilt

$$x_1 = -\frac{a_2 x_2}{a_1} = -\frac{a_2}{\mathrm{ggT}(a_1, a_2)} \cdot \frac{\mathrm{ggT}(a_1, a_2)}{a_1} x_2.$$

Da $\dfrac{a_2}{\mathrm{ggT}(a_1, a_2)}$ und $\dfrac{a_1}{\mathrm{ggT}(a_1, a_2)}$ teilerfremd sind, muß $\dfrac{a_1}{\mathrm{ggT}(a_1, a_2)}$ das Element x_2 teilen, das heißt es existiert ein $t \in E$ mit

$$x_2 = \frac{a_1}{\mathrm{ggT}(a_1, a_2)} t \quad \text{und} \quad x_1 = -\frac{a_2}{\mathrm{ggT}(a_1, a_2)} t. \tag{2.11}$$

Ist umgekehrt t ein beliebiges Element von E, dann sind die in (2.11) definierten x_1, x_2 Lösungen von (2.10).

Berechnet man Elemente $u, v \in E$ mit dem erweiterten euklidischen Algorithmus 2.3, so daß sie die Gleichung $a_1 u + a_2 v = \mathrm{ggT}(a_1, a_2)$ erfüllen, und wird

$$x_1^{(0)} = u \cdot \frac{b}{\mathrm{ggT}(a_1, a_2)}, \quad x_2^{(0)} = v \cdot \frac{b}{\mathrm{ggT}(a_1, a_2)}$$

gesetzt, dann sieht man, daß $(x_1, x_2) \in E^2$ genau dann eine Lösung von (2.9) ist, wenn

$$x_1 = u\frac{b}{\mathrm{ggT}(a_1, a_2)} + \frac{a_1}{\mathrm{ggT}(a_1, a_2)}t \quad \text{und} \quad x_2 = v\frac{b}{\mathrm{ggT}(a_1, a_2)} - \frac{a_2}{\mathrm{ggT}(a_1, a_2)}t$$

mit einem beliebigen $t \in E$ gilt.

Für $n \geq 3$ kann man eine Lösung einer linearen diophantischen Gleichung mit der wiederholten Anwendung des euklidischen Algorithmus bestimmen, aber die allgemeine Lösung wird auf diese Weise nicht bestimmt. Man kann aber die folgende Methode von Lagrange benutzen.

Algorithmus 2.4

Input: $a_1, \ldots, a_n, a_{n+1} \in E, \quad a_1 \cdots a_n \neq 0.$
Output: $\underline{x}^{(1)}, \ldots, \underline{x}^{(n)} \in E^n$, *so daß* $\underline{x} \in E^n$ *genau dann eine Lösung von*
           (2.9) ist, wenn $t_1, \ldots, t_{n-1} \in E$ *existieren mit* $\underline{x} = \sum t_i \underline{x}^{(i)} + \underline{x}^{(n)}.$

1. $U \leftarrow (E_n \; \underline{0})$,
   (E_n *bezeichnet die* $n \times n$ *Einheitsmatrix*
   und $\underline{0}$ *den* n-*dimensionalen Nullvektor.* *)*

2. $i \leftarrow$ *der kleinste Index, so daß* $0 < \varphi(a_i) \leq \varphi(a_j), \quad j = 1, \ldots, n,$
   $A \leftarrow a_i,$

3. **for** $j \leftarrow 1$ **to** $n+1$ **do**
   $\{a_j \leftarrow a_j \bmod A, \; q_j \leftarrow -(a_j \operatorname{div} A)\},$

4. **if** $a_j = 0, \; j = 1, \ldots, n$
   then $\underline{q} \leftarrow (q_1, \ldots, q_{i-1}, q_{i+1}, \ldots, q_{n+1})$
   else $\underline{q} \leftarrow (q_1, \ldots, q_{i-1}, 1, q_{i+1}, \ldots, q_{n+1}),$

5. $U \leftarrow (\underline{e}_1, \underline{e}_{i-1}, \underline{q}, \underline{e}_{i+1}, \underline{e}_n) \, U,$
   ($\underline{e}_j$ *ist der* j-*te* $n-$ *oder* $(n+1)-$ *dimensionale Einheitsvektor.* *)*

6. **if** $a_j = 0, \; j = 1, \ldots, n$
   then { **output** *die Spaltenvektoren von* U, **return** }
   else $\{a_i \leftarrow A, \textbf{goto } 2\}$

3 Ring der ganzen Zahlen

Ganze Zahlen sind die einfachsten wichtigen Grundobjekte der Computeralgebra-Systeme. Jede ganze Zahl kann theoretisch in einem Computer exakt gespeichert werden. Es gibt natürlich eine praktische Grenze, nämlich die Speicherkapazität. Ganz anders liegt die Sache etwa bei den reellen Zahlen. Die überwiegende Mehrheit der reellen Zahlen kann sogar theoretisch nicht in einem endlichen, diskreten Bereich gespeichert werden.

Die klassische Theorie der rekursiven Funktionen von Kurt Gödel beschäftigt sich ausschließlich mit zahlentheoretischen Funktionen, das heißt mit Funktionen, für welche sowohl der Definitionsbereich als auch der Wertevorrat eine Teilmenge geeigneter Potenzen aus N ist. Nach der These von Alonso Church ist jede algorithmisch berechenbare Funktion eine rekursive Funktion. Diese These ist zwar umstritten, aber sie wurde bisher noch nicht widerlegt.

Es ist sehr wichtig, die ganzen Zahlen und die Grundoperationen mit ganzen Zahlen genau zu studieren. Auf diesem Ring werden kompliziertere Ringe aufgebaut, wie der Ring der rationalen Zahlen, algebraische Zahlkörper, endliche Körper, Polynomringe über diesen Ringen und weitere. Diese Überlegungen haben auch praktische Bedeutung. Alle geläufigen Computeralgebra-Systeme haben einen Kern, welcher für die Arithmetik zuständig ist. Je effizienter dieser Kern arbeitet, desto effizienter ist im allgemeinen das System.

3.1 Darstellung der Zahlen

Der Ring der ganzen Zahlen, $\mathbb{Z}$, kann axiomatisch eingeführt werden. Dieser lange Prozeß würde uns nicht viel bringen. Wir möchten aber so weit wie möglich auf festem mathematischen Boden stehen. Deswegen starten wir mit dem folgenden, wohlbekannten Satz.

Satz 3.1 *Es seien* $a, b \in \mathbb{Z}, b \neq 0$. *Es gibt eindeutig bestimmte Elemente* $q, r \in \mathbb{Z}$ *mit*

$$a = bq + r, \quad 0 \leq r < |b|.$$

Somit bildet $\mathbb{Z}$ mit dem absoluten Betrag als Norm einen euklidischen Ring und gemäß Satz 2.4 auch einen ZPE-Ring. Im weiteren bezeichnen wir für $a, b \in \mathbb{Z}, b \neq 0$, die gerade definierten Zahlen $q, r \in \mathbb{Z}$ als $q = a$ div b und $r = a$ mod b. Wir nehmen an, daß diese Funktionen zur Verfügung stehen, und beschäftigen uns nicht damit, wie man sie realisiert.

Jetzt beweisen wir einen Satz, welcher für die Darstellung der ganzen Zahlen in Computeralgebra-Systemen grundlegend ist.

Satz 3.2 *Es sei $g \geq 2$. Es gibt für jedes $a \neq 0$ eindeutig bestimmte ganze Zahlen $\varepsilon_a = \pm 1, l_g(a) = l(a) \geq 1, 0 \leq a_0, \ldots, a_{l(a)-1} < g, a_{l(a)} \neq 0$ mit*

$$a = \varepsilon_a \sum_{j=0}^{l(a)-1} a_j \cdot g^j. \tag{3.1}$$

Beweis: *Eindeutigkeit.* Nehmen wir an, daß ein $a \in \mathbb{Z}$ mit zwei verschiedenen Darstellungen der Form (3.1) existiert. Die Vorzeichen müssen identisch sein, da eine positive Zahl nie einer negativen gleich sein kann. Wir dürfen also $a > 0$ voraussetzen. Es sei weiter a die kleinste natürliche Zahl, welche zwei verschiedene Darstellungen

$$a = \sum_{j=0}^{l(a)-1} a_j \cdot g^j = \sum_{j=0}^{l(a)'-1} a_j' \cdot g^j$$

hat. Wir dürfen $a_0 \geq a_0'$ annehmen. Dann folgt

$$a_0 - a_0' = gm,$$

mit einer Zahl $m \in \mathbb{Z}$. Da $0 \leq a_0 - a_0' < g$ und $g|(a_0 - a_0')$ gilt, muß $a_0 = a_0'$ sein. Es hat also $a > \dfrac{a - a_0}{g} \in \mathbb{Z}$ zwei verschiedene Darstellungen, ein Widerspruch zur Wahl von a.

Existenz. Wir geben einen Algorithmus an, welcher das Vorzeichen und die Ziffern berechnet.

Algorithmus 3.1 (Positionelle Darstellung)

Input: $a \in \mathbb{Z}$.
Output: *die Liste $(\varepsilon_a, a_0, \ldots, a_{l(a)-1})$ mit (3.1)*
           (Für $a = 0$ ist die Ausgabe die leere Liste ( ). *)*

1. **if** $a = 0$ **then** { **output** ( ), **return** }

2. **if** $a < 0$ **then** $\varepsilon_a \leftarrow -1$ **else** $\varepsilon_a \leftarrow 1$
   $a \leftarrow a \cdot \varepsilon_a, \ L \leftarrow ( )$

3. **repeat**
   $L \leftarrow \text{comp}(a \bmod g, L)$
   $a \leftarrow a \text{ div } g$
   until $a = 0$,

4. $L \leftarrow \text{comp}(\varepsilon_a, \text{inv}(L))$
   output L, **return**.

Es ist klar, daß die repeat Schleife 3. genau $l(a)$–mal durchgeführt wird. Wir haben für diese Zahl

$$l_g(a) = \left[\frac{\log|a|}{\log g}\right] + 1,$$

wobei $\log$ hier und im weiteren zur Basis 2 zu verstehen ist. $\square$

Für $g = 2$ erhalten wir

$$l(a) = [\log|a|] + 1,$$

was die *Bitkomplexität* von a genannt wird. Es gilt $l_g(a) = l(a)/\log(g)$, deswegen werden wir die Komplexität einer ganzen Zahl a als Eingabe eines Algorithmus mit $l(a)$ messen.

Computeralgebra-Systeme benutzen im wesentlichen zwei verschiedene Darstellungen der ganzen Zahlen, nämlich solche mit $g = 10$ und solche mit $g = 2^{w-1}$, wobei w die Maschinenwortlänge ist. Die erste ist benutzerfreundlich und dient der Ein- und Ausgabe, die andere ist maschinenfreundlich und wird bei den internen Operationen angewandt. Erwartet man viele Ein- und Ausgaben, dann ist es sinnvoll, als Basis der internen Darstellung ebenfalls eine Zehnerpotenz zu wählen, nämlich diejenige, welche noch in ein Maschinenwort paßt. Dadurch kann die zur Umwandlung zwischen verschiedenen Basen benötigte Zeit vermindert werden. Auf diese Art wird die Grundzahl bei Computeralgebra-Systemen gewählt, welche grundsätzlich interaktiv arbeiten. Ein Beispiel ist das wohlbekannte System MAPLE.

Nach Satz 3.2 können wir jedem $a \in \mathbb{Z}$ eindeutig eine Liste

$$n \leftarrow \begin{cases} (\varepsilon_a, a_0, \ldots, a_{l(a)-1}) & \text{, falls } a \neq 0 \\ (\ ) & \text{, falls } a = 0 \end{cases}$$

zuordnen, somit erhalten wir das positionelle Zahlsystem zur Basis g. Dieses wurde für Computeralgebra von G.E. Collins vorgeschlagen. Man bemerke, daß die Ziffernfolge nach wachsendem Stellenwert geordnet ist, also genau umgekehrt wie bei der alltäglichen Dezimaldarstellung. Diese Wahl ist nicht willkürlich, sondern hängt mit der Speicherstruktur zusammen.

In der Praxis sind manchmal die Zahlen $|a| < 2^w$ nicht als Listen, sondern als Atome dargestellt, um die Operationen mit ihnen zu beschleunigen. Die interne Darstellung von 0 ist auch nicht $(\ )$, sondern 0. Diese Bemerkung werden wir aber bei den Algorithmen des nächsten Abschnittes nicht berücksichtigen.

Bevor wir die Grundoperationen über ganzen Zahlen betrachten und analysieren, müssen wir einige Begriffe einführen. Es sei I die Inputmenge eines Algorithmus A. Bezeichne $t_A(i)$ die Zeit, die A benötigt, um zu dem Eingabewert $i \in I$ die Ausgabe zu berechnen. Für eine endliche Teilmenge I' von I bezeichne

$$t_A^{\max}(I') = \max\{t_A(i) | i \in I'\}$$

die *maximale Komplexität* bezüglich I' des Algorithmus A, analog

$$t_A^{\min}(I') = \min\{t_A(i) | i \in I'\}$$

die *minimale* und

$$t_A^*(I') = \sum_{i \in I'} t_A(i)/|I'|$$

die *durchschnittliche Komplexität*.

Wir haben in den obigen Definitionen vorausgesetzt, daß der Algorithmus A durch eine Turing-Maschine modelliert ist. Auf diese Weise kann man die Zeit und Komplexität einheitlich ins Spiel bringen.

Wir setzen im folgenden voraus, daß die entsprechende Maschine für Administration, Vergleich und Operationen mit kurzen ganzen Zahlen dieselbe konstante Zeit benötigt. Dies ist zwar eine grobe Vereinfachung, aber ein Verzicht auf diese Annahme würde die Analyse der folgenden Algorithmen wesentlich verkomplizieren.

Es seien $f(x)$ und $g(x)$ zwei Funktionen. Wenn es eine Konstante c gibt, so daß

$$|f(x)| < c|g(x)|$$

gilt für alle $x \in \mathbb{Z}$, dann werden wir $f(x) = O(g(x))$ schreiben. Wenn

$$\lim_{x \to \infty} \frac{f(x)}{g(x)} = 0$$

ist, dann setzen wir $f(x) = o(g(x))$, und für

$$\lim_{x \to \infty} \frac{f(x)}{g(x)} = 1$$

schreiben wir $f(x) \sim g(x)$. In dem letzten Fall werden $f(x)$ und $g(x)$ *asymptotisch gleich* genannt.

3.2　Grundoperationen (+, −, ∗, div)

Wir setzen in dieser Sektion voraus, daß ganze Zahlen in der nach dem Satz 3.2 eingeführten Listendarstellung angegeben sind. Die Basis wird immer mit g bezeichnet.

Der Algorithmus für die *Addition* zweier ganzer Zahlen läßt sich einfach auf Addition beziehungsweise auf Subtraktion zweier positiver ganzer Zahlen zurückführen, wobei in dem zweiten Fall der Subtrahend nicht größer ist als der Minuend. Wir möchten hier nur den Fall untersuchen, wenn beide Summanden positiv sind.

Wenn $0 \leq d_1, d_2 < g$ ist, dann sei die Funktion $SUM(d_1, d_2) = (d, f)$, wobei f und d durch die Eigenschaft $d_1 + d_2 = fg + d$, $0 \leq d < g$ definiert sind. Nach dieser Vorbereitung können wir den Algorithmus für die Addition angeben.

Algorithmus 3.2 (Addition ganzer Zahlen) *ISUM(a, b)*

Input: $a, b \in \mathbb{N} \cup \{0\}$ *in Listendarstellung,*
Output: $a + b$ *ebenfalls in Listendarstellung*

1. **if** $a = (\ )$ **then** { **output** b, **return** }
   if $b = (\ )$ **then** { **output** a, **return** }
   $c \leftarrow (\ ), e \leftarrow 0, a_1 \leftarrow \mathrm{red}(a), b_1 \leftarrow \mathrm{red}(b)$

2. **while** $a_1 \neq (\ )$ **and** $b_1 \neq (\ )$ **do**
   { $d_1 \leftarrow \mathrm{first}(a_1)$,
   $a_1 \leftarrow \mathrm{red}(a_1)$,
   $d_2 \leftarrow \mathrm{first}(b_1)$,
   $b_1 \leftarrow \mathrm{red}(b_1)$,
   $(d, f) \leftarrow SUM(d_1, d_2)$
   if $f \neq 0$ **then** $(d, f_1) \leftarrow SUM(d, e)$ **else** $(d, f) \leftarrow SUM(d, e)$
   $c \leftarrow \mathrm{comp}(d, c)$, $e \leftarrow f$}
   (In c, d, e speichern wir die Zwischensumme,*
   *die aktuelle Ziffer und den Übertrag. *)*

3. **if** $a_1 = (\ )$ **and** $b_1 = (\ )$ **then**
   { **if** $e \neq 0$ **then** $c \leftarrow \mathrm{comp}(e, c)$},
   output $\mathrm{comp}(1, \mathrm{inv}(c))$, **return** }

4. **if** $a_1 = (\ )$ **then** $h \leftarrow b_1$ **else** $h \leftarrow a_1$
   while $e \neq 0$ **and** $h \neq (\ )$ **do**
   {$d_1 \leftarrow \mathrm{first}(h), h \leftarrow \mathrm{red}(h)$,
   $(d, e) \leftarrow SUM(d_1, e)$, $c \leftarrow \mathrm{comp}(d, c)$},

5. **if** $e = 0$ **then** {$c \leftarrow \mathrm{conc}(\mathrm{inv}(c), h)$, **output** $\mathrm{comp}(1, c)$}
   else {$c \leftarrow \mathrm{comp}(e, c)$, **output** $\mathrm{comp}(1, \mathrm{inv}(c))$}
   return.

Satz 3.3 *Algorithmus 3.2 ist korrekt. Es bezeichne I die Menge derjenigen ganzen Zahlpaare (a, b) mit $l(a) = n$ und $l(b) = m$. Dann gilt*

$$
\begin{aligned}
t_{ISUM}^{\max}(I) &\sim \max\{n, m\} \\
t_{ISUM}^{\min}(I) &= t_{ISUM}^{*}(I) \sim \min\{n, m\}.
\end{aligned}
$$

Beweis: Zur Korrektheit sei nur darauf hingewiesen, daß in der zweiten Schleife Resultat und Übertrag richtig berechnet sind.

Daß $t^{\max}$ und $t^{\min}$ die behauptete Eigenschaft haben ist klar, wir müssen uns also nur mit t^* beschäftigen.

Für jedes Paar $(a, b) \in I$ bezeichne $t_1(a, b), t_2(a, b)$ und $t_4(a, b)$ die Zeit, welche der Algorithmus ISUM zur Durchführung der Schritte 1. und 5., beziehungsweise der Schleife 2. und schließlich der Schleife 4. benötigt. Es gilt offensichtlich $t_1(a, b) = O(1)$ und $t_2(a, b) = O(n)$. Somit erhalten wir

$$
\begin{aligned}
t^*_{ISUM}(I) &= \frac{1}{|I|} \sum_{(a,b)\in I} t_1(a,b) + \frac{1}{|I|} \sum_{(a,b)\in I} t_2(a,b) + \frac{1}{|I|} \sum_{(a,b)\in I} t_4(a,b) \\
&= O(1) + O(n) + \frac{1}{|I|} \sum_{(a,b)\in I} t_4(a,b) \\
&= O(n) + \frac{1}{|I|} \sum_{(a,b)\in I} t_4(a,b).
\end{aligned}
$$

Es sei $k = m - n$. Schreiben wir $b = b_1 + b_2 g^n$, mit $b_1 < g^n$ und $g^{k-1} \leq b_2 < g^k$. Es gilt $t_4(a,b) = 0$, wenn $a + b_1 < g^n$ ist, das heißt, wenn kein Übertrag an dem Stellenwert g^n auftritt. Sonst ist $t_4(a,b) = t_4(1, b_2)$.

Es seien

$$
\begin{aligned}
I_1 &= \{(a,b_1) \ : \ g^{n-1} \leq a < g^n, 0 \leq b_1 < g^n\} \\
I_2 &= \{(1,b_2) \ : \ g^{k-1} \leq b_2 < g^k\}.
\end{aligned}
$$

Wir können jedem $(a,b) \in I$ das Paar $(a + g^n, b_1 + b_2 g^n) = (a,b_1) + g^n(1,b_2)$ zuordnen. Jedes Paar $(1, b_2) \in I_2$ tritt bei dieser Zuordnung höchstens $|I_1|$ oft auf. Es gilt $|I| = |I_1||I_2|$. Somit erhalten wir

$$
\begin{aligned}
\frac{1}{|I|} \sum_{(a,b)\in I} t_4(a,b) &\leq \frac{1}{|I_1||I_2|} \sum_{(1,b_2)\in I_2} |I_2| t_4(1,b_2) \\
&= \frac{1}{|I_2|} \sum_{(1,b_2)\in I_2} t_4(1,b_2).
\end{aligned}
$$

Wir müssen also nur noch zeigen, daß die durchschnittliche Komplexität von Schritt 4 ebenfalls konstant ist.

Es gibt $(g - 1)g^{k-1}$ mögliche Belegungen der Ziffern von b_2. Für jede dieser möglichen Belegungen betrachten wir die zugehörige Zeit für die Verbreitung des Übertrags.

Der Übertrag muß bis zur Position $i < k$ der Zahl b verbreitet werden, wenn die Ziffern in den Positionen $1, \ldots, i-1$ von b_2 jeweils $g - 1$ sind und die nächste Ziffer kleiner als $g - 1$ ist. Es gibt also $(g - 1)^2 g^{k-i-1}$ mögliche Belegungen, für welche i Schleifendurchgänge benötigt werden. Es gibt $k - 2$ Belegungen, für welche die Verbreitung bis zur Position k geht. Die Anzahl der Rechenschritte für die Elemente von I_2 ist insgesamt

$$
\sum_{i=1}^{k-1} i(g - 1)^2 g^{k-i-1} + k(g - 1) = (g^k - gk + k - 1) + (gk - k) = g^k - 1.
$$

Die durchschnittliche Komplexität von Schritt 4 ist also

$$
\frac{g^k - 1}{(g - 1)(g^{k-1})} \leq \frac{g}{g - 1} \leq 2.
$$

Somit ist der Satz bewiesen. $\square$

Die Differenz zweier Zahlen a, b wird durch die Identität $a - b = a + (-b)$ auf die Berechnung der Summe zurückgeführt.

Man berechnet das *Produkt* zweier ganzer Zahlen so, daß man mit den Ziffern des ersten Multiplikanden den anderen multipliziert, mit einer Stelle verschoben untereinander schreibt und schließlich die Teilprodukte addiert. Hier muß man $O(n^2)$ Ziffern notieren, wenn zwei n stellige Zahlen multipliziert werden. Dieses Verfahren kann in Computern, besonders bei Multiplikation von Polynomen, zu Speicherproblemen führen. Es ist besser, die Teilergebnisse sofort aufzuaddieren und erst dann mit der nächsten Ziffer zu multiplizieren. Dann braucht man nur $O(n)$ Ziffern zu notieren.

Diesen zwei Möglichkeiten entsprechen folgende rekursive Funktionen:

IMUL1(a, b)← ISUM(ISUM(first(a)∗ first(b), comp(0, IMUL1(first(a), red (b)))), comp(0, IMUL1(red(a), b))),

und

IMUL(a, b) ← ISUM(comp(0, IMUL(red(a), b)), ISUM(first(a)∗ first(b), comp(0, IMUL(first(a), red (b))))).

Abbot et al. berichten, daß sie die Faktoren von $x^{1155} - 1$ in REDUCE in einer Maschine mit 2 MB Hauptspeicher mit der ersten Methode nicht aufmultiplizieren konnten. Man kann dieses Polynom wesentlich schneller faktorisieren, als seine Faktoren aufzumultiplizieren. Der (geneigte) Leser möge dies mit seinem Computeralgebra-System probieren. Für ganze Zahlen ist es natürlich noch sinnvoller, die zweite Rekursion durch eine Iteration zu ersetzen.

Die maximale Komplexität der oberen klassischen Methode der Multiplikation ist $O(l(a)l(b))$, da man alle Ziffern der Multiplikanden miteinander multiplizieren muß.

Obwohl die Komplexität des klassischen Multiplikationsverfahrens ziemlich groß ist, wird es trotzdem in den Computeralgebra-Systemen benutzt. Es gibt nämlich keine bessere Methode für die Multiplikation von Zahlen, die nur einige hundert Dezimalstellen haben. Die Lage ändert sich, wenn man längere Zahlen multiplizieren will. Die erste wesentliche Verbesserung haben 1962 A. Karatsuba und Yu. Ofman [60] erreicht.

Im nächsten Algorithmus bezeichnet IMUL den klassischen Multiplikationsalgorithmus und N einen Grenzwert für die Länge der Zahlen, bis zu der IMUL erfahrungsgemäß schnell genug ist. Außerdem benutzen wir die Bezeichnung + anstatt ISUM.

Algorithmus 3.3 (Karatsuba Algorithmus) *IMULK(a, b)*

Input: $a, b \in \mathbb{Z}$ *mit* $l(a) = l(b) = n = 2^{k+1}$.
Output: $a \cdot b$.

1. **if** $\max(l(a), l(b)) \leq N$ **then** { **output** *IMUL(a, b)*, **return** },

2. Schreibe $a = a_0 + 2^{2^k} a_1$ und $b = b_0 + 2^{2^k} b_1$,

3. $c_1 \leftarrow IMULK\,(a_0, b_0)$,
* $c_2 \leftarrow IMULK\,(a_1, b_1)$,*
* $c_3 \leftarrow IMULK\,(a_0 + a_1, b_0 + b_1)$,*

4. $c \leftarrow c_1 + 2^{2^k} \cdot (c_3 - c_2 - c_1) + 2^{2^{k+1}} \cdot c_2$
output c, return.

Satz 3.4   *Algorithmus 3.3 ist korrekt. Es seien $a, b \in \mathbb{Z}$. Dann gilt*

$$t_{IMULK}(a,b) = O(\max\{l(a), l(b)\}^{\log 3}. \tag{3.2}$$

Beweis:. Um die Korrektheit des Algorithmus zu beweisen bemerkt man folgendes: Ersetzt man im Schritt 4. c_1, c_2 und c_3 durch ihre in Schritt 3. berechneten Werte, dann gilt

$$\begin{aligned}
c &= a_0 b_0 + ((a_0 + a_1)(b_0 + b_1) - a_1 b_1 - a_0 b_0)2^{2^k} + a_1 b_1 2^{2^{k+1}} \\
&= a_0 b_0 + a_0 b_1 g^k + a_1 b_0 2^{2^k} + a_1 b_1 2^{2^{k+1}} \\
&= a_0(b_0 + b_1 2^{2^k}) + a_1 2^{2^k}(b_0 + b_1 2^{2^k}) = (a_0 + a_1 2^{2^k})(b_0 + b_1 2^{2^k}),
\end{aligned}$$

das Verfahren ist also korrekt.

Es seien $l(a) = n$ und $l(b) = m$. Wir können ohne Beschränkung der Allgemeinheit $n \geq m$ voraussetzen. Erweitert man b mit $n - m$ führenden 0 Ziffern zu $\tilde{b}$, dann wird offensichtlich $ab = a\tilde{b}$. Algorithmus 3.3 ist somit für beliebige ganze Zahlen erweitert, und es gilt $t_{IMULK}(a, b) = t_{IMULK}(a, \tilde{b})$. Diese Zahl werden wir im weiteren mit $M(n)$ bezeichnen.

Nehmen wir zuerst $n = 2^{k+1}$ für ein $k \geq 1$ an.

Zur Berechnung von a_0, a_1, b_0 und b_1 brauchen wir 2^k Schritte. Sind weiter c_1, c_2 und c_3 schon vorhanden, dann werden sie im Schritt 4 nur addiert und verschoben, wofür wir nach Satz 3.3 $O(n)$ Operationen brauchen. Um im 3. Schritt c_1 und c_2 zu berechnen, braucht man $2M(2^k)$ Operationen. Wenn $a_0 + a_1$ und $b_0 + b_1$ jeweils 2^k stellige Zahlen sind, dann brauchen wir auch für die Berechnung von c_3 $M(2^k)$ Operationen.

Wenn dies nicht der Fall ist, dann gehen wir wie folgt vor: Es sei $a_0 + a_1 = \tilde{a_0} 2^{2^k} + \tilde{a_1}$ und $b_0 + b_1 = \tilde{b_0} 2^{2^k} + \tilde{b_1}$, wobei $0 \leq \tilde{a_0}, \tilde{b_0} < 2$ und $\tilde{a_1}, \tilde{b_1} < 2^{2^k}$ sind, das heißt $\tilde{a_1}$ und $\tilde{b_1}$ sind 2^k stellige Zahlen.

Dann gilt

$$(a_0 + a_1)(b_0 + b_1) = \tilde{a_0}\tilde{b_0} 2^{2^{k+1}} + (\tilde{a_0}\tilde{b_1} + \tilde{b_0}\tilde{a_1})2^{2^k} + \tilde{a_1}\tilde{b_1}.$$

Hier benötigen wir für die Berechnung von $\tilde{a_0}\tilde{b_0}$ eine, und für die Berechnung von $\tilde{a_0}\tilde{b_1} + \tilde{b_0}\tilde{a_1}$ gerade $O(2^k)$ Operationen, da wir nur mit einer Ziffer multiplizieren müssen. Schließlich braucht $\tilde{a_1}\tilde{b_1}$ noch $M(2^k)$ Operationen. Somit bekommen wir

$$M(2^{k+1}) = 3M(2^k) + C \cdot 2^k \tag{3.3}$$

mit einer Konstante $C > 0$.

Aus (3.3) folgt

$$M(2^{k+1}) = 3^{j+1} M(2^{k-j}) + C \sum_{i=k-j}^{k} 2^i 3^{k-i} \qquad (3.4)$$

für alle $j = 0, \ldots, k - 1$. In der Tat ist (3.4) wahr für $j = 0$ wegen (3.3). Nehmen wir an, daß (3.4) für $j < k - 1$ schon gilt. Wir erhalten

$$M(2^{k-j}) = 3M(2^{k-j-1}) + C \cdot 2^{k-j-1}$$

nach (3.3). Setzen wir dies in (3.4) ein, dann erhalten wir wieder (3.4), jetzt aber für $j + 1$.

Wir dürfen $M(1) = C$ annehmen, womit aus (3.4)

$$M(2^{k+1}) = C \sum_{i=0}^{k} 2^i 3^{k-i} = C \cdot 3^k \frac{1 - (\frac{2}{3})^{k+1}}{1 - \frac{2}{3}} = C(3^{k+1} - 2^{k+1})$$

folgt. Das heißt

$$M(n) = 3Cn^{\log 3} - 3Cn.$$

Ist schließlich n keine Potenz von 2, dann gibt es ein k mit

$$2^k \leq n < 2^{k+1}.$$

Damit erhalten wir

$$M(n) < M(2^{k+1}) = 9C3^k - 2C \cdot 2^{k+1} < 9Cn^{\log 3} - 2Cn,$$

womit der Satz bewiesen ist. $\square$

Der Karatsuba-Algorithmus ist ein einfaches, schönes Beispiel für die Methode 'divide and conquer'. Dabei wird ein Problem dadurch gelöst, daß es in mehrere Teilprobleme geringerer Problemgröße zerlegt wird. Die Zeitkomplexität eines solchen Algorithmus ist durch die Anzahl und die Größe der Teilprobleme und zu einem geringeren Ausmaß vom Arbeitsaufwand für die Zerlegung des Problems bestimmt. Wir werden solche Algorithmen noch oft sehen.

Einen Bericht über eine Implementierung des Karatsuba-Algorithmus und seine Anwendung bei der Suche nach Primzahlzwillingen findet man in [57].

Wir möchten hier darauf hinweisen, daß der Karatsuba-Algorithmus nicht die schnellste Möglichkeit ist, große Zahlen zu multiplizieren. A. Schönhage und V. Strassen [99] haben nämlich etwas später einen Algorithmus mit der Komplexität $O(n \log n \log \log n)$ entwickelt. Dieser beruht auf der schnellen Berechnung der endlichen Fourier Transformation.

Der Schönhage-Strassen Algorithmus ist erst für Zahlen mit mehreren tausend Stellen schneller als die klassische Multiplikation. Einen Vergleich findet man zum Beispiel in [35]. J.M. Borwein und P.B. Borwein [15] haben die ersten 10^8 Nachkommaziffern von π berechnet. Sie berichteten, daß ihre Rechnung ohne die Anwendung der schnellen Multiplikation unmöglich wäre, da sie zu lange dauern würde. In der Arbeit [35] von R. Crandall und B. Fagin findet man eine Zusammenfassung möglicher Anwendungen des Schönhage-Strassen Algorithmus. Es handelt sich um die Suche nach Mersenne-Primzahlen und Faktorisierung großer ganzen Zahlen. Rechnungen mit derart riesigen Zahlen kommen selten vor, deswegen ist in den gängigen Computeralgebra-Systemen weder der Karatsuba, noch der Schönhage-Strassen Algorithmus implementiert.

Die Komplexität $O(n \log n \log \log n)$ des Schönhage-Strassen Algorithmus ist immer noch etwas größer als linear. Es ist ein schönes, offenes Problem, die optimale Komplexität der Multiplikation zu bestimmen.

Division. Die 'Grundschul-Methode' für die Division von Dezimalzahlen ist für Computer kein brauchbarer Algorithmus, da man in jedem Schritt die nächste Ziffer des Quotientes erraten muß. Mit gewisser Übung verursacht dies im allgemeinen keine Schwierigkeit, da die mögliche Quotientenmenge klein ist, nämlich nur aus 10 Elementen besteht. Wenn aber die Grundzahl 2^{15} oder 2^{31} ist, was in den Computeralgebra-Systemen üblich ist, dann wird das Problem ernst. Wir können es mit der Hilfe folgenden Satzes lösen, welcher auf D.A. Pope und M.L. Stein [87] zurückgeht.

Satz 3.5 *Es seien $(a_0, \ldots, a_n)$ und $(b_0, \ldots, b_{n-1})$ die g-adischen positionellen Darstellungen der Zahlen $a, b > 0$. Es seien weiter $a = qb + r$, mit $0 \leq r < b, q < g$ und*

$$q^* = \min \left\{ \left[\frac{a_n g + a_{n-1}}{b_{n-1}} \right], g - 1 \right\}.$$

Dann gilt $q \leq q^*$. Ist zudem $b_{n-1} \geq g/2$, dann gilt auch $q^* \leq q + 2$.

Beweis: Die untere Abschätzung für q^* gilt unmittelbar für $q^* = g - 1$. Wir müssen also nur noch den Fall

$$q^* = \left[\frac{a_n g + a_{n-1}}{b_{n-1}} \right] < g - 1$$

betrachten. Wir haben dann

$$q^* > \frac{a_n g + a_{n-1}}{b_{n-1}} - 1,$$

woraus

$$q^* b_{n-1} > a_n g + a_{n-1} - b_{n-1}$$

und damit

$$q^* b_{n-1} \geq a_n g + a_{n-1} - b_{n-1} + 1$$

folgt. Jetzt multiplizieren wir beide Seiten mit g^{n-1}, dann gilt

$$
\begin{aligned}
q^* b &\geq q^* b_{n-1} g^{n-1} \geq a_n g^n + a_{n-1} g^{n-1} - b_{n-1} g^{n-1} + g^{n-1} \\
&= a + g^{n-1} - (a_{n-2} g^{n-2} + \ldots + a_0) - b_{n-1} g^{n-1} > a - b_{n-1} g^{n-1}.
\end{aligned}
$$

Die letzte Ungleichung impliziert

$$a - q^* b < b_{n-1} g^{n-1} \leq b,$$

was mit $q^* \geq q$ gleichwertig ist.

Es sei jetzt $b_{n-1} \geq g/2$ und nehmen wir $q^* - q \geq 3$ an. Es gilt

$$q^* \leq \frac{a_n g + a_{n-1}}{b_{n-1}} \leq \frac{a}{b_{n-1} g^{n-1}} < \frac{a}{b - g^{n-1}}.$$

Hier kann der Nenner nicht 0 sein, sonst wäre b=(0...01) und $q \geq q^*$, was unmöglich ist. Außerdem gilt

$$q > \frac{a}{b} - 1$$

und somit

$$3 \leq q^* - q < \frac{a}{b - g^{n-1}} - \frac{a}{b} + 1 = \frac{a}{b} \frac{g^{n-1}}{b - g^{n-1}} + 1,$$

was die Ungleichung

$$\frac{a}{b} > 2 \frac{b - g^{n-1}}{g^{n-1}} \geq 2(b_{n-2} - 1)$$

impliziert. Ferner gilt

$$g - 4 \geq q^* - 3 \geq q = \left[\frac{a}{b}\right] \geq 2(b_{n-1} - 1),$$

woraus $b_{n-1} \leq \dfrac{g-2}{2} < \dfrac{g}{2}$ folgt, ein Widerspruch. $\square$

Es ist interessant zu bemerken, daß G.E. Collins und D.R. Musser [32] bewiesen haben, daß die Wahrscheinlichkeit dafür, daß $q^* = q + i, i = 0, 1, 2$ auftritt, ungefähr $0.67, 0.32$ und 0.01 ist. Man kann die Voraussetzung $b_{n-1} \geq g/2$ dadurch erreichen, daß man a und b gleichzeitig mit $d = [b/(b_{n-1} + 1)]$ multipliziert. Das verändert den Quotienten nicht, aber am Ende des Divisionsverfahren muß man den Rest durch d dividieren.

Jetzt können wir den Algorithmus für die Division von langen Zahlen aufschreiben.

Algorithmus 3.4 (Division ganzer Zahlen) *IDIV(a,b)*

Input: *a,b mit $a,b > 0$, $l(a) = m \geq l(b) = n \geq 2$.*
Output: *q,r mit a=bq+r mit $0 \leq r < b$.*

1. $d \leftarrow [g/(b_{n-1}+1)]$, $a' \leftarrow IMUL(a,d)$, $b' \leftarrow IMUL(b,d)$,
   if $l(a') = m$ **then** $a'_m \leftarrow 0$,
   $q \leftarrow (\ )$,

2. **for** $j \leftarrow 0$ **to** $m - n$ **do**
   $\{q^* \leftarrow \min\{g-1, [(a'_{m-j-1} + g a'_{m-j})/b'_{n-1}]\}$,
   while $ISUM((a'_{m-n-j}, \ldots, a'_{m-j}), -q^*b') < 0$ **do** $q^* \leftarrow q^* - 1$,
   $q \leftarrow \mathrm{comp}(q^*, q)$,
   $a' \leftarrow ISUM\ (a', -q^* g^{m-n-j} b')\}$,

3. **if** $q^* = 0$ **then** $q \leftarrow \mathrm{red}(q)$,
   $r \leftarrow a'/d$, **output** (q,r), **return.**

Bemerkung 3 *Die Funktion IDIV läßt sich durch die Berücksichtigung der Iden-*
titäten

$$
\begin{aligned}
a &= (-b)(-q) + r, &&\text{falls } a \geq 0, b < 0, \\
a &= b(-q-1) + (b-r), &&\text{falls } a < 0, b > 0, \\
a &= b(q+1) + (-b-r), &&\text{falls } a < 0, b < 0,
\end{aligned}
$$

wobei $(q,r) = IDIV(|a|, |b|)$ *ist, für beliebige ganze Zahlen erweitern.*

Satz 3.6 *Es gilt*

$$
t^{\max}_{IDIV}(a,b) = O(l(b)(l(a) - l(b) + 1))
$$

für alle $a, b \in \mathbb{Z}$.

Beweis: Die Schleife 2 wird $l(a) - l(b) + 1$-mal durchgeführt, und jedesmal wird
b' höchstens viermal mit einer Ziffer multipliziert. $\square$

3.3   Berechnung des größten gemeinsamen Teilers

Im Abschnitt 2.3 haben wir den euklidischen Algorithmus definiert. In $\mathbb{Z}$ können wir
unter verschiedene Annahmen auch die Komplexität dieses Algorithmus analysieren.

Satz 3.7 (Lamé (1845)) *Für* $r \geq 1$ *seien* $a, b \in \mathbb{Z}$ *mit* $0 < b < a$ *und so daß*
der euklidische Algorithmus für diese Zahlen nach höchstens r *Schritten abbricht.*
Nehmen wir noch an, daß a *die kleinste dieser Zahlen ist. Dann gilt* $a = F_{r+2}$ *und*
$b = F_{r+1}$, *wobei* F_n *die* n-te Fibonacci Zahl bezeichnet.*

Bemerkung 4 *Die Fibonacci Zahlen sind durch die Anfangswerte* $F_0 = 0, F_1 = 1$
und durch die Rekursion $F_{n+1} = F_n + F_{n-1}$, $n \geq 1$, *gegeben. Es gilt*

$$
F_n = \frac{1}{\sqrt{5}} \left(\left(\frac{1+\sqrt{5}}{2} \right)^n - \left(\frac{1-\sqrt{5}}{2} \right)^n \right),
$$

was man mit Induktion sehr einfach beweisen kann.

Beweis: Der euklidische Algorithmus 2.3 ordnet dem Paar (a, b) eindeutig eine Folge $(q_1, \ldots, q_r, u_r)$ positiver ganzer Zahlen zu. Die q's sind die in der repeat Schleife berechneten Quotienten, und u_r ist der letzte von 0 verschiedene Rest, das heißt der größte gemeinsame Teiler von a und b. Setzen wir $u_{r-1} = q_r u_r$ und

$$u_{r-i-1} = u_{r-i} q_{r-i} + u_{r-i+1} \tag{3.5}$$

wie in (2.8), dann erhalten wir $u_0 = a$, $u_1 = b$.

Die kleinste natürliche Zahl an Schritten, nach der der euklidische Algorithmus abbricht, werden wir offensichtlich dann erhalten, wenn die Folge $(q_1, \ldots, q_r, u_r)$ aus lauter Einsen besteht, und genau diese Folge wird durch die Fibonacci Zahlen erzeugt. Damit ist der Satz bewiesen. $\square$

Es bezeichne $D(a, b)$ die Anzahl der Divisionen, welche wir in dem euklidischen Algorithmus benötigen, wenn wir ihn auf das Paar $(a, b) \in \mathbb{Z}^2$ anwenden.

Folgerung 3.1 *Es sei $0 < b \leq a$. Dann gilt*

$$D(a, b) \leq \left(\log \left(\frac{1 + \sqrt{5}}{2} \right) \right)^{-1} (\log(a) + 1).$$

Beweis: Es seien $D(a, b) = r$ und $(q_1, \ldots, q_r, u_r)$ die (a, b) zugeordnete Folge. Aus Satz 3.7 folgt

$$a \geq F_{r+2} = \frac{1}{\sqrt{5}} \left(\left(\frac{1 + \sqrt{5}}{2} \right)^{r+2} - \left(\frac{1 - \sqrt{5}}{2} \right)^{r+2} \right) \geq \frac{1}{\sqrt{5}} \left(\frac{1 + \sqrt{5}}{2} \right)^{r+1}$$

und daraus

$$r \leq \left(\log \left(\frac{1 + \sqrt{5}}{2} \right) \right)^{-1} (\log(a) + 1).$$

$\square$

Kombiniert man dieses Ergebnis mit Satz 3.6, dann erhält man für die maximale Komplexität des euklidischen Algorithmus die obere Abschätzung $O(l(a)l(b)(l(a) - l(b) + 1))$, welche, wie wir gleich zeigen, sehr schwach ist. Man erwartet nämlich, daß die Zahlen im Laufe des Algorithmus sehr rasch abnehmen und somit die Komplexität günstiger ist. Die Lage beschreibt der folgende Satz.

Satz 3.8 *Es bezeichne $t^{\max}_{IGCDE}(m, n, k)$ die maximale Komplexität des euklidischen Algorithmus für $a, b \in \mathbb{Z}$ mit $m = \max\{l(a), l(b)\}, n = \min\{l(a), l(b)\}$ und $k = l(\mathrm{ggT}(a, b))$. Dann gilt*

$$t^{\max}_{IGCDE}(m, n, k) = O(n(m - k + 1)).$$

Zum Beweis des Satzes 3.8 brauchen wir folgendes Ergebnis.

Lemma 3.1 *Es seien* $a_1, \ldots, a_n \in \mathbb{Z} \backslash \{-1, 0, 1\}$ *und* $g \geq 2$ *eine ganze Zahl. Dann gilt*

$$\sum_{i=1}^{n} l_g(a_i) \leq 4 \log(g) \, l_g \left(\prod_{i=1}^{n} a_i \right), \tag{3.6}$$

wobei log *den Logarithmus zur Basis 2 bezeichnet.*

Beweis: Nehmen wir zuerst $2 \leq |a_1|, \ldots, |a_n| < g$ an. Dann gilt

$$l_g \left(\prod_{i=1}^{n} a_i \right) \;\geq\; \log_g \prod_{i=1}^{n} |a_i| = (\log_g 2) \log \left(\prod_{i=1}^{n} |a_i| \right)$$

$$\geq\; (\log_g 2) \log(2^n) = n \log_g 2 = (\log_g 2) \sum_{i=1}^{n} l_g(a_i).$$

Diese Ungleichung läßt sich auch wie folgt schreiben:

$$\sum_{i=1}^{n} l_g(a_i) \leq \log(g) l_g \left(\prod_{i=1}^{n} a_i \right).$$

Es seien jetzt $l_g(a_i) = l_i \geq 2$ für alle $i = 1, \ldots, n$. Dann erhalten wir

$$l_g \left(\prod_{i=1}^{n} a_i \right) \geq \log_g \left(\prod_{i=1}^{n} |a_i| \right) \geq \log_g \left(\prod_{i=1}^{n} g^{l_i - 1} \right) = \sum_{i=1}^{n} (l_i - 1) \geq \sum_{i=1}^{n} l_i / 2.$$

Es seien schließlich $a_1, \ldots, a_m$ von der Länge 1 und $a_{m+1}, \ldots, a_n$ von der Länge größer als 1. Dann erhalten wir

$$\sum_{i=1}^{n} l_g(a_i) \;=\; \sum_{i=1}^{m} l_g(a_i) + \sum_{i=m+1}^{n} l_g(a_i) \leq \log(g) l_g \left(\prod_{i=1}^{m} |a_i| \right) + 2 l_g \left(\prod_{i=m+1}^{n} |a_i| \right)$$

$$\leq\; 2 \log(g) \left(l_g \left(\prod_{i=1}^{m} |a_i| \right) + l_g \left(\prod_{i=m+1}^{n} |a_i| \right) \right) \leq 4 \log(g) l_g \left(\prod_{i=1}^{n} |a_i| \right)$$

unter der Benutzung der oberen Ungleichungen und der Relation $l_g(a) + l_g(b) \leq 2 l_g(ab)$, welche für alle $a, b \in \mathbb{Z} \backslash \{0\}$ wahr ist. $\square$

Beweis von Satz 3.8: Es bezeichne $u_2, \ldots, u_{r+1}$ ($u_{r+1} = 0$) die durch den euklidischen Algorithmus berechnete Restfolge und $q_1, \ldots, q_r$ die zugehörige Quotientenfolge, welche durch (3.5) verknüpft sind. Wenn u_i und u_{i+1} schon vorhanden sind, dann muß man u_i durch u_{i+1} dividieren. Der maximale Zeitaufwand dafür ist nach Satz 3.6 proportional zu $l(u_{i+1}) l(q_{i+1})$. Es gilt offensichtlich $l(u_{i+1}) \leq l(u_1)$. Damit erhalten wir die folgende obere Abschätzung.

$$t^{\max}_{IGCDE}(m,n,k) \;\leq\; \sum_{i=1}^{r} l(u_i)l(q_i) \leq l(u_1)\left(\sum_{i=1}^{r-1} l(q_i) + l(q_r)\right)$$

$$\leq\; 4l(u_1)l\left(q_r \prod_{i=1}^{r-1} q_i\right), \tag{3.7}$$

wobei wir (3.6) mit $g = 2$ benutzt haben.

Es gilt $q_r = \dfrac{u_{r-1}}{u_r}$ und

$$u_{i-1} = q_i u_i + u_{i+1} > (q_i + 1)u_{i+1}, \text{ das heißt } q_i + 1 < \frac{u_{i-1}}{u_{i+1}}.$$

Damit folgt

$$q_r \prod_{i=1}^{r-1}(q_i + 1) < \frac{u_{r-1}}{u_r}\prod_{i=1}^{r-1}\frac{u_{i-1}}{u_{i+1}} = \frac{\prod_{i=0}^{r-1} u_i}{u_r \prod_{i=2}^{r} u_i} = \frac{u_0 u_1}{u_r^2} \leq \left(\frac{u_0}{u_r}\right)^2,$$

woraus wir unmittelbar

$$l\left(q_r \prod_{i=1}^{r-1}(q_i + 1)\right) \leq 2(l(u_0) - l(u_r) + 1) = 2(m - k + 1)$$

erhalten. Kombiniert man diese Abschätzung mit (3.7), dann bekommt man die Aussage des Satzes. $\square$

Ich bemerke hier, daß G.E. Collins [31] bewiesen hat, daß die durchschnittliche Komplexität des euklidischen Algorithmus ebenfals $O(n(m - k + 1))$ ist.

Für lange Zahlen kann der euklidische Algorithmus sehr zeitaufwendig sein. Man kann diese Aufgabe mit einer Idee von D.H. Lehmer [65] auf die Berechnung der euklidischen Darstellungen mehrerer Zahlenpaare zurückführen, welche schon klein sind. Der folgende Satz beschreibt die Grundidee.

Satz 3.9 *Es seien a_i, b_i, $i = 0, 1, 2$ ganze Zahlen mit*

$$\frac{a_1}{b_1} < \frac{a_0}{b_0} < \frac{a_2}{b_2} \tag{3.8}$$

und so, daß die ersten k Ziffern der euklidischen Darstellung von (a_i, b_i) für $i = 1, 2$ übereinstimmen. Dann fängt die euklidische Darstellung von (a_0, b_0) mit denselben k Ziffern an.

Beweis: Es seien den Paaren (a_i, b_i) für $i = 1, 2$ die euklidischen Darstellungen $(z_1, \ldots, z_k, z_{k+1}, \ldots)$ und $(z_1, \ldots, z_k, z'_{k+1}, \ldots)$ zugeordnet. Es gilt

$$a_1 = z_1 b_1 + u_1^{(1)}, \text{ das heißt } \frac{a_1}{b_1} = z_1 + \frac{u_1^{(1)}}{b_1}$$

und

$$a_2 = z_1 b_2 + u_1^{(2)}, \text{ das heißt } \frac{a_2}{b_2} = z_1 + \frac{u_1^{(2)}}{b_2}.$$

Wir haben wegen (3.8)

$$z_1 + \frac{u_1^{(1)}}{b_1} < \frac{a_0}{b_0} < z_1 + \frac{u_1^{(2)}}{b_2}$$

oder

$$0 \le \frac{u_1^{(1)}}{b_1} < \frac{a_0}{b_0} - z_1 < \frac{u_1^{(2)}}{b_2} < 1, \qquad (3.9)$$

woraus mit $a_0 - b_0 z_1 = u_1^{(0)}$ dann

$$0 \le \frac{u_1^{(0)}}{b_0} < 1$$

folgt. Es gilt also $z_1 = a_0 \text{ div } b_0$ und $u_1^{(0)} = a_0 \text{ mod } b_0$. Die Ungleichung (3.9) impliziert auch

$$\frac{b_2}{u_1^{(2)}} < \frac{b_0}{u_1^{(0)}} < \frac{b_1}{u_1^{(1)}},$$

wobei wir $a/0 = \infty$ setzen, wenn $u_1^{(1)} = 0$ ist. Mit Induktion folgt nun die Behauptung. $\square$

Kennt man die ersten k Ziffern der euklidischen Darstellung von (a, b) und bezeichnet $u_0 = b, u_1, \dots$ die Restfolge, dann gilt

Satz 3.10 *Es seien $a \ge b > 0$ und $(q_1, \dots, q_k, \dots)$ die euklidische Darstellung von (a, b). Dann gilt*

$$(u_{k+1}, u_k) = (b, a) \prod_{j=1}^{k} \begin{pmatrix} 0 & 1 \\ 1 & -q_j \end{pmatrix} = (b, a) \begin{pmatrix} A_k & B_k \\ C_k & D_k \end{pmatrix}$$

mit A_k, B_k, C_k und D_k in $\mathbb{Z}$.

Beweis: Im Beweis vom Satz 2.3 haben wir

$$U^{(k)T} = U^{(0)T} \prod_{j=1}^{k} \begin{pmatrix} 0 & 1 \\ 1 & -q_i \end{pmatrix} = U^{(0)T} \begin{pmatrix} A_k & B_k \\ C_k & D_k \end{pmatrix}$$

bekommen. Von $U^{(k)}$ brauchen wir nur die letzte Zeile, welche mit der jetzigen Bezeichnung (u_{k+1}, u_k) ist. Somit ist der Satz bewiesen. $\square$

Jetzt können wir den euklidischen Algorithmus für lange Zahlen formulieren. Die Konstante N bezeichnet einen Grenzwert für die Länge der Zahlen, bis zu der Algorithmus 2.2, GCD, erfahrungsgemäß schnell genug ist.

Algorithmus 3.5 (Lehmer-GCD)

Input: $a, b \in \mathbb{Z}$ *mit* $a \geq b > 0$
Output: $d = \text{ggT}(a, b).$

$$(\text{* Im Algoritmus benutzen wir eine Matrix } U_1^T = \begin{pmatrix} u_{11} & u_{12} & u_{13} \\ v_{11} & v_{12} & v_{13} \end{pmatrix}$$

$$\text{und einen Vektor } U_2^T = \begin{pmatrix} u_{23} \\ v_{23} \end{pmatrix} \text{ mit ganzzahligen Einträgen. *)}$$

1. $a' \leftarrow a,\ b' \leftarrow b.$

2. **if** $l(b') \leq N$ **then** $d \leftarrow GCD(a', b')$, **output** d, **return,**

3. $a_1 \leftarrow \text{first}(a'),\ a_2 \leftarrow a_1 + 1, b_2 \leftarrow \text{first}(b'),\ b_1 \leftarrow b_2 + 1,$

$$U_1^T \leftarrow \begin{pmatrix} 1 & 0 & a_1 \\ 0 & 1 & b_1 \end{pmatrix},\ U_2^T \leftarrow \begin{pmatrix} a_2 \\ b_2 \end{pmatrix},$$

4. $q \leftarrow u_{13} \text{ div } v_{13},$

5. **if** $q \neq u_{23} \text{ div } v_{23}$ **then goto** 7,

6. $U_1 \leftarrow U_1 \begin{pmatrix} 0 & 1 \\ 1 & -q \end{pmatrix},\ U_2^T \leftarrow U_2^T \begin{pmatrix} 0 & 1 \\ 1 & -q \end{pmatrix}$, **goto** 4,

7. $(a', b') \leftarrow (a', b') \begin{pmatrix} u_{11} & v_{11} \\ u_{12} & v_{12} \end{pmatrix}$, **goto** 2.,

Aus den Sätzen 3.9 und 3.10 folgt unmittelbar, daß dieser Algorithmus richtig arbeitet.

D.E. Knuth [62] kombinierte die Idee von D.H. Lehmer mit den schnellen Algorithmen für Multiplikation und Division, und so konnte er beweisen, daß die Komplexität der ggT-Berechnung kleiner als $O(n \log^5 n \log \log n)$ ist, wobei $n = \max\{l(a), l(b)\}$ ist. Diese Abschätzung wurde durch A. Schönhage [95] auf $O(n \log^2 n \log \log n)$ verbessert. Eine Analyse verschiedener Varianten und Implementierungen des Lehmer-GCD Algorithmus findet man bei T. Jebelian [58].

4 Restklassenringe, Primzahltests und Faktorisierung in $\mathbb{Z}$

Dividiert man ganze Zahlen durch eine gegebene ganze Zahl, dann gibt es nur endlich viele Möglichkeiten für den Rest. Bei diesem Prozeß gehen zwar die meisten Eigenschaften der Zahlen verloren, aber im Rest können immer noch genug Informationen stecken, um gewisse Aufgaben teilweise oder sogar vollständig lösen zu können. Man findet mehrere Beispiele in den Abschnitten über Primzahltests und Faktorisierung über $\mathbb{Z}$. Die Idee, mit den Resten zu rechnen, war bereits im XVIII. Jahrhundert bekannt. Der Kongruenzbegriff hat sich dann durch die Tätigkeit von C.F. Gauß in der Mathematik endgültig eingebürgert.

In einem Ring gibt es im allgemeinen keine Division mit Rest. Der fruchtbare Kongruenzbegriff kann trotzdem mit der Einführung der Ideale verallgemeinert werden. Ideale, homomorphe Bilder und Restklassenringe hängen in dieser Welt sehr eng zusammen. Die Eigenschaften und Rechenregeln in Restklassenringen zu unterzusuchen ist nicht nur vom theoretischen, sondern auch vom algorithmischen Standpunkt aus sehr wichtig. Homomorphe Bilder eines Ringes haben nämlich im allgemeinen einfachere Struktur, in der Praxis sind sie oft endlich. Sie enthalten andererseits immer noch genug Informationen, gewisse Probleme lösen zu können. Ein schönes Beispiel ist die Faktorisierung von Polynomen mit ganzen Koeffizienten.

Am Anfang dieses Kapitels fassen wir die grundliegenden Begriffe und Kenntnisse über Ideale und Restklassenringe zusammen. In der Computeralgebra versucht man oft, gewisse Probleme zuerst in einigen Restklassenringen eines Ringes R zu lösen. Diese Vorgehensweise nennt man eine *modulare Methode*. Jede Lösung in einem Restklassenring enthält ein Stück Information über die Lösung in R. Man kann die gefundenen Informationsstücke mit der Hilfe des Chinesischen Restsatzes 'zusammenkleben'.

Neben den Restklassen modulo m von $\mathbb{Z}$ sind endliche Körper die häufigsten vorkommenden Restklassenringe. Wir untersuchen ihre wichtigsten Eigenschaften und die Repräsentationsmöglichkeiten ihrer Elemente im Abschnitt 4.4. In den zwei letzten Abschnitten beschäftigen wir uns mit Primzahltests und Faktorisierungsmethoden von ganzen Zahlen. Hier spielen Algorithmen in Restklassenringen von $\mathbb{Z}$ eine grundliegende Rolle.

4.1 Ideale kommutativer Ringe

Wir setzen in diesem Abschnitt voraus, daß alle vorkommenden Ringe kommutativ sind und ein Einselement 1 enthalten. Es sei R ein Ring. Wir bezeichnen mit

$$A + B = \{x : x = a + b, a \in A, b \in B\},$$

$$AB \;=\; \{x \;:\; x = ab, a \in A, b \in B\}$$

die Summe und das Produkt der Mengen $A, B \subseteq R$. Die Menge $\emptyset \neq I \subseteq R$ heißt *Ideal*, wenn die Bedingungen

$$I + I = I$$

und

$$RI = IR = I$$

erfüllt sind. Es sei $H \subseteq R$. Es existiert immer ein minimales Ideal, das H enthält, nämlich der Durchschnitt aller H enthaltenden Ideale. Man nennt es das durch H erzeugte Ideal, es wird mit (H) bezeichnet. Wenn I ein Ideal ist und eine endliche Menge $H \subseteq I$ existiert, so daß $I = (H)$ gilt, dann heißt I *endlich erzeugt*. Ist schließlich I durch ein Element erzeugt, dann nennen wir I ein *Hauptideal*. In diesem Fall besteht I aus allen Vielfachen des erzeugenden Elementes.

Mit demselben Gedankengang, welcher zum Beweis des Satzes 2.6 führte, kann man auch folgenden Satz zeigen.

Satz 4.1 *In einem euklidischen Ring ist jedes Ideal I ein Hauptideal, und I kann durch ein Element mit minimaler euklidischer Norm erzeugt werden.*

Bemerkung 5 *Die letzte Behauptung gilt sogar, wenn in der Definition der euklidischen Norm die Multiplikativität nicht verlangt ist.*

Es sei I ein Ideal von R, und es bezeichne

$$R/I = \{a + I \;:\; a \in R\}$$

die Menge der Restklassen von R mod I.

Auf der Menge R/I können wir Addition und Multiplikation durch die Vorschriften

$$(a_1 + I) + (a_2 + I) = (a_1 + a_2) + I$$

$$(a_1 + I)(a_2 + I) = a_1 a_2 + I$$

definieren. Man kann dann beweisen, daß $(R/I, +, *)$ ebenfalls ein Ring ist, den man den *Restklassenring* von R nennt. Ordnet man jedem $a \in R$ die Restklasse $\varphi(a) = a + I$ zu, dann sieht man, daß φ ein Ringhomomorphismus ist; also ist R/I ein homomorphes Bild von R.

<u>Beispiel</u> 1. Es sei $R = \mathbb{Z}$ und I ein Ideal von R. Es sei m das kleinste positive Element von I. Ein solches Element existiert, da I nicht-leer ist. Für alle $n \in I$ gibt es $q, r \in \mathbb{Z}$ so daß $n = qm + r$ und $0 \leq r < m$ ist. Aus $r = n - qm$ folgt $r \in I$ und wegen der Wahl von m muß $r = 0$ sein, das heißt $m|n$ gelten. I ist also ein Haupideal.

Es sei $m \geq 1$, $I = m\mathbb{Z}$, $a \in \mathbb{Z}$ und $a + I$ eine Restklasse bezüglich I. Schreiben wir $a = qm + r$ mit $0 \leq r < m$, dann gilt $a + I = r + qm + m\mathbb{Z} = r + m\mathbb{Z}$, es gibt also genau m verschiedene Restklassen modulo I.

Ferner gilt $a + I = b + I$ genau dann, wenn $a - b \in I$ ist, also wenn $m|a - b$ gilt. Wir werden in diesem Fall

$$a \equiv b \quad (\mathrm{mod}\ m)$$

schreiben. Für den Restklassenring $\mathbb{Z}/m\mathbb{Z}$ benutzen wir der Einfachheit halber im weiteren die Bezeichnung $\mathbb{Z}/m$.

Die Aussage, daß $\mathbb{Z}/m$ ein homomorphes Bild von $\mathbb{Z}$ ist, können wir mit der Kongruenzrelation folgendermaßen ausdrücken: Wenn $a_1 \equiv a_2$ $(\mathrm{mod}\ m)$ und $b_1 \equiv b_2$ $(\mathrm{mod}\ m)$ erfüllt sind, dann gilt

$$a_1 + b_1 \equiv a_2 + b_2 \quad (\mathrm{mod}\ m)$$

und

$$a_1 b_1 \equiv a_2 b_2 \quad (\mathrm{mod}\ m).$$

Aus den Eigenschaften des größten gemeinsamen Teilers folgt die folgende Eigenschaft der Kongruenzrelation: Sind $c \neq 0$, $a, b, m \in \mathbb{Z}$ und $ac \equiv bc$ $(\mathrm{mod}\ m)$, dann gilt $a \equiv b$ $(\mathrm{mod}\ \dfrac{m}{\mathrm{ggT}(m, c)})$.

<u>Beispiel 2.</u> Es sei $R = K[x]$, wobei K, wie üblich, einen Körper bezeichnet, und $I = P(x)R$ mit einem $P(x) \in R$. Ist $P(x) \in K$, dann ist $P(x)R = R$ und $R/I = R/R = (0)$. Ist dagegen $\deg(P)$, der Grad von $P(x)$, positiv und $Q(x) \in R$, dann kann man die Restklasse $Q(x) + P(x)R$ mit einem $Q(x)$ erzeugen, welches die Eigenschaft $\deg(Q) < \deg(P)$ hat. Die Koeffizienten der Erzeugenden der Restklassen können beliebige Elemente aus K sein. Somit erhält man

$$|R/P(x)R| = |K|^{\deg(P)},$$

falls K endlich ist. Ist also $\deg(P) > 0$ dann ist $R/P(x)R$ genau dann endlich, wenn K endlich ist.

Die Bedeutung des Idealbegriffes liegt darin, daß man damit alle homomorphen Bilder eines Ringes beschreiben kann. Es gilt nämlich:

Satz 4.2 *Es seien R_1, R_2 Ringe und $\varphi : R_1 \to R_2$ ein Ringepimorphismus. Es sei weiter $I = \{r | r \in R_1,\ \varphi(r) = 0\}$ der Kern des Epimorphismus. Dann ist I ein Ideal von R_1 und R_1/I isomorph zu R_2.*

Die Bedeutung dieses Satzes für die Computeralgebra kann man folgendermaßen erklären. Nehmen wir an, daß wir in einem Ring R ein Problem P lösen wollen. P hat ein Bild in jedem homomorphen Bild von R.

Haben $R_1, R_2, \ldots$ eine weniger komplizierte Struktur als R, so kann man $\varphi_1(P)$, $\varphi_2(P), \ldots$ in den entsprechenden Ringen einfacher lösen als in R. Es kommt sogar oft vor, daß man $\varphi_i(P)$ bis auf endlich viele Ausnahmen trivial lösen kann. Ein anderer günstiger Fall liegt dann vor, wenn man aus der Lösung endlich vieler homomorpher Probleme die Lösung des ursprünglichen Problem einfach berechnen kann. Das heißt, die Kenntnis der homomorphen Bilder macht es oft möglich 'divide and conquer' Techniken anzuwenden.

Ich möchte hier einige Bemerkungen machen über die Mehrdeutigkeit unserer algebraischen Bezeichnungen, insbesondere die Auswirkung dieser Mehrdeutigkeit auf die Implementierung der Operationen. In einem Ring R werden die Operationen üblicherweise mit $+$ und $*$ bezeichnet. Hinter diesen Bezeichnungen stecken zwei Funktionen, welche beschreiben, wie die Summe, bzw. das Produkt zweier Elemente berechnet werden kann.

Einen Ring können wir 'verkleinern' durch Restklassenringbildung oder 'vergrößern', wenn wir darüber einen Polynomring oder einen Matrizenring bilden. Diese Konstruktionen können sogar gemischt vorkommen. Die algebraischen Zahlkörper erhalten wir zum Beispiel aus dem Polynomring $\mathbb{Q}[x]$ durch Restklassenringbildung. Die endlichen Körper entstehen, wenn wir zuerst den Restklassenring $\mathbb{F}_p = \mathbb{Z}/p$, mit einer Primzahl p bilden, dann den Polynomring $\mathbb{F}_p[x]$ und schließlich $\mathbb{F}_p[x]/(P(x))$, wobei $P(x) \in \mathbb{F}_p[x]$ ein irreduzibles Polynom ist.

Wir können auf diese Weise aus $\mathbb{Z}$ oder aus $\mathbb{Q}$ unendlich viele Ringe erzeugen, welche sich entweder in der Grundmenge oder in den Operationen unterscheiden. Alle möglichen, nicht einmal alle in der Praxis benutzten algebraischen Strukturen können natürlich in einem Computeralgebra-System eingebaut werden. Die gängigen Computeralgebra-Systeme bieten sogar kaum Möglichkeiten, Elemente verschiedener algebraischer Strukturen zu unterscheiden oder neue algebraische Strukturen zu definieren.

MAPLE unterscheidet Konstanten und Matrizen sogar dadurch, daß es die üblichen Bezeichnungen der Operationen $+$ und $*$ für Matrizen nur mit der Ergänzung evalm kennt. Die neuen objektorientierten Programmiersprachen bieten eine gute Möglichkeit, die oben erwähnten Schwachstellen der jetztigen Computeralgebra-Systeme zu umgehen.

4.2   Idealarithmetik

Es seien R ein Ring und $\mathcal{I}(R)$ die Menge der Ideale von R. Die Summe zweier Ideale ist wieder ein Ideal, aber das Produkt $I_1 I_2$ zweier Ideale bildet im allgemeinen kein Ideal. Es gibt aber immer ein minimales Ideal, welche $I_1 I_2$ enthält. Genau jenes Ideal nennen wir das Produkt von I_1 und I_2. Die formale Definitionen lauten:

$$I_1 + I_2 \;=\; \{n_1 + n_2 : n_1 \in I_1, n_2 \in I_2\}$$
$$I_1 \cdot I_2 \;=\; (I_1 I_2) = \{a_1 b_1 + \ldots + a_k b_k \;:\; a_i \in I_1, b_i \in I_2, i = 1, \ldots, k, k \geq 0.\}$$

$(\mathcal{I}(R), +, \cdot)$ bildet ein Verband mit dem minimalen Element (0) und dem maximalen Element $(1) = R$. Im allgemeinen gilt $I_1 \cdot I_2 \subseteq I_1 \cap I_2$. In einem wichtigen Fall gilt hier die Gleichheit.

Lemma 4.1 *Es seien* $I_1, \ldots, I_n \in \mathcal{I}(R)$, *so daß*

$$I_j + I_k = (1) \text{ für alle } 1 \leq j < k \leq n$$

ist. Dann gilt $I_1 \cdots I_n = I_1 \cap \ldots \cap I_n$.

Beweis: Betrachten wir zunächst den Fall $n = 2$. Es seien $I_1, I_2 \in \mathcal{I}(R)$ mit $I_1 + I_2 = (1)$. Es gilt offensichtlich $I_1 \cdot I_2 \subseteq I_1 \cap I_2$, wir müssen also nur noch die Relation $I_1 \cap I_2 \subseteq I_1 \cdot I_2$ zu beweisen. Es existieren $m_1 \in I_1$ und $m_2 \in I_2$, so daß $m_1 + m_2 = 1$ ist. Es sei $x \in I_1 \cap I_2$. Dann gilt $xm_1 + xm_2 = x$. Beide Elemente xm_1 und xm_2 gehören zu $I_1 I_2$, wegen $x \in I_1 \cap I_2, m_1 \in I_1$ und $m_2 \in I_2$. Es gilt also $x \in I_1 \cdot I_2$, und das Lemma ist für $n = 2$ bewiesen.

Nehmen wir an, daß die Behauptung richtig ist für $n - 1$. Es existieren nach der Voraussetzung $m_j \in I_j$ und $m^{(j)} \in I_n$ mit $m_j + m^{(j)} = 1$ für alle $j = 1, \ldots, n - 1$. Es folgt

$$\prod_{j=1}^{n-1} (m_j + m^{(j)}) = 1.$$

Multipliziert man das Produkt von der linken Seite aus, dann bekommt man eine Summe von 2^{n-1} Summanden. Jede Summande ist das Produkt von $n-1$ Elementen aus R. Darüber hinaus enthält jede Summande, außer $m_1 \cdots m_{n-1}$, einen Faktor aus I_n. Somit erhalten wir

$$1 = \prod_{j=1}^{n-1} (m_j + m^{(j)}) = m_1 \cdots m_{n-1} + m$$

mit einem $m \in I_n$, das heißt $I_1 \cdots I_{n-1} + I_n = (1)$.

Es folgt $I_1 \cdots I_{n-1} \cap I_n = I_1 \cdots I_{n-1} I_n$, weil das Lemma für $n = 2$ oben bewiesen wurde. Die Induktionsvoraussetzung impliziert schließlich

$$I_1 \cap \ldots \cap I_{n-1} \cap I_n = I_1 \cdots I_{n-1} \cap I_n = I_1 \cdots I_{n-1} I_n.$$

Das Lemma ist vollständig bewiesen. $\square$

$(\mathcal{I}(R), \cdot)$ ist offensichtlich eine kommutative Halbgruppe mit dem Einselement $(1) = R$. So können wir die Teilbarkeitsrelation auch für Ideale definieren. Es seien $I_1, I_2 \in \mathcal{I}(R)$. Das Ideal I_1 teilt I_2, $I_1|I_2$, wenn ein $I_3 \in \mathcal{I}(R)$ existiert, so daß $I_2 = I_1 \cdot I_3$ ist. Interessanterweise sind jetzt Teilbarkeit und Mengenordnung eng verwandt. Es gilt nämlich:

Lemma 4.2 *Für $I_1, I_2 \in \mathcal{I}(R)$ mit $I_1|I_2$ gilt $I_1 \supseteq I_2$.*

Beweis: Wenn $I_1|I_2$ gilt, dann gibt es ein I_3, so daß

$$I_2 = I_1 \cdot I_3 \subseteq I_1 \cap I_3$$

ist, das heißt $I_2 \subseteq I_1$. $\square$

Bezüglich der Teilbarkeitsrelation können wir Primideale definieren. Das Ideal $P \neq (1)$ ist ein *Primideal*, wenn gilt: aus $P|AB$ und $P \nmid A$ folgt $P|B$. Auf der anderen Seite können wir bezüglich der Teilmengenrelation maximale Ideale definieren. Das Ideal $M \neq (1)$ heißt *maximal*, wenn aus $I \supset M$ immer $I = R$ folgt. Diese Ideale können auch durch Eigenschaften der entsprechenden Restklassenringe charakterisiert werden.

Satz 4.3 *Es sei $I \in \mathcal{I}(R)$, dann ist R/I*

1. *nullteilerfrei genau dann, wenn I ein Primideal ist;*

2. *ein Körper genau dann, wenn I maximal ist.*

Beweis:
1. Es sei I ein Primideal, und wir nehmen an, daß R/I einen Nullteiler enthält. Es existieren also $a, b \in R$ mit $(a+I)(b+I) = ab+I = I$, also $ab \in I$. Die Ideale (a) und (b) sind also nicht in I enthalten, aber ihr Produkt ist es. Dies ist ein Widerspruch zur Wahl von I.

Es seien jetzt R/I nullteilerfrei und $A, B \in \mathcal{I}(\mathcal{R})$, so daß $I|A \cdot B$ aber $I \nmid A$ gilt. Es bezeichne φ den natürlichen Homomorphismus von R nach R/I. Dann ist $\varphi(A \cdot B) = 0 = \varphi(A) \cdot \varphi(B)$, aber $\varphi(A) \neq 0$. Also ist $\varphi(B) = 0$ und somit $B \subseteq I$, oder $I|B$. Damit ist die erste Behauptung bewiesen.

2. Es sei I jetzt ein maximales Ideal. Der Restklassenring R/I ist ein kommutativer Ring mit Einselement. Es sei $a + I$ ein von I verschiedenes Element von R/I. Dann gilt $(a, I) = R$ wegen $a \notin I$ und I maximal. Somit muß es ein $b \in R$ geben mit $ba \in 1 + I$ und $b + I$ ist die multiplikative Inverse von $a + I$. R/I ist also ein Körper.

Ist schließlich R/I ein Körper und $a \notin I$, dann gibt es ein $b \in R$ mit $(a+I)(b+I) = 1 + I$. Somit ist das Ideal (a, I) mit R identisch, I ist also maximal. $\square$

Folgerung 4.1 *Jedes maximale Ideal ist ein Primideal.*

Folgerung 4.2 *Es sei E ein euklidischer Ring und $0 \neq \alpha \in E$. Der Restklassenring $E/(\alpha)$ ist ein Körper genau dann, wenn α ein Primelement ist.*

Wir haben nach Satz 4.1 darauf hingewiesen, daß sich gewisse Probleme auf mehrere einfachere Probleme mittels homomorpher Bilder übersetzen lassen. Findet man die Lösungen dieser Teilprobleme, dann möchte man daraus die Lösungen des ursprünglichen Problems zurückgewinnen. Diese Aufgabe kann oft aufgrund des folgenden Satzes gelöst werden.

Satz 4.4 (Chinesischer Restsatz) *Es seien $I_1, \ldots, I_n$ Ideale eines kommutativen Ringes R mit*

$$I_j + I_k = (1) \tag{4.1}$$

für alle $1 \leq j < k \leq n$. Dann gibt es für alle $x_1, \ldots, x_n \in R$ ein modulo $I_1 \cdots I_n$ eindeutig bestimmtes Element $x \in R$ mit $x - x_i \in I_i$, $i = 1, \ldots, n$.

Dieser Satz läßt sich in äquivalenter Weise folgendermaßen formulieren:

Satz 4.5 *Es seien $I_1, \ldots, I_n$ wie im Satz 4.4. Dann ist die Abbildung*

$$\varphi : x \to (x + I_1, \ldots, x + I_n)$$

ein surjektiver Homomorphismus von R auf $R/I_1 + \ldots + R/I_n$ mit Kern $I_1 \cdots I_n$.

Beweis: *Eindeutigkeit.* Es seien $x, y \in R$ mit $x - x_i$, $y - x_i \in I_i$, $i = 1, \ldots, n$; dann ist $x - y \in I_1 \cap \ldots \cap I_n = I_1 \cdots I_n$ wegen Lemma 4.1.

Existenz. Wir geben zwei Methoden an, womit man ein geeignetes Element bestimmen kann. Am Ende diskutieren wir die Vor- und Nachteile dieser Methoden.

1. *Die Methode von Lagrange.* Wegen (4.1) gibt es zu jedem Paar j, k mit $1 \leq j, \ k \leq n$; $j \neq k$ Elemente $n_k^{(j)} \in I_k$ und $n_j^{(k)} \in I_j$ mit

$$n_j^{(k)} + n_k^{(j)} = 1. \tag{4.2}$$

Es sei $L_k = \prod_{\substack{j=1 \\ j \neq k}}^{n} n_j^{(k)}$. Dann gilt $L_k \in I_j$, für alle $j = 1, \ldots, n$; $j \neq k$. Wir haben außerdem

$$L_k - 1 = \prod_{\substack{j=1 \\ j \neq k}}^{n} (1 - n_k^{(j)}) - 1 = 1 - m_k - 1 = m_k \in I_k.$$

Es sei nun

$$x = \sum_{i=1}^{n} x_i L_i.$$

Dann gilt $x - x_k = \sum_{\substack{i=1 \\ i \neq k}}^{n} x_i L_i + x_k(L_k - 1) \in I_k$ wegen der bewiesenen Eigenschaften der Ideale $I_1, \ldots, I_n$.

2. *Die Methode von Newton.* (Iterativ) Es sei $x^{(1)} = x_1$ und nehmen wir an, daß ein Element $x^{(k-1)}$ schon gefunden ist mit

$$x^{(k-1)} - x_j \in I_j; \quad j = 1, \ldots, k - 1.$$

Es seien

$$a_k = x_k - x^{(k-1)}$$

und

$$x^{(k)} = x^{(k-1)} + a_k \prod_{j=1}^{k-1} n_j^{(k)},$$

wobei die $n_j^{(k)}$ (4.2) genügen. Dann gilt $x^{(k)} \equiv x^{(k-1)} \equiv x_j \pmod{I_j}$, $j = 1, \ldots, k-1$ wegen der Eigenschaft von $x^{(k-1)}$ und der Definition von $x^{(k)}$. Wir haben noch

$$x^{(k)} \equiv x^{(k-1)} + a_k \prod_{j=1}^{k-1} (1 - n_k^{(j)}) \equiv x^{(k-1)} + a_k \equiv x_k \pmod{I_k},$$

das heißt $x^{(k)}$ löst das Problem für k. Setzen wir schließlich $k = n$, dann erhalten wir ein Element $x = x^{(n)}$ mit der im Satz beschriebenen Eigenschaft. $\square$

4.3 Chinesischer Restalgorithmus über euklidischen Ringen

Euklidische Ringe sind die allgemeinste Art von Ringen, für die wir einen effizienten Algorithmus für die Lösung des chinesischen Restproblems haben. In einem euklidischen Ring ist nämlich jedes Ideal ein Hauptideal, das heißt jedes Ideal läßt sich durch ein Element erzeugen. Die erzeugenden Elemente des Ideals können wir als Elemente mit kleinster positiver Norm charakterisieren. Das chinesische Restproblem können wir hier also als ein Problem über die Elemente formulieren.

Zwar ist sowohl die Lagrangesche als auch die Newtonsche Methode algorithmisch, doch hat die zweite Methode wesentliche Vorteile gegenüber der ersten. Die Vorteile sind:

1. Wir brauchen die Gleichungen (4.2) nur für $k > j$ zu betrachten und somit nur $\binom{n-1}{2}$ gegenüber $(n-1)^2$ Gleichungen der Art (4.2) zu lösen.

2. Die Lösung ist iterativ, wir brauchen also n a priori nicht zu kennen.

3. Gewisse Parameter können vorberechnet werden, was die Rechnung wesentlich beschleunigen kann.

Um diese Vorteile ausnutzen zu können, formulieren wir das Verfahren um. Es seien $I_j = (m_j)$, $j = 1, \ldots, m$. Die Bedingung (4.1) bedeutet nun nichts anderes als $(m_j, m_k) = 1$, $1 \le j < k \le n$. Die Gleichungen (4.2) lassen sich in diesem Fall wie folgt ausdrücken. Es existieren $s_j^{(k)}, s_k^{(j)} \in R$ mit

$$s_j^{(k)} m_j + s_k^{(j)} m_k = 1. \tag{4.3}$$

Diese Gleichungen können mit dem GCDEX Algorithmus 2.3 gelöst werden. Die in dem Newtonschen Verfahren eingeführten Elemente $x^{(k)}$ sind nun durch den Anfangswert $x^{(1)} = x_1$ und durch die Rekursion

$$x^{(k)} = x^{(k-1)} + (x_k - x^{(k-1)}) \prod_{j=1}^{k-1} s_j^{(k)} \prod_{j=1}^{k-1} m_j = x^{(k-1)} + a_k s_k q_k \tag{4.4}$$

definiert. Die Größen

$$q_k = \prod_{j=1}^{k-1} m_j, \quad k = 2, \ldots, n \tag{4.5}$$

und

$$s_k = \prod_{j=1}^{k-1} s_j^{(k)}, \quad k = 2, \ldots, n$$

ändern sich im Laufe des Algorithmus nicht, sie können also vorberechnet werden. Das Ergebnis in (4.4) ändert sich modulo $m_1 \cdots m_k$ nicht, wenn wir a_k durch ein Element $\bar{a}_k$ mit $a_k \equiv \bar{a}_k \pmod{m_k}$ ersetzen. Wir dürfen sogar

$$s_k \equiv \prod_{j=1}^{k-1} s_j^{(k)} \pmod{m_k}, \quad k = 2, \ldots, n \tag{4.6}$$

vorberechnen.

Nach dieser Vorbereitung können wir unseren Algorithmus darstellen.

Algorithmus 4.1 (Chinesischer Restalgorithmus)

Input: $m_1, \ldots, m_n \in E$ *paarweise teilerfremde Elemente,*

          $x_1, \ldots, x_n \in E$,

          $q_2, \ldots, q_n$ *gemäß (4.5)*,

          $s_2, \ldots, s_n$ *gemäß (4.6)*.

Output: $x \in E$ *mit* $x \equiv x_k \pmod{m_k}$, $k = 1, \ldots n$.

1. $x \leftarrow x_1 \bmod m_1$,

2. **for** $k \leftarrow 2$ **to** n **do**
   $\{\, v \leftarrow x \bmod m_k$,
   $a \leftarrow (x_k - v)s_k \bmod m_k$,
   $x \leftarrow x + aq_k, \,\}$

3. **output** x, **return**.

Ist die Anzahl der Moduln groß, dann können wir die iterative Natur der Newtonschen Methode besonders ausnutzen. Dann wird das Produkt der früher betrachteten Moduli groß, da sie paarweise teilerfremd sind, und der aktuelle Modul verhältnismäßig klein. Es ist also sinnvoll, den CRA speziell für zwei solche Zahlen darzustellen, wo das erste m_1 groß, das zweite m_2 dagegen klein ist. Es passiert in diesem Fall oft, daß $x_1 \equiv x_2 \pmod{m_2}$ ist.

Algorithmus 4.2 CRA2

Input: $m_1, m_2 \in E$ *mit* $\mathrm{ggT}(m_1, m_2) = 1$,

          $x_1, x_2 \in E$,

          s, *so daß* $sm_1 \equiv 1 \pmod{m_1}$.

Output: $x \in E$ *mit* $x \equiv x_k \pmod{m_k}$, $k = 1, 2$.

1. $x_1' \leftarrow x_1 \bmod m_2$,
   $d \leftarrow x_2 - x_1' \bmod m_2$,
   if $d = 0$ **then** $\{$ **output** x_1, **return** $\}$

2. $a \leftarrow ds \bmod m_2$,
   $x \leftarrow x_1 + am_1$,

3. **output** x, **return**.

Bevor wir diesen Abschnitt beenden, möchten wir einen einfachen, aber sehr nützlichen Algorithmus für die Potenzierung vorführen. Er hätte auch früher behandelt werden können, aber er wird am meisten in Restklassenringen benutzt.

Wir beginnen mit dem allgemeinsten Fall. Es sei R ein Ring, in dem die Grundoperationen algorithmisch sind, $\alpha \in R$ und $n \in \mathbb{N}$. Der folgende Algorithmus berechnet offensichtlich das Element α^n.

Algorithmus 4.3 (Potenzierung)

Input: $\alpha \in R, n \in \mathbb{N}$,
            n in der dyadischen Listendarstellung $(n_0, \ldots, n_l)$ gegeben,
Output: α^n.

1. **If** $n = (\,)$ **then output 1 return.**

2. $\beta \leftarrow \alpha, m \leftarrow \mathrm{inv}(n), m \leftarrow \mathrm{red}(m),$

3. **while** $m <> (\,)$ **do**
   $\{\ \beta \leftarrow \beta^2,$
   if $\mathrm{first}(m) = 1$ **then** $\beta \leftarrow \beta\alpha,$
   $m \leftarrow \mathrm{red}(m),\ \}$

4. **output** β, **return.**

Die n-te Potenz eines Elementes können wir also mit höchstens $2\log(n)$ Multiplikationen berechnen, wenn die Zwischenresultate nicht schnell wachsen. Dieses Wachstum ist natürlich, wenn der Ring unendlich ist. In solchen Anwendungen können wir natürlich nichts tun. Ist aber der Ring, in dem man arbeitet, endlich, zum Beispiel $\mathbb{Z}/m$ im Primzahltest oder $\mathbb{F}_p[x]/(g(x))$ im Berlekamp Algorithmus, dann kann man Algorithmus 4.3 noch effizienter machen. Wegen ihrer Wichtigkeit stellen wir die Variante für $\mathbb{Z}/m$ vor. In Computeralgebra-Systemen werden im allgemeinen beide Varianten implementiert. Will man also eine große Potenz einer Zahl α modulo m berechnen, dann muß man die 'intelligente' Version der Potenzierung benutzen, da sonst selbst diese einfache Rechnung sehr lange dauern kann.

Algorithmus 4.4 $\alpha^n \bmod m$
  Input: $\alpha \in \mathbb{Z}/m, n \in \mathbb{N}$,
            n in der dyadischen Listendarstellung $(n_0, \ldots, n_l)$ gegeben,
  Output: $\alpha^n \bmod m$.

1. **If** $n = (\,)$ **then output 1 return.**

2. $\beta \leftarrow \alpha, m \leftarrow \mathrm{inv}(n), m \leftarrow \mathrm{red}(m),$

3. **while** $m <> (\,)$ **do**
   $\{\ \beta \leftarrow \beta^2 \bmod m,$
   if $\mathrm{first}(m) = 1$ **then** $\beta \leftarrow \beta\alpha \bmod m,$
   $m \leftarrow \mathrm{red}(m),\ \}$

4. **output** β, **return.**

4.4 Endliche Körper

Es sei $p \in \mathbb{Z}$ eine Primzahl; dann ist der Restklassenring $\mathbb{Z}/p$ ein Körper, welcher genau p Elemente enthält. Wir werden ihn mit $\mathbb{F}_p$ bezeichnen. Wir möchten jetzt die wichtigsten Eigenschaften endlicher Körper untersuchen. In diesen Strukturen sind Addition und Multiplikation rekursive Funktionen, man kann sie zum Beispiel mit endlichen Tabellen definieren. Wir können uns hier natürlich nicht mit sämtlichen Aspekten der endlichen Körper beschäftigen. Für eine tiefere Orientierung verweisen wir auf das Buch von R. Lidl und H. Niederreiter [70].

Nach einem sehr schönen Satz von J.H. Wedderburn sind alle endlichen nullteilerfreien Ringe (kommutative) Körper.

Es sei K ein Körper und 1 sein Einselement. Ist $\alpha \in K$ und $n \in \mathbb{N}$, dann können wir $n\alpha$ als die $n-$fache Summe von α definieren. Diese Definition erweitern wir auf $n \in \mathbb{Z}$, indem wir $n\alpha = -(-n)\alpha$ für $n < 0$ und $n\alpha = 0$ für $n = 0$ setzen. Die Abbildung $n \to n \cdot 1$ ist ein Homomorphismus von $\mathbb{Z}$ nach K. Wenn eine natürliche Zahl n existiert, so daß $n\alpha = 0$ gilt für alle $\alpha \in K$, dann existiert auch eine Primzahl mit derselben Eigenschaft und sie wird die *Charakteristik* von K genannt. Sonst wird die Charakteristik von K als 0 definiert.

Die Charakteristik eines endlichen Körpers K ist immer eine Primzahl. Sie wird mit char(K) bezeichnet. Wenn char$(K) = p$ ist, dann enthält K einen zu $\mathbb{F}_p$ isomorphen Teilkörper. Die für uns nötigen Eigenschaften fassen wir in dem folgenden Satz zusammen.

Satz 4.6 *Es sei K ein endlicher Körper mit $char(K) = p > 0$. Dann gilt*

1. *$|K| = q = p^n$ für ein $n \in \mathbb{N}$,*

2. *$\alpha^q = \alpha$ für alle $\alpha \in K$,*

3. *$K^* = K\backslash\{0\}$ ist bezüglich der Multiplikation eine zyklische Gruppe der Ordnung $q - 1$.*

Beweis: Der Körper K kann als ein Vektorraum über $\mathbb{F}_p$ betrachtet werden. Ist die Dimension dieses Vektorraumes n, dann enthält er p^n Elemente.

Es bezeichne K^* die Menge der von 0 verschiedenen Elemente von K. Dann ist K^* eine multiplikative Gruppe der Ordnung $q - 1$. Es gilt $\alpha^{q-1} = 1$, oder $\alpha^q = \alpha$ für alle $\alpha \in K^*$ nach dem Satz von Lagrange. Da die Relation $0^q = 0$ offensichtlich ist, haben wir die zweite Behauptung bewiesen.

Es sei $\alpha \in K^*$ ein Element mit maximaler Ordnung, sagen wir a. Dann gilt $a|q - 1$ nach dem Satz von Lagrange. Wir zeigen als nächstes $a = q - 1$, woraus 3 unmittelbar folgt.

Nehmen wir $a < q - 1$ an. Die Gleichung $x^a = 1$ hat in einem Körper, also auch in K höchstens a Nullstellen, und K^* hat $q - 1 > a$ Elemente. Es gibt also ein Element $\beta_1 \in K^*$ von der Ordnung m mit $m \nmid a$. Dann existiert eine Primzahl r und $0 \leq k \in \mathbb{Z}$ mit $r^k|a$, $r^{k+1} \nmid a$ und $r^{k+1}|m$. Das Element $\beta = \beta_1^{m/r^{k+1}}$ gehört offensichtlich zu K^* und hat die Ordnung r^{k+1}.

Betrachten wir das Element $\gamma = \alpha\beta \in K^*$. Die Ordnung d von γ teilt ra wegen

$$\gamma^{ra} = (\alpha^a)^r \beta^{ar} = (\beta_1^m)^{ar/r^{k+1}} = 1.$$

Schreiben wir $d = d_1 d_2$ mit $\mathrm{ggT}(d_2, r) = 1$ und $d_1 = r^\ell$, $0 \leq \ell \leq k+1$.
Nehmen wir zuerst $\ell < k+1$ an. Dann gilt $d|a$, und

$$1 = (\gamma^d)^{a/d} = \gamma^a = \alpha^a \beta^a = \beta^a.$$

Das ist ein Widerspruch, da die Ordnung r^{k+1} von β kein Teiler von a ist. Es folgt $d_1 = r^{k+1}$ und $r^k d_2 < a$, weil α ein Element von maximaler Ordnung ist. Es existiert eine Primzahl $q \neq r$, welche $a/(r^k d_2)$ teilt. Wir erhalten

$$1 = \gamma^{d_2 r^{k+1}} = \gamma^{\frac{a}{q}r} = \alpha^{\frac{a}{q}r}\left(\beta^{r^{k+1}}\right)^{a/(qr^k)} = \alpha^{ar/q}.$$

Es seien $t, s \in \mathbb{Z}$, so daß $\frac{a}{q}r = a \cdot t + s$ mit $0 \leq s < a$. Es folgt

$$1 = \alpha^{\frac{a}{q}r} = (\alpha^a)^t \alpha^s = \alpha^s.$$

Die Ordnung von α ist a. Die letzte Gleichung impliziert also $r/q \in \mathbb{Z}$, die Voraussetzung $a < q-1$ führt also zu einem Widerspruch. Das Element α ist somit von der Ordnung $q-1$, und erzeugt die multiplikative Gruppe K^*. Der Satz ist bewiesen. $\square$

Satz 4.7 *Es gibt für alle Primzahlen p und $n \in \mathbb{N}$ einen bis auf Isomorphie eindeutig bestimmten Körper $\mathbb{F}_q$ mit $|\mathbb{F}_q| = p^n = q$.*

Beweis: In dem Beweis benutzen wir einige Sätze, welche wir erst später in Abschnitt 7.1 beweisen werden. Von daher kann der Leser die Bearbeitung dieses Beweises verschieben.

Es sei $\overline{\mathbb{F}}_p$ der algebraische Abschluß von $\mathbb{F}_p$. Hier zerfällt das Polynom $x^q - x$ in Linearfaktoren. Es gilt $D(x^q - x) = qx^{q-1} - 1 = -1$, wobei $D(x^q - x)$ die Ableitung des Polynoms $x^q - x$ bezeichnet. Somit hat $x^q - x$ nach Satz 7.2 lauter einfache Nullstellen. Es bezeichne $\mathbb{F}_q \subset \overline{\mathbb{F}}_p$ die Menge der Nullstellen von $x^q - x$ und seien $\alpha, \beta \in \mathbb{F}_q$. Dann gilt

$$(\alpha\beta)^q = \alpha^q \cdot \beta^q = \alpha\beta$$

und

$$(\alpha + \beta)^q = \alpha^q + \beta^q = \alpha + \beta,$$

$\mathbb{F}_q$ ist also ein Körper.

Die Richtigkeit der ersten Identität ist klar, wir beweisen nun die zweite. Betrachten wir zuerst den Fall $n = 1$. Der Binomiale Lehrsatz impliziert dann

$$(\alpha + \beta)^p = \sum_{i=0}^{p} \binom{p}{i} \alpha^i \beta^{p-i}.$$

Die Primzahl p teilt $\binom{p}{i}$ für alle $0 < i < p$, somit erhalten wir $(\alpha + \beta)^p = \alpha^p + \beta^p$, die Behauptung ist also für $q = p$ wahr. Nehmen wir jetzt

$$(\alpha + \beta)^{p^n} = \alpha^{p^n} + \beta^{p^n}$$

für ein $n \geq 1$ an. Dann erhalten wir

$$\begin{aligned}
(\alpha + \beta)^{p^{n+1}} &= (\alpha^{p^n} + \beta^{p^n})^p \\
&= \sum_{i=0}^{p} \binom{p}{i} \alpha^{ip^n} \beta^{(p-i)p^n} \\
&= \alpha^{p^{n+1}} + \beta^{p^{n+1}},
\end{aligned}$$

da $p | \binom{p}{i}$ gilt für alle $0 < i < p$ und die Charakteristik von $\mathbb{F}_{p^{n+1}}$ gleich p ist.

Aus dem Beweis ist klar, daß alle q-elementigen Körper zu $\mathbb{F}_q$ isomorph sein müssen. $\square$

Die Abbildung $\alpha \to \alpha^q$ ist nach dem Beweis des letzten Satzes ein Automorphismus von $\mathbb{F}_q$, welcher als *Frobenius-Automorphismus* bekannt ist. Er läßt sich in natürlicher Weise zu einem Endomorphismus von $\mathbb{F}_q[x]$ erweitern.

Für die Darstellung der Elemente von $\mathbb{F}_q$ gibt es zwei Möglichkeiten. Die erste nutzt die Gruppenstruktur von $\mathbb{F}_q^*$, die andere die Vektorraumstruktur von $\mathbb{F}_q$ aus. Die erste ist besonders geeignet für Multiplikation, die zweite für Addition. Wir möchten jetzt diese Darstellungen näher untersuchen.

Es sei $\alpha \in \mathbb{F}_q$ ein primitives Element, das heißt ein Erzeuger der Gruppe $\mathbb{F}_q^*$. Wenn q eine Primzahl ist, dann wird traditionsgemäß der Begriff Primitivwurzel statt primitives Element gebraucht. Es seien $\beta, \gamma \in \mathbb{F}_q^*$, dann existieren $m, k \in \mathbb{Z}_{\geq 0}$ mit $\beta = \alpha^m$ und $\gamma = \alpha^k$. Es gilt dann

$$\beta\gamma = \alpha^m \alpha^k = \alpha^{(m+k) \bmod q}$$

und

$$\beta^{-1} = \alpha^{-m \bmod q}.$$

Schwieriger ist es, die Summe von β und γ zu bestimmen. Wir dürfen ohne Beschränkung der Allgemeinheit $m \geq k$ annehmen. Wegen der Identität $\beta + \gamma = \alpha^k(\alpha^{m-k} + 1)$ müssen wir nur die Zuordnung $k \to n_k$ mit $\alpha^k + 1 = \alpha^{n_k}$ für $0 \leq k \leq q - 1$ kennen, dann wird die Addition auf die Multiplikation zurückgeführt. Ist q nicht sehr groß, dann ist es sinnvoll diese Funktion vorzuberechnen und in einer 'look-up table' zu speichern.

Die nächste Frage ist dann, wie schnell man ein primitives Element in einem endlichen Körper finden kann. Um diese Frage zu beantworten, ist der folgende Satz sehr nützlich. Hier und im weiteren wird $\varphi(m)$ die Eulersche Funktion bezeichnen. Für eine natürliche Zahl m ist ihr Wert die Anzahl der positiven und zu m teilerfremden ganzen Zahlen unterhalb m.

Satz 4.8 *Es gibt $\varphi(q-1)$ primitive Elemente in $\mathbb{F}_q$. $\alpha \in \mathbb{F}_q$ ist ein primitives Element dann und nur dann, wenn α eine Nullstelle des Polynoms*

$$\Phi_{q-1}(x) = (x^{q-1} - 1)/S(x)$$

ist mit

$$S(x) = \mathrm{ggT}\left(x^{q-1} - 1, \prod_{\substack{r \mid q-1 \\ 1 \leq r < q-1}} (x^r - 1)\right).$$

Der Grad von Φ_{q-1} ist $\varphi(q-1)$.

Beweis: Es sei $\alpha \in \mathbb{F}_q$ ein primitives Element und $\beta = \alpha^m$ ein anderes Element von $\mathbb{F}_q$. Dieses ist primitiv genau dann, wenn m und $q-1$ teilerfremd sind. Damit ist die erste Behauptung bewiesen.

Es sei $\beta = \alpha^m, 0 \leq m < q-1$, ein Element aus $\mathbb{F}_q$. Dann ist β eine Nullstelle von $x^{q-1} - 1$. Gilt $\mathrm{ggT}(m, q-1) = 1$, dann ist β ein primitives Element von $\mathbb{F}_q$. Dann ist $\beta^r \neq 1$ für $1 \leq r < q-1$, β ist also keine Nullstelle vom $S(x)$, aber eine Nullstelle von $\Phi_{q-1}(x)$.

Nehmen wir jetzt $\mathrm{ggT}(m, q-1) = d > 1$ an. Dann ist β kein primitives Element von $\mathbb{F}_q$. Setzen wir $r = \dfrac{q-1}{d}$. Dann gilt $1 \leq r < q-1$ und

$$\beta^r = \alpha^{rm} = \alpha^{\frac{q-1}{d}m} = (\alpha^{q-1})^{m/d} = 1.$$

Das Element β ist also eine Nullstelle von $x^r - 1$, folglich auch von $S(x)$, also nicht von $\Phi_{q-1}(x)$. Damit ist die zweite Behauptung bewiesen.

Aus der letzten Überlegung folgt auch, daß der Grad von $\Phi_{q-1}(x)$ gleich der Anzahl derjeniger ganzen Zahlen m mit $1 \leq m < q-1$, $\mathrm{ggT}(m, q-1) = 1$, ist, also gleich $\varphi(q-1)$. Wir haben den Satz vollständig bewiesen. $\square$

Wir kennen keinen deterministischen polynomialen Algorithmus für die Bestimmung eines primitives Elementes. Die stärkste Abschätzung $O(p^{1/4+\varepsilon})$, wo die Konstante nur von ε abhängt, stammt vom D.A. Burgess [24]. Aufgrund des letzten Satzes kann man aber einen probabilistischen Algorithmus angeben. Man wählt nämlich zufällig Elemente aus $\mathbb{F}_q$ und testet, ob diese Wurzeln von $\Phi_{q-1}(x)$ sind. Es gilt $\dfrac{\varphi(q-1)}{q-1} > c(\log\log(q-1))^{-1}$ mit einer Konstanten c, wir müssen also durchschnittlich $\log\log(q-1)$ Versuche machen.

Wir untersuchen jetzt die zweite Darstellungsmöglichkeit. Es sei $\omega_1, \ldots, \omega_n$ eine Basis des Vektorraumes $\mathbb{F}_q$ über $\mathbb{F}_p$. Dann existieren zu jedem $\alpha \in \mathbb{F}_q$ eindeutig bestimmte Elemente $\alpha_1, \ldots, \alpha_n \in \mathbb{F}_p$ mit $\alpha = \sum\limits_{i=1}^{n} \omega_i \alpha_i$. Wir ordnen nun α den Vektor $(\alpha_1, \ldots, \alpha_n)$ zu. In dieser Darstellung ist die Addition sehr einfach, sie ist die koordinatenweise Addition der Vektoren.

Es sei $\alpha = \sum\limits_{i=1}^{n} \omega_i \alpha_i$ und $\beta = \sum\limits_{i=1}^{n} \omega_i \beta_i$, dann gilt

$$\alpha\beta = \sum_{i=1}^{n} \omega_i \alpha_i \sum_{j=1}^{n} \omega_j \alpha_j = \sum_{i=1}^{n} \sum_{j=1}^{n} (\omega_j \omega_i)\alpha_i \alpha_j.$$

Wir können $\alpha\beta$ nur dann bestimmen, wenn die Vektordarstellung von $\omega_i \omega_j$, $1 \leq i < j \leq n$ bekannt ist. Im allgemeinen müssen wir also $n^2(n-1)/2$ Daten kennen. Wenn man in $\mathbb{F}_q$ eine Potenzbasis findet, das heißt ein α, so daß $1, \alpha, \ldots, \alpha^{n-1}$ eine Basis des Vektorraumes $\mathbb{F}_q$ über $\mathbb{F}_p$ ist, dann wird die nötige Datenmenge wesentlich kleiner. In der Tat, im Falle einer Potenzbasis muß man nur die Darstellung von $\alpha^n, \ldots, \alpha^{2n-2}$ notieren, also insgesamt nur $n^2 - n$ Daten. Wir zeigen nun, daß $\mathbb{F}_q$ immer eine Potenzbasis besitzt.

Satz 4.9 *Die Menge* $1, \alpha, \ldots, \alpha^{n-1}$ *ist eine Potenzbasis von* $\mathbb{F}_q$ *dann und nur dann, wenn* α *eine Wurzel des Polynoms*

$$P(x) = (x^{q-1} - 1)/R(x)$$

ist mit

$$R(x) = \mathrm{ggT}\Big(x^{q-1} - 1, \prod_{\substack{d|n \\ 1 \leq d < n}} (x^{p^d-1} - 1)\Big).$$

Beweis: Es sei $0 \neq \beta \in \mathbb{F}_q$ und wir nehmen an, daß β die Ordnung b in $\mathbb{F}_q^*$ hat und den Grad k über $\mathbb{F}_p$. Es sei $P_\beta(x)$ das Minimalpolynom von β. Dann ist β eine gemeinsame Wurzel der Polynome $x^b - 1$ und $P_\beta(x)$. Es sei $L = \mathbb{F}_p(\beta)$ der durch β erzeugte Teilkörper von $\mathbb{F}_q$. Der Grad, also die Dimension von L über $\mathbb{F}_p$, ist k und $k|n$. Nach Satz 4.6 ist b ein Teiler von $p^k - 1$ und nach Satz 4.7 ist β eine Wurzel des Polynoms $x^{p^k-1} - 1$. Es folgt $P_\beta(x)|x^{p^k-1} - 1$, da $P_\beta(x)$ irreduzibel ist. Darüber hinaus ist k die kleinste natürliche Zahl mit den Eigenschaften $k|n$ und $P_\beta(x)|x^{p^k-1} - 1$.

Die Potenzen von α bilden eine Basis genau dann, wenn α vom Grad n über $\mathbb{F}_p$ ist. Nach der obigen Überlegung ist α eine Wurzel vom $x^{q-1} - 1$, aber nicht von $R(x)$, das heißt α ist eine Wurzel von $P(x)$.

Es sei nun β eine Wurzel von $P(x)$. Dann ist die Ordnung von β ein Teiler von $p^n - 1$, aber kein Teiler der Zahlen $p^d - 1$ mit $d|n$ und $d < n$. Dann ist der Grad von β genau n.

Es sei schließlich β eine Wurzel von $R(x)$. Dann gibt es ein $1 \leq d < n$, $d|n$, so daß die Ordnung von β die Zahl $p^d - 1$ teilt. Also ist der Grad von β höchstens d, und die Potenzen von β können keine Basis bilden. $\square$

Um also ein erzeugendes Element der Erweiterung $\mathbb{F}_q|\mathbb{F}_p$ zu finden, müssen wir einen Faktor von $P(x)$ bestimmen. Wir kennen wieder keinen polynomialen deterministischen Algorithmus für das Lösen dieses Problems. Die zufällige Wahl der zu testenden Polynome kann aber auch in diesem Fall schnell zur Lösung führen. Vor dem entsprechenden Satz möchten wir ein oft anwendbares Lemma formulieren. Die sogenannte Möbius Funktion $\mu(n)$ ist auf positiven ganzen Zahlen wie folgt definiert:

$$\mu(n) = \begin{cases} 1, & \text{falls} \quad n = 1 \\ (-1)^r, & \text{falls} \quad n = p_1 \cdots p_r \\ 0, & \text{sonst.} \end{cases}$$

Hierbei bezeichnen $p_1, \ldots, p_r$ paarweise verschiedene Primzahlen.

Lemma 4.3 (Möbius'sche Umkehrformel) *Es seien $f, g : \mathbb{N} \to \mathbb{R}$. Wenn*

$$f(n) = \sum_{d|n} g(d)$$

erfüllt ist für alle $n \in \mathbb{N}$, dann gilt

$$g(n) = \sum_{d|n} \mu(d) f(n/d)$$

ebenfalls für alle $n \in \mathbb{N}$.

Satz 4.10 *Es bezeichne I_n die Anzahl der irreduziblen, normierten Polynome mit Koeffizienten aus $\mathbb{F}_p$ vom Grad n. Dann gilt*

$$I_n = \frac{1}{n} \sum_{d|n} \mu(d) p^{n/d}.$$

Beweis: Aus dem Beweis des Satzes 4.9 folgt, daß das Produkt der irreduziblen normierten Polynome vom Grad $1 \le d < n$, $d|n$, mit dem Polynom $x^{p^n} - x$ identisch ist. Wenn man die Grade vergleicht, dann bekommt man unmittelbar

$$p^n = \sum_{d|n} d \cdot I_d.$$

Wendet man nun Lemma 4.3 hierauf an, dann folgt die Behauptung. $\square$

Folgerung 4.3 *Es existiert für jede Primzahl p und jedes $n \in \mathbb{N}$ ein irreduzibles Polynom vom Grad n in $\mathbb{F}_p[x]$.*

Beweis: Aus dem letzten Satz folgt

$$p^n - 2p^{n/2} < n \cdot I_n \le p^n$$

nach einfacher Rechnung. Da lineare Polynome immer irreduzibel sind, dürfen wir $n \ge 2$ annehmen. Dann ist $p^{n/2} - 2$ für beliebige Paare (p, n) positiv, bis auf das Paar $(p, n) = (2, 2)$. In dem ersten Fall ist $p^n - 2p^{n/2}$ positiv, und somit $I_n \ge 1$. Ist schließlich $(p, n) = (2, 2)$, dann ist das Polynom $x^2 + x + 1$ irreduzibel in $\mathbb{F}_2[x]$, und damit ist die Folgerung vollständig bewiesen. $\square$

Die Überlegung im Beweis der Folgerung zeigt, daß die Wahrscheinlichkeit dafür, daß ein zufällig gewähltes normiertes Polynom vom Grad n irreduzibel ist, ungefähr $1/n$ ist. Wählt man also normierte Polynome in $\mathbb{F}_p[x]$ vom Grad n zufällig, dann kann man nach ungefähr n Versuchen ein irreduzibles Polynom in $\mathbb{F}_p[x]$ vom Grad n finden.

4.5   Primzahltests

$\mathbb{Z}$ ist ein euklidischer Ring; also sind ganze Zahlen nach Behauptung 2.1 genau dann irreduzibel, wenn sie prim sind. In Algorithmus 2.1 (Primfaktorzerlegung) tauchten zwei Fragen auf, welche wir jetzt speziell für $\mathbb{Z}$ untersuchen wollen.

Es sei $n \in \mathbb{Z}$ gegeben. Wie entscheidet man, ob n eine Primzahl ist?

Es sei $n \in \mathbb{Z}$ gegeben. Wie findet man einen nichttrivialen Teiler von n, wenn ein solcher existiert?

Ein Algorithmus, welcher für jede ganze Eingabe n entscheidet, ob diese eine Primzahl ist oder nicht, hat ein einziges Bit als Ausgabe. Dagegen ist die Länge der Ausgabe eines Algorithmus, welcher einen Teiler von n berechnet, $O(\log n)$. Dieser feine Unterschied war zwar längst bekannt, wurde aber erst in den letzten Jahrzehnten genauer untersucht, vor allem wegen kryptographischer Anwendungen. In diesem Abschnitt beschäftigen wir uns mit Primzahlen und mit der ersten Frage. Der nächste Abschnitt wird dann den Faktorisierungsmethoden gewidmet.

Die Primzahlen sind wahrscheinlich die am besten untersuchten Objekte der Mathematik. Wir können in die faszinierende Theorie der Primzahlen nicht tiefer eingehen. Den interessierten Leser verweisen wir auf das Buch von P. Bundschuh [23]. Aus der reichhaltigen Liste der Ergebnisse möchte ich einige trotzdem zusammenfassen. Die Menge der Primzahlen bezeichnen wir mit $\mathcal{P}$.

1. <u>Satz von Euklid.</u> Es gibt unendlich viele Primzahlen.

2. <u>Satz von L. Euler.</u> $\sum_{p \in \mathcal{P}} \frac{1}{p} = \infty$.

3. <u>Primzahlsatz.</u> Für $x \geq 1$ bezeichne $\pi(x)$ die Anzahl der Primzahlen, welche nicht größer sind als x. Dann gilt $\pi(x) \sim \dfrac{x}{\log x}$. Diese Vermutung stammt von C.F. Gauß, und die ersten Beweise von C. de la Vallée Poussin und J. Hadamard. Erste, elementare Beweise, das heißt Beweise ohne Hilfsmittel aus der Funktionentheorie, haben P. Erdős und A. Selberg veröffentlicht.

4. <u>Satz von P.L. Tchebychef.</u> Es gibt für jedes $x \geq 1$ eine Primzahl p mit $x \leq p \leq 2x$.

5. Es gibt kein nicht-konstantes Polynom $P(x) \in \mathbb{Z}[x]$, so daß $P(a) \in \mathcal{P}$ für alle $a \in \mathbb{Z}$ ist. Diese Behauptung ist einfach zu beweisen. Es seien $a \in \mathbb{Z}$ und $t \in \mathbb{R}$, wir betrachten die Taylor-Entwicklung

$$P(a + t) = P(a) + tP'(a) + \frac{t^2}{2}P''(a) + \cdots + \frac{t^n}{n!}P^{(n)}(a).$$

Da $P(x)$ nicht konstant ist, gibt es ein $a \in \mathbb{Z}$ mit $|P(a)| > n!$. Ist $P(a)$ zusammengesetzt oder gleich 0 oder eine Einheit, dann ist die Behauptung bewiesen. Es sei also $P(a)$ eine Primzahl; dann setzen wir $t = kP(a)$ mit einem beliebigen $k \in \mathbb{Z}$. Damit ist $P(a + t) \in \mathbb{Z}$ und durch $P(a)$ teilbar wegen der Taylor-Entwicklung von $P(a+t)$ und wegen der Wahl von $P(a)$. Es gibt nur endlich viele k, so daß $P(a+t) = P(a+kP(a)) = 0$ ist und ebenfalls nur endlich viele k mit $P(a+kP(a)) = \pm P(a)$. Für alle anderen k ist $P(a+kP(a))$ eine zusammengesetzte Zahl.

6. <u>Yu.V. Matijasevic.</u> Es existiert ein n und ein Polynom $P \in \mathbb{Z}[x_1, \ldots, x_n]$, so daß für alle $a_1, \ldots, a_n \in \mathbb{Z}_{\geq 0}$ mit $P(a_1, \ldots, a_n) > 0$ gilt: $P(a_1, \ldots, a_n) \in \mathcal{P}$. Für jedes $p \in \mathcal{P}$ existieren auch $a_1, \ldots, a_n \in \mathbb{Z}_{\geq 0}$ mit $p = P(a_1, \ldots, a_n)$.

Dieses Polynom kann explizit angegeben werden, aber es ist sehr kompliziert gebaut. Außerdem ist es sehr schwierig, damit zu entscheiden, ob eine gegebene Zahl Primzahl ist (Siehe [38]).

4.5.1 Vorbereitungen

Wir wollen möglichst einfache Verfahren finden, mit denen man entscheiden kann, ob eine gegebene Zahl Primzahl ist. Finden wir einen nichttrivialen Teiler $t \leq \lfloor \sqrt{n} \rfloor$, dann ist n zusammengesetzt, sonst prim. Diese Tatsache liegt den folgenden zwei Algorithmen zugrunde. Im ersten Algorithmus bezeichnet nextprime(x) eine Funktion, welche für die Eingabe x die kleinste Primzahl, welche größer ist als x, ausgibt.

Algorithmus 4.5 (Teiler)

Input: $n \in \mathbb{Z}$, $n \geq 2$
Output: *Ein nichttrivialer Teiler von n, oder die Antwort: n ist prim.*

1. $m \leftarrow \lfloor \sqrt{n} \rfloor$, $t \leftarrow 1$

2. **while** $t \leq m$ **do**
    $t \leftarrow$ nextprime*(t)*
    if $(n \bmod t) = 0$ **then**
    { **output** t, **return** }

3. **output** n *prim*, **return**.

Dieser Algorithmus braucht $O\left(\dfrac{\sqrt{n}}{\log \sqrt{n}}\right)$ Schritte, das heißt seine Zeitkomplexität ist exponentiell. Dagegen ist er sehr einfach zu implementieren und für kleine n recht effizient. Klein heißt hier: bis zur Größenordnung $10^{14} - 10^{16}$.

Die Schwachstelle des letzten Algorithmus ist die Berechnung der Funktion nextprime. Für große Argumente kann sie zeitaufwendig sein, da wir keinen polynomiellen Primzahltest kennen. Man kann natürlich auf die Funktion nextprime verzichten, wenn man n durch 2 und durch sämtliche ungeraden Zahlen unterhalb $\lfloor \sqrt{n} \rfloor$ dividiert. Diese Idee kann man noch verfeinern. Um den nächsten Algorithmus zu verstehen, brauchen wir folgende Bemerkung. Ist p eine Primzahl, dann ist $p = 2, 3, 5$ oder

$$p \equiv 1, 7, 11, 13, 17, 19, 23, 29 \pmod{30}.$$

Setzen wir $d_0 = 4, d_1 = 2, d_2 = 4, d_3 = 2, d_4 = 4, d_5 = 6, d_6 = 2$.

Algorithmus 4.6 (Radalgorithmus)

Input: $n \in \mathbb{Z}, n > 7$
Output: *Ein nichttrivialer Teiler von n, oder die Antwort: n ist prim.*

1. $m \leftarrow \lfloor \sqrt{n} \rfloor$,

2. **for** $p \in \{2, 3, 5\}$ **do**
   if $(n \bmod p) = 0$ **then** { **output** p, **return** }

3. $p \leftarrow 7, i \leftarrow 0$,

4. **while** $p < m$ **do**
   { **if** $(n \bmod p) = 0$ **then** { **output** p, **return** }
   $p \leftarrow p + d_i$, $i \leftarrow i + 1 \bmod 7$}

5. **output** n *prim*, **return**.

Dieser Algorithmus braucht zwar etwas mehr Schritte, nämlich $O(\sqrt{n})$, aber nur 10 Speicherplätze, somit ist er für kleine n wesentlich günstiger als Algorithmus 4.5.

Beide Algorithmen testen nicht die Primalität der betreffenden Zahl, sondern suchen nach einem Teiler. Erst wenn kein Teiler gefunden wird, wird die Zahl als prim erklärt. Der direkte Weg wäre, die Primalität zu entscheiden, ohne einen Teiler zu bestimmen. Die elementare Zahlentheorie liefert ein solches einfaches Primzahlkriterium.

Satz 4.11 (Wilson) *n ist eine Primzahl genau dann, wenn*

$$(n - 1)! \equiv -1 \pmod{n}$$

ist.

Beweis: Es sei n zusammengesetzt. Für $n = 4$ gilt $3! \equiv 2 \pmod 4$. Nehmen wir $n > 4$ an. Dann ist $n = n_1 n_2$, wobei $n_1, n_2 < n - 1$ gilt. Ist $n_1 \neq n_2$, dann kommen sowohl n_1 als auch n_2 als Faktoren in $(n-1)!$ vor, das heißt $(n-1)! \equiv 0 \pmod n$. Wenn $n_1 = n_2$ ist, dann gilt $2n_1 < n$ wegen $n > 4$, und n_1 und $2n_1$ kommen als Faktoren in $(n-1)!$ vor, das heißt $(n-1)! \equiv 0 \pmod n$ gilt auch in diesem Fall.

Ist n eine Primzahl, dann gilt

$$x^n - x \equiv 0 \pmod n, \ 0 \leq x < n,$$

das heißt das Polynom $x^n - x$ zerfällt in $\mathbb{Z}/n[x]$ in die Linearfaktoren $x, (x-1), \ldots,$ $(x - (n-1))$. Der Koeffizient von x auf der linken Seite ist -1, auf der rechten Seite

$$(-1)^{n-1}(n - 1)!.$$

Damit ist der Satz für ungerade Primzahlen bewiesen. Für $n = 2$ ist die Behauptung offensichtlich. $\square$

Wilson's Satz ist nicht geeignet für einen Primzahltest, da wir keine effiziente Methode kennen, $(n - 1)! \bmod n$ zu berechnen. Den besten einfachen Primzahltests liegt der 'kleine' Fermatsche Satz zugrunde.

Satz 4.12 (Fermat) *Es sei p eine Primzahl und* $\mathrm{ggT}(a,p) = 1$. *Dann gilt*

$$a^{p-1} \equiv 1 \pmod{p}.$$

Folgerung 4.4 *Wenn es ein $a \in \mathbb{Z}$ gibt, so daß entweder* $1 < \mathrm{ggT}(a,n) < n$ *oder*

$$a^{n-1} \not\equiv 1 \pmod{n}$$

gilt, dann ist n zusammengesetzt.

Man kann $a^{n-1} \bmod n$ mit Algorithmus 4.4 in $O(\log n)$, also in linearer Zeit bestimmen. Folgerung 4.4 liefert also eine sehr einfache und effiziente Methode, die Zusammengesetztheit einer ganzen Zahl zu entdecken. Betrachten wir zum Beispiel die berühmte fünfte Fermatsche Zahl $F_5 = 2^{2^5} + 1 = 4294967297$. Man kann mit 32 Quadrierungen $3^{F_5-1} \bmod F_5$ bestimmen. Das Ergebnis ist 3029026160; F_5 ist also keine Primzahl. Diese Zahl kann man noch leicht zerlegen. Es gilt $4294967297 = 641 \cdot 6700417$. Betrachtet man die 1234-stellige 12-te Fermatsche Zahl $F_{12} = 2^{2^{12}} + 1$, dann kann man mit einem Computeralgebra-System in wenigen Minuten feststellen, daß $3^{F_{12}-1} \not\equiv 1 \pmod{F_{12}}$ ist. Diese Zahl ist also ebenfalls zusammengesetzt. Wir kennen fünf Primteiler: $7 \cdot 2^{14} + 1$, $397 \cdot 2^{16} + 1$, $973 \cdot 2^{16} + 1$, $11613415 \cdot 2^{14} + 1$ und $76668221077 \cdot 2^{14} + 1$ von F_{12}, und wir wissen, daß der sechste 1187-stellige Faktor zusammengesetzt ist, aber die Zerlegung dieser letzten Zahl ist unbekannt. F_{12} ist übrigens die kleinste Fermatsche Zahl, für welche wir die vollständige Faktorisierung nicht kennen. Wir wollten durch diese Beispiele den großen Unterschied zwischen der Feststellung, daß eine Zahl zusammengesetzt ist, und ihrer Faktorisierung deutlich machen.

Kehren wir jetzt zu der Analyse von Folgerung 4.4 zurück. Sie liefert leider kein Primzahlkriterium. Es sei zum Beispiel $n = 341 = 11 \cdot 31$ und $a = 2$. Dann gilt $2^{340} \equiv (2^{10})^{34} \equiv 1 \pmod{11}$ und $(2^5)^{68} = 32^{68} \equiv 1 \pmod{31}$, somit auch $2^{340} \equiv 1 \pmod{341}$. Die zusammengesetzte Zahl n wird pseudoprim zur Basis a genannt (a-psp), wenn $\mathrm{ggT}(a,n) = 1$ und

$$a^{n-1} \equiv 1 \pmod{n}$$

gilt. Der folgende Satz zeigt, daß Pseudoprimzahlen ziemlich oft vorkommen.

Satz 4.13 (Cipolla) *Es existieren für alle $a \geq 2$ unendlich viele $a - psp$.*

Beweis: Es sei $a \geq 2$. Nach dem Dirichletschen Satz über Primzahlen in arithmetischen Folgen existieren unendlich viele $k \in \mathbb{Z}$ so daß $k(a^2 - 1) + 1$ eine Primzahl ist. Wählen wir eine solche Primzahl und bezeichnen wir sie mit p. (Man bemerke, daß $p > 2$ ist.) Dann ist

$$Y_p = \frac{a^p - 1}{a - 1} \cdot \frac{a^p + 1}{a + 1}$$

eine zusammengesetzte ganze Zahl. Außerdem ist

$$a^{2p} \equiv 1 \pmod{Y_p}.$$

Es gilt

$$Y_p - 1 = \frac{a^{2p} - a^2}{a^2 - 1} = a^2 \frac{a^{2(p-1)} - 1}{a^2 - 1} = a^2 \cdot (a^{p-1} + 1) \cdot \frac{a^{p-1} - 1}{a^2 - 1} \equiv 0 \pmod{2p},$$

da entweder a^2 oder $a^{p-1} + 1$ gerade ist und p die Zahl $a^{p-1} - 1$ teilt. Also erhalten wir

$$a^{Y_p - 1} = a^{2pK} \equiv 1 \pmod{Y_p}.$$

$\square$

Ist n eine $2 - psp$, dann braucht sie keine $3 - psp$ oder $5 - psp$, ... sein. Unser Beispiel $n = 341$ ist zum Beispiel eine $2 - psp$, aber keine $3 - psp$, da $3^{340} \equiv 56 \pmod{341}$ ist. Man könnte also hoffen, daß eine geeignete Wahl von a die zusammengesetzte Natur von n aufdeckt.

Es existieren aber leider zusammengesetzte Zahlen n, die für jede Zahl a mit $2 \leq a < n, \operatorname{ggT}(a, n) = 1,$ a-psp sind. Solche Zahlen werden *Carmichael Zahlen* genannt. Es gilt

Satz 4.14 *Eine ganze Zahl n ist eine Carmichael-Zahl genau dann, wenn*

$$n = p_1 \cdots p_k, \quad k \geq 3 \tag{4.7}$$

ist, wobei die p_i paarweise verschiedene Primzahlen sind mit $p_i - 1 | n - 1$, $i = 1, \ldots, k$.

Die kleinsten Carmichael Zahlen sind $561 = 3 \cdot 11 \cdot 17$ und $1729 = 7 \cdot 13 \cdot 19$. Es sei $k > 2$ und $M_k(m) = (6m + 1)(12m + 1) \prod_{i=1}^{k-2} (9 \cdot 2^i m + 1)$. Wenn alle Faktoren Primzahlen sind, dann kann man mit Satz 4.14 einfach beweisen, daß $M_k(m)$ eine Carmichael-Zahl ist.

Beweis von Satz 4.14: Nehmen wir an, daß n von der Gestalt (4.7) ist, und es sei a eine zu n teilerfremde Zahl. Dann gilt $\operatorname{ggT}(a, p_i) = 1$, $i = 1, \ldots, k$. Wegen Satz 4.12 haben wir

$$a^{n-1} = a^{(p_i - 1)K_i} \equiv 1 \pmod{p_i}, \tag{4.8}$$

wobei

$$K_i = \frac{n-1}{p_i - 1} \in \mathbb{Z}$$

ist.

Da $p_1, \ldots, p_k$ verschiedene Primzahlen sind, folgt aus (4.8) unter Benutzung des Chinesischen Restsatzes

$$a^{n-1} \equiv 1 \pmod{n},$$

das heißt n ist eine Carmichael-Zahl.

Es sei nun umgekehrt n eine Carmichael Zahl. Wir beweisen zunächst, daß n quadratfrei ist. Nehmen wir an, daß eine Primzahl p mit $p^2|n$ existiert. $(\mathbb{Z}/p^2)^*$ ist eine zyklische Gruppe. Es sei g ein Erzeuger dieser Gruppe und sei n' das Produkt aller von p verschiedenen Primteiler von n. Dann ist $\mathrm{ggT}(n',p) = 1$, und das Kongruenzsystem $a \equiv g \pmod{p^2}, a \equiv 1 \pmod{n'}$ ist lösbar.

Die Ordnung von a in der Gruppe $(\mathbb{Z}/p^2)^*$ ist $p(p-1)$. Nehmen wir an , daß n a-psp ist, das heißt $a^{n-1} \equiv 1 \pmod{n}$ gilt. Dann gilt auch $a^{n-1} \equiv 1 \pmod{p^2}$ und somit $p(p-1)|n-1$, was unmöglich ist. Die Zahl n ist also quadratfrei und hat die Gestalt (4.7).

Es sei g_i eine Primitivwurzel $\bmod\ p_i$. Da n eine Carmichael Zahl ist, es gilt $g_i^{n-1} \equiv 1 \pmod{n}$ und somit auch $g_i^{n-1} \equiv 1 \pmod{p_i}$. Dann gilt $p_i - 1|n-1$, da g_i die Ordnung $p_i - 1$ hat.

Schließlich beweisen wir $k \geq 3$. Nehmen wir $n = pq$ an, wobei p und q verschiedene Primzahlen sind. Aus $p-1|n-1 = q(p-1)+q-1$ folgt $p-1|q-1$, das heißt $p \leq q$ und aus Symmetriegründen auch $q \leq p$. Dann gilt $p = q$, was unmöglich ist. $\square$

1992 haben R. Alford, A. Granville und C. Pomerance [2] bewiesen, daß unendlich viele Carmichael-Zahlen existieren. Sie haben sogar bewiesen, daß für große x unterhalb x mindestens $O(x^{2/7})$ Carmichael-Zahlen existieren.

Um eine Verschärfung des Satzes 4.12 formulieren und beweisen zu können, müssen wir die Legendre- und Jacobi-Symbole einführen. Es sei p eine ungerade Primzahl und $n \in \mathbb{Z}$ mit $p \nmid n$. Wenn die Kongruenz $x^2 \equiv n \pmod{p}$ lösbar ist, dann wird n ein *quadratischer Rest*, sonst ein *quadratischer Nichtrest* genannt. Das *Legendre-Symbol* ist nun folgendermaßen definiert:

$$\left(\frac{n}{p}\right) = \begin{cases} 1, & \text{falls } n \text{ ein quadratischer Rest ist,} \\ -1, & \text{falls } n \text{ ein quadratischer Nichtrest ist,} \\ 0, & \text{falls } p|n \text{ gilt.} \end{cases}$$

Es seien jetzt $n \in \mathbb{Z}$, und m eine positive, ungerade Zahl mit Primfaktorzerlegung $m = p_1^{k_1} \cdots p_t^{k_t}$. Mit Hilfe des Legendre-Symbols können wir nun das *Jacobi-Symbol* wie folgt definieren:

$$\left(\frac{n}{m}\right) = \left(\frac{n}{p_1}\right)^{k_1} \cdots \left(\frac{n}{p_t}\right)^{k_t}.$$

Wenn m eine ungerade Primzahl ist, dann ist das Jacobi-Symbol mit dem Legendre-Symbol identisch.

Wir fassen nun diejenigen Eigenschaften des Jacobi-Symbols zusammen, welche seine effiziente Berechnung ermöglichen. Es seien m eine positive, ungerade Zahl und $n \in \mathbb{Z}$. Dann gilt:

$$\left(\frac{2}{m}\right) = (-1)^{(m^2-1)/8}, \quad \left(\frac{n^2}{m}\right) = 1,$$

$$\left(\frac{-1}{m}\right) = (-1)^{(m-1)/2},$$

$$\left(\frac{n}{m}\right) = \left(\frac{n \bmod m}{m}\right).$$

Falls n und m beide positive und ungerade Zahlen sind, dann gilt die Umkehrformel

$$\left(\frac{n}{m}\right) = (-1)^{(n-1)(m-1)/4} \left(\frac{m}{n}\right).$$

Den Beweis dieser Eigenschaften findet man zum Beispiel in [23]. Wir sind jetzt in der Lage, einen zum euklidischen Algorithmus ähnlichen Algorithmus zur Berechnung des Jacobi-Symbol formulieren zu können.

Algorithmus 4.7 (Jacobi)

Input: $\quad n, m \in \mathbb{Z},\ m > 0$ *ungerade.*
Output: $\quad \left(\frac{n}{m}\right)$

1. $I \leftarrow 1$

2. $k \leftarrow 0$, **while** $n \bmod 2 = 0$ **do** $\{k \leftarrow k+1, n \leftarrow n/2\}$,

3. **if** $(k \bmod 2 = 1)$ **and** $((m^2 - 1) \bmod 16 = 8)$ **then** $I \leftarrow -I$,

4. **if** $n = 1$ **then** $\{$ **output** I, **return** $\}$,

5. **if** $(n - 1)(m - 1) \bmod 8 = 4$ **then** $I \leftarrow -I$,

6. $b \leftarrow n, n \leftarrow m \bmod n$,

7. **if** $n = 0$ **then** $\{$ **output** 0, **return** $\}$ **else** $\{m \leftarrow b,$ **goto** $2\}$.

Die Richtigkeit dieses Algorithmus folgt unmittelbar aus den Eigenschaften des Jacobi-Symbols. Seine Komplexität kann nach dem Vorbild der Analyse des euklidischen Algorithmus von Abschnitt 2.3 untersucht werden. Wir überlassen diese Aufgaben dem Leser und kehren zu den Primzahlkriterien zurück. Jetzt können wir die schon angedeutete Verschärfung des Satzes von Fermat formulieren.

Satz 4.15 (Euler) *Es seien p eine ungerade Primzahl und $b \in \mathbb{Z}$. Dann gilt*

$$b^{(p-1)/2} \equiv \left(\frac{b}{p}\right) \pmod{p}. \tag{4.9}$$

Beweis: Aus $p|b$ folgt (4.9) unmittelbar. Wir können also $\mathrm{ggT}(p, b) = 1$ annehmen. Es sei g eine Primitivwurzel modulo p und $b \equiv g^l \pmod{p}$. Eine Primitivwurzel für $p > 2$ ist immer ein quadratischer Nichtrest, somit gilt

$$\left(\frac{b}{p}\right) = \begin{cases} 1, & \text{wenn } l \text{ gerade ist} \\ -1, & \text{sonst} \,. \end{cases}$$

Ist l gerade, dann gilt $b^{(p-1)/2} = g^{l(p-1)/2} \equiv g^{p-1} \equiv 1 \pmod{p}$. Ist dagegen l ungerade, dann erhalten wir $l\dfrac{p-1}{2} \equiv \dfrac{p-1}{2} \pmod{p-1}$ und somit $b^{(p-1)/2} \equiv g^{(p-1)/2} \equiv -1 \pmod{p}$. $\square$

4.5.2 Probabilistische Primzahltests

Eine zusammengesetzte Zahl n nennen wir *Euler-pseudoprim zur Basis b* (abgekürzt b-Epsp), wenn $\mathrm{ggT}(b,n) = 1$ und $b^{(n-1)/2} \equiv \left(\dfrac{b}{n}\right)$ (mod n) gilt. Ist n eine b-Epsp, dann ist sie auch b-psp, was direkt aus den Definitionen folgt. Die Umkehrung ist falsch, da 341 zwar 2-psp aber nicht 2-Epsp ist; denn es gilt

$$2^{170} \equiv 1 \not\equiv (-1) = \left(\frac{2}{341}\right) \quad (\text{mod } 341).$$

Aber 341 ist 29-Epsp, da sowohl $29^{170} \equiv 1$ (mod 341) als auch $\left(\dfrac{29}{341}\right) \equiv 1$ (mod 341) erfüllt ist.

Es gilt sogar, daß mehr als die Hälfte der Zahlen von $(\mathbb{Z}/n)^*$ an dem Test mit 2 scheitern, wenn n zusammengesetzt ist. Diese Tatsache liegt dem Solovay - Strassen Primzahltest [103] zugrunde.

Algorithmus 4.8 (Solovay - Strassen Primzahltest)

Input: $n > 2$ *ungerade Zahl, k*
Output: *'n zusammengesetzt' oder 'n wahrscheinlich Prim'*

> *1.* **for** $i \leftarrow 1$ **to** k **do**
> $\{b \leftarrow$ *eine Zufallszahl im Intervall* $[2, n - 2]$,
> $l \leftarrow b^{(n-1)/2} \bmod n$,
> $r \leftarrow$ *Jacobi* (b, n),
> **if** $l \neq r$ **then** { **output** *'n zusammengesetzt'*, **return** }}
>
> *2.* **output** *'n wahrscheinlich prim'*, **return**.

Der Solovay - Strassen Primzahltest ist ein effizientes Verfahren, die Zusammengesetztheit einer Zahl zu entdecken. Jetzt werden wir eine noch effizientere Methode vorstellen.

Es sei n eine ungerade, zusammengesetzte Zahl und $n - 1 = 2^s t$, wobei t ebenfalls ungerade ist. Wenn für n und b entweder $b^t \equiv 1$ (mod n) gilt oder es ein r mit $0 \leq r < s$ und $b^{2^r t} \equiv -1$ (mod n) gibt, dann heißt n *stark pseudoprim* zur Basis b (b-spsp).

Es gelten die Implikationen n b-spsp $\Rightarrow$ b-psp. Wichtig ist der folgende Satz:

Satz 4.16 *Es sei n eine ungerade, zusammengesetzte Zahl, und es bezeichne N die Anzahl derjenigen $0 < b < n$, für welche n b-spsp ist. Dann gilt $N \leq (n - 1)/4$.*

Beweis: Nehmen wir zunächst an, daß es eine Primzahl p gibt mit $p^2 | n$. Es sei b so, daß n eine b-spsp Zahl ist. Dann ist n auch b-psp, und somit gilt $b^{n-1} \equiv 1$ (mod n), woraus

$$b^{n-1} \equiv 1 \quad (\text{mod } p^2) \tag{4.10}$$

folgt. Die Lösungen dieser Kongruenz bilden in $(\mathbb{Z}/p^2)^*$ eine Untergruppe G, deren Ordnung einerseits $n-1$ teilt, andererseits gilt $\varphi(p^2) = p(p-1)$, somit ist $\mathrm{ggT}(n-1, p(p-1)) \leq p-1$.

Es folgt

$$n - 1 \geq p^2 - 1 = (p-1)(p+1) \geq 4(p-1) \geq 4N,$$

und damit ist die Behauptung in diesem Fall bewiesen.

Im weiteren können wir also n als quadratfrei voraussetzen.

Es sei $n = p \cdot q$, wobei p und q verschiedene Primzahlen sind. Es sei weiter $n - 1 = 2^s t, p - 1 = 2^{s_1} t_1, q - 1 = 2^{s_2} t_2$, und nehmen wir ohne Beschränkung der Allgemeinheit $s_1 \leq s_2$ an (t, t_1, t_2 sind ungerade Zahlen). Ist n eine b-spsp Zahl, dann gilt entweder

$$b^t \equiv 1 \pmod{n} \tag{4.11}$$

oder

$$b^{2^r t} \equiv -1 \pmod{n} \quad \text{für ein } r \text{ mit } \quad 0 \leq r < s. \tag{4.12}$$

Aus (4.11) folgt $b^t \equiv 1 \pmod{p}$. Andererseits gilt $b^{2^{s_1} t_1} \equiv 1 \pmod{p}$, also ist die Ordnung von b in $\mathbb{F}_p^*$ ein Teiler von $\mathrm{ggT}(t, 2^{s_1} t_1) \leq t_1$. Somit ist die Anzahl der Lösungen von (4.11) höchstens $t_1 t_2$.

Es sei nun r fest. Aus (4.12) folgt

$$b^{2^r t} \equiv -1 \pmod{p}. \tag{4.13}$$

Es sei $2^r t = 2^{s_1} t_1 q + 2^{r_1} t_1'$ mit $2^{r_1} t_1' < 2^{s_1} t_1$ und t_1' ungerade. Dann gilt $b^{2^{r_1} t_1'} \equiv -1 \pmod{p}$ und $r_1 < s_1$. Wäre nämlich $r_1 = s_1$, dann würde diese Kongruenz dem Fermatschen Satz widersprechen. Dann gilt aber auch $r < s_1$.

Es sei G die Untergruppe der Elemente der Ordnung $2^r t$ in $\mathbb{F}_p^*$. Dann bilden die Lösungen von (4.13) eine Nebenklasse dieser Untergruppe, also ist die Anzahl der Lösungen von (4.13) gleich der Ordung von G, welche genau $2^r \mathrm{ggT}(t, t_1) \leq 2^r t_1$ ist. Damit ist die Anzahl der Lösungen von (4.12) höchstens $4^r t_1 t_2$. Die Anzahl der b, wofür n eine spsp Zahl ist, kann mit

$$N \leq t_1 t_2 + \sum_{r=0}^{s_1 - 1} 4^r t_1 t_2 = t_1 t_2 \left(1 + \frac{4^{s_1} - 1}{3}\right)$$

abgeschätzt werden. Es gilt $n - 1 > \varphi(n) = 2^{s_1 - s_2} t_1 t_2$ und damit

$$\frac{N}{n-1} \leq \frac{1}{2^{s_1 - s_2}} \cdot \frac{4^{s_1} + 2}{3}. \tag{4.14}$$

Ist $s_2 > s_1$, dann folgt die Behauptung unmittelbar aus der letzten Ungleichung.

Ist $s_2 = s_1$, dann gilt entweder $\mathrm{ggT}(t, t_1) < t_1$ oder $\mathrm{ggT}(t, t_2) < t_2$. Wäre nämlich $\mathrm{ggT}(t, t_1) = t_1$ und $\mathrm{ggT}(t, t_2) = t_2$, dann bekämen wir aus

$$n - 1 = 2^s t = (p-1)q + q - 1 = 2^{s_1} t_1 q + 2^{s_1} t_2,$$

daß $t_1 | t_2$ und ebenfalls $t_2 | t_1$ gilt, das heißt $t_1 = t_2$, was unmöglich ist.

Wir können also $\mathrm{ggT}(t, t_1) < t_1$ voraussetzen. Dann gilt aber $\mathrm{ggT}(t, t_1) \leq t_1/3$ und somit

$$N \leq \frac{1}{3} t_1 t_2 \left(1 + \frac{4^{s_1} - 1}{3}\right),$$

woraus die Behauptung wieder folgt.

Schließlich sei $n = p_1 \cdots p_k$ mit $k \geq 3$ und mit verschiedenen Primzahlen $p_1, \ldots,$ p_k. Es sei $p_i = 2^{s_i} t_i$ $i = 1, \ldots, k$, wobei t_i ungerade sind und $s_1 \leq s_2 \leq \ldots \leq s_k$, dann erhalten wir ebenfalls wie im Fall $k = 2$

$$N \leq t_1 \cdots t_k \left(1 + \sum_{r=0}^{s_1 - 1} 2^{kr}\right) = t_1 \cdots t_k \left(1 + \frac{2^{k s_1} - 1}{2^k - 1}\right).$$

Also gilt

$$
\begin{aligned}
\frac{N}{n-1} \quad &\leq \quad \frac{1}{2^{s_1 + \cdots + s_k}} \left(1 + \frac{2^{k s_1} - 1}{2^k - 1}\right) \leq \frac{1}{2^{k s_1}} \left(1 + \frac{2^{k s_1} - 1}{2^k - 1}\right) \\[2mm]
&= \quad \frac{2}{2^{k s_1}} \leq \frac{1}{4}, \quad \text{falls} \quad s_1 = 1 \\[2mm]
&< \quad \frac{1}{2^{k s_1}} + \frac{1}{2^k - 1} < \frac{1}{64} + \frac{1}{7} < \frac{1}{4}, \quad \text{falls} \quad s_1 > 1 \quad \text{ist.}
\end{aligned}
$$

Damit ist der Satz bewiesen. $\square$

Die Behauptung des Satzes 4.16 ist wahrscheinlich zu pessimistisch. Numerische Untersuchungen zeigten, daß die einzige zusammengesetzte Zahl bis $25 \cdot 10^9$, welche b−spsp ist für $b = 2, 3, 5$ und 7, die Zahl $n = 3,215,031,751 = 151 \cdot 751 \cdot 28351$ ist.

Unter der Voraussetzung der verallgemeinerten Riemannschen Vermutung gilt andererseits der folgende Satz. Für die Formulierung der Riemannschen Vermutung verweisen wir wieder auf das Buch von P. Bundschuh [23].

Satz 4.17 *Es sei n eine zusammengesetzte Zahl. Wenn die verallgemeinerte Riemannsche Vermutung wahr ist, dann gibt es ein $0 < b < 2 \log^2 n$, so daß n nicht b-spsp ist.*

So erhalten wir den folgenden bedingten polynomiellen Primzahltest, welcher von G. Miller [75] und M. Rabin [88] stammt.

Algorithmus 4.9 (Miller-Rabin Test)

Input: $n > 2$ *ungerade,*
Output: 0, *wenn n zusammengesetzt, 1 sonst.*

   1. $k \leftarrow \lfloor 2 \log^2 n \rfloor, m \leftarrow n - 1, t \leftarrow 0,$

   2. **while** $m \bmod 2 = 0$ **do** $\{m \leftarrow m/2, t \leftarrow t + 1\},$

   3. $b \leftarrow 2,$

4. $bm \leftarrow b^m \bmod n$,
   if $bm = 1$ **then goto** 6,
   $r \leftarrow 0$,
   while $(bm \neq -1)$ **and** $r < t - 1$ **do**
   $\{r \leftarrow r + 1, bm \leftarrow bm^2 \bmod n\}$

5. **if** $bm \neq -1$ **then** { **output** 0, **return**}

6. $b \leftarrow b + 1$,
   if $b \leq k$ **then goto** 4, **else** {**output** 1, **return** }

In der Praxis werden im Miller-Rabin Test nicht alle Zahlen $2 \leq k \leq 2\log^2 n$ betrachtet, sondern einige Zufallszahlen des Intervalls $[2, n-2]$. Nehmen wir an, daß die Tests mit diesen Zufallszahlen unabhängige Experimente sind, dann ist die Wahrscheinlichkeit dafür, daß sich eine zusammengesetzte Zahl n in t Tests wie eine Primzahl verhält, wegen Satz 4.16 höchstens $1/4^t$ ist. Wählt man t so groß, daß $n/4^t < 1$ ist, und überlebt n mindestens t Miller-Rabin Tests, dann ist n nach dem Gesetz der großen Zahlen mit großer Wahrscheinlichkeit eine Primzahl.

Dieselbe Bemerkung gilt auch für den folgenden, von J. Grantham [49] stammenden Test. Der Unterschied ist, daß eine ungerade zusammengesetzte Zahl den Grantham Test mit wesentlich kleinerer Wahrscheinlichkeit als den Miller-Rabin Test überlebt.

Algorithmus 4.10 (Grantham Test)

Input: $n > 2$ *ungerade Zahl,*
Output: *'n zusammengesetzt' oder 'n wahrscheinlich Prim'.*

1. **for** $p \in \mathcal{P} \cap [3, 50000]$ **do**
   if $p|n$ **then** {**output** *'n zusammengesetzt'* , **return**},

2. **if** $\sqrt{n} \in \mathbb{Z}$ **then** {**output** *'n zusammengesetzt'* , **return**},

3. *Wähle* $A, B \in \mathbb{Z}, 0 \leq A, B < n$ *zufällig und so daß*
   $\left(\frac{A^2 - 4B}{n}\right) = -1$ *und* $\left(\frac{B}{n}\right) = 1$,
   $P(x) \leftarrow x^2 - Ax + B$,

4. $R(x) \leftarrow x^{(n+1)/2} \bmod P(x)$ *in* $\mathbb{Z}/n$,
   if $R(x) \notin \mathbb{Z}/n$ **then** {**output** *'n zusammengesetzt'* , **return**},

5. $R(x) \leftarrow R(x)^2 \bmod P(x)$ *in* $\mathbb{Z}/n$,
   if $R(x) \neq B$ **then** {**output** *'n zusammengesetzt'* , **return**},

6. *Berechne r und s, so daß $n^2 - 1 = 2^r s$ mit s ungerade.*
   $R(x) \leftarrow x^s \bmod P(x)$ *in* $\mathbb{Z}/n$,
   if $R(x) = 1$ **then** {**output** '*n wahrscheinlich Prim*', **return**},
   $j \leftarrow 0$,
   while $j < r - 1$ **do**
   { **if** $R(x) = -1$ **then** {**output**, '*n wahrscheinlich Prim*', **return**},
   $R(x) \leftarrow R(x)^2 \bmod P(x)$ *in* $\mathbb{Z}/n$,
   $j \leftarrow j + 1$ },

7. **output** '*n zusammengesetzt*' , **return**.

Satz 4.18 *Jede ungerade Primzahl genügt dem Grantham Test. Die Wahrscheinlichkeit dafür, daß der Grantham Test eine zussammengesetzte ungerade Zahl 'wahrscheinlich Prim' deklariert ist kleiner als 1/1770.*

Bemerkung 6 *Die Laufzeit von Algorithmus 4.10 ist etwa dreimal größer als die Laufzeit von Algorithmus 4.9 (Siehe [49]). Man kann also durchschnittlich 3 Miller Rabin-Test durchführen, bis ein Grantham Test abgeschlossen wird. Vorausgesetzt, daß diese Tests unabhängig sind, ist die Wahrscheinlichkeit dafür, daß drei Miller Rabin-Tests eine zusammengesetzte ungerade Zahl als Primzahl deklarieren, ist kleiner als 1/64. Diese Wahrscheinlichkeit ist etwa 100-fach größer, als die Wahrscheinlichkeit im Satz 4.18.*

Wir wollen hier nur die erste Behauptung des Satzes 4.18 beweisen. Dazu müssen wir einen Satz über Eigenschaften linearer rekursiver Folgen zur Hilfe rufen.

Satz 4.19 *Es seien $A, B \in \mathbb{Z}$, $D = A^2 - 4B \neq 0$ und die Folgen $\{U_n\}_{n=0}^{\infty}, \{V_n\}_{n=0}^{\infty}$ mit den Anfangswerten*

$$U_0 = 0, \quad V_0 = 2,$$
$$U_1 = 1, \quad V_1 = A$$

mittels der Rekursion

$$X_{n+2} = AX_{n+1} - BX_n, \quad n \geq 0,$$

($X_n = U_n$ oder V_n) definiert. Dann gilt

$$V_n^2 - D \cdot U_n^2 = 4 \cdot B^n, \tag{4.15}$$

$$U_{2n} = U_n \cdot V_n, \tag{4.16}$$

$$U_{p-(\frac{D}{p})} \equiv 0 \pmod{p} \tag{4.17}$$

$$U_p \equiv \left(\frac{D}{p}\right) \pmod{p} \tag{4.18}$$

für jede ungerade Primzahl p und $n \geq 0$.

Beweis: Es sei $P(x) = x^2 - Ax + B = (x - \alpha)(x - \beta)$ mit $\alpha, \beta \in \mathbb{C}$. Dann ist $\alpha \neq \beta$. Man kann die folgenden Formeln

$$U_n = \frac{\alpha^n - \beta^n}{\alpha - \beta}, \qquad V_n = \alpha^n + \beta^n \qquad (4.19)$$

mit Induktion für $n \geq 0$ leicht beweisen. Aus (4.19) folgt (4.16) unmittelbar.

Setzen wir die Formeln (4.19) in die rechte Seite von (4.15) ein, dann erhalten wir

$$V_n^2 - D \cdot U_n^2 = (\alpha^n + \beta^n)^2 - D\frac{(\alpha^n - \beta^n)^2}{D} = 4(\alpha\beta)^n = 4 \cdot B^n.$$

Die Gleichung (4.17) beweisen wir nur in dem Fall $\left(\dfrac{D}{p}\right) = -1$. Die anderen Fälle und die Formel (4.18) können ähnlich behandelt werden. Aus (4.19) folgt

$$U_{p+1} = \frac{1}{\sqrt{D} \cdot 2^{p+1}}\left((A + \sqrt{D})^{p+1} - (A - \sqrt{D})^{p+1}\right)$$

$$= \frac{1}{\sqrt{D} \cdot 2^{p+1}}\sum_{j=0}^{p+1}\binom{p+1}{j}A^{p+1-j}(\sqrt{D}^j - (-\sqrt{D})^j).$$

Ist j gerade, dann ist die Zahl in der Klammer 0, und für ungerade j ist sie $2\sqrt{D}^j$. Damit erhalten wir

$$U_{p+1} = \frac{1}{2^{p+1}}\sum_{j=0}^{\frac{p-1}{2}}\binom{p+1}{2j+1}A^{p-2j} \cdot 2D^j.$$

Wenn $0 < j < (p-1)/2$ ist, dann gilt $\binom{p+1}{2j+1} \equiv 0 \pmod{p}$, und wir können den Ausdruck für U_{p+1} wie folgt umgestalten:

$$U_{p+1} \equiv \frac{1}{2^p}(A^p + A \cdot D^{\frac{p-1}{2}}) \equiv \frac{1}{2^p}(A^p - A) \equiv 0 \pmod{p}.$$

Die vorletzte Kongruenz gilt wegen Satz 4.12. $\square$

Beweis der ersten Behauptung des Satzes 4.18. Es sei n eine ungerade Primzahl. Dann wird sie in den Schritten 1. und 2. nicht als zusammengesetzt erklärt. Da die Diskriminante des Polynoms $P(x)$ gleich $A^2 - 4B$ ist und diese Zahl nach der Voraussetzung kein Quadrat in $\mathbb{F}_n[x]$ ist, ist $P(x)$ irreduzibel über $\mathbb{F}_n$. Das Polynom $P(x)$ hat nach Satz 4.7 eine Nullstelle in $\mathbb{F}_{n^2}$, welche wir mit α bezeichnen. Um zu zeigen, daß n die Schritte 4., 5. und 6. überlebt, müssen wir $\alpha^{(n+1)/2} \in \mathbb{F}_n$, $\alpha^{n+1} = B$ und $\alpha^{s2^{r-1}} \equiv 1 \pmod{n}$ beweisen.

Mit α gehören die Potenzen von α ebenfalls zu $\mathbb{F}_{n^2}$. Es existieren also für jedes $k \geq 0$ ganze Zahlen A_k, B_k mit $\alpha^k = A_k\alpha + B_k$. Wir haben offensichtlich $A_0 = 0, B_0 = 1, A_1 = 1, B_1 = 0$. Aus

$$\alpha^{k+1} = (A_k\alpha + B_k)\alpha = (AA_k + B_k)\alpha - BA_k$$

folgt

$$A_{k+1} = AA_k + B_k \quad \text{und} \quad B_{k+1} = -BA_k,$$

woraus wir für $k \geq 1$ die rekursive Relation

$$A_{k+1} = AA_k - BA_{k-1}$$

erhalten. Die Folge $\{A_k\}$ ist also mit der Folge $\{U_k\}$ von Satz 4.19 identisch. Aus Satz 4.19 folgt

$$A_{n+1} \equiv 0 \quad (\text{mod } n) \quad \text{und} \quad A_n \equiv \left(\frac{D}{n}\right) \quad (\text{mod } n),$$

woraus wir unmittelbar

$$\alpha^{n+1} = B_{n+1} = -BA_n = -B\left(\frac{A^2 - 4B}{n}\right) = B$$

erhalten. Nach der Voraussetzung an $\left(\dfrac{B}{n}\right)$ ist B ein Quadrat in $\mathbb{F}_n$, das heißt $\alpha^{(n+1)/2}$ liegt in $\mathbb{F}_n$. Die Primzahl n überlebt also die Schritte 4. und 5. .

Schließlich folgt aus den Identitäten

$$\alpha^{s2^{r-1}} = \alpha^{(n^2-1)/2} = \left(\alpha^{(n+1)/2}\right)^{n-1},$$

aus $\alpha^{(n+1)/2} \in \mathbb{F}_n$ und aus dem Fermatschen Satz

$$\alpha^{s2^{r-1}} \equiv 1 \quad (\text{mod } n).$$

Die Primzahl n überlebt also auch Schritt 6. Damit ist der Satz bewiesen. $\square$

4.5.3   Deterministische Primzahltests

Der Solovay-Strassen, der Miller-Rabin und der Grantham Test sind probabilistische Primzahltests. Wir können mit ihnen zwar nach einigen wenigen Tests die Primalität mit hoher Wahrscheinlichkeit feststellen, aber vollständige Sicherheit bieten sie nie. Sie liefern also keine deterministische polynomielle Methode, die Primalität ganzer Zahlen zu beweisen oder zu verifizieren.

Wir beschreiben jetzt einen deterministischen Primzahltest, welcher auf der Zerlegung von $n-1$ beruht. Die folgenden Methoden können für den Test der Primalität großer Zahlen spezieller Gestalt benutzt werden. Ihre theoretische Anwendung ist aber wichtiger. Es folgt aus ihnen, daß die Primalität in polynomieller Zeit verifiziert werden kann, also zu der Koplexitätsklasse $\mathcal{NP}$ gehört. Die Grundlage dafür ist der folgende Satz.

Satz 4.20 *Die ganze Zahl n ist prim genau dann, wenn es ein $1 < g < n - 1$ gibt, so daß die Ordnung von g in $(\mathbb{Z}/n)^*$ gleich $n - 1$ ist.*

Beweis: Ist n eine Primzahl, dann ist $(\mathbb{Z}/n)^*$ eine zyklische Gruppe, und jeder ihrer Erzeuger ist ein g, wie verlangt.

Wenn n zusammengesetzt ist, dann ist $\varphi(n)$ die Ordnung von $(\mathbb{Z}/n)^*$ mit $\varphi(n) < n - 1$. $\square$

Satz 4.21 *Es sei* $n-1 = p_1^{\alpha_1} \cdots p_t^{\alpha_t}$, *wobei* $p_1, \ldots, p_t$ *verschiedene Primzahlen sind.* n *ist eine Primzahl genau dann, wenn es* $0 < g_i < n$, $1 \leq i \leq t$, *gibt, so daß*

$$g_i^{\frac{n-1}{p_i}} \not\equiv 1 \quad (\mathrm{mod}\ n) \quad und \quad g_i^{n-1} \equiv 1 \quad (\mathrm{mod}\ n) \tag{4.20}$$

erfüllt sind.

Beweis: Ist n eine Primzahl, dann gilt die Behauptung offensichtlich.

Es sei $n \in \mathbb{Z}$, und es bezeichne e_i die Ordnung von g_i in $(\mathbb{Z}/n)^*$. Nach (4.20) teilt e_i die Zahl $n - 1$, aber e_i teilt nicht $\dfrac{n-1}{p_i}$; somit erhalten wir $p_i^{\alpha_i} | e_i$. Aus $e_i | \varphi(n)$ und $p_i^{\alpha_i} | e_i$, $i = 1, \ldots, t$, folgt $p_1^{\alpha_1} \cdots p_t^{\alpha_t} | \varphi(n)$. Es gilt also $n - 1 \leq \varphi(n)$, was nur dann möglich ist, wenn n eine Primzahl ist. $\square$

Ordnet man zu 2 die Liste (2) und zu einer ungeraden Primzahl n, mit den Bezeichnungen des Satzes 4.20, die Liste $\mathcal{N} = ((\mathcal{P}_1, \alpha_1, g_1), \ldots, (\mathcal{P}_t, \alpha_t, g_t))$, wobei $\mathcal{P}_i, i = 1, \ldots, t$, die zu der Primzahl p_i zugeordnete Liste ist, dann kann man leicht beweisen, daß die Länge von $\mathcal{N}$ gleich $O(\log^2 n)$ ist. Somit ist $\mathcal{N}$ ein polynomielles Zertifikat für die Primalität von n.

Andererseits liefert Satz 4.21 keinen polynomiellen Primzahltest. Um die Primalität von n zu testen, muß man einerseits $n - 1$ faktorisieren. Diese Aufgabe ist nach unseren heutigen Kenntnisse wesentlich schwieriger, als die Primalität zu testen. Ein anderes Problem ist, daß wir über die kleinste primitive Wurzel $g_p \bmod p$ nur sehr grobe Abschätzungen kennen. D.A. Burgess [24] hat bewiesen, daß

$$g_p \leq p^{1/4 + \varepsilon}$$

gilt, andererseits zeigten V.R. Fridlender [44] und H. Salié [93], daß es unendlich viele Primzahlen p gibt, so daß $g_p > \log p$ ist. Tabellen zeigen, daß g_p sehr oft klein ist. Wir haben $\max_{2 \leq p \leq 46279} g_p \leq 31$ mit $g_{31391} = 31$. Ein weiteres ungelöstes Problem ist, ob $g_p = 2$ für unendlich viele Primzahlen vorkommt.

Wir zeigen durch ein Beispiel, wie der letzte Primzahltest funktioniert. Es sei $n = F_{47} = 2971215073$, die 47-ste Fibonacci Zahl. Es gilt $n-1 = 2^5 \cdot 3^2 \cdot 7 \cdot 23 \cdot 139 \cdot 461$.

g	p	Ergebnis des Tests $g^{\frac{n-1}{p}}$
2	2	−
2	3	−
2	7	+
2	23	+
2	139	+
2	461	+
3	2	−
3	3	+
5	2	+

Man sieht, daß die Primzahlen $7, 23, 139$ und 461 mit der Basis 2, und die Primzahlen $2, 3$ mit Basen 5 und 3 die Bedingungen (4.20) erfüllen, somit ist n eine Primzahl. Diese Methode funktioniert gut für die Fibonacci Zahlen F_n mit $n \leq 137$.

Eine andere Methode für den Beweis der Primalität gewisser Zahlen liefert der folgende Satz.

Satz 4.22 *Es seien $n \in \mathbb{Z}$ und $n - 1 = q_1^{\alpha_1} \cdots q_r^{\alpha_r} \cdot m$, wobei $q_1, \ldots, q_r$ paarweise verschiedene Primzahlen und relativ prim zu m sind. Wenn es für jedes q_i ein a_i gibt mit*

$$a_i^{n-1} \equiv 1 \pmod{n}$$

und

$$\mathrm{ggT}(a_i^{(n-1)/q_i} - 1, n) = 1, \tag{4.21}$$

dann gilt $p \equiv 1 \pmod{q_1^{\alpha_1} \cdots q_r^{\alpha_r}}$ für alle Primfaktoren von n.

Beweis: Aus (4.21) folgt, daß die Ordnung von a_i in $\mathbb{F}_p^*$ genau $q_i^{\alpha_i}$ ist, und daher gilt $q_i^{\alpha_i} | p - 1$. Da die q_i verschiedene Primzahlen sind, erhalten wir $\prod_{i=1}^{r} q_i^{\alpha_i} | (p - 1)$, was zu beweisen war. $\square$

Wir möchten bemerken, daß L.M. Adleman und M.A. Huang [1] die Existenz eines probabilistischen Algorithmus bewiesen haben, mit dem die Primalität in polynomieller Zeit entschieden werden kann. Für eine ausführliche Beschreibung moderner Primalitätstests verweisen wir auf das Buch von H. Cohen [30].

4.6 Primfaktorzerlegung in $\mathbb{Z}$

Zur vollständigen Faktorisierung kleiner, das heißt von bis zu 15-dezimalstelligen ganzen Zahlen, und zur Abspaltung kleiner Primteiler ganzer Zahlen können sowohl Algorithmus 4.5 als auch 4.6 benutzt werden. Zur Faktorisierung größerer Zahlen, insbesondere für Zahlen mit mindestens zwei großen Primteilern sind sie unbrauchbar. Ist zum Beispiel eine Zahl das Produkt zweier 20-stelliger Primzahlen, dann terminiert Algorithmus 4.5 wegen des Primzahlsatzes erst nach ungefähr

$10^{20}/\log(10^{20}) \approx 2.17 \cdot 10^{18}$ Divisionen. Mit einem sehr schnellen Computer, welche in jeder Sekunde 10^{10} Divisionen machen kann, würde eine solche Rechnung $2.17 \cdot 10^8$ Sekunden lang, also etwa 7 Jahre lang dauern. Wir möchten in diesem Abschnitt einen Übersicht über die modernen Faktorisierungsmethoden geben.

Die erste neuere Methode, die ρ-, rho- oder Monte-Carlo-Methode, stammt von J. Pollard [83] und wurde von R.P. Brent [16] verbessert.

Die Grundidee ist folgende: Es sei $f : \mathbb{Z}/n \to \mathbb{Z}/n$ eine Abbildung und $x_0 \in \mathbb{Z}/n$. Wir bilden die Foge $x_k = f(x_{k-1})$, $k \geq 1$ und $\mathrm{ggT}(x_k - x_j, n) = d_{k,j}$, $(j = 0, \ldots, k-1)$. $d_{k,j}$ ist ein echter Teiler von n genau dann, wenn $1 < d_{k,j} < n$.

Satz 4.23 *Es sei S eine Menge von r Elementen, $\lambda > 0$ und $l = 1 + [\sqrt{2\lambda r}] < r$. Es sei $f : S \to S$ und $x_0, x_1, \ldots$ die zu dem Paar (f, x_0) gehörige Folge. Die Wahrscheinlichkeit dafür, daß die ersten $l + 1$ Elemente der Folge $x_0, x_1, \ldots$ paarweise verschieden sind, ist kleiner als $e^{-\lambda}$.*

Beweis: Die Anzahl der Paare (f, x_0) ist r^{r+1}, da es r^r Abbildungen $S \to S$ gibt und wir x_0 auf r verschiedene Weisen wählen können.

Nehmen wir an, daß $x_0, x_1, \ldots, x_l$ paarweise verschieden sind und $x_k = f(x_{k-1})$ für $k \geq 1$ gilt. Für die Wahl von x_0 haben wir r Möglichkeiten. Jetzt wählen wir f entsprechend der Bedingung. Die Abbildung f ist durch die Bilder der Elemente von S eindeutig bestimmt. Für die Wahl von $x_1 = f(x_0)$ haben wir $r - 1$, die von $x_2 = f(x_1)$ genau $r - 2, \ldots$, die von $x_l = f(x_{l-1})$ schließlich $r - l$ Möglichkeiten. Wir können endlich f auf die Menge $S \backslash \{x_0, .., x_{l-1}\}$ beliebig fortsetzen. Somit gibt es $(r - 1) \cdots (r - l) \cdot r^{r-l}$ Abbildungen f mit der gewünschten Eigenschaft. Die Wahrscheinlichkeit dafür, daß das Paar (f, x_0) geeignet ist, ist

$$p = \frac{r^{r-l+1}(r - 1) \cdots (r - l)}{r^{r+1}} = \prod_{i=1}^{l} \left(1 - \frac{i}{r}\right).$$

Es gilt

$$\log p = \sum_{i=1}^{l} \log\left(1 - \frac{i}{r}\right) \leq -\sum_{i=1}^{l} \frac{i}{r} = -\frac{l(l+1)}{2r} < -\frac{2\lambda r}{2r} = -\lambda,$$

folglich ist $p < e^{-\lambda}$. $\square$

Rechentechnisch wäre eine lineare Abbildung $f(x) = ax$ von $\mathbb{Z}/n$ mit Anfangswert x_0 die beste. Nehmen wir aber an, p sei der gesuchte Teiler von n. Ist $\mathrm{ggT}(a, p) = 1$, welches eine sinnvolle Voraussetzung ist, dann gilt

$$x_m \equiv a^m x_0 \pmod{p}, \quad m \geq 0,$$

das heißt die Periodenlänge der Folge $\{x_m\}$ ist die Ordnung von a in $\mathbb{F}_p$, und diese kann oft sehr groß sein. Diese Tatsache war sehr erfreulich für Primzahltests, aber sie ist schlecht für Faktorisierungen. Ähnliches gilt im allgemeinen für lineare Abbildungen, deswegen kann man sie als Zufallszahlengeneratoren benutzen.

Es sei n eine zusammengesetzte Zahl. Dann existiert nach Satz 4.23 für jeden Primteiler r von n ein Paar (f, x_0), $f : \mathbb{Z}/n \to \mathbb{Z}/n$, $x_0 \in \mathbb{Z}/n$, so daß die Folge $x_0, x_1, \ldots$ nach $O(\sqrt{p})$ Schritten mit sehr hoher Wahrscheinlichkeit zwei identische Elemente in $\mathbb{Z}/p$ hat. Als geeignet hat sich in der Praxis die Abbildung $x^2 + 1$ erwiesen.

In dem folgenden Algorithmus haben wir auch eine Idee von Brent eingebaut, wodurch der Speicheraufwand und die Anzahl der zu berechnenden ggT's wesentlich abnimmt.

Algorithmus 4.11 (Pollard-Brent)

Input: *n eine zusammengesetzte Zahl; x_0*
Output: *Ein Teiler von n.*
           *(*Der Algorithmus setzt eine Subroutine voraus,*
           welche die Abbildung $f : \mathbb{Z}/n \to \mathbb{Z}/n$ berechnet.)*

1. $x \leftarrow x_0, y \leftarrow f(x_0) \bmod n, k \leftarrow 1, l \leftarrow 1,$

2. $g \leftarrow \mathrm{ggT}(x - y, n),$
     if $g = 1$ **then goto** 3. **else** { **output** g, **return** },

3. $k \leftarrow k - 1,$
     if $k = 0$ **then** $\{x \leftarrow y, l \leftarrow 2l, k \leftarrow l\}$

4. $y \leftarrow f(y) \bmod n,$ **goto** 2.

Um einen Satz über die Komplexität von Algorithmus 4.11 formulieren zu können, setzen wir von dem Paar (f, x_0) folgendes voraus :

1. $f(x) \bmod n$ kann in höchstens $O(\log^2 n)$ Schritten berechnet werden.

2. Es seien $r|n, r < \sqrt{n}, \lambda > 0, l = 1 + \lfloor 2\sqrt{\lambda}\sqrt[4]{n} \rfloor$, dann ist die Wahrscheinlichkeit dafür, daß die durch das Paar (f, x_0) definierte Folge $x_0, x_1, \ldots, x_l$ $(x_{i+1} = f(x_i) \bmod r)$ aus lauter verschiedenen Elementen besteht, kleiner als $e^{-\lambda}$.

Satz 4.24 *Es seien n eine zusammengesetzte ungerade Zahl und $r < \sqrt{n}$ ein echter Teiler von n. Wir nehmen an, daß das Paar (f, x_0) 1. und 2. erfüllt. Dann ist die Wahrscheinlichkeit dafür, daß Algorithmus 4.11 ein r_1 mit $r|r_1|n$ nach $O(\sqrt{\lambda}\sqrt[4]{n}\log^2 n)$ Operationen nicht findet, kleiner als $e^{-\lambda}$.*

Beweis: In Schritt 1. berechnen wir x_1 und dann im Schritt 4. der Reihe nach $x_2, x_3, x_4, \ldots$. In y wird x_{2^l} gespeichert, und mit dieser Zahl wird im 2. Schritt der $\mathrm{ggT}(x_{2^l} - x_{2^l+i}, n)$, $i = 1, \ldots, 2^l$, gebildet.
Nehmen wir an, daß k_0 der kleinste Index ist, wofür es ein $0 \le j_0 < k_0$ gibt mit $\mathrm{ggT}(x_{k_0} - x_{j_0}, n) = r_1 > 1$. Es sei $2^h \le k_0 < 2^{h+1}, j = 2^{h+1} - 1$ und $k = j + (k_0 - j_0)$. Es gilt dann $k - j = k_0 - j_0$, und aus $x_{k_0} \equiv x_{j_0} \pmod{r_1}$ folgt $x_k \equiv x_j \pmod{r_1}$, das heißt wir werden r_1 im 2. Schritt entdecken. Andererseits ist $k \le j + k_0 < 2^{h+2} \le 4 \cdot k_0$.

Es sei $l = 1 + \lfloor 2\sqrt{\lambda}\sqrt[4]{n} \rfloor \leq 2\sqrt{\lambda}\sqrt[4]{n} + 1$. Nach Voraussetzung 2. ist die Wahrscheinlichkeit dafür, daß die Folge $x_0, x_1, \ldots, x_l$ den Teiler r nicht aufdeckt, kleiner als $e^{-\lambda}$. Diesen Teiler wird Algorithmus 4.11 nach höchstens $4l$ Schritten ebenfalls entdecken.

Für die Berechnung von $f(x) \bmod n$ brauchen wir $O(\log^2 n)$ Schritte, und ebenso viele brauchen wir für die ggT-Berechnung. Damit ist der Satz bewiesen. $\square$

Als Beispiel wenden wir Algorithmus 4.11 auf die Zahl $n = 11021$ an. Wir haben $f(x) = x^2 + 1$ und $x_0 = 2$ gewählt.

Schritt	x	y	$y - x$	$\mathrm{ggT}(x - y, n)$
1	2	5	3	1
2	5	26	21	1
3	5	677	672	1
4	677	6469	5792	1
5	677	1225	548	1
6	677	1770	1093	1
7	677	2937	2260	1
8	2937	7548	4511	1
9	2937	4756	1819	107

Der Teiler 107 von 11021 wurde also nach 9 Schritten entdeckt. Die Zerlegung von 11021 ist nun eine leichte Aufgabe: sie ist $11021 = 107 \cdot 103$.

Um die Zahl $46273 \cdot 46279$ zu zerlegen, braucht die ρ-Methode 391 Iterationen. Mit dem naiven Suchverfahren würden wir fast 5000 Primzahlen brauchen.

Mit der ρ Methode entdeckten Brent und Pollard [17] den Primfaktor 1238926361552897 der 8-ten Fermatschen Zahl $2^{256} + 1$.

Die ρ-Methode ist wesentlich effizienter als die einfache Teilersuche. Für Zahlen ab etwa 40 Dezimalstellen wird sie langsam. Neue Ideen sind also erwünscht!

Die meisten neuen, erfolgreichen Verfahren für Faktorisierungen beruhen auf der folgenden einfachen Grundidee. Es sei n eine ungerade, zusammengesetzte Zahl. Es existieren dann ganze Zahlen $1 \leq y < x < n$ mit $n = x^2 - y^2$. In der Tat, sei $n = ab$ mit $1 < a < b < n$. Es sei $y = \dfrac{b - a}{2}$ und $x = \dfrac{b + a}{2}$, dann gilt die Behauptung für diese Zahlen.

Es bleibt 'nur noch' die Aufgabe, ein gutes Verfahren für die Lösung der diophantischen Gleichung $x^2 - y^2 = n$ zu finden.

Zunächst beschreiben wir ein einfaches Suchverfahren.

Algorithmus 4.12 (Fermat Faktorisierung)

Input: n *ungerade, zusammengesetze Zahl.*
Output: d, *der größte Teiler von* n, *mit* $d \leq \sqrt{n}$.

1. $x \leftarrow 2\lfloor \sqrt{n} \rfloor + 1, y \leftarrow 1, r \leftarrow \lfloor \sqrt{n} \rfloor^2 - n$,

2. **while** $r > 0$ **do** $\{r \leftarrow r - y, y \leftarrow y + 2\}$,

3. **if** $r = 0$ **then** $\{$ **output** $\frac{x-y}{2}$, **return** $\}$,

4. $r \leftarrow r + x, x \leftarrow x + 2$, **goto** 2.

Satz 4.25 *Algorithmus 4.12 berechnet den größten Teiler $d \leq \sqrt{n}$ von n.*

Beweis: Es seien $x_1 = \dfrac{x-1}{2}$ und $y_1 = \dfrac{y-1}{2}$. Dann gilt

$$r = x_1^2 - y_1^2 - n \tag{4.22}$$

immer, wenn wir zu Schritt 2 kommen.

Zu Anfang ist $x_1 = \lfloor \sqrt{n} \rfloor$ und $y_1 = 0$, und somit ist (4.22) klar.

Ist $r < 0$, dann kommen wir zu Schritt 4, und dort wird x um 2 vergrößert, das heißt der neue Wert von $x_{1,neu}$ wird $x_1 + 1$. Es gilt dann

$$x_{1,neu}^2 - y_1^2 - n = (x_{1,alt} + 1)^2 - y_1^2 - n = x_{1,alt}^2 - y_1^2 - n + 2x_{1,alt} + 1$$

$$= r_{alt} + x_{alt} = r_{neu}.$$

Ähnlich kann (4.22) für $r > 0$ bewiesen werden. Ist irgendwann $r = 0$, dann haben wir $x_1^2 - y_1^2 = n$ und es gilt

$$\frac{x-y}{2} \cdot \frac{x+y-2}{2} = n, \quad \frac{x-y}{2} \leq \sqrt{n}$$

und $\dfrac{x-y}{2}$ ist der größte Faktor von n mit dieser Eigenschaft. $\square$

Die Bedingung $x^2 - y^2 = n$ ist sehr stark und auch überflüssig, um einen Faktor von n zu finden. Es gilt nämlich:

Satz 4.26 *Es seien n eine ungerade, zusammengesetzte Zahl und $x, y \in \mathbb{Z}$ mit $x \not\equiv \pm y \pmod{n}$ und*

$$x^2 \equiv y^2 \pmod{n}. \tag{4.23}$$

Dann ist $\mathrm{ggT}(x - y, n)$ oder $\mathrm{ggT}(x + y, n)$ ein nicht trivialer Teiler von n.

Beweis: Es gilt einerseits $n | (x - y)(x + y)$, aber $n \nmid (x - y)$ und $n \nmid (x + y)$. Also ist der größte gemeinsame Teiler von n und $x - y$ ein echter Teiler von n. $\square$

Unser Ziel ist es also, eine Lösung von (4.23) mit $x \not\equiv \pm y \pmod{n}$ zu finden.

Die naheliegendste Idee ist, eine Folge $x_1, x_2, \ldots$ ganzer Zahlen zufällig zu wählen. Darüber hinaus wird ein vollständiges Restsystem modulo n, im allgemeinen die absolut kleinsten Reste, festgelegt. Man berechnet dann $x_i^2 \bmod n$, und falls der Rest selbst ein Quadrat ist, sagen wir y_i^2 mit $y_i \not\equiv \pm x_i \pmod{n}$, dann haben wir eine Lösung gefunden. Diese Grundidee wurde in zwei Richtungen verfeinert.

Einerseits ist diesmal die systematische Wahl der Zahlenfolge besser als die zufällige Wahl. Die Wahrscheinlichkeit dafür, daß eine Zahl die Kongruenz (4.23) löst, oder zu der Berechnung der Lösung in dem gleich zu beschreibenden Sinne einen Beitrag leistet, ist sehr gering. Deswegen ist es sinnvoll, 'aussichtslose' Kandidaten so früh wie möglich zu entdecken und auszuschließen. Diese Bemerkung gilt natürlich nicht nur für die Faktorisierung, sondern für alle Suchprobleme.

Um den zweiten Verbesserungsvorschlag erläutern zu können, betrachten wir die Zahlen $n = 4633, x_1 = 67$ und $x_2 = 68$. Es gilt

$$67^2 \equiv 4489 \equiv -144 \quad (\text{mod } 4633)$$

und

$$68^2 \equiv 4624 \equiv -9 \quad (\text{mod } 4633).$$

Keiner der absolut kleinsten Reste ist ein Quadrat, aber man sieht sofort, daß ihr Produkt ein Quadrat ist und die gesuchte Zerlegung liefert. Es gilt

$$(67 \cdot 68)^2 \equiv 77^2 \equiv (3 \cdot 12)^2 \quad (\text{mod } 4633),$$

und daraus folgt

$$(77 - 36)(77 + 36) = 41 \cdot 113 \equiv 0 \quad (\text{mod } 4633).$$

Die Idee, daß man aus der Zerlegung absolut kleinster Reste der Quadrate mehrerer Zahlen modulo n eine Lösung der Kongruenz (4.23) erhält, geht auf D.H. Lehmer and R.E. Powers [66] und M. Kraitchik zurück. Es handelt sich hier um ein Puzzle-Spiel. Aus kleinen Informationsstücken versucht man, ein großes Bild zusammenzubauen. Die Idee der Faktorbasis wurde für die Faktorisierung erstmals von M.A. Morrison und J. Brillhart [76] angewandt. Später fand sie mehrere Anwendungen in der Kryptographie und in der algebraischen Zahlentheorie. Wir formalisieren nun diese Methode.

Es bezeichne $B = \{p_2, \ldots, p_t\}$ eine Menge kleiner Primzahlen, und es sei $p_1 = -1$. Die Größe der Menge B hängt von der zu zerlegenden Zahl n ab, ihre optimale Elementanzahl wird nach Erfahrung gewählt. In diesem Abschnitt bezeichnet ausnahmsweise die Funktion mod den absolut kleinsten Rest.

Es sei $x_i^2 \bmod n = m \prod_{j=1}^{t} p_j^{\alpha_{i,j}}$, wobei $\text{ggT}(m,p) = 1$ für $p \in B$ ist. Wenn $m = 1$ ist, dann wird x_i in eine Liste $\mathcal{X}$ aufgenommen. In eine andere Liste wird der $x_i \in \mathcal{X}$ zugeordnete Exponentenvektor

$$\underline{v}_i = (\alpha_{i,1} \bmod 2, \alpha_{i,2}, \ldots, \alpha_{i,t})^T \in \mathbb{Z}^{t+1}$$

aufgenommen. Wenn $x_{i_1}, \ldots, x_{i_k} \in \mathcal{X}$ gefunden werden, so daß

$$\sum_{j=1}^{k} \underline{v}_{i_j} \equiv \underline{0} \quad (\text{mod } 2) \tag{4.24}$$

wird, dann gilt

$$(x_{i_1} \cdots x_{i_k})^2 \equiv y^2 \quad (\text{mod } n)$$

mit

$$y \equiv \prod_{j=1}^{t} p_j^{\frac{1}{2} \sum_{l=1}^{k} \alpha_{i_l,j}} \quad (\text{mod } n).$$

Um Kongruenzen (4.24) zu finden, ist es sinnvoll, mit den $\underline{v}_i$ auch $\hat{\underline{v}}_i^T = (v_0 \bmod 2, v_1 \bmod 2, \ldots, v_t \bmod 2)$ zu speichern und die Matrix, die aus den Spalten $\hat{\underline{v}}_1, \ldots, \hat{\underline{v}}_k$ aufgebaut ist, auf Dreiecksform zu bringen. Damit werden Lösungen der Kongruenz (4.23) relativ schnell gefunden.

Als Beispiel betrachten wir $n = 1829$. Wir wählen $B = \{-1, 2, 3, 5, 7, 11, 13\}$ und $x_{2j-1} = [\sqrt{1829j}]$, $x_{2j}[\sqrt{1829j}] + 1$, mit $j = 1, \ldots, 4$.

| | | | Exponent von $p \in B$ in y_i | | | | | | |
i	x_i	$y_i \equiv x_i^2$ (mod 1829)	-1	2	3	5	7	11	13
1	42	-65	1	0	0	1	0	0	1
2	43	20	0	2	0	1	0	0	0
3	60	-58							
4	61	63	0	0	2	0	1	0	0
5	74	-11	1	0	0	0	0	1	0
6	75	138							
7	85	-91	1	0	0	0	1	0	1
8	86	80	0	4	0	1	0	0	0

Die dritte und sechste Zeile liefern keine brauchbare Information, wir lassen sie weg und numerieren die verbleibenden sechs Zeilen durchlaufend.

$$
\begin{matrix}
\hat{\underline{v}}_1^T \\
\hat{\underline{v}}_2^T \\
\hat{\underline{v}}_3^T \\
\hat{\underline{v}}_4^T \\
\hat{\underline{v}}_5^T \\
\hat{\underline{v}}_6^T
\end{matrix}
\begin{pmatrix}
1 & 0 & 0 & 1 & 0 & 0 & 1 \\
0 & 0 & 0 & 1 & 0 & 0 & 0 \\
0 & 0 & 0 & 0 & 1 & 0 & 0 \\
1 & 0 & 0 & 0 & 0 & 1 & 0 \\
1 & 0 & 0 & 0 & 1 & 0 & 1 \\
0 & 0 & 0 & 1 & 0 & 0 & 0
\end{pmatrix}
\sim
\begin{pmatrix}
1 & 0 & 0 & 1 & 0 & 0 & 1 \\
0 & 0 & 0 & 1 & 0 & 0 & 0 \\
0 & 0 & 0 & 0 & 1 & 0 & 0 \\
0 & 0 & 0 & 1 & 0 & 1 & 1 \\
0 & 0 & 0 & 1 & 1 & 0 & 0 \\
0 & 0 & 0 & 0 & 0 & 0 & 0
\end{pmatrix}
$$

Die offensichtliche Relation $\hat{\underline{v}}_2 + \hat{\underline{v}}_6 \equiv \underline{0}$ (mod 2) liefert

$$(43 \cdot 86)^2 \equiv 2^6 \cdot 5^2 = (8 \cdot 5)^2 \quad (\text{mod } 1829),$$

aber wegen $43 \cdot 86 \equiv 40$ (mod 1829) erhalten wir eine triviale Relation. Es gilt noch $\hat{\underline{v}}_1^T + \hat{\underline{v}}_2^T + \hat{\underline{v}}_3^T + \hat{\underline{v}}_5^T \equiv \underline{0}$ (mod 2). Daraus folgt

$$(42 \cdot 43 \cdot 61 \cdot 85)^2 \equiv 2^2 \cdot 3^2 \cdot 5^2 \cdot 7^2 \cdot 13^2 = (2 \cdot 3 \cdot 5 \cdot 7 \cdot 13)^2 \quad (\text{mod } 1829)$$

oder

$$1459^2 \equiv 901^2 \quad (\mathrm{mod}\ 1829)$$

und schließlich

$$558 \cdot 531 \equiv 0 \quad (\mathrm{mod}\ 1829).$$

Es gilt

$$\mathrm{ggT}(531, 1829) = 59 \quad \text{und} \quad \mathrm{ggT}(558, 1829) = 31,$$

somit haben wir die gesuchte Zerlegung gefunden.

In dem folgenden Algorithmus setzen wir voraus, daß eine Faktorbasis $B = \{p_1, \ldots, p_t\}$, das heißt eine Menge von Primzahlen und $p_1 = -1$, vorgegeben ist und eine Subroutine nextz(x) zur Verfügung steht, welche die Folge $x_1, x_2, \ldots$ erzeugt. Mit a mod b bezeichnen wir jetzt den absolut kleinsten Rest.

Algorithmus 4.13 (Faktorisierung mit Faktorbasis)

Input: *n, eine zusammengesetzte, zu jedem $p \in B$ teilerfremde Zahl.*
Output: $1 < d_1, d_2 < n$ *mit* $d_1 d_2 = n$.
          (Wir benutzen die Hilfsvariablen:* $\underline{w} \in \mathbb{Z}^{t+1}, \underline{wh} \in \mathbb{F}_2^{t+1}$
          $\underline{v} \in \mathbb{Z}^{(t+1) \times u}$ *und* $\underline{vh} \in \mathbb{F}_2^{(t+1) \times u}$.
          Die Dimension u wählt man so groß, wie erforderlich und möglich.)*

1. $i \leftarrow 0$, $x \leftarrow 1$

2. $\underline{w} \leftarrow \underline{1}, \underline{wh} \leftarrow \underline{1}, \quad (*\underline{1} = (1, \ldots, 1) \in \mathbb{Z}^{t+1}.*)$
$x \leftarrow$ nextz(x), $x1 \leftarrow x^2$ mod n,

3. **if** $x1 < 0$ **then** $\{w[1] \leftarrow 1, wh[1] \leftarrow 1, x1 \leftarrow -x1\}$,
for $j \leftarrow 2$ **to** t **do**
$\{$ **while** $x1$ mod $p_j = 0$ **do** $\{w[j] \leftarrow w[j] + 1, x1 \leftarrow x1/p_j\}$,
$wh[j] \leftarrow w[j]$ mod $2\}$,
if $x1 \neq 1$ **then goto** *2,*

4. $\{i \leftarrow i + 1, v[i, 0] \leftarrow x \underline{v}[i, 1..t] \leftarrow \underline{w}, \underline{vh}[i] \leftarrow \underline{wh}$,
if $rank\{\underline{vh}[1], \ldots, \underline{vh}[i], \} = i$ **then goto** 2,
(Wenn x keine neue Relation liefert, dann setzen wir den Algorithmus mit einem neuen x-Wert fort. Sonst versuchen wir, einen Teiler von n zu finden. *)*

5. **for** $\{i1 \ldots ik\} \subseteq \{1, \ldots i - 1\}$ **do**
$\{$ **if** $\underline{wh} + \underline{vh}[i1] + \cdots + \underline{vh}[ik] \equiv \underline{0}$ (mod 2) **then**
$\{y_1 \leftarrow x \cdot v[i1, 0] \cdots v[ik, 0]$ mod n,
$y_2 \leftarrow 1$,
for $j \leftarrow 2$ **to** t **do**
$\{S \leftarrow 0$
for $\ell \in \{i1, \ldots, ik\}$ **do** $S \leftarrow S + v[\ell, j]$,
$S \leftarrow S/2, y_2 \leftarrow y_2 \cdot p_j^S$ mod $n\}$,
if $y_1 \neq \pm y_2$ **then** $\{$ output $\mathrm{ggT}(y_1 - y_2, n), \mathrm{ggT}(y_1 + y_2, n)$, **return** $\}$
$\}$ $\}$
goto *2.*

Für die Prozedur nextz(x) wurden in der Literatur folgende Vorschläge gemacht:

1. Zufallszahlgenerator mod n,

2. Kettenbruchentwicklung von $\sqrt{kn}$ (M.A. Morrison und J. Brillhart [76]),

3. Quadratisches Sieb (C. Pomerance [86]),

4. Zahlkörper-Sieb (J.M. Pollard [84])

1. Diese Methode ist einfach zu implementieren, aber x_i^2 mod n wird oft zu groß und kann in der Faktorbasis nicht faktorisiert werden.

2. Dazu kehren wir im Abschnitt 5.5 zurück, wenn die Eigenschaften der Kettenbruchentwicklung reeller Zahlen behandelt werden.

4. Zu der Darstellung des Zahlkörper-Siebes braucht man Kenntnisse aus der algebraischen Zahlentheorie, womit wir uns in diesem Buch nicht beschäftigen wollen. Den interessierten Leser verweisen wir auf die Arbeiten in [67] und auf das Buch von H. Cohen [30].

3. Im Rest dieses Abschnittes beschäftigen wir uns mit dem quadratischen Sieb und mit einigen diophantischen Problemen, welche damit zusammenhängen. Wir behalten bei der Konstruktion des Siebes zwei Ziele im Auge. Wir wollen einerseits die Zahlen x^2 mod n möglichst klein halten. Um das zu erreichen, wählen wir die Werte der Funktion $Q(y) = (y + m)^2 - n$ mit $m = [\sqrt{n}]$ für $y = \pm 1, \pm 2, \ldots$.
Wir wollen andererseits $Q(y)$ nur für solche Argumente betrachten, für welche $Q(y)$ durch vorgegebene Potenzen einiger Primzahlen aus der Faktorbasis teilbar ist. Dazu werden wir zunächst die Struktur der Lösungsmenge der Kongruenz

$$x^2 \equiv n \quad (\mathrm{mod}\ p^\alpha) \tag{4.25}$$

mit einer Primzahl p und $\alpha \geq 1$ untersuchen.

Satz 4.27 *Es sei p eine ungerade Primzahl mit* $\mathrm{ggT}(n, p) = 1$. *Dann hat die Kongruenz (4.25) im Fall* $\left(\dfrac{n}{p}\right) = 1$ *zwei Lösungen, sonst keine Lösung.*

Beweis: Ist $\left(\dfrac{n}{p}\right) = -1$, dann ist (4.25) natürlich nicht lösbar. Es sei also im weiteren $\left(\dfrac{n}{p}\right) = 1$. Die Kongruenz

$$x^2 \equiv n \quad (\mathrm{mod}\ p) \tag{4.26}$$

hat zwei Lösungen, da das Polynom $x^2 - n$ in dem Körper $\mathbb{F}_p$ höchstens zwei Wurzeln haben kann und wegen der Voraussetzung $\left(\dfrac{n}{p}\right) = 1$ auch zwei Wurzeln besitzt. Nehmen wir an, daß (4.25) auch zwei Lösungen für $\alpha \geq 1$ hat. Es sei $x_1 = x_0 + tp^\alpha$ eine Lösung von

$$x_1^2 \equiv n \quad (\mathrm{mod}\ p^{\alpha+1}).$$

Wir haben $x_1^2 = (x_0 + tp^\alpha)^2 = x_0^2 + 2x_0 tp^\alpha + t^2 p^{2\alpha}$ und somit

$$x_1^2 \equiv x_0^2 + 2x_0 tp^\alpha \equiv n \quad (\mathrm{mod}\ p^{\alpha+1}),$$

woraus

$$2x_0 t \equiv \frac{n - x_0^2}{p^\alpha} \quad (\mathrm{mod}\ p)$$

folgt; und die letzte Kongruenz hat genau eine Lösung. $\square$

Wir kehren zu den Lösungsmethoden der Kongruenz (4.26) bald zurück. Vorher möchten wir darüber sprechen, wie geeignete Argumente in dem Sieb bestimmt werden. Es sei $B_1 = \{p_2, \ldots, p_{t_1}\}$ eine Teilmenge von B, und zu jedem $p \in B_1$ sei ein Exponent α_p vorgegeben. Man berechnet jetzt die beiden Lösungen $\bar{x}_{j,p}, p \in B_1, j = 1, 2$, der Kongruenz (4.25) mit $\alpha = \alpha_p$. Dann bestimmt man den Rest $x_{j,p}$ im absolut kleinsten Restsystem modulo p^{α_p} der Zahlen $\bar{x}_{j,p} - m, p \in B_1, j = 1, 2$. Die geeigneten Argumentwerte für $Q(y)$ werden $y = x_{j,p} + z \cdot p^{\alpha_p}$ für $z = 0, \pm1, \pm2, \ldots$ und $j = 1, 2$. Es gilt nämlich

$$Q(y) = (x_{j,p} + z \cdot p^{\alpha_p} + m)^2 - n \equiv (\bar{x}_{j,p})^2 - n \quad (\mathrm{mod}\ p^{\alpha_p}).$$

$Q(y)$ ist also durch p^{α_p} teilbar. Es wird noch mit weiteren Primzahlen aus $B \backslash B_1$ gesiebt.

Die Komplexität des Quadratischen Siebs ist $O(n^{\sqrt{c \log\log n / \log n}})$ mit einer positiven Konstante c, das heißt besser als exponentiell, aber schlechter als polynomiell mit beliebigem Exponent. Ein Algorithmus mit solcher Komplexität heißt *subexponentiell*.

Als Abschluß dieses Abschnittes geben wir ein effizientes Verfahren an, womit man die Kongruenz (4.26) für Primzahlen lösen kann.

Für $p = 2$ ist (4.26) trivial. Ist $\left(\dfrac{n}{p}\right) = -1$, dann ist (4.26) nicht lösbar. Nehmen wir also an, daß p ungerade ist und $\left(\dfrac{n}{p}\right) = 1$ gilt. (Man kann $\left(\dfrac{n}{p}\right)$ mit Algorithmus 4.7 bestimmen.)

Wenn $p \equiv 3 \ (\mathrm{mod}\ 4)$ ist, dann sind die Lösungen der Kongruenz (4.26) genau $x \equiv \pm n^{(p+1)/4} \ (\mathrm{mod}\ p)$. In der Tat gilt

$$(\pm n^{(p+1)/4})^2 \equiv n^{(p+1)/2} \equiv n \cdot n^{(p-1)/2} \quad (\mathrm{mod}\ p).$$

Aus dem Satz 4.15 folgt

$$n^{(p-1)/2} \equiv \left(\frac{n}{p}\right) \equiv 1 \quad (\mathrm{mod}\ p),$$

und damit ist die Behauptung bewiesen.

Ist dagegen $p \equiv 1 \ (\mathrm{mod}\ 4)$, dann ist das Auffinden einer Lösung von (4.26) wesentlich schwieriger. Um einen effizienten Algorithmus von D.H. Lehmer darstellen zu können, benutzen wir eine Folgerung des Satzes 4.19, welche zuerst von M. Cipolla [29] bewiesen wurde.

Satz 4.28 *Es seien $p \equiv 1 \pmod 4$ eine Primzahl und $B \in \mathbb{Z}$ mit $\left(\dfrac{B}{p}\right) = 1$. Es sei weiterhin $A \in \mathbb{Z}$ so daß $\left(\dfrac{A^2 - 4B}{p}\right) = -1$ gilt, und $\{V_k\}_{k=0}^{\infty}$ die in Satz 4.19 definierte Folge, das heißt $V_0 = 2, V_1 = A, V_{n+2} = AV_{n+1} - BV_n$ für $n \geq 0$. Dann gilt*

$$V_{\frac{p+1}{2}}^2 \equiv 4B \pmod p.$$

Beweis: Mit den Bezeichungen vom Satz 4.19 gelten

$$0 \equiv U_{p+1} = U_{\frac{p+1}{2}} V_{\frac{p+1}{2}} \pmod p \tag{4.27}$$

und

$$V_{\frac{p+1}{2}}^2 - D \cdot U_{\frac{p+1}{2}}^2 \equiv 4 \cdot B^{(p+1)/2} \equiv 4B \pmod p. \tag{4.28}$$

Aus (4.27) folgt, daß p entweder $V_{\frac{p+1}{2}}$ oder $U_{\frac{p+1}{2}}$ teilt . Der erste Fall ist unmöglich, da sonst aus (4.28) $\left(\dfrac{D}{p}\right) = 1$ folgte. Für $p \equiv 1 \pmod 4$ gilt nämlich $\left(\dfrac{-1}{p}\right) = 1$. Also wird $U_{\frac{p+1}{2}}$ von p geteilt, und die Behauptung folgt unmittelbar aus (4.28). $\square$

Der folgende Satz zeigt, daß man zu jeder Primzahl p in polynomieller Zeit mit hoher Wahrscheinlichkeit ganze Zahlen A und B bestimmen kann, die die Bedingungen $\left(\dfrac{B}{p}\right) = 1$ und $\left(\dfrac{A^2 - 4B}{p}\right) = -1$ erfüllen.

Satz 4.29 *Es seien p eine ungerade Primzahl, $m \not\equiv 0 \pmod p$ und $N(m)$ die Anzahl diejenigen $0 \leq x < p$, wofür ein $0 \leq y < p$ existiert mit*

$$x^2 - y^2 \equiv m \pmod p. \tag{4.29}$$

Dann gilt

$$N(m) = \begin{cases} \dfrac{p+1}{2}, & \text{wenn } \left(\dfrac{m}{p}\right) = 1 \text{ ist} \\[2mm] \dfrac{p-1}{2}, & \text{wenn } \left(\dfrac{m}{p}\right) = -1 \text{ ist.} \end{cases}$$

Beweis: Wir schreiben (4.29) als

$$(x - y)(x + y) \equiv m \pmod p.$$

Aus $m \not\equiv 0 \pmod p$ folgt $x-y, x+y \not\equiv 0 \pmod p$. Es sei $x-y = u$ mit $0 < u < p$, dann gibt es ein eindeutig bestimmtes $0 < v < p$ mit $u \cdot v \equiv m \pmod p$, und somit gilt $x + y \equiv v \pmod p$. Das Gleichungssystem

$$\begin{aligned} x - y &\equiv u \pmod p \\ x + y &\equiv v \pmod p \end{aligned}$$

ist in x, y eindeutig lösbar, das heißt die Anzahl der Lösungen in (x, y) der Kongruenz (4.29) ist $p-1$. Ist (x, y) mit $y \neq 0$ eine Lösung von (4.29), dann ist auch $(x, p-y)$ eine. Damit erhalten wir die Behauptung im Falle $\left(\dfrac{m}{p}\right) = -1$. Ist $\left(\dfrac{m}{p}\right) = 1$, dann hat (4.29) die Lösungen $(x, 0)$, $(p-x, 0)$ und $(p-3)/2$ weitere Lösungen mit $y \neq 0$. Daraus folgt die Behauptung auch in diesem Fall. $\square$

Mit der Hilfe des Satzes 4.29 beweisen wir schließlich

Satz 4.30 *Für die Menge solcher ganzen Zahlen n, welche Produkt zweier verschiedener Primzahlen sind, sind die folgenden Probleme probabilistisch-polynomiell äquivalent:*

(i) n zu faktorisieren

(ii) Zu gegebenem Element $0 < r < n$ zwei Lösungen x, y mit $x \not\equiv \pm y \pmod{n}$ der lösbaren Kongruenz

$$x^2 \equiv r \pmod{n} \tag{4.30}$$

zu bestimmen.

Beweis: $(ii) \Rightarrow (i)$. Für $r = 1$ hat (4.30) vier Lösungen, davon sind zwei, ± 1, sogar bekannt. Es sei also $x_0 \not\equiv \pm 1 \pmod{n}$ eine Lösung von (4.30). Dann ist $(x_0 - 1)(x_0 + 1) \equiv 0 \pmod{n}$ und

$$\mathrm{ggT}(x_0 - 1, n)\,\mathrm{ggT}(x_0 + 1, n)$$

gibt die Faktorisierung von n in polynomieller Zeit. Diese Implikation ist also sogar polynomiell.

$(i) \Rightarrow (ii)$. Es sei $n = p_1 \cdot p_2$ mit Primzahlen $p_1 \neq p_2$. Es sei $0 < r < n$ vorgegeben. Die Kongruenzen

$$x^2 \equiv r \pmod{p_i}, \quad i = 1, 2, \tag{4.31}$$

haben jeweils zwei Lösungen, da sie nach der Voraussetzung lösbar sind. Aus dem chinesischen Restsatz folgt, daß (4.30) vier Lösungen hat. Davon gibt es also zwei mit der gewünschten Eigenschaft. Es reicht also, (4.31) für $i = 1, 2$ in probabilistisch-polynomieller Zeit zu lösen. Ist p_1 oder $p_2 \equiv 3 \pmod{4}$, dann kann man eine Lösung von (4.31), wie wir oben gesehen haben, sogar in polynomieller Zeit finden.

Nehmen wir also $p_1 \equiv 1 \pmod{4}$ an. Um die Lösungen von (4.31) in polynomieller Zeit zu finden genügt es nach Satz 4.28, ein $A \in \mathbb{Z}$ mit der Eigenschaft $\left(\dfrac{A^2 - 4r}{p_1}\right) = -1$ zu finden. Ein solches A können wir nach dem Satz 4.29 in probabilistisch-polynomieller Zeit finden, und damit ist der Satz bewiesen. $\square$

5 Körper der rationalen und reellen Zahlen

In einem nullteilerfreien Ring, zum Beispiel in $\mathbb{Z}$, kann Division nicht unbeschränkt durchgeführt werden. Es ist deswegen oft sinnvoll einen solchen Ring in einen Quotientenkörper einzubetten. Am Anfang dieses Kapitels stellen wir die Technik der Quotientenkörperbildung dar. Dann konzentrieren wir uns hauptsächlich auf gewisse Eigenschaften und Anwendungen der Körper der rationalen und reellen Zahlen. Obwohl die meisten reellen Zahlen sich nicht nur praktisch, sondern auch theoretisch algorithmisch nicht berechnen lassen, sind sie sehr brauchbare Objekte der Computeralgebra.

Wir untersuchen zuerst die Kettenbruchentwicklung reeller, insbesondere quadratischer algebraischer Zahlen. Diese Ergebnisse werden zur Darstellung eines Algorithmus von D. Shanks zur Faktorisierung ganzer Zahlen, sowie zur Lösung Pellscher und Thuescher Gleichungen angewandt. Am Beispiel der Lösung eines Problems von Diophant zeigen wir, wie die Verknüpfung tiefer Ergebnisse der transzendenten Zahlentheorie und numerischer diophantischer Approximationsmethoden zur Lösung klassischer Aufgaben führen kann.

Am Ende des Kapitels beschäftigen wir uns mit Gittern. Es werden insbesondere die Methode von U. Fincke und M. Pohst zur Berechnung kurzer Elemente in Gittern und der Basisreduktionsalgorithmus von A.K. Lenstra, H.W. Lenstra Jr. und L. Lovász behandelt.

5.1 Quotientenkörper

Es sei R ein kommutativer nullteilerfreier Ring, und auf $R \times R\backslash\{0\}$ sei die folgende Relation definiert

$$(z_1, n_1) \sim (z_2, n_2) \Leftrightarrow z_1 n_2 = n_1 z_2.$$

Damit ist eine Äquivalenzrelation $\sim$ auf $R \times R\backslash\{0\}$ angegeben. Im folgenden bezeichne K die Menge aller Äquivalenzklassen k von $R \times R\backslash\{0\}$ bezüglich $\sim$. Auf $K \times K$ definieren wir die folgenden zwei Abbildungen:

zu $(z_1, n_1) \in k_1$ und $(z_2, n_2) \in k_2$ wird $k_3 = k_1 + k_2$ mittels

$$(z_1 n_2 + n_1 z_2, n_1 n_2) \in k_3$$

und $k_4 = k_1 \cdot k_2$ mittels

$$(z_1 z_2, n_1 n_2) \in k_4$$

erklärt. Diese Abbildungen sind Operationen auf K, und $(K, +, \cdot)$ bildet einen Körper, welcher *Quotientenkörper* von R genannt wird.

Die Elemente des Körpers K nennen wir Quotienten oder Brüche, und das Paar $(z, n) \in k \in K$ bezeichnen wir mit $\frac{z}{n}$. Hat jedes Element von R eine Listendarstellung, dann wird diese Eigenschaft auf K vererbt. Die Listendarstellung der Elemente von K ist nicht eindeutig, da im allgemeinen kein Element der Äquivalenzklassen bezüglich $\sim$ ausgezeichnet ist. Es gibt aber oft eine kanonische, 'übliche' Darstellung. Eine solche, möglichst einfache Darstellung brauchen wir, um Quotienten vergleichen zu können.

Ist R ein euklidischer Ring, dann gibt es in jeder Äquivalenzklasse bezüglich $\sim$ ein Element $(z, n) \in R^2$ mit $\mathrm{ggT}(z, n) = 1$. Obwohl dieser Vertreter im allgemeinen immer noch nicht eindeutig ist, kann aber eine solche Wahl den Vergleich wesentlich vereinfachen.

In den zwei wichtigsten Spezialfällen, wenn $R = \mathbb{Z}$ oder $R = L[x]$ für einen Körper L ist, gibt es eine eindeutige Darstellung der Quotienten. In der Tat, ist $R = \mathbb{Z}$, dann ist $R/ \sim = \mathbb{Q}$ der Körper der rationalen Zahlen. In $\mathbb{Q}$ können wir alle Elemente als $(z, n) \in \mathbb{Z}^2$ mit $\mathrm{ggT}(z, n) = 1$ darstellen. Diese Darstellung wird eindeutig, falls noch zusätzlich $n > 0$ vorausgesetzt ist. Wir stellen also die rationalen Zahlen mit positivem Nenner und mit teilerfremdem Zähler und Nenner dar. Ist z beziehungsweise n die positionelle Listendarstellung des Zählers beziehungsweise Nenners, dann ist (z, n) die Listendarstellung von $r = \frac{z}{n}$.

Es sei nun L ein Körper, dessen Elementen eine kanonische Listendarstellung zugeordnet ist, und $R = L[x]$. Dieser Ring ist ebenfalls euklidisch. In diesem Fall können wir z und n als normiert – das heißt der Koeffizient der höchsten Potenz von x ist 1 – und teilerfremd voraussetzen und (z, n) wird ebenfalls die Listendarstellung von $r = \frac{z}{n}$.

Wir weisen darauf hin, daß für die rationalen Funktionen die kanonische Darstellung oft komplizierter und undurchsichtiger ist als eine andere Darstellung, für welche z und n nicht teilerfremd sind. Betrachten wir dazu das Beispiel

$$\frac{x^{100} - 1}{x - 1} = x^{99} + x^{98} + x^{97} + \ldots + 1.$$

Offensichtlich braucht man wesentlich mehr Speicherplatz für das Polynom auf der rechten Seite als für den Bruch auf der linken Seite. Deswegen bieten die Computeralgebra-Systeme verschiedene Möglichkeiten an, algebraische Ausdrücke darzustellen und zu vereinfachen.

5.2 Radixdarstellung reeller Zahlen

Es sei $g \geq 2$ eine ganze Zahl. Für $x \in [0, 1)$ definieren wir die Abbildung

$$T_g(x) = gx - [gx].$$

Es ist klar, daß $T_g : [0, 1) \to [0, 1)$ erfüllt ist. Die Folge $\{x_i\}_{i=0}^{\infty}$ sei durch die Rekursion

$$x_0 = x, \ x_{i+1} = [gT_g^i(x)] \ \text{für} \ i = 0, 1, \ldots$$

definiert. Es gilt dann

$$x = \sum_{i=1}^{\infty} x_i g^{-i}. \tag{5.1}$$

In der Tat, sei für $n \geq 1$

$$y_n = \sum_{i=1}^{n} x_i g^{-i}.$$

Wir beweisen, daß die Ungleichung

$$x - y_n = \frac{T_g^n(x)}{g^n} \leq g^{-n} \tag{5.2}$$

gilt, woraus unsere Behauptung unmittelbar folgt.

Wir setzen in (5.2) $n = 1$ ein. Dann erhalten wir

$$x - y_1 = x - \frac{x_1}{g} = \frac{gx - [gx]}{g} = \frac{T_g(x)}{g},$$

das heißt (5.2) gilt für $n = 1$. Nehmen wir an, daß (5.2) wahr ist für ein $n \geq 1$. Es gilt dann

$$\begin{aligned}
x - y_{n+1} &= x - y_n - \frac{x_{n+1}}{g^{n+1}} = \frac{T_g^n(x)}{g^n} - \frac{[gT_g^n(x)]}{g^{n+1}} \\
&= \frac{gT_g^n(x) - [gT_g^n(x)]}{g^{n+1}} = \frac{T_g(T_g^n(x))}{g^{n+1}} = \frac{T_g^{n+1}(x)}{g^{n+1}}.
\end{aligned}$$

Damit ist (5.2) bewiesen.

Es sei nun $v \in \mathbb{R}$. Stellt man $[v]$ nach Satz 3.2 und $v - [v]$ nach (5.1) dar, dann bekommt man den folgenden Satz.

Satz 5.1 *Es sei $g \geq 2$ eine ganze Zahl. Es gibt für jedes $v \in \mathbb{R}\backslash\{0\}$ eindeutig bestimmte ganze Zahlen $\varepsilon_v = \pm 1$, $l(v) \in \mathbb{Z}$, $0 \leq v_j < g$, $j = l(v), l(v) + 1, \ldots$, $v_{l(v)} \neq 0$ und unendlich viele der v_j von $g - 1$ verschieden, so daß*

$$v = \varepsilon_v \sum_{j=l(v)}^{\infty} v_{-j} g^{-j} \tag{5.3}$$

gilt.

Die (eventuell) unendliche Summe (5.3) wird die *Radixdarstellung* von v zur Basis g genannt. Sie kann im allgemeinen in einem Computer nicht abgespeichert werden, da in (5.3) unendlich viele von Null verschiedene Koeffizienten v_j vorkommen können. Wir müssen daher andere Wege finden.

Die gebräuchliche Lösung ist, einen Algorithmus anzugeben, womit man die Ziffern der Radixdarstellung der Zahl bis zu einer gegebenen Grenze berechnen kann. Die reelle Zahl v wird gewöhnlich mit der rationalen Zahl $f \cdot g^e$ mit $1/g \leq |f| < 1$ und $e \in \mathbb{Z}$ approximiert, und v wird das Paar (e, f) zugeordnet. Sowohl die Länge von e als auch von f ist durch die Länge des Maschinenwortes beschränkt. Die Präzision der Annäherung ist daher durch den Computer beschränkt.

Die neueren Computeralgebra-Systeme verfolgen eine andere Philosophie. Sie erlauben arithmetische Operationen mit beliebiger, vorgeschriebener Präzision. Um mit Zahlen der gewünschten Präzision zu rechnen, benutzt man interne oder eigene Funktionen. Die Korrektheit solcher Funktionen beweist man mit den Methoden der numerischen Mathematik. Die Werte der einfachen transzendenten Funktionen, wie Logarithmus, trigonometrische, exponentielle und weitere Funktionen, können im allgemeinen mit internen Prozeduren bestimmt werden. Dabei wird die Anzahl der nötigen Rechenschritte intern gesteuert. Erstellt man eine eigene Funktion, dann muß man die Präzision selbst kontrollieren.

Das Ergebnis ist in jedem Fall eine rationale Zahl q, welche die vorgegebene reelle Zahl approximiert. Die interne Darstellung der Zahl q ist nicht die Radixdarstellung, sondern ein Paar (z, n).

Die rationalen Zahlen können auch mittels der Radixdarstellung charakterisiert werden. Es gilt:

Satz 5.2 *Es sei $g \geq 2$ eine ganze Zahl. Die Radixdarstellung von $v \in \mathbb{R}$ ist genau dann periodisch, wenn $v \in \mathbb{Q}$ ist* .

Beweis: Es genügt, den Satz für die Zahlen $v \in [0, 1)$ zu beweisen.

Es sei also die Darstellung von v periodisch mit Vorperiode der Länge l und der Periodenlänge p, das heißt sei

$$\begin{aligned}
v &= v_{-1}g^{-1} + \ldots + v_{-l}g^{-l} + v_{-l-1}g^{-l-1} + \ldots + \\
&\quad + v_{-l-p}g^{-l-p} + v_{-l-p-1}g^{-l-p-1} + \ldots
\end{aligned}$$

Multipliziert man v mit g^l und dann mit g^{l+p} und subtrahiert das erste von dem zweiten Ergebnis, dann erhält man

$$\begin{aligned}
g^l v(g^p - 1) &= v_{-1}g^{l+p-1} + \ldots + v_{-l}g^p + v_{-l-1}g^{p+1} + \ldots + \\
&\quad + v_{-l-p} - v_{-1}g^{l-1} - \ldots - v_{-l} = A
\end{aligned}$$

mit einer Zahl $A \in \mathbb{Z}$. Es folgt

$$v = \frac{A}{g^l(g^p - 1)} \in \mathbb{Q}.$$

Es sei umgekehrt $v = \dfrac{z}{n} \in \mathbb{Q}$ mit $\mathrm{ggT}(z, n) = 1$, $z \geq 0$. Ist $n = 1$, dann gilt $v_{-1} = v_{-2} = \ldots = 0$ und die Behauptung folgt.

Es sei also $n \geq 2$ und $z = nq + r$ mit $0 \leq r < n$. Dann gilt

$$v = q + \frac{r}{n},$$

und es reicht, die Periodizität der Darstellung von $\frac{r}{n}$ zu beweisen.

Es sei im weiteren $0 < z < n$ und $n = n_1 n_2$, wobei n_2 den größten Teiler von n bezeichnet, welcher zu g teilerfremd ist. Es sei $m_1 \in \mathbb{Z}$ mit $n_1 m_1 = g^l$ für ein $l \in \mathbb{N}_0$. Es gilt dann $v = \dfrac{m_1 z}{g^l n_2}$. Ist $n_2 = 1$, dann ist die Radixdarstellung von v endlich, und wir sind fertig mit dem Beweis.

Es sei also $n_2 > 1$. Nach dem Fermatschen Satz 4.12 gibt es ein $p \in \mathbb{N}$ mit

$$g^p \equiv 1 \pmod{n_2}.$$

Es sei $g^p - 1 = n_2 m_2$, also $v = \dfrac{m_1 m_2 z}{g^l (g^p - 1)}$. Sei nun $v_1 = g^l v = \dfrac{m_1 m_2 z}{g^p - 1} = v' + \dfrac{z_1}{g^p - 1}$, wobei $0 < z_1 < g^p - 1$ ist. Die ganze Zahl z_1 läßt sich nach Satz 3.3.2 in der Form

$$z_1 = n_0 + n_1 g + \ldots + n_l g^l$$

darstellen mit $l < p$. Es gilt andererseits

$$\frac{1}{g^p - 1} = \sum_{i=1}^{\infty} g^{-ip},$$

woraus

$$\frac{z_1}{g^p - 1} = \sum_{i=1}^{\infty} (n_l g^l + \ldots + n_0) g^{-ip}$$

folgt, und der Satz ist bewiesen. $\square$

5.3   Kettenbruchentwicklung

Die Radixdarstellung reeller Zahlen ist für die arithmetischen Operationen und zum Vergleich bestens geeignet. In diesem Fall approximieren wir $v \in \mathbb{R}$ bei gegebenem $g \in \mathbb{Z}_{>1}$ durch ein rationales $q = \dfrac{a}{g^r}$, wobei $a, r \in \mathbb{Z}$ sind. Es gilt

$$\left| v - \frac{a}{g^r} \right| < \frac{1}{g^r}$$

wegen (5.2).

Wir sagen, $\dfrac{a}{b} \in \mathbb{Q}$ approximiert $v \in \mathbb{R}$ mit der Ordnung κ, wenn

$$\left| v - \frac{a}{b} \right| < \frac{1}{b^\kappa}$$

gilt. Die rationale Näherung der Radixdarstellung approximiert also v mit der Ordnung 1.

Für viele Anwendungen brauchen wir Näherungen mit größerer Ordnung. Solche rationalen Zahlen können mittels der Kettenbruchentwicklung berechnet werden. Wir leiten den Algorithmus zur Berechnung der Kettenbruchentwicklung aus dem euklidischen Algorithmus 2.2 ab; dessen Schritte lassen sich für $z, n \in \mathbb{Z}, \quad n > 0$, auch folgendermaßen formulieren:

$$z = nq + r,\ 0 < r < n \quad \Leftrightarrow \quad q = \left[\frac{z}{n}\right],\ \frac{r}{n} = \frac{z}{n} - \left[\frac{z}{n}\right]$$

$$z \leftarrow n, n \leftarrow r \quad \Leftrightarrow \quad \frac{z}{n} \leftarrow \frac{n}{r} = \frac{1}{\frac{r}{n}}.$$

Diese Auffassung erlaubt die Verallgemeinerung des euklidischen Algorithmus auf die reellen Zahlen.

In diesem Abschnitt setzen wir $[\infty] = \infty$, und $\infty - \infty = 0$. Es sei $T : \mathbb{R} \to \mathbb{R} \cup \{\infty\}$ die folgende Abbildung

$$T(x) = \begin{cases} \infty, \text{ wenn } x \in \mathbb{Z} \cup \{\infty\} \\ \dfrac{1}{x - [x]}, \text{ sonst.} \end{cases}$$

Es sei weiter $a_n = [T^n(x)]$ für $n = 0, 1, \ldots$. Es ist klar, daß $a_n > 0$ für $n > 0$ ist. Jetzt definieren wir zwei Folgen $\{p_n\}, \{q_n\}$ durch

$$\begin{pmatrix} p_0 & p_{-1} \\ q_0 & q_{-1} \end{pmatrix} = \begin{pmatrix} a_0 & 1 \\ 1 & 0 \end{pmatrix},$$

$$\begin{pmatrix} p_{n+1} & p_n \\ q_{n+1} & q_n \end{pmatrix} = \begin{pmatrix} p_n & p_{n-1} \\ q_n & q_{n-1} \end{pmatrix} \begin{pmatrix} a_{n+1} & 1 \\ 1 & 0 \end{pmatrix}.$$

Die Zahlen a_n beziehungsweise p_n/q_n werden die *Ziffern* beziehungsweise *Näherungsbrüche* der *Kettenbruchentwicklung* von x genannt. Wenn $T^n(x) \neq a_n$ gilt, dann setzen wir $x_{n+1} = \dfrac{1}{T^n(x) - a_n}$ und $x = [a_0, a_1, \ldots, a_n, x_n]$.

Lemma 5.1 *Es sei $a_n \neq \infty$, dann gilt*

$$p_{n+1}q_n - p_n q_{n+1} = (-1)^n. \tag{5.4}$$

Beweis: Mittels Induktion nach n. $\square$

Lemma 5.2 *Nehmen wir an, daß $a_n \neq T^n(x)$ ist. Dann gilt*

$$x = \frac{x_{n+1}p_n + p_{n-1}}{x_{n+1}q_n + q_{n-1}}. \tag{5.5}$$

Beweis: Es sei $n = 0$. Dann gilt $x_1 = \dfrac{1}{x - [x]}$, und mit der Anwendung der Definitionen der Folgen $\{p_n\}$ und $\{q_n\}$ erhalten wir

$$\frac{\dfrac{a_0}{x - a_0} + 1}{\dfrac{1}{x - a_0}} = x,$$

das heißt (5.5) ist wahr für $n = 0$. Man kann die Behauptung für $n = 1$ ebenfalls leicht verifizieren. Es sei $n \geq 1$ und (5.5) wahr für n. Dann gilt

$$x_{n+1} = \frac{1}{T^n(x) - a_n} = \frac{1}{T(T^{n-1}(x)) - a_n} = \frac{1}{\dfrac{1}{T^{n-1}(x) - a_{n-1}} - a_n} = \frac{1}{x_n - a_n},$$

woraus

$$x_n = a_n + \frac{1}{x_{n+1}}$$

folgt. Unter der Benutzung der Induktionsannahme erhalten wir

$$x = \frac{x_n p_{n-1} + p_{n-2}}{x_n q_{n-1} + q_{n-2}} = \frac{a_n p_{n-1} + p_{n-2} + \frac{p_{n-1}}{x_{n+1}}}{a_n q_{n-1} + q_{n-2} + \frac{q_{n-1}}{x_{n+1}}} = \frac{x_{n+1} p_n + p_{n-1}}{x_{n+1} q_n + q_{n-1}}.$$

Das Lemma ist damit bewiesen. $\square$

Lemma 5.3 *Es sei $a_n \neq T^n(x)$, dann gilt*

$$x - \frac{p_n}{q_n} = \frac{(-1)^n}{q_n(x_{n+1} q_n + q_{n-1})}. \tag{5.6}$$

Beweis: Die Richtigkeit von (5.6) zeigt die folgende Gleichungskette.

$$\begin{aligned}
x - \frac{p_n}{q_n} &= \frac{x_{n+1} p_n + p_{n-1}}{x_{n+1} q_n + q_{n-1}} - \frac{p_n}{q_n} \\
&= \frac{q_n p_{n-1} - p_n q_{n-1}}{q_n(x_{n+1} q_n + q_{n-1})} = \frac{(-1)^n}{q_n(x_{n+1} q_n + q_{n-1})}.
\end{aligned}$$

$\square$

Folgerung 5.1 *Es sei $a_n \neq \infty$, dann gilt für alle $k \leq \left[\frac{n+1}{2}\right]$*

$$\frac{p_{2k-2}}{q_{2k-2}} < \frac{p_{2k}}{q_{2k}} < x < \frac{p_{2k+1}}{q_{2k+1}} < \frac{p_{2k-1}}{q_{2k-1}}.$$

Beweis: Daß die Näherungsbrüche mit geradem Index kleiner als x sind, sowie die mit ungeradem Index größer sind, folgt unmittelbar aus (5.6). Wir beweisen die anderen Ungleichungen.

Für den Zähler der Differenz zweier aufeinander folgender Näherungsbrüche mit geradem Index gilt

$$p_{2k}q_{2k-2} - q_{2k}p_{2k-2}$$
$$= (a_{2k}p_{2k-1} + p_{2k-2})q_{2k-2} - (a_{2k}q_{2k-1} + q_{2k-2})p_{2k-2}$$
$$= a_{2k}(p_{2k-1}q_{2k-2} - q_{2k-1}p_{2k-2}) = (-1)^{2k}a_{2k} > 0.$$

Damit ist die Behauptung für die geraden Indizes bewiesen. Die andere Ungleichung kann man ähnlich nachvollziehen. $\square$

Gibt es ein $n > 0$ mit $a_n = \infty$, dann ist $a_m = \infty$ für alle $m \geq n$, und diese Ziffern dürfen wir als uninteressant weglassen. Wir nennen dann die Kettenbruchentwicklung der Zahl x endlich.

Satz 5.3 *Die Kettenbruchentwicklung einer Zahl $x \in \mathbb{R}$ ist endlich genau dann, wenn $x \in \mathbb{Q}$ ist. Die Kettenbruchentwicklung der rationalen Zahlen ist zweideutig.*

Beweis: Ist $x \in \mathbb{Q}$, dann ist die Kettenbruchentwicklung von x die euklidische Darstellung des Paares (z, n) mit $(z, n) = x$, und diese ist endlich.

Es sei nun die Kettenbruchentwicklung von $x \in \mathbb{R}$ endlich und n der größte Index mit $a_n \neq T^n(x)$. Dann gilt $a_{n+1} = T^{n+1}(x)$, das heißt

$$a_{n+1} = T(x_n) = \frac{1}{x_n - [x_n]}.$$

Daraus folgt $x_n \in \mathbb{Q}$ und wegen (5.5) $x \in \mathbb{Q}$.

Es sei $[a_0, a_1, \ldots, a_m]$ die Kettenbruchentwicklung von $x \in \mathbb{Q}$. Ist hier $a_m > 1$, dann gilt ebenfalls $x = [a_0, a_1, \ldots, a_m - 1, 1]$. Damit ist auch die Zweideutigkeit bewiesen. $\square$

Satz 5.4 *Es sei $a_n \neq T^n(x)$ dann gilt*

$$\frac{1}{(a_{n+1} + 2)q_n^2} < \left| x - \frac{p_n}{q_n} \right| \leq \frac{1}{q_n q_{n+1}} < \frac{1}{q_n^2}. \tag{5.7}$$

Beweis: Wir haben $a_{n+1} \leq x_{n+1} < a_{n+1} + 1$ und damit

$$q_{n+1} \leq x_{n+1}q_n + q_{n-1} < (a_{n+1} + 2)q_n.$$

Kombiniert man diese Ungleichungen mit (5.6), dann folgt die Behauptung. $\square$

Dieser Satz bedeutet, daß die Näherungsbrüche die Zahl mit der Ordnung 2 approximieren. Die Güte dieser Approximation ist also wesentlich besser als die, die wir mit der Radixdarstellung erreichen können. Für Anwendungen sind die Ungleichungen in (5.7) von großer Bedeutung, wie wir später sehen werden.

Bevor wir uns mit den Anwendungen der Kettenbruchentwicklung beschäftigen, möchten wir zwei interessante, schöne Sätze formulieren.

Satz 5.5 *Es seien $x \in \mathbb{R}$ und $n \in \mathbb{N}$, so daß $a_n \neq T^n(x)$ ist. Es sei $0 \leq q < q_n$, dann gilt*

$$|qx - p| \geq |q_{n-1}x - p_{n-1}| > |q_n x - p_n|$$

für alle $p \in \mathbb{Z}$ mit $(p, q) \neq (0, 0)$. Gleichheit gilt weiterhin genau dann, wenn $\dfrac{p_{n-1}}{q_{n-1}} = \dfrac{p}{q}$ ist.

Beweis: Es gilt wegen (5.6)

$$
|q_n x - p_n| \;=\; \frac{1}{x_{n+1}q_n + q_{n-1}} \leq \frac{1}{q_n + q_{n-1}} = \frac{1}{(a_n + 1)q_{n-1} + q_{n-2}}
$$

$$
< \frac{1}{x_n q_{n-1} + q_{n-2}} = |q_{n-1}x - p_{n-1}|,
$$

woraus

$$|q_n x - p_n| < |q_i x - p_i|$$

für alle $i < n$ folgt, damit ist die zweite Ungleichung bewiesen.

Wir können also $q_{n-1} \leq q < q_n$ voraussetzen. Es seien M, N so gewählt, daß

$$qx - p = M(q_n x - p_n) + N(q_{n-1}x - p_{n-1})$$

gilt. Solche Zahlen können durch die Lösung des Gleichungssystems

$$
\begin{aligned}
q &= Mq_n + Nq_{n-1} \\
p &= Mp_n + Np_{n-1}
\end{aligned}
$$

bestimmt werden. Mit der Anwendung der Cramerschen Regel und (5.4) folgt $M, N \in \mathbb{Z}$. Es gilt $N \neq 0$, sonst wäre $q \geq q_n$. Aus demselben Grund muß auch $MN \leq 0$ sein. $M = 0$ impliziert

$$|qx - p| = N|q_{n-1}x - p_{n-1}| \geq |q_{n-1}x - p_{n-1}|,$$

und wir sind fertig mit dem Beweis.

Es sei also $M \neq 0$, dann gilt

$$
\begin{aligned}
|qx - p| &= |M(q_n x - p_n)| + |N(q_{n-1}x - p_{n-1})| \\
&> |q_{n-1}x - p_{n-1}| > |q_n x - p_n|.
\end{aligned}
$$

Damit ist der Satz bewiesen. $\square$

Satz 5.6 *Es seien $x \in \mathbb{R}$ und $n \in \mathbb{N}$ mit $a_n \neq T^n(x)$. Zu allen $p, q \in \mathbb{Z}$ mit $0 < q \leq q_n$, $\;\; \mathrm{ggT}(p, q) = 1$ und*

$$\left| x - \frac{p}{q} \right| \leq \frac{1}{2q^2}$$

gibt es ein $k \leq n$ mit $\dfrac{p}{q} = \dfrac{p_k}{q_k}$.

Beweis: Ist $q_n = q$, dann sind wir fertig mit dem Beweis. Es sei also $q < q_n$. Es gibt ein $k \leq n$, so daß $q_{k-1} \leq q < q_k$ ist. Nehmen wir an, daß $\frac{p}{q}$ kein Näherungsbruch ist, das heißt es gilt sogar $q_{k-1} < q$. Aus Satz 5.5 erhalten wir

$$|q_{k-1}x - p_{k-1}| \leq |qx - p| \leq \frac{1}{2q},$$

woraus

$$\left| x - \frac{p_{k-1}}{q_{k-1}} \right| \leq \frac{1}{2qq_{k-1}}$$

und dann

$$\frac{1}{qq_{k-1}} \leq \frac{|qp_{k-1} - pq_{k-1}|}{qq_{k-1}} = \left| \frac{p_{k-1}}{q_{k-1}} - \frac{p}{q} \right|$$

$$\leq \left| \frac{p_{k-1}}{q_{k-1}} - x \right| + \left| \frac{p}{q} - x \right| \leq \frac{1}{2qq_{k-1}} + \frac{1}{2q^2} < \frac{1}{qq_{k-1}}$$

folgt, ein Widerspruch. $\square$

5.4 Kettenbruchentwicklung reeller algebraischer Zahlen

Die Kettenbruchentwicklung reeller Zahlen kann man im allgemeinen nur aus ihrer Radixdarstellung berechnen. Für die algebraischen Zahlen kennen wir einen unmittelbaren Weg. Es sei α eine Nullstelle des Polynoms $P(x) = b_0 x^k + b_1 x^{k-1} + \ldots + b_k \in \mathbb{Z}[x]$ vom Grad k. Wir setzen voraus, daß $P(x)$ keine rationalen und keine mehrfachen Nullstellen hat. Die erste Voraussetzung vereinfacht das Verfahren, da ein Abbruch nach endlich vielen Schritten nicht berücksichtigt werden muß. Trifft die zweite Voraussetzung nicht zu, dann ersetzen wir $P(x)$ durch $P(x)/\mathrm{ggT}(P(x), D(P(x)))$. (Siehe Kapitel 7.1).

Algorithmus 5.1 (Cfalg)

Input: P(x) mit den obigen Voraussetzungen,
* $r, s \in \mathbb{Q}$, so daß in dem Intervall $[r, s)$ genau eine Nullstelle von*
*   P(x) liegt. Wir bezeichnen sie mit α.*
Output: Die Ziffern der Kettenbruchentwicklung von α.

1. $r_0 \leftarrow r, s_0 \leftarrow s, a_0 \leftarrow [\alpha], P_0(x) \leftarrow P(x), i \leftarrow 1,$ **output** a_0,

2. $P_i(x) = b_{i0} x^k + b_{i1} x^{k-1} + \ldots + b_{ik} \leftarrow x^k P_{i-1}(x^{-1} + a_{i-1}),$

3. **if** $s_{i-1} < a_{i-1} + 1$ **then** $r_i \leftarrow \dfrac{1}{s_{i-1} - a_{i-1}}$ **else** $r_i \leftarrow 1,$

4. **if** $r_{i-1} > a_{i-1}$ **then** $s_i \leftarrow \dfrac{1}{r_{i-1} - a_{i-1}}$ **else** $s_i \leftarrow \infty,$

5. **if** $[r_i] = [s_i]$ **then** $a_i \leftarrow [r_i]$ **else**
     $a_i \leftarrow$ *diejenige ganze Zahl mit* $r_i \leq a_i < s_i$ *und* $\mathrm{sign}(P_i(a_i)) \neq \mathrm{sign}(P_i(a_i+1))$,

6. **output** $a_i, i \leftarrow i + 1$, **goto** *2.*

Bemerkung 7 *Der Algorithmus iteriert die Schritte 2. bis 6. unendlich oft. Man kann eine Abbruchbedingung bezüglich der Anzahl der Iterationsschritte oder der Größe des Nenners der Näherungsbrüche oder der Genauigkeit der Annäherung etc. je nach Bedarf leicht einbauen.*

Der Algorithmus operiert nur mit rationalen Zahlen, somit ist er frei von Rundungsfehlern. Wir müssen aber bemerken, daß der Algorithmus diesen Vorteil verliert, wenn der Grad von $P(x)$ groß ist. Dann wachsen nämlich die Koeffizienten der Hilfspolynome sehr schnell. Eine Analyse findet man bei R.F. Churchouse [28].

Satz 5.7 *Algorithmus CFalg ist korrekt, er berechnet die Ziffern der Kettenbruchentwicklung von α.*

Beweis: Es sei $\alpha_0 = \alpha$ und für $i \geq 0$ jeweils $\alpha_{i+1} = \dfrac{1}{\alpha_i - a_i}$. Wir zeigen, daß $\alpha = [a_0, a_1, \ldots, a_{i-1}, \alpha_i]$, oder anders formuliert, $a_i = [\alpha_i]$ für alle $i > 0$ gilt, was mit unserer Behauptung gleichbedeutend ist. Wir beweisen zusätzlich, daß α_i die einzige Nullstelle von $P_i(x)$ ist, welche in dem Intervall $[r_i, s_i)$ liegt.

Unsere Behauptungen sind wahr für die Anfangswerte des Algorithmus. Nehmen wir sie für ein $i \geq 0$ an. Dann ist α_{i+1} offensichtlich eine Nullstelle von $P_{i+1}(x)$. Aus den Induktionsannahmen $r_i \leq \alpha_i \leq s_i$ und $a_i = [\alpha_i] < \alpha_i < s_i$ folgt $\max\left\{\dfrac{1}{s_i - a_i}, 1\right\} \leq \dfrac{1}{\alpha_i - a_i} = \alpha_{i+1}$. Es liegt keine von α_i verschiedene Nullstelle des Polynoms $P_i(x)$ in dem Intervall $[r_i, s_i)$, also vererbt sich diese Eigenschaft auf das Polynom $P_{i+1}(x)$ und seine Nullstelle α_{i+1}. Die Wahl von r_{i+1} ist daher korrekt.

Wenn $r_i > a_i$ ist, dann ist $\alpha_{i+1} \leq \dfrac{1}{r_i - a_i} = s_{i+1}$ und liegt in dem Intervall $[r_{i+1}, s_{i+1})$, sonst liegt in $[r_{i+1}, \infty)$ keine von α_{i+1} verschiedene Nullstelle des Polynoms $P_{i+1}(x)$. Daraus folgt, daß der in Schritt 5 bestimmte Wert von a_{i+1} gleich $[\alpha_{i+1}]$ ist. $\square$

Die in den Schritten 3. und 4. angegebenen Abschätzungen für r_i und s_i sind pessimistisch, wenn i groß ist. Es gilt nämlich:

Satz 5.8 *Es sei $P_i(x)$ das in dem i–ten Iterationsschritt des Algorithmus CFalg berechnete Polynom und α_i seine Nullstelle in $[r_i, s_i)$. Es bezeichne $\{q_k\}$ die Folge der Nenner der Näherungsbrüche von α. Dann existiert für jedes $\varepsilon > 0$ ein i_0, so daß*

$$\left| \alpha_i + \frac{b_{i1}}{b_{i0}} \right| < (k-1)\frac{q_{i-2}}{q_{i-1}} + \varepsilon$$

für alle $i > i_0$ gilt.

Beweis: Es seien $\alpha_0^{(1)} = \alpha, \alpha_0^{(2)}, \ldots, \alpha_0^{(k)}$ die Nullstellen des Polynoms $P(x)$ und
$$\alpha_{i+1}^{(j)} = \frac{1}{\alpha_i^{(j)} - a_i} \quad \text{für } j = 1, \ldots, k, \ i \geq 0.$$
Dann sind die $\alpha_i^{(j)}, j = 1, \ldots, k$, die Nullstellen des Polynoms $P_i(x)$. Es gilt

$$\alpha_0^{(j)} = \frac{\alpha_i^{(j)} p_{i-1} + p_{i-2}}{\alpha_i^{(j)} q_{i-1} + q_{i-2}}, \qquad j = 1, \ldots, k,$$

für alle $i \geq 0$ wegen Lemma 5.2 und wegen der Konstruktion von $\alpha_i^{(j)}$. Daraus folgt

$$\alpha_i^{(j)} = -\frac{\alpha_0^{(j)} - \dfrac{p_{i-2}}{q_{i-2}}}{\alpha_0^{(j)} - \dfrac{p_{i-1}}{q_{i-1}}} \cdot \frac{q_{i-2}}{q_{i-1}}, \qquad j = 1, \ldots, k.$$

Da $\lim_{i \to \infty} \frac{p_i}{q_i} = \alpha$ und $\alpha_0^{(j)} \neq \alpha$ für $j > 1$ gilt, existiert ein i_0 so daß für alle $i > i_0$

$$|\alpha_i^{(j)}| < \left(1 + \frac{\varepsilon}{k-1}\right) \frac{q_{i-2}}{q_{i-1}}, \qquad j = 2, \ldots, k, \tag{5.8}$$

erfüllt ist. Aus dem Zusammenhang zwischen den Koeffizienten und Nullstellen der Polynome ergibt sich

$$-\frac{b_{i1}}{b_{i0}} = \alpha_i^{(1)} + \alpha_i^{(2)} + \ldots + \alpha_i^{(k)}.$$

Aus der letzten Formel und dem Wert des Quotienten $\frac{q_{i-2}}{q_{i-1}}$ folgt die Behauptung unmittelbar. $\square$

Beispiel Wir möchten am Beispiel des Polynoms $P(x) = x^3 - (n-1)x^2 - (n+2)x - 1$, $n \in \mathbb{N}$, veranschaulichen, wie der Algorithmus arbeitet. $P(x)$ hat in den Intervallen $[-2, -1], [-1, 0]$ und $[n, n+1]$ jeweils eine Nullstelle. Bezeichnen wir mit α die Nullstelle in $[-1, 0]$.

i. Zur Initialisierung setzen wir $r_0 = -1$, $s_0 = 0$, $P_0(x) = P(x)$, und wir erhalten $a_0 = -1$ und

$$P_1(x) = -x^3 - (n-1)x^2 + (n+2)x - 1.$$

ii. Wir setzen $r_1 = 1$ und $s_1 = \infty$ gemäß den Schritten 3. und 4. Diese Werte können sich nicht mehr ändern, wir müssen also den ganzen Anteil der größten Nullstelle von $P_i(x)$ bestimmen. Somit erhalten wir $a_1 = 1$ und

$$P_2(x) = x^3 - (n-1)x^2 - (n+2)x - 1 = P_0(x).$$

Im allgemeinen gilt $P_2(x) = P_0(x)$ natürlich nicht.

iii. Es gilt $a_2 = n$ und damit

$$P_3(x) = -(2n+1)x^3 + (n^2 + n - 2)x^2 + (2n+1)x + 1.$$

iv. Hier verzweigt sich die Berechnung nach der Parität von n. Wir erhalten zwar in beiden Fällen $a_3 = [n/2]$, aber die neuen Polynome unterscheiden sich wesentlich. Für $n = 2m$ erhalten wir

$$P_4(x) = (m^3 + 2m^2 + m + 1)x^3 - (4m^3 - m^2 - 1)x^2 - (8m^2 + m + 2)x - (4m+1),$$

für $n = 2m + 1$ dagegen:

$$\begin{aligned} P_4(x) &= (3m^3 + 4m^2 + 3m + 1)x^3 - (4m^3 - 3m^2 - 4m - 3)x^2 \\ &\quad -(8m^2 + 3m)x - (4m+3). \end{aligned}$$

v. Von nun an ist die Verzweigung noch komplizierter und hängt von der Größe von n ab. Für gerade n gilt zum Beispiel $a_4 = 3$ und $a_5 = 1$, wenn $n > 8$ beziehungsweise $n > 22$ ist. Für ungerade n erhalten wir dagegen $a_4 = 1$ und $a_5 = 3$, wenn $n > 1$ beziehungsweise $n > 15$ ist.

Aus dem später zu beweisenden Satz 5.10 folgt, daß die Koeffizienten der Hilfspolynome $P_i(x)$ im Algorithmus CFalg im allgemeinen unbegrenzt wachsen. Die irreduziblen quadratischen Polynome sind Ausnahmefälle. Wir werden sie jetzt näher untersuchen.

Es sei α eine quadratische algebraische Zahl, das heißt eine Nullstelle eines irreduziblen, quadratischen Polynoms mit teilerfremden, ganzen Koeffizienten. Die andere Nullstelle des Polynoms nennen wir die Konjugierte von α und bezeichnen sie im weiteren mit α' .

Lemma 5.4 *Es sei α eine reelle quadratische Zahl. Dann existieren ganze Zahlen d, P, Q so daß $d > 0$ keine Quadratzahl und $Q > 0$ ist, $Q|(d - P^2)$ und schließlich*

$$\alpha = \frac{P + \sqrt{d}}{Q}.$$

Beweis: Es sei α eine Wurzel des Polynoms $ax^2 + bx + c$. Dann gilt

$$\alpha = \frac{-b \pm \sqrt{b^2 - 4ac}}{2a}.$$

Wir dürfen hier ohne Beschränkung der Allgemeinheit $a > 0$ und das positive Vorzeichen vor der Wurzel voraussetzen. Die Zahl $b^2 - 4ac$ ist positiv und kein Quadrat, da α reell und $ax^2 + bx + c$ irreduzibel ist.

Es sei $P = -b$, $d = b^2 - 4ac$, $Q = 2a$, dann sind Q und d positiv, und d ist kein Quadrat. Es gilt auch

$$d - P^2 = b^2 - 4ac - b^2 = -4ac = Q(-2c).$$

Damit ist das Lemma bewiesen. $\square$

Jetzt können wir eine modifizierte Version von CFalg angeben, welche die Ziffern der Kettenbruchentwicklung einer reellen quadratischen Zahl bis zu einer vorgegebenen Genauigkeit berechnet. Der entsprechende Algorithmus ist wesentlich effizienter als CFalg, da man die Ziffern nicht mit einer oft langen Suche, sondern mit einer Division bekommt. Ein anderer Vorteil der modifizierten Darstellung ist, daß man die Beschränktheit der auftretenden Parameter beweisen kann.

Algorithmus 5.2 (CF2)

Input: $\quad \alpha = (d, P, Q)$ *eine reelle quadratische Zahl,*

$$\left(* \; \alpha = \frac{P + \sqrt{d}}{Q} \; \textit{mit } d > 0 \textit{ kein Quadrat, } Q > 0, Q | (d - P^2), \; *\right)$$

n die Anzahl der zu berechnenden Ziffern.

Output: $\quad a_0, a_1, \ldots, a_n; \quad a_0 \in \mathbb{Z}, \quad a_1, \ldots, a_n \in \mathbb{N}; P', Q'$ *mit*
$\alpha = [a_0, a_1, \ldots, a_n, \alpha_{n+1}],$ *wobei* $\alpha_{n+1} = (d, P', Q')$ *ist.*

1. $w \leftarrow [\sqrt{d}], \; k \leftarrow 0, \; P_0 \leftarrow P, \; Q_0 \leftarrow Q, \; KBE\alpha \leftarrow (\;),$

2. **while** $k < n$ **do**
$\{$**if** $Q_k > 0$ **then** $\bar{\alpha}_k \leftarrow (P_k + w)/Q_k$ **else** $\bar{\alpha}_k \leftarrow (P_k + 1 + w)/Q_k,$
$a_k \leftarrow [\bar{\alpha}_k], KBE\alpha \leftarrow \mathrm{comp}(a_k, KBE\alpha),$
$P_{k+1} \leftarrow a_k Q_k - P_k,$
$Q_{k+1} \leftarrow (d - P_{k+1}^2)/Q_k,$
$k \leftarrow k + 1, \}$

3. $KBE\alpha \leftarrow \mathrm{inv}(\mathrm{comp}((d, P_k, Q_k), KBE\alpha)),$
output $KBE\alpha,$ **return**.

Um die Richtigkeit des Algorithmus CF2 beweisen zu können, brauchen wir folgendes Lemma:

Lemma 5.5 *Es seien* $a, b, d \in \mathbb{Z},$ $b \neq 0$ *und* d *kein Quadrat. Dann gilt*

$$\left[\frac{a + \sqrt{d}}{b}\right] = \begin{cases} \left[\dfrac{a + [\sqrt{d}]}{b}\right], & \textit{wenn } b > 0 \textit{ ist,} \\[3ex] \left[\dfrac{a + 1 + [\sqrt{d}]}{b}\right], & \textit{wenn } b < 0 \textit{ ist.} \end{cases}$$

Beweis: Es sei $\sqrt{d} = [\sqrt{d}] + \varepsilon$. Im Fall $b > 0$ setzen wir $q = \left[\dfrac{a + [\sqrt{d}]}{b}\right]$. Dann gibt es ein ganzes $0 \leq r \leq b - 1$ mit $a + [\sqrt{d}] = bq + r$. Es folgt

$$a + \sqrt{d} = a + [\sqrt{d}] + \varepsilon = bq + r + \varepsilon.$$

Wir haben $0 < r + \varepsilon < b$, das heißt $q = \left[\dfrac{a + \sqrt{d}}{b}\right].$

In dem anderen Fall, $b < 0$, setzen wir $q = \left[\dfrac{a + 1 + [\sqrt{d}]}{b}\right]$. Dann gibt es ein

ganzes $b + 1 \leq r \leq 0$ mit $a + 1 + [\sqrt{d}] = bq + r$, woraus

$$a + \sqrt{d} = a + 1 + [\sqrt{d}] + \varepsilon - 1 = bq + r - 1 + \varepsilon$$

folgt. Wir haben $b < b + \varepsilon \leq r - 1 + \varepsilon < 0$, das heißt $q = \left[\dfrac{a + \sqrt{d}}{b}\right]$ auch in diesem

Fall, und das Lemma ist bewiesen. $\square$

Satz 5.9 *Algorithmus CF2 ist korrekt: Er berechnet die ersten n-Ziffern der Kettenbruchentwicklung von α. Es gilt $Q_k|(d - P_k^2)$ für alle $k \geq 0$. Es existiert schließlich ein $k_0 = k_0(\alpha)$, so daß*

$$\begin{aligned}
0 < Q_k \;&<\; 2\sqrt{d} \;\; und \\
|P_k| \;&<\; \sqrt{d}
\end{aligned}$$

gilt für alle $k > k_0$.

Beweis: Es sei $\alpha_k = \dfrac{P_k + \sqrt{d}}{Q_k}$ für $k \geq 0$. Es gilt

$$[\alpha] = [\alpha_0] = \left[\frac{P_0 + \sqrt{d}}{Q_0}\right] = \left[\frac{P_0 + [\sqrt{d}]}{Q_0}\right] = a_0$$

wegen Lemma 5.5 und $Q_0 > 0$. Nehmen wir an, daß CF2 bereits k richtige Iterationsschritte gemacht hat und $\alpha = [a_0, \ldots, a_{k-1}, \alpha_k]$ gilt. Dann ist die k-te Ziffer der Kettenbruchentwicklung von α gleich $[\alpha_k]$. Wir haben

$$[\alpha_k] = \left[\frac{P_k + \sqrt{d}}{Q_k}\right] = [\bar{\alpha}_k] = a_k$$

wegen Lemma 5.5. Es gilt ferner

$$\begin{aligned}
\frac{1}{\alpha_k - a_k} \;&=\; \frac{1}{\dfrac{P_k + \sqrt{d}}{Q_k} - a_k} \\[2ex]
&=\; \frac{(a_k Q_k - P_k) + \sqrt{d}}{\dfrac{d - (a_k Q_k - P_k)^2}{Q_k}} = \frac{P_{k+1} + \sqrt{d}}{Q_{k+1}} = \alpha_{k+1}.
\end{aligned}$$

Es gilt also $\alpha = [a_0, \ldots, a_{k-1}, \alpha_k]$ für alle $k \geq 0$.

Wir haben $Q_0 \in \mathbb{Z}$ und $Q_0|(d - P_0^2)$ wegen der Voraussetzung. Nehmen wir $Q_k \in \mathbb{Z}$ und $Q_k|(d - P_k^2)$ für ein $k \geq 0$ an. P_{k+1} ist offensichtlich eine ganze Zahl, und wegen

$$Q_{k+1} = \frac{d - P_{k+1}^2}{Q_k} = \frac{d - (a_k Q_k - P_k)^2}{Q_k} = \frac{d - P_k^2}{Q_k} + 2a_k P_k - a_k^2 Q_k$$

erhalten wir auch $Q_{k+1} \in \mathbb{Z}$. Wir haben $Q_{k+1} \neq 0$, weil d kein Quadrat ist. Da

$$Q_k = \frac{d - P_{k+1}^2}{Q_{k+1}}$$

und $Q_k \in \mathbb{Z}$ ist, gilt $Q_{k+1} \mid (d - P_{k+1}^2)$. Damit sind die ersten zwei Behauptungen des Satzes bewiesen.

Die Zahl α_k ist eine Nullstelle des Polynoms $f_k(x) = x^2 - 2\dfrac{P_k}{Q_k}x + \dfrac{P_k^2 - d}{Q_k^2}$. Die andere Nullstelle von $f_k(x)$ ist $\alpha_k' = \dfrac{P_k - \sqrt{d}}{Q_k}$. Wenden wir Ungleichung (5.8) vom Beweis des Satzes 5.8 mit $\varepsilon = \dfrac{\sqrt{5} - 1}{2}$ an, dann existiert ein k_1, so daß

$$|\alpha_k'| < \frac{\sqrt{5} + 1}{2} \cdot \frac{q_{k-2}}{q_{k-1}} \leq 1$$

erfüllt ist für alle $k \geq k_1$. (Wir haben $\dfrac{q_{k-2}}{q_{k-1}} \leq [\,0, 1, \ldots, 1\,] < \dfrac{\sqrt{5} - 1}{2}$.) Dann ist $\alpha_{k_1+1}' = \dfrac{1}{\alpha_{k_1}' - a_{k_1}} < 0$, und somit gilt $\alpha_k' < 0$ für beliebige $k > k_1$. Macht man noch höchstens einen Schritt weiter, dann erreicht man $-1 < \alpha_k' < 0$ für alle $k \geq k_1 + 2 = k_0$.

Es gilt also

$$\frac{P_k + \sqrt{d}}{Q_k} > 1 \quad \text{und} \quad -1 < \frac{P_k - \sqrt{d}}{Q_k} < 0$$

für alle $k \geq k_0$. Aus $Q_k < 0$ und $\dfrac{P_k + \sqrt{d}}{Q_k} > 1$ würde $P_k < 0$ und $\dfrac{P_k - \sqrt{d}}{Q_k} > 0$ folgen. Dieser Widerspuch zeigt $Q_k > 0$. Aus $\dfrac{P_k + \sqrt{d}}{Q_k} < 0$ folgt nun $P_k < \sqrt{d}$, welches mit $\dfrac{P_k + \sqrt{d}}{Q_k} > 1$ die Ungleichung $Q_k < 2\sqrt{d}$ impliziert. Schließlich erhalten wir $P_k > -\sqrt{d}$ aus $\dfrac{P_k - \sqrt{d}}{Q_k} > -1$. Der Satz ist vollständig bewiesen. $\square$

Jetzt sind wir in der Lage, die reellen Zahlen mit periodischer Kettenbruchentwicklung zu charakterisieren.

Satz 5.10 *Die Kettenbruchentwicklung von $x \in \mathbb{R}\backslash\mathbb{Q}$ ist periodisch genau dann, wenn x eine reelle quadratische Zahl ist.*

Beweis: Nehmen wir zuerst an, daß die Kettenbruchentwicklung von x periodisch ist. Dann gibt es $n \geq 0$ und $r > 0$, so daß $x_n = x_{n+rt}$ für alle $t \in \mathbb{N}_0$ gilt. Aus (5.5) folgt

$$x = \frac{x_{n+1}p_n + p_{n-1}}{x_{n+1}q_n + q_{n-1}} = \frac{x_{n+1}p_{n+r} + p_{n+r-1}}{x_{n+1}q_{n+r} + q_{n+r-1}} \quad \text{oder}$$

$$x_{n+1}^2 (p_n q_{n+r} - q_n p_{n+r}) + x_{n+1} A_n + B_n = 0$$

mit $A_n, B_n \in \mathbb{Z}$. Wäre der Koeffizient von x_{n+1}^2 Null, dann wäre $\dfrac{p_n}{q_n} = \dfrac{p_{n+r}}{q_{n+r}}$, was wegen Folgerung 5.1 unmöglich ist. Die Zahl x_{n+1} ist also eine Wurzel einer quadratischen Gleichung, daher genügt x ebenfalls einer (anderen) quadratischen Gleichung. Nach Satz 5.3 ist x irrational, folglich eine quadratische, algebraische Zahl.

Es seien nun $\{P_k\}$ und $\{Q_k\}$ die durch den Algorithmus CF2 berechneten Folgen zu der reellen quadratischen Zahl α. Nach Satz 5.9 können Q_k und P_k nur endlich viele verschiedene Werte annehmen. Es gibt also Indizes $i < j$ so daß $(P_i, Q_i) = (P_j, Q_j)$ wird, das heißt die Folge $\{(P_n, Q_n)\}_{n \geq i}$ ist periodisch und somit auch die Folge $\{a_n\}_{i \geq n}$. $\square$

Es sei $\alpha = \dfrac{P + \sqrt{d}}{Q}$ mit $\alpha > 1$ und $-1 < \alpha' = \dfrac{P - \sqrt{d}}{Q} < 0$. Dann gibt es nach Satz 5.9 für die Q_k höchstens $2\sqrt{d} - 1$ und für die P_k nur $2\sqrt{d} + 1$ Möglichkeiten, daher ist die Länge der Periode der Kettenbruchentwicklung von α durch $4d - 1$ beschränkt.

Die Längen der Periode der Kettenbruchentwicklung reeller quadratischer algebraischer Zahlen verhalten sich unregelmäßig. Um darüber einen Eindruck zu geben, listen wir in der nächsten Zeilen die Kettenbruchentwicklung einiger Zahlen auf.

$$\sqrt{91} = [9, \overline{1,1,5,1,5,1,1,18}]$$
$$\sqrt{93} = [9, \overline{1,1,1,4,6,4,1,1,1,18}]$$
$$\sqrt{94} = [9, \overline{1,2,3,1,1,5,1,8,1,5,1,1,3,2,1,18}]$$
$$\sqrt{95} = [9, \overline{1,2,1,18}].$$

Eine Tabelle der Kettenbruchentwicklung der Zahlen $\sqrt{d}$ mit $0 < d < 10000$, d kein Quadrat hat W. Patz [77] erstellt.

Als Abschluß dieses Abschnittes beweisen wir einen Satz, der einen Zusammenhang zwischen den Folgen $\{p_k\}$, $\{q_k\}$ und $\{Q_k\}$ herstellt.

Satz 5.11 *Es seien $d > 0$ kein Quadrat, $\{Q_k\}_{k=0}^{\infty}$ die durch Algorithmus CF2 erzeugte Folge und $\{p_k/q_k\}_{k=0}^{\infty}$ die Folge der Näherungsbrüche von $\sqrt{d}$. Es gilt*

$$p_k^2 - dq_k^2 = (-1)^{k+1} Q_{k+1} \tag{5.9}$$

für alle $k \geq 0$.

Beweis: Es sei $\sqrt{d} = [a_0, \ldots, a_k, \alpha_{k+1}]$, dann gilt

$$\sqrt{d} = \frac{\alpha_{k+1} p_k + p_{k-1}}{\alpha_{k+1} q_k + q_{k-1}}$$

nach (5.5). Wir haben $\alpha_{k+1} = (P_{k+1} + \sqrt{d})/Q_{k+1}$ nach Algorithmus CF2, und somit gilt

$$\sqrt{d} = \frac{(P_{k+1} + \sqrt{d})p_k + Q_{k+1}p_{k-1}}{(P_{k+1} + \sqrt{d})q_k + Q_{k+1}q_{k-1}}$$

oder

$$\sqrt{d}(P_{k+1}q_k + Q_{k+1}q_{k-1} - p_k) + (dq_k - p_k P_{k+1} - Q_{k+1}p_{k-1}) = 0.$$

Aus der letzten Gleichung folgt

$$\begin{aligned} p_k &= P_{k+1}q_k + Q_{k+1}q_{k-1} \\ dq_k &= P_{k+1}p_k + Q_{k+1}p_{k-1}. \end{aligned}$$

Multiplizieren wir die erste Gleichung mit p_k und die zweite mit q_k und subtrahieren wir die zweite von der ersten, dann erhalten wir

$$p_k^2 - dq_k^2 = Q_{k+1}(p_k q_{k-1} - q_k p_{k-1}) = (-1)^{k+1}Q_{k+1}.$$

$\square$

5.5 Faktorisierung mittels Kettenbruchentwicklung

Im weiteren möchten wir uns mit einigen Anwendungen der Kettenbruchentwicklung beschäftigen. Wir beginnen mit zwei Faktorisierungsalgorithmen, welche im Abschnitt 4.6 schon angedeutet wurden.

Die Methode von D. Shanks 'square forms factorization' SQUFOF [100].

Es sei d eine zusammengesetzte ganze Zahl, welche kein Quadrat ist. Es seien $\{p_k\}$, $\{q_k\}$ und $\{Q_k\}$ die zu der Kettenbruchentwicklung von $\sqrt{d}$ gehörigen, in dem letzten Abschnitt definierten Folgen. Der Ausgangspunkt der Methode von Shanks ist die Identität (5.9):

$$p_{k-1}^2 - dq_{k-1}^2 = (-1)^k Q_k.$$

Sie impliziert die Kongruenz

$$p_{k-1}^2 \equiv (-1)^k Q_k \quad (\text{mod } d). \tag{5.10}$$

Wenn es also ein gerades k gibt, so daß $Q_k = R^2$ gilt, dann erhalten wir

$$p_{k-1}^2 \equiv R^2 \quad (\text{mod } d),$$

und wir können eventuell die Zahlen p_{k-1} und R, genauso wie in der Methode von
Fermat, zur Faktorisierung von d verwenden. Es kann aber passieren, daß solche
Paare triviale Teiler von d erzeugen. Die Methode von Shanks ermöglicht nun, diese
trivialen Fälle früh zu erkennen und auszuschließen.

Wenn ein gerades k gefunden wird, so daß $Q_k = R^2$ gilt, dann können wir p_{k-1}
mit der Rekursion $p_0 = 1$, $p_1 = a_0$,

$$p_{n+1} = a_{n+1}p_n + p_{n-1} \pmod{d}, \qquad n \geq 1,$$

berechnen. Damit müßten wir mit Zahlen der Größenordnung $O(d)$ rechnen. Die
zweite Idee von Shanks ermöglicht die Berechnung von p_{k-1}, so daß im Laufe des
Verfahrens nur Zahlen der Größenordnung $O(\sqrt{d})$ vorkommen.

Algorithmus 5.3 (SQUFOF)

Input: $d > 2$ *eine zusammengesetzte Zahl*
Output: *Eine Faktorisierung von d, oder die Methode scheitert*

1. *Berechne die Kettenbruchentwicklung von $\sqrt{d}$, $P_i, Q_i, i = 0, 1, \ldots$ mit dem
   Algorithmus CF2 und führe die Befehle in 2 für jedes i durch.*

2. *Ist $Q_i < 2\sqrt{2\sqrt{N}}$, dann speichere Q_i in eine Liste $\mathcal{L}$.
   Ist $Q_{2i} = R^2$, dann prüfe:*

   *Wenn $R \in \mathcal{L}$ (oder $R/2 \in \mathcal{L}$, wenn R gerade ist), dann führe die
   Kettenbruchentwicklung fort.*
   Sonst haben wir einen 'guten' Kandidaten gefunden. Es gilt

   $$a_{2i} = \left[\frac{\sqrt{d} + P_{2i}}{Q_{2i}}\right] = \left[\frac{\sqrt{d} + P_{2i}}{R^2}\right].$$

   goto *3.*

3. *Berechne die Kettenbruchentwicklung von $\dfrac{\sqrt{d} - P_{2i}}{R}$, P_i', Q_i' $\;i = 0, 1, \ldots$, bis
   $P_{j+1}' = P_j'$ passiert. Dann ist Q_j (oder $Q_j'/2$, falls Q_j gerade ist) ein Teiler
   von d.*

Wir beweisen hier die Richtigkeit des Algorithmus SQUFOF nicht, da dies tiefere
Kenntnisse aus der Theorie der algebraischen Zahlen erfordert, die über den Rahmen
dieses Buches hinaus gehen. Für den Beweis verweisen wir auf die Originalarbeit
von D. Shanks [100].

Die Methode von M.A. Morrison und J. Brillhart verfeinert die Methode von
Shanks in zwei Richtungen. Einerseits nutzt sie die Kongruenz (5.10) aus und verknüpft sie mit der Faktorbasismethode, welche wir im Algorithmus 4.13 beschrieben
hatten.

Wir haben schon bemerkt, daß die Zahlen Q_k oft triviale Teiler liefern. Das kann sogar bei Verwendung der Faktorbasismethode passieren, besonders dann, wenn die Periodenlänge der Kettenbruchentwicklung von $\sqrt{d}$ kurz ist. Für solche Fälle haben Morrison und Brillhart andererseits vorgeschlagen, die zu faktorisierende Zahl d mit einer kleinen Zahl k zu multiplizieren und den Algorithmus wieder laufen zu lassen. Dann kann die Kettenbruchentwicklung wesentlich länger werden und zum Erfolg führen. Morrison und Brillhart haben zum Beispiel die Hilfsgröße $k = 257$ benutzt, um die siebente Fermatsche Zahl

$$\begin{aligned} F_7 = 2^{2^7} + 1 &= 340282366920938463463374607431768211457 \\ &= 5704689200685129054721 \cdot 59649589127497217 \end{aligned}$$

zu faktorisieren [76]. Seitdem sind die Zerlegung von F_n für alle $n \le 11$ ebenfalls gefunden worden. Ich ermuntere den Leser, die Zahl F_7, zum Beispiel mit MAPLE oder PARI, zu faktorisieren (es dauert heutzutage höchstens einige Stunden mit einem PC), oder lieber ein eigenes Programm zu schreiben, um diese Zahl zu zerlegen.

5.6 Die Pellsche Gleichung

Zu $d, n \in \mathbb{Z}$ betrachten wir die Diophantische Gleichung

$$x^2 - dy^2 = n. \tag{5.11}$$

Die Lösungen x, y von (5.11) suchen wir in $\mathbb{Z}$. Wir können ohne Beschränkung der Allgemeinheit $x, y \ge 0$ voraussetzen.

Es sei zunächst $d < 0$. Dann gilt $0 \le y \le \left[\sqrt{\dfrac{n}{d}}\right]$ und falls $\dfrac{n}{d}$ klein ist, können wir in diesem Bereich direkt prüfen, welche Werte eine Lösung von (5.11) liefern. Besonders interessant ist der Fall $d = -1$. Dann erhalten wir das Problem, welche ganzen Zahlen sich als Summe von zwei Quadraten darstellen lassen. Es gilt der wohlbekannte Satz, welchen wir ohne Beweis zitieren. Für seinen Beweis verweisen wir den interessierten Leser auf das Buch von P. Bundschuh [23].

Satz 5.12 *Es sei*

$$n = 2^{\alpha_0} p_1^{\alpha_1} \cdots p_r^{\alpha_r} q_1^{\beta_1} \cdots q_s^{\beta_s}$$

mit $p_i \equiv 1 \pmod 4$ *und* $q_i \equiv -1 \pmod 4$. *Es gibt ganze Zahlen* x, y *mit*

$$x^2 + y^2 = n$$

genau dann, wenn $\beta_1, \dots, \beta_s$ *alle gerade sind.*

Es sei jetzt $d > 0$ ein Quadrat $d = k^2$. Dann gilt

$$n = x^2 - k^2 y^2 = (x - ky)(x + ky).$$

Also gibt es einen Teiler d von n, so daß

$$x - ky = \frac{n}{d} \qquad \text{und} \qquad x + ky = d$$

gilt, woraus x und y einfach zu bestimmen sind. Ist n groß, dann haben wir Schwierigkeiten, einen Teiler von n zu bekommen. Dieses Problem haben wir früher schon besprochen.

Ganz neue Schwierigkeiten treten auf, wenn $d > 0$ und kein Quadrat ist. Diesen Fall, also die *Pellsche Gleichung*, werden wir jetzt näher untersuchen. Wir können jetzt auch $n \neq 0$ voraussetzen, da sonst (5.11) keine Lösungen besitzt. Unser Hauptziel ist es, die Struktur der Lösungsmenge von (5.11) zu beschreiben und Verfahren zu entwickeln, womit man die Lösungen bestimmen kann. Wir beweisen den folgenden Satz.

Satz 5.13 *Es seien $d > 0$ kein Quadrat und $0 \neq n \in \mathbb{Z}$. Es gibt (e_1, f_1) und endlich viele $(x_1, y_1), \ldots, (x_t, y_t) \in \mathbb{Z}^2$ mit*

$$e_1^2 - df_1^2 = 1, \qquad x_i^2 - dy_i^2 = n, \qquad i = 1, \ldots, t,$$

so daß gilt: Wenn $(x, y) \in \mathbb{Z}^2$ eine Lösung von (5.11) ist, dann existieren $\varepsilon = \pm 1$, $m \in \mathbb{Z}$ und $1 \leq h \leq t$ mit

$$x + \sqrt{d}y = \varepsilon(e_1 + f_1\sqrt{d})^m(x_h + \sqrt{d}y_h). \tag{5.12}$$

Bemerkung 8 *Dieser Satz bedeutet in der Sprache der algebraischen Zahlentheorie, daß die Lösungen von (5.11) zu endlich vielen Restklassen der Faktorgruppe $\mathbb{Z}_{\mathbb{Q}(\sqrt{d})}/\mathcal{U}$ gehören, wobei $\mathcal{U}$ die Gruppe der Einheiten der Ordnung $\mathbb{Z}_{\mathbb{Q}(\sqrt{d})}$ mit Norm 1 bezeichnet. Diese Auffassung führt zu der florierenden Theorie der Normform-Gleichungen, siehe zum Beispiel die Bücher von Z.I. Borewicz und I.R. Šafarewič [14] und W.M. Schmidt [94]. Ein Existenzbeweis wäre kurz und einfach, wir wählen hier aber einen vollständig algorithmischen Weg.*

Der Beweis des Satzes erfolgt in mehreren Schritten. Wir behandeln zuerst den Fall, daß n klein ist.

Satz 5.14 *Es seien $|n| \leq \sqrt{d}$ und $(x, y) \in \mathbb{Z}^2$ eine Lösung von (5.11) mit $\mathrm{ggT}(x, y) = 1$. Dann gibt es ein $k \geq 0$, so daß $n = (-1)^k Q_k$ und $(x, y) = (p_{k-1}, q_{k-1})$ gilt, wobei die Folgen $\{p_k\}$, $\{q_k\}$ und $\{Q_k\}$ in der Kettenbruchentwicklung von $\sqrt{d}$ definiert sind.*

Beweis: Es sei $x, y \in \mathbb{Z}$ eine Lösung von (5.11) mit $\mathrm{ggT}(x, y) = 1$. Wenn $y = 0$ ist, dann gilt $|x| = n = 1$, und $k = 0$ genügt dem Satz. Im Fall $y \neq 0$ dürfen wir ohne Beschränkung der Allgemeinheit $x, y > 0$ voraussetzen. Es sei $[a_0, a_1, \ldots, a_{k-1}] = \dfrac{p'_{k-1}}{q'_{k-1}}$ die (endliche) Kettenbruchentwicklung von $\dfrac{x}{y}$, wobei k so gewählt ist, daß $(-1)^k n > 0$ gilt. Eine solche Wahl ist nach Satz 5.3 erlaubt. Wir setzen $\eta = (-1)^k$ und

$$\vartheta = \eta y(x - \sqrt{d}y) = \frac{\eta n q'_{k-1}}{p'_{k-1} + \sqrt{d}q'_{k-1}}.$$

Es sei β so gewählt, daß

$$\sqrt{d} = \frac{p'_{k-1}\beta + p'_{k-2}}{q'_{k-1}\beta + q'_{k-2}}$$

erfüllt ist. Wir werden $\beta > 1$ zeigen. Wenn das wahr ist, dann erhalten wir $\sqrt{d} = [a_0, a_1, \ldots, a_{k-1}, \beta]$ und somit ist $\frac{x}{y}$ ein Näherungsbruch von $\sqrt{d}$.

Wir erhalten mit den obigen Bezeichnungen

$$\frac{\vartheta}{q'^2_{k-1}} = \eta \left(\frac{p'_{k-1}}{q'_{k-1}} - \frac{p'_{k-1}\beta + p'_{k-2}}{q'_{k-1}\beta + q'_{k-2}} \right)$$
$$= \frac{1}{q'_{k-1}(q'_{k-1}\beta + q'_{k-2})} = \frac{\eta n}{q'_{k-1}(q'_{k-1}\sqrt{d} + p'_{k-1})}.$$

Es gilt auch

$$\frac{\eta n}{q'_{k-1}\sqrt{d} + p'_{k-1}} < \frac{\sqrt{d}}{q'_{k-1}\sqrt{d} + p'_{k-1}}.$$

Um $\beta > 1$ zu beweisen reicht es also, die Gültigkeit der Ungleichung

$$\frac{\sqrt{d}}{q'_{k-1}\sqrt{d} + p'_{k-1}} < \frac{1}{q'_{k-1} + q'_{k-2}},$$

oder, in äquivalenter Form,

$$\sqrt{d}q'_{k-1} - p'_{k-1} < \sqrt{d}(q'_{k-1} - q'_{k-2}) \tag{5.13}$$

zu zeigen. Man kann (5.13) für $k = 1, 2$ leicht verifizieren. Im weiterem sei also $k > 2$. Dann ist $q'_{k-1} \geq q'_{k-2}$ und somit $\sqrt{d}(q'_{k-1} - q'_{k-2}) \geq \sqrt{d}$. Es gilt andererseits

$$\eta(p'_{k-1} - \sqrt{d}q'_{k-1}) = \frac{\eta n}{\sqrt{d}q'_{k-1} + p'_{k-1}} < \sqrt{d}.$$

Damit ist (5.13) und folglich der Satz bewiesen. $\square$

Aus Satz 5.14 folgt, daß man die Lösbarkeit von (5.11) für $|n| \leq \sqrt{d}$ mit Hilfe der Kettenbruchentwicklung von $\sqrt{d}$ entscheiden kann. Es sei zum Beispiel $d = 91$, dann haben wir

k	0	1	2	3	4	5	6	7	8
a_k	9	1	1	5	1	5	1	1	18
p_k	9	10	19	105	124	725	849	1574	29181
q_k	1	1	2	11	13	76	89	165	3059
$(-1)^{k+1}Q_{k+1}$	-10	9	-3	14	-3	9	-10	1	-10

Aus dieser Tabelle und Satz 5.14 folgt, daß die Gleichung

$$x^2 - 91y^2 = n$$

mit $|n| \leq 9$ nur für $n = -3, 1, 4$ und 9 Lösungen hat, und für $n = 4$ nur Lösungen mit $\mathrm{ggT}(x, y) = 2$

Im zweiten Schritt im Beweis vom Satz 5.13 charakterisieren wir die Lösungsmenge von (5.11), wenn $n = 1$ ist.

Satz 5.15 *Es sei $d > 0$ kein Quadrat. Die Gleichung*

$$x^2 - dy^2 = 1 \tag{5.14}$$

hat immer eine nichttriviale Lösung. Unter allen Lösungen mit $y \neq 0$ sei $(e_1, f_1) \in \mathbb{N}^2$ diejenige, für die $f_1 > 0$ minimal ist. Das Paar $(x, y) \in \mathbb{Z}^2$ ist eine Lösung von (5.14) genau dann, wenn $\varepsilon = \pm 1$ und $m \in \mathbb{Z}$ existieren, so daß

$$x + \sqrt{d}y = \varepsilon(e_1 + f_1\sqrt{d})^m \tag{5.15}$$

erfüllt ist.

Beweis: Es sei $\{Q_k\}$ die durch Algorithmus CF2 zu $\sqrt{d}$ berechnete Folge. Nach Satz 5.9 ist sie in Absolutbetrag durch $2\sqrt{d}$ beschränkt, somit gibt es ein $Q \in \{Q_0, Q_1, \ldots\}$ welches unendlich oft vorkommt und sogar unendlich oft mit geradem oder ungeradem Index. Nach Satz 5.11 existiert ein $0 < |n| < 2\sqrt{d}$, für das (5.11) unendlich viele verschiedene Lösungen (x_i, y_i), $i = 1, 2, \ldots$, besitzt. Es gibt in dieser Folge zwei verschiedene Elemente (x_{i1}, y_{i1}), (x_{i2}, y_{i2}) mit

$$x_{i1} \equiv x_{i2} \pmod{n}, \tag{5.16}$$
$$y_{i1} \equiv y_{i2} \pmod{n}. \tag{5.17}$$

Es sei

$$x_0 + y_0\sqrt{d} = \frac{x_{i1} + \sqrt{d}y_{i1}}{x_{i2} + \sqrt{d}y_{i2}} = \frac{x_{i1}x_{i2} - dy_{i1}y_{i2}}{n} + \frac{y_{i1}x_{i2} - x_{i1}y_{i2}}{n}\sqrt{d}.$$

Aus (5.16) und (5.17) folgt $x_{i1}x_{i2} - dy_{i1}y_{i2} \equiv 0 \pmod{n}$ und $y_{i1}x_{i2} - x_{i1}y_{i2} \equiv 0 \pmod{n}$, somit gilt $x_0, y_0 \in \mathbb{Z}$. Wir haben $y_0 \neq 0$, da (x_{i1}, y_{i1}), (x_{i2}, y_{i2}) verschieden sind. Es gilt schließlich

$$x_0^2 - dy_0^2 = 1,$$

somit hat (5.14) eine nichttriviale Lösung. Folglich existiert auch eine Lösung mit positiver und minimaler y-Koordinate. Diese bezeichnen wir mit (e_1, f_1).

Es sei $(x, y) \in \mathbb{Z}^2$ eine Lösung von (5.14) mit $x > 0$, $y < 0$. Es gilt

$$x - y\sqrt{d} = \frac{1}{x + y\sqrt{d}},$$

somit reicht es aus, den Satz für $x, y \geq 0$ mit $m \geq 0$ zu beweisen.

Wenn $y = 0$ ist, dann muß $x = 1$ sein, und mit $m = 0$ erhalten wir (5.15). Ist $x, y > 0$, dann existiert ein m mit

$$(e_1 + f_1\sqrt{d})^{m-1} < x + \sqrt{d}y \leq (e_1 + f_1\sqrt{d})^m.$$

Es folgt

$$1 \;<\; \frac{x + \sqrt{d}y}{(e_1 + f_1\sqrt{d})^{m-1}} = (x + \sqrt{d}y)(e_1 - \sqrt{d}f_1)^{m-1}$$
$$= \;\overline{x} + \sqrt{d}\,\overline{y} \leq e_1 + f_1\sqrt{d}. \tag{5.18}$$

Wir haben $\overline{x}^2 - d\overline{y}^2 = (x^2 - dy^2)(e_1^2 - df_1^2)^{m-1} = 1$ und somit

$$0 < \overline{x} - \sqrt{d}\,\overline{y} = \frac{1}{\overline{x} + \sqrt{d}\,\overline{y}} < 1.$$

Daher gilt

$$\overline{x} \;=\; \frac{1}{2}((\overline{x} + \sqrt{d}\,\overline{y}) + (\overline{x} - \sqrt{d}\,\overline{y})) > 0,$$
$$\overline{y} \;=\; \frac{1}{2\sqrt{d}}((\overline{x} + \sqrt{d}\,\overline{y}) - (\overline{x} - \sqrt{d}\,\overline{y})) > 0,$$

und wegen der Eigenschaft von e_1, f_1 haben wir $\overline{x} \geq e_1$ und $\overline{y} \geq f_1$, welches zusammen mit (5.18) $\overline{x} = e_1, \overline{y} = f_1$ impliziert. Also erhalten wir

$$x + \sqrt{d}y = (e_1 + f_1\sqrt{d})^m,$$

und der Satz ist bewiesen. $\square$

Satz 5.13 könnten wir mit derselben Methode, mit der wir Satz 5.15 bewiesen haben, verifizieren. Wir wählen aber einen anderen, algorithmischen Weg. Die Lösungen (x_i, y_i), $i = 1, \ldots, t$, von (5.11) mit der in Satz 5.13 beschriebenen Eigenschaft werden *Grundlösungen* genannt.

Algorithmus 5.4 PELL(d, n, X)

Input: $d, n \in \mathbb{Z}, d > 0$ *kein Quadrat, $n \neq 0$.*
Output: $X = \{(x, y) \,:\, (x, y)$ *eine Grundlösung von (5.11) $\}$*
            $T = [((-1)^i Q_i, p_{i-1}, q_{i-1}) \,:\, i = 1, \ldots, r(d)]$, *bezeichnet eine*
            vorberechnete Tabelle, wobei $r(d)$ den letzten Index der ersten
            minimalen Periode der Kettenbruchentwicklung von $\sqrt{d}$ bezeichnet.

1. $X \leftarrow \emptyset$

2. **if** $|n| \leq [\sqrt{d}]$ **then**

       $\{\,\{$ **for** $j \leftarrow 1$ **to** $r(d)$ **do**
       if $n/(-1)^j Q_j = k^2$ **then** $X \leftarrow X \cup \{\,(kp_{j-1}, kq_{j-1})\,\}\,\}$,
       return $\}$,

3. $L \leftarrow \{\ell \;:\; \ell^2 \equiv d \pmod{n}$ *und* $|\ell| \leq \dfrac{|n|}{2}\}$,

4. **for** $\ell \in L$ **do**

$$\{\, h \leftarrow \frac{\ell^2 - d}{n}, \; PELL(d, h, Y),$$

$$\textbf{for } (x,y) \in Y \textbf{ do } X \leftarrow X \cup \left\{ \left(\frac{\ell x - dy}{h}, \frac{\ell y - x}{h} \right) \right\} \},$$

5. $H \leftarrow \{h \;:\; h > 1$ *und* $h^2 | n\}$,
 $\{\, \textbf{for } h \in H \textbf{ do}$

$$PELL(d, n/h^2, Y),$$
$$\textbf{for } (x,y) \in Y \textbf{ do } X \leftarrow X \cup \{(hx, hy)\} \},$$

return

Satz 5.16 *Algorithmus 5.4 ist korrekt und bricht nach endlich vielen Schritten ab.*

Beweis: Wenn $|n| \leq [\sqrt{d}]$ ist, dann folgen die Behauptungen aus Satz 5.14. Im weiteren sei $|n| > \sqrt{d}$, das heißt $d < n^2$. Dann gilt

$$|h| = \left| \frac{\ell^2 - d}{n} \right| \leq \frac{\max\{\ell^2, d\}}{n} < \frac{n^2}{n} = n,$$

und so erreichen wir nach endlich vielen Rekursionsschritten $|h| \leq \sqrt{d}$. Damit ist die Endlichkeit bewiesen.

Um die Korrektheit des Algorithmus zu zeigen, müssen wir folgendes beweisen: Wenn $|n| > \sqrt{d}$ und $(x,y) \in \mathbb{Z}^2$ mit $\mathrm{ggT}(x,y) = 1$ eine Lösung von (5.11) ist, dann existieren $\ell \in \mathbb{Z}$ mit $|\ell| \leq \dfrac{|n|}{2}$, $\ell^2 \equiv d \pmod{n}$ und $(x_1, y_1) \in \mathbb{Z}^2$, so daß

$$x_1^2 - dy_1^2 = h = \frac{\ell^2 - d}{n}$$

und

$$x = \frac{\ell x_1 - dy_1}{h}, \qquad y = \frac{\ell y_1 - x_1}{h}$$

gelten.

Ist $(x,y) \in \mathbb{Z}^2$ eine Lösung von (5.11) mit $\mathrm{ggT}(x,y) = h > 1$, dann ist h^2 ein Teiler von n. Das Paar $(x/h, y/h)$ hat teilerfremde Koordinaten und wird in Schritt 5. gefunden.

Es sei also $(x,y) \in \mathbb{Z}^2$ eine Lösung von (5.11) mit der Eigenschaft $\mathrm{ggT}(x,y) = 1$. Es existiert dann $(\overline{x}, \overline{y}) \in \mathbb{Z}^2$ mit

$$x\overline{y} - y\overline{x} = 1. \tag{5.19}$$

Betrachten wir (5.19) als eine lineare diophantische Gleichung in $\bar{x}$ und $\bar{y}$. Dann haben ihre Lösungen die Gestalt $\bar{x}_t = \bar{x} + tx$ und $\bar{y}_t = \bar{y} + ty$ mit einem $t \in \mathbb{Z}$. Somit gilt

$$x\bar{x}_t - dy\bar{y}_t = x\bar{x} + tx^2 - dy\bar{y} - dty^2 = x\bar{x} - dy\bar{y} + tn,$$

das heißt es gibt ein $t \in \mathbb{Z}$ mit

$$|x\bar{x}_t - dy\bar{y}_t| \le \frac{|n|}{2}.$$

Setzen wir $(x_1, y_1) = (\bar{x}_t, \bar{y}_t)$ und

$$\ell = xx_1 - dyy_1, \tag{5.20}$$

dann gilt

$$\begin{aligned}
\ell^2 - d &= x^2x_1^2 - 2dxx_1yy_1 + d^2y^2y_1^2 - d \\
&= x^2x_1^2 + d^2y^2y_1^2 - d(1 + 2xx_1y_1y_1) \\
&= x^2x_1^2 + d^2y^2y_1^2 - d(x^2y_1^2 + y^2x_1^2) = (x^2 - dy^2)(x_1^2 - dy_1^2)
\end{aligned}$$

wegen der letzten Gleichung und (5.19). Somit erhalten wir

$$x_1^2 - dy_1^2 = \frac{\ell^2 - d}{n} = h, \tag{5.21}$$

also $\ell^2 \equiv d \pmod{n}$. Löst man das Gleichungssystem (5.19), (5.20) in x und y, dann bekommt man

$$x = \frac{\ell x_1 - dy_1}{h}, \qquad y = \frac{\ell y_1 - x_1}{h}. \tag{5.22}$$

Nehmen wir an, daß der Algorithmus $\mathrm{PELL}(d, m, Y)$ für $|m| < |n|$ korrekt arbeitet. Dann erhalten wir in Schritt 3. nach der Rückkehr aus dem rekursiven Aufruf des Programmes $\mathrm{PELL}(d, h, Y)$ ein vollständiges Grundlösungssystem der Gleichung (5.21) in der Menge Y.

Es sei also $(x, y) \in \mathbb{Z}^2$ eine Lösung von (5.11). Dann gibt es nach der Zwischenbehauptung ein $(x_1, y_1) \in \mathbb{Z}^2$ mit (5.21) und (5.22). Da der Algorithmus $\mathrm{PELL}(d, h, Y)$ korrekt ist, existieren $(x_0, y_0) \in Y$, $m \in \mathbb{Z}$ und $\varepsilon \in \{-1, 1\}$, so daß

$$x_1 + \sqrt{d}y_1 = \varepsilon(x_0 + y_0\sqrt{d})(e_1 + f_1\sqrt{d})^m$$

gilt. Aus dieser Gleichheit und aus (5.22) folgt

$$\begin{aligned}
x + \sqrt{d}y &= \frac{x_1(\ell - \sqrt{d}) + y_1\sqrt{d}(\ell - \sqrt{d})}{h} = \frac{\ell - \sqrt{d}}{h}(x_1 + y_1\sqrt{d}) \\
&= \frac{\ell - \sqrt{d}}{h}(x_0 + y_0\sqrt{d})\varepsilon(e_1 + f_1\sqrt{d})^m \\
&= \left(\frac{\ell x_0 - dy_0}{h} + \sqrt{d}\frac{\ell y_0 - x_0}{h}\right)\varepsilon(e_1 + f_1\sqrt{d})^m.
\end{aligned}$$

Das Paar $\left(\dfrac{\ell x_0 - dy_0}{h}, \dfrac{\ell y_0 - x_0}{h}\right)$ ist also eine Grundlösung von (5.11), und der Algorithmus PELL liefert auch für n ein vollständiges Grundlösungssystem. Damit sind die Sätze 5.13 und 5.16 bewiesen. $\square$

Beispiel Wir wollen am Beispiel der Gleichung

$$x^2 - 91y^2 = 30$$

erläutern, wie der Algorithmus PELL funktioniert. Wir haben jetzt $d = 91, n = 30$ und es gilt $91 \equiv 1 \pmod{30}$. Die Kongruenz $\ell^2 \equiv 1 \pmod{30}$ hat vier Lösungen: $\ell_1 = \pm 1, \ell_2 = \pm 11$. Wir dürfen ℓ_1 und ℓ_2 positiv voraussetzen. Es gilt

$$h_1 = \frac{\ell_1^2 - 91}{30} = -3,$$

und aus der Tabelle von Seite 97 können wir ablesen, daß die Gleichung

$$x^2 - 91y^2 = -3$$

zwei Grundlösungen besitzt, nämlich (19,2) und (124,13). Diese liefern zwei Grundlösungen

$$\left(\frac{-19 - 2 \cdot 91}{-3}, \frac{-2 - 19}{-3}\right) = (67, 7) \quad \text{und} \quad \left(\frac{124 - 91 \cdot 13}{-3}, \frac{13 - 124}{3}\right) = (353, 37)$$

unserer ursprünglichen Gleichung.

Aus $\ell_2 = 11$ folgt

$$h_2 = \frac{11^2 - 91}{30} = 1.$$

Aus der Lösung (1574,165) der Gleichung $x^2 - 91y^2 = 1$ erhalten wir zwei weitere Grundlösungen unserer Gleichung, nämlich

$$(11 \cdot 1574 - 91 \cdot 165, 165 \cdot 11 - 1574) \;=\; (2299, 241) \quad \text{und}$$
$$(-11 \cdot 1574 - 91 \cdot 165, -11 \cdot 165 - 1574) \;=\; (32329, 3389).$$

Es ist leicht zu verifizieren, daß diese Paare zur Grundlösung $(11, 1)$ assoziiert sind. Ein vollständiges Grundlösungssystem der Beispielgleichung ist also $\{(67, 7), (353, 37), (11, 1)\}$.

5.7 Die Thuesche Gleichung und Kettenbruchreduktion

Es seien $F(x,y) = a_n x^n + a_{n-1} x^{n-1} y + \ldots + a_0 y^n \in \mathbb{Z}[x,y]$, $n \geq 3$ und $m \in \mathbb{Z}$. Die Gleichung

$$F(x,y) = m \tag{5.23}$$

wird *Thue Gleichung* genannt. Wir suchen die ganzzahligen Lösungen einer Thue-Gleichung. Obwohl die Pellsche Gleichung dieselbe Struktur hat wie die Thue Gleichung, ist die Natur ihrer Lösungsmengen unterschiedlich. Deswegen kann man die Pellsche Gleichung nicht als einen Spezialfall der Thue Gleichung betrachten.

Es seien $\beta_1, \ldots, \beta_n \in \mathbb{C}$ die Wurzeln des Polynoms

$$P(x) = a_n x^n + a_{n-1} x^{n-1} + \ldots + a_0 = F(x,1).$$

Dann gilt

$$F(x,y) = a_n \prod_{j=1}^{n} (x - \beta_j y).$$

A. Thue [106] hat bewiesen, daß für jedes $m \in \mathbb{Z}$ nur endlich viele $(x,y) \in \mathbb{Z}^2$ mit (5.23) existieren, wenn $P(x)$ mindestens drei verschiedene Wurzeln hat. Dieser Satz liefert aber keine Methode zur Entscheidung, ob (5.23) überhaupt lösbar ist, und auch nicht zur Berechnung der Lösungen.

Es gelang zuerst A. Baker [3], ein solches Verfahren zu finden. Er hat bewiesen, daß eine nur von den Koeffizienten von F und von m abhängige berechenbare Konstante c existiert, so daß jede Lösung (x,y) von (5.23)

$$\max(|x|, |y|) < c$$

erfüllt. Die beste allgemeine Abschätzung für c stammt zur Zeit von Y. Bugeaud und K. Győry [22].

Die Konstante c ist sehr groß, etwa in der Größenordnung $10^{10^{20}}$, auch wenn die Eingabedaten klein sind. Dabei haben sich in den letzten 30 Jahren viele Mathematiker bemüht, kleinere Schranken zu bekommen.

Trotzdem sind Thue Gleichungen von kleinem Grad mit den heutigen Techniken vollständig lösbar, siehe etwa die Arbeiten [78], [107] und [13]. Die Methode ist mittlerweile soweit ausgereift, daß man mit dem Programmpaket KANT Thue Gleichungen automatisch lösen kann. Wir können hier eine solche Methode nicht ausführlich vorstellen, sondern nur ein Verfahren besprechen, mit dem man 'kleine' Lösungen, das heißt die Lösungen mit $\max(|x|, |y|) < N_0$, wobei N_0 eine gegebene Kostante ist, von

$$|F(x,y)| \leq m \tag{5.24}$$

schnell berechnen kann. Das Verfahren beruht auf der Kettenbruchentwicklung der reellen Wurzeln des Polynoms $P(x)$. Ist N_0 nicht größer als 10^{1000}, dann liefert das Verfahren sehr schnell das Ergebnis. Man kann mit leistungsfähiger Langzahlarithmetik und Hardware den Anwendungsbereich des Verfahrens bis zu $N_0 \approx 10^{10^6}$ erweitern.

Wir nehmen im folgenden an, daß $P(x)$ über $\mathbb{Q}[x]$ irreduzibel ist und daß die Wurzeln so geordnet sind, daß $\beta_1, \ldots, \beta_s \in \mathbb{R}$ und $\beta_{s+1}, \ldots, \beta_{s+t}, \overline{\beta_{s+1}}, \ldots, \overline{\beta_{s+t}} \in \mathbb{C} \setminus \mathbb{R}$ sind.

Lemma 5.6 *Es seien* $(x,y) \in \mathbb{Z}^2$ *eine Lösung von (5.24) und*

$$Y_0 = \begin{cases} \left\{ \dfrac{2^{n-1}|m|}{\min\limits_{1 \le i \le t} |P'(\beta_{s+i})| \min\limits_{1 \le i \le t} |\Im \beta_{s+i}|} \right\}^{1/n} & , \text{ falls } t \ge 1 \text{ ist} \\ 1 & , \text{ sonst,} \end{cases}$$

$$c_1 = \frac{2^{n-1}|m|}{\min\limits_{1 \le i \le n} |P'(\beta_i)|}, \qquad c_2 = \frac{1}{2} \min_{1 \le i \le j \le n} |\beta_i - \beta_j|,$$

$$Y_1 = \max\{Y_0, (2c_1)^{1/(n-2)}\}.$$

(i) *Für* $y \ne 0$ *gibt es ein* $u \in \{1, \ldots, n\}$ *mit*

$$|x - \beta_u y| \le c_1 |y|^{-(n-1)}. \tag{5.25}$$

(ii) *Wenn* $|y| > Y_0$ *ist, dann ist* $s > 0$, *u liegt in der Menge* $I = \{1, \ldots, s\}$, *und es gilt*

$$|x - \beta_i y| \ge c_2 |y| \quad \text{für} \quad i \in \{1, \ldots, n\} \setminus \{u\}. \tag{5.26}$$

(iii) *Wenn* $\mathrm{ggT}(x,y) = 1$ *und* $|y| > Y_1$ *gilt, dann ist* $\dfrac{x}{y}$ *ein Näherungsbruch von* β_u.

Beweis: Es sei $(x,y) \in \mathbb{Z}^2$ eine Lösung von (5.24) und $u \in \{1, \ldots, n\}$ mit

$$|x - \beta_u y| = \min_{1 \le j \le n} |x - \beta_j y|.$$

Dann gilt

$$|y||\beta_j - \beta_u| \le |x - \beta_j y| + |x - \beta_u y| \le 2|x - \beta_j y|$$

für alle $j \in \{1, \ldots, n\} \setminus \{u\}$, was mit (5.26) äquivalent ist.

Aus (5.24) und (5.26) folgt

$$|x - \beta_u y| = \frac{|m|}{|a_n| \prod\limits_{\substack{j=1 \\ j \ne u}}^{n} |x - \beta_j y|} \le \frac{2^{n-1}|m|}{|a_n| \prod\limits_{\substack{j=1 \\ j \ne u}}^{n} (|\beta_j - \beta_u||y|)} = \frac{2^{n-1}|m|}{|P'(\beta_u)|} |y|^{-(n-1)}.$$

Damit ist (i) bewiesen.

Nehmen wir jetzt $|y| > Y_0$ und $u > s$ an. Dann erhalten wir

$$\left| \beta_u - \frac{x}{y} \right| \le \frac{2^{n-1}|m|}{|P'(\beta_u)|} |y|^{-n} \le \left(\frac{Y_0}{|y|} \right)^n \min_{1 \le i \le t} |\Im\beta_{s+i}| < |\Im\beta_u|, \qquad (5.27)$$

was unmöglich ist. Das Polynom $P(x)$ muß also in diesem Fall eine reelle Nullstelle haben, das heißt $s > 0$ sein. Es gilt darüber hinaus $u \le s$. Somit ist (ii) auch bewiesen.

Schließlich sei $(x,y) \in \mathbb{Z}^2$ eine Lösung von (5.24) mit $\mathrm{ggT}(x,y) = 1$ und $|y| > Y_1$. Es gilt dann $|y| > Y_0$ und aus (5.25) folgt

$$\left| \beta_u - \frac{x}{y} \right| \le \frac{1}{2|y|^n} < \frac{1}{2|y|^2}.$$

Nach Satz 5.6 ist dann $\dfrac{x}{y}$ ein Näherungsbruch von β_u. $\square$

Diejenigen Lösungen $(x,y) \in \mathbb{Z}^2$ von (5.24), für welche $\dfrac{x}{y}$ kleinsten Abstand zu einer nicht reellen Nullstelle β_u hat, sind einfach zu bestimmen. In der Tat ist $|y| \le Y_0$ nach Lemma 5.6 (ii). Es sei $\beta_u = \gamma_u + i\delta_u$. Aus (5.25) folgt

$$\left(\gamma_u - \frac{x}{y} \right)^2 + \delta_u^2 \le c_1 |y|^{-n} = Y_2^2$$

oder

$$\left| \gamma_u - \frac{x}{y} \right| \le \sqrt{Y_2^2 - \delta_u^2}, \qquad |y| \le Y_0,$$

und dieses Ungleichungssystem können wir direkt lösen. Dasselbe gilt für die Lösungen mit $u \le s$ und $|y| \le Y_1$. Hat zum Beispiel $P(x)$ nur komplexe Wurzeln, dann kann man (5.24) sehr einfach lösen. Wir nehmen im weiteren deswegen an, daß $P(x)$ mindestens eine reelle Nullstelle hat.

Jetzt beschäftigen wir uns mit der Lösung der Thue Ungleichung (5.24) unter den Annahmen $Y_1 < |y| \le Y$ und $\mathrm{ggT}(x,y) = 1$, wobei m, Y vorgegebene reelle Zahlen sind. Solche Lösungen stammen aus Näherungsbrüchen reeller Nullstellen des Polynoms $P(x)$. In dem nächsten Algorithmus berechnen wir nur die Ziffern der Kettenbruchentwicklung der Nullstellen, und wir werden zeigen, daß wir damit die großen Lösungen genau lokalisieren und oft die Existenz großer Lösungen ausschließen können.

Algorithmus 5.5 (Kettenbruchreduktion)

Input: $P(x), n, s, m, Y_1, c_1, N_0$
Output: *Die Lösungen von (5.24) mit $|y| \le N_0$*
             n, s, c_1 wie in Lemma 5.6

1. *$\mathcal{L} \leftarrow$ die Lösungen $(x,y) \in \mathbb{Z}^2$ von (5.24) mit $|y| \le Y_1$,* **output** *$\mathcal{L}$,*

2. **if** $s = 0$ **then return else** $i \leftarrow 1$,

3. *$Y_2 \leftarrow -\infty$, $\beta \leftarrow \beta_i$ (die i-te reelle Wurzel von $P(x)$), $\overline{Y}_1 \leftarrow N_0$,*

4. Bestimme die Ziffern der Kettenbruchentwicklung und die zugehörigen Nenner der Näherungsbrüche von $\beta = [a_0, a_1, \ldots a_b, \ldots]$ bis $q_{b-1} > \overline{Y}_1$ erfüllt ist. (Die q können auch reell, mit einfacher oder doppelter Präzision, berechnet werden, denn wir brauchen die genauen Werte nicht. *),*

5. $A \leftarrow \max_{1 \leq j \leq b-1} \{a_i\}, \ Y_2 \leftarrow \overline{Y}_1, \ \overline{Y}_1 \leftarrow [c_1(A+2)]^{1/(n-2)},$

6. if $\overline{Y}_1 \geq \max\{Y_1, Y_2\}$ then {bestimme die Lösungen von (5.24) mit $|y| \leq \max\{\overline{Y}_1, Y_1\}$ direkt, output diese Lösungen, goto 8. },

7. $b \leftarrow$ kleinster Index mit $q_{b-1} > \overline{Y}_1$, goto 4.,

8. $i \leftarrow i+1$. if $i > s$ then return else goto 2.

Satz 5.17 *Algorithmus 5.5 bestimmt alle Lösungen von (5.24) mit $|y| \leq N_0$.*

Beweis: Es sei $(x, y) \in \mathbb{Z}^2$ eine Lösung von (5.24). Um die Korrektheit des Algorithmus zu zeigen, reicht es zu beweisen, daß im Laufe des Verfahrens $|y| \leq \overline{Y}_1$ immer erfüllt ist. Die fragliche Ungleichung gilt offensichtlich für den Startwert von $\overline{Y}_1$ und falls $|y| \leq Y_1$ ist. Nehmen wir an, wir erhalten $Y_1 < |y| \leq \overline{Y}_1$ nach einigen Iterationsschritten. Ein neuer Wert für $\overline{Y}_1$ wird nur in Schritt 4 gesetzt. Nach Lemma 5.6 ist jetzt $\dfrac{x}{y}$ ein Näherungsbruch, sagen wir $\dfrac{p_v}{q_v}$, von β_j für einen passenden Index j. Die Folge der Nenner der Näherungsbrüche von β_j ist streng monoton wachsend, also gibt es ein b mit $\overline{Y}_1 < q_{b-1}$, folglich ist $v < b - 1$.

Wir haben andererseits

$$\frac{1}{(A+2)y^2} \leq \frac{1}{(a_{v+1}+2)y^2} \leq \left|\beta_j - \frac{x}{y}\right| \leq c_1|y|^{-n},$$

woraus nach Satz 5.4

$$|y| \leq (c_1(A+2))^{1/(n-2)}$$

folgt. Dies zeigt, daß Schritt 4 korrekt ist, und der Satz ist bewiesen. $\square$

5.8 Ein Problem von Diophant

In diesem Abschnitt behandeln wir ein typisches Beispiel für die Anwendung der langen Gleitkommaarithmetik und der Kettenbrüche bei der Lösung diophantischer Gleichungen.

Problem von Diophant: Es seien $a_1 = 1$, $a_2 = 3$, $a_3 = 8$. Es sei $a_4 \in \mathbb{N}\backslash\{a_1, a_2, a_3\}$ derart, daß $a_i a_j + 1 = \square$ für alle $1 \leq i < j \leq 4$ ist. Es ist zu zeigen, daß $a_4 = 120$ gilt. (Das Symbol $\square$ bezeichnet eine Quadratzahl.)

Diese Aufgabe haben A. Baker and H. Davenport [7] gelöst. Wir folgen ihrer Methode, da sie zahlreiche Anwendungen hat. Eine andere, elementare Lösung hat A. Eswarathasan [41] gefunden.

Lemma 5.7 *Es sei* $x \in \mathbb{Z}$, *so daß* $a_i x + 1 = x_i^2$ *mit* $x_i \in \mathbb{Z}_{\geq 0}$ *und* a_i *wie oben* $(i = 1, 2, 3)$ *gilt. Dann existieren* $m, n \geq 0$ *mit*

$$
\begin{aligned}
x_1 &= \frac{(1 + \sqrt{3})(2 + \sqrt{3})^n - (1 - \sqrt{3})(2 - \sqrt{3})^n}{2\sqrt{3}} \\
&= \frac{(2\sqrt{2} \pm 1)(3 + 2\sqrt{2})^m + (2\sqrt{2} \mp 1)(3 - 2\sqrt{2})^m}{4\sqrt{2}}.
\end{aligned}
\tag{5.28}
$$

Beweis: Aus $a_1 x + 1 = x + 1 = x_1^2$ folgt $x = x_1^2 - 1$. Wir haben zwei weitere Bedingungen, nämlich $3x + 1 = x_2^2$ und $8x + 1 = x_3^2$. Wird jetzt hier der Wert von x eingesetzt, dann erhalten wir das Gleichungssystem

$$
\begin{aligned}
x_2^2 - 3x_1^2 &= -2 \tag{5.29} \\
x_3^2 - 8x_1^2 &= -7. \tag{5.30}
\end{aligned}
$$

Benutzt man Satz 5.13, dann erhält man aus (5.29)

$$
x_1 = \varepsilon \cdot \frac{(1 + \sqrt{3})(2 + \sqrt{3})^n - (1 - \sqrt{3})(2 - \sqrt{3})^n}{2\sqrt{3}}
\tag{5.31}
$$

mit $\varepsilon \in \{1, -1\}$ und $n \in \mathbb{Z}$. Analog ergibt sich

$$
x_1 = \xi \cdot \frac{(1 + 2\sqrt{2})(3 + 2\sqrt{2})^m - (1 - 2\sqrt{2})(3 - 2\sqrt{2})^m}{4\sqrt{2}}
$$

aus (5.30) mit $\xi \in \{1, -1\}$ und $m \in \mathbb{Z}$.

Betrachten wir (5.31). Ist $n \geq 0$, dann ist x_1 genau dann positiv, wenn ε das Vorzeichen $+$ hat. Es sei jetzt $n < 0$, das heißt $n = -n_1$, dann gilt wegen $(1 - \sqrt{3})(2 + \sqrt{3}) = -(1 + \sqrt{3})$

$$
\begin{aligned}
x_1 &= \varepsilon \cdot \frac{(1 + \sqrt{3})(2 - \sqrt{3})^{n_1} - (1 - \sqrt{3})(2 + \sqrt{3})^{n_1}}{2\sqrt{3}} \\
&= \varepsilon \cdot \frac{(1 + \sqrt{3})(2 + \sqrt{3})^{n_1 - 1} - (1 - \sqrt{3})(2 - \sqrt{3})^{n_1 - 1}}{2\sqrt{3}},
\end{aligned}
$$

das heißt wir können in (5.31) $\varepsilon = 1$ und $n \geq 0$ voraussetzen.

Der andere Ausdruck für x_1 ist genau dann positiv, wenn $\xi > 0$ ist. Damit ist das Lemma bewiesen. $\square$

Lemma 5.8 *Es seien* $n, m > 2$ *mit (5.28) und*

$$
\Lambda = n \log(2 + \sqrt{3}) - m \log(3 + 2\sqrt{2}) + \log \frac{2\sqrt{2}(1 + \sqrt{3})}{\sqrt{3}(2\sqrt{2} \pm 1)}.
$$

Dann gilt $m < n$ *und*

$$
0 < |\Lambda| < 3.59(2 - \sqrt{3})^{2n}.
\tag{5.32}
$$

Beweis: Für $m, n \in \mathbb{Z}$ seien

$$u_m(\pm) = \frac{(2\sqrt{2} \pm 1)(3 + 2\sqrt{2})^m + (2\sqrt{2} \mp 1)(3 - 2\sqrt{2})^m}{4\sqrt{2}}$$

und

$$v_n = \frac{(1 + \sqrt{3})(2 + \sqrt{3})^n + (\sqrt{3} - 1)(2 - \sqrt{3})^n}{2\sqrt{3}}.$$

Es gilt dann

$$v_n > \frac{(1 + \sqrt{3})(2 + \sqrt{3})^n}{2\sqrt{3}}$$

und

$$u_m(\pm) < \frac{(2\sqrt{2} + 1)(3 + 2\sqrt{2})^m}{2\sqrt{2}}$$

für $n, m \geq 0$. Die Kombination dieser Ungleichungen mit (5.28) ergibt die Abschätzung

$$\frac{(1 + \sqrt{3})(2 + \sqrt{3})^n}{2\sqrt{3}} < \frac{(2\sqrt{2} + 1)(3 + 2\sqrt{2})^m}{2\sqrt{2}} \qquad \text{oder}$$

$$(3 - 2\sqrt{2})^m < \frac{(2\sqrt{2} + 1)\sqrt{3}}{(\sqrt{3} + 1)\sqrt{2}}(2 - \sqrt{3})^n < 1.0823(2 - \sqrt{3})^n.$$

Wir erhalten andererseits aus (5.28)

$$\left| \frac{2\sqrt{2}(1 + \sqrt{3})}{\sqrt{3}(2\sqrt{2} \pm 1)} \frac{(2 + \sqrt{3})^n}{(3 + 2\sqrt{2})^m} - 1 \right| \leq \frac{2\sqrt{2} + 1}{2\sqrt{2} - 1}(3 - 2\sqrt{2})^{2m} + \frac{2\sqrt{2}(\sqrt{3} - 1)}{\sqrt{3}(2\sqrt{2} - 1)}$$

$$< 3.163(2 - \sqrt{3})^{2n}.$$

Die Zahl auf der rechten Seite ist für $n \geq 1$ kleiner als 0.2271.

Nun verwenden wir die folgende Eigenschaft der Logarithmusfunktion: Es sei $0 < a < 1$ eine reelle Zahl und $0 < |x| < a$, dann gilt $|\log(x + 1)| < \dfrac{-\log(1 - a)}{a}|x|$.

In der Tat, die Funktion $f(x) = \dfrac{\log(1 + x)}{x}$ ist für alle $-1 < x < 1, x \neq 0$, positiv, und wegen

$$\begin{aligned}
f'(x) &= -\frac{\log(1 + x)}{x^2} + \frac{1}{x} - \frac{1}{1 + x} \\
&= \frac{1}{2} - \frac{1}{1 + x} + \sum_{i=3}^{\infty} -\frac{1}{x^2}\frac{(-x)^i}{i + 1} < \frac{1}{2} - \frac{1}{1 + x} < 0
\end{aligned}$$

ist $f(x)$ streng monoton fallend. Ist also $0 < |x| < a < 1$, dann ist $-a < x$ und somit

$$\left|\frac{\log(1+x)}{x}\right| < -\frac{\log(1-a)}{a}|x|,$$

woraus die Zwischenbehauptung unmittelbar folgt.

Wir wählen $a = 0.2271$ und

$$x = \frac{2\sqrt{2}(1+\sqrt{3})}{\sqrt{3}(2\sqrt{2}\pm 1)}\frac{(2+\sqrt{3})^n}{(3+2\sqrt{2})^m} - 1,$$

dann erhalten wir die obere Abschätzung für $|\Lambda|$ unmittelbar.

Wäre $\Lambda = 0$, dann würde

$$\frac{2\sqrt{2}(1+\sqrt{3})}{\sqrt{3}(2\sqrt{2}\pm 1)} = \frac{(3+2\sqrt{2})^m}{(2+\sqrt{3})^n}$$

gelten. Diese Gleichung führt wie folgt zu einem Widerspruch: Nach Quadrierung und Multiplikation mit $3(2+\sqrt{3})^{2n}(9\pm 4\sqrt{2})$ erhalten wir

$$16(2+\sqrt{3})^{2n+1} = 3(9\pm 4\sqrt{2})(3+2\sqrt{2})^{2m}.$$

Diese Gleichung hat die Gestalt

$$16(a_{2n+1} + b_{2n+1}\sqrt{3}) = 3(c_{2m} + d_{2m}\sqrt{2})$$

mit $a_{2n+1}, b_{2n+1}, c_{2m}, d_{2m} \in \mathbb{Z}$, woraus $b_{2n+1} = d_{2m} = 0$ folgt.

Es seien $a_k, b_k \in \mathbb{Z}$ mit

$$(2+\sqrt{3})^k = a_k + b_k\sqrt{3}.$$

Man kann die Formel

$$b_k = \frac{(2+\sqrt{3})^k - (2-\sqrt{3})^k}{2\sqrt{3}}$$

mit Induktion einfach beweisen. Es gilt $b_k = 0$ genau für $k = 0$, das heißt $\Lambda = 0$ ist unmöglich. $\square$

Um eine obere Abschätzung für n zu bekommen, benutzen wir einen tiefliegenden Satz von A. Baker and G. Wüstholz [8]. Bevor wir diesen Satz darstellen können, müssen wir einige Begriffe und Bezeichnungen einführen.

Es sei $P(x) = a_k x^k + \ldots + a_0 \in \mathbb{Z}[x]$ irreduzibel mit $\mathrm{ggT}(a_k, \ldots, a_0) = 1$ und so, daß $\beta \in \mathbb{C}$ eine Nullstelle von $P(x)$ ist. Es seien $\beta_1 = \beta, \beta_2, \ldots, \beta_k$ die komplexen Nullstellen von $P(x)$. Die reelle Zahl

$$h(\beta) = \frac{1}{k}\log(|a_k|\prod_{i=1}^{k}\max\{1, |\beta_i|\})$$

wird *absolute logarithmische Höhe* von β oder $P(x)$ genannt. Die Eigenschaften dieser und weiterer Höhenbegriffe werden wir in Abschnitt 6.6 untersuchen.

Es seien $\alpha_1, \ldots, \alpha_k$ von Null verschiedene algebraische Zahlen und $b_1, \ldots, b_k \in \mathbb{Z}$. Für $1 \leq i \leq k$ wählen wir einen Zweig des komplexen Logarithmus $\log \alpha_i$, so daß die Zahl

$$\tilde{\Lambda} = b_1 \log \alpha_1 + \ldots + b_k \log \alpha_k$$

von Null verschieden ist. Für $1 \leq i \leq k$ sei A_i eine reelle Zahl mit

$$A_i = \max \left\{ h(\alpha_i), \frac{1}{[\mathbb{Q}(\alpha_i) : \mathbb{Q}]}, \frac{|\log \alpha_i|}{[\mathbb{Q}(\alpha_i) : \mathbb{Q}]} \right\}.$$

Dann gilt der folgender Satz:

Satz 5.18 *Es seien $D = [\mathbb{Q}(\alpha_1, \ldots, \alpha_k) : \mathbb{Q}]$ und $B = \max\{|b_1|, \ldots, |b_k|, e\}$. Dann gilt*

$$\log |\Lambda| \geq -18(k+1)! \, k^{k+1} (32D)^{k+2} A_1 \cdots A_k \log B.$$

Den Beweis dieses Satzes findet man im Artikel [8]. Wir wenden den Satz auf unser Problem an, um eine obere Abschätzung für n und m zu gewinnen.

Lemma 5.9 *Es seien n und m wie im Lemma 5.8. Dann ist $n \leq 1.275 \cdot 10^{18}$.*

Beweis: Wählen wir $k = 3$, $\alpha_1 = 2 + \sqrt{3}$, $\alpha_2 = 3 + 2\sqrt{2}$, $\alpha_3 = \dfrac{2(4 \pm \sqrt{2})(3 + \sqrt{3})}{3 \cdot 7}$, $b_1 = n, b_2 = -m$ und $b_3 = 1$, dann gelten für Λ alle Voraussetzungen des Satzes 5.18. Wir berechnen jetzt die nötigen Parameter:

$$P_{\alpha_1}(x) \;=\; x^2 - 4x + 1 \quad \Rightarrow \quad h(\alpha_1) = \frac{1}{2} \log(2 + \sqrt{3}) \approx 0.6585$$

$$P_{\alpha_2}(x) \;=\; x^2 - 6x + 1 \quad \Rightarrow \quad h(\alpha_2) = \frac{1}{2} \log(3 + 2\sqrt{2}) \approx 0.8814$$

$$P_{\alpha_3}(x) \;=\; 441x^4 - 2016x^3 + 2880x^2 - 1536x + 256 \quad \Rightarrow$$

$$h(\alpha_3) \;=\; \frac{441}{4} \log \left(\frac{2(4 + \sqrt{2})(3 + \sqrt{3})}{21} \cdot \frac{2(4 - \sqrt{2})(3 + \sqrt{3})}{21} \right)$$

$$\;=\; \frac{441}{4} \log \frac{8(\sqrt{3} + 1)^2}{21} \approx 115.214$$

$$\mathbb{K} \;=\; \mathbb{Q}(\alpha_1, \alpha_2, \alpha_3) \Rightarrow D = [\mathbb{K} : \mathbb{Q}] = 4$$
$$A_1 \;=\; 0.6585$$
$$A_2 \;=\; 0.8814$$
$$A_3 \;=\; 115.214 \quad \text{und}$$
$$B \;=\; n$$

Dann gilt

$$|\Lambda| \;\geq\; \exp\{-18 \cdot 4! \cdot 3^4 \cdot (32 \cdot 4)^5 \cdot 0.6585 \cdot 0.8814 \cdot 115.214 \cdot \log n\}$$
$$\geq\; \exp\{-8.04 \cdot 10^{16} \log n\}$$

nach Satz 5.18. Vergleicht man diese Ungleichung mit (5.32), dann bekommt man

$$8.04 \cdot 10^{16} \log n \geq 2.63n - \log 3.59$$

und diese Ungleichung impliziert

$$n \leq 1.275 \cdot 10^{18}.$$

Die Behauptung ist bewiesen. $\square$

5.9 Baker-Davenport-Reduktion

Die Abschätzung in Lemma 5.9 stellt sicher, daß es nur endlich viele ganze Zahlen a_4 gibt, welche zusammen mit $1, 3$ und 8 den Anforderungen des Problems von Diophant genügen. Aber damit ist unsere Aufgabe noch nicht vollständig gelöst. Die obere Schranke ist so groß, daß eine direkte Suche nach allen Lösungen aussichtslos ist. Hier und bei ähnlichen Problemen hilft die Baker-Davenport-Reduktion, der Gegenstand dieses Abschnittes.

Dividiert man (5.32) durch $\log(3 + 2\sqrt{2})$, dann erhält man die Ungleichung

$$\left| \frac{n \log(2 + \sqrt{3})}{\log(3 + 2\sqrt{2})} + \frac{\log \dfrac{2\sqrt{2}(1 + \sqrt{3})}{\sqrt{3}(2\sqrt{2} \pm 1)}}{\log(3 + 2\sqrt{2})} - m \right| < 2.04 \cdot (2 - \sqrt{3})^{2n}.$$

Sie ist ein Spezialfall von Ungleichungen der Art

$$|n_1\delta_1 + \ldots + n_{k-1}\delta_{k-1} + n_k + \delta_k| < c_1 \exp(-c_2 N). \tag{5.33}$$

Hierin sind $\delta_1, \ldots, \delta_k$ gegebene reelle Zahlen, es ist $N = \max\{|n_1|, \ldots, |n_k|\}$, und c_1, c_2 sind Konstanten.

Eine ganze Reihe zahlentheoretischer Probleme führen auf endlich viele Ungleichungen der Gestalt (5.33). Außer Diophants Problem nennen wir hier nur: die Berechnung aller imaginär–quadratischen Zahlkörper mit Klassenzahl 1, die Bestimmung der Lösungen von Thue–Gleichungen, aller ganzen Punkte auf elliptischen und hyperelliptischen Kurven, die Berechnung fester Potenzen in rekursiven Folgen, sowie die Berechnung aller Potenzganzheitsbasen in einem gegebenen algebraischen Zahlkörper. Die Zahlen δ hängen von der ursprünglichen Aufgabe und die Konstanten c_1 und c_2 von den δ und eventuell noch von anderen Parametern ab. Man findet viele Anwendungen in den Büchern von A. Baker [4], [5], von T.N. Shorey and R. Tijdeman [101] und von N. Smart [102].

Mit Hilfe einer unteren Abschätzung für Linearformen in Logarithmen algebraischer Zahlen, zum Beispiel mit dem Satz 5.18 von Baker und Wüstholz, kann man eine explizite obere Abschätzung N_1 für N beweisen. Erfahrungsgemäß ist N_1 wesentlich größer als die größte Lösung von (5.33). Zur Reduzierung von N_1 und damit zu der vollständigen Lösung von (5.33) ist das folgende Lemma von A. Baker und H. Davenport [7] sehr nützlich. Die hier anzugebende Variante stammt von A. Pethő und R. Schulenberg [78]. Ein andereres Reduktionsverfahren wurde von B.M.M. de Weger [110] ausgearbeitet.

Lemma 5.10 *Es seien $k \geq 2$ und $(n_1, \ldots, n_k) \in \mathbb{Z}^k$ mit $\max\{|n_1|, \ldots, |n_k|\} = N \leq N_1$ eine Lösung von (5.33). Es seien Q_1, Q_2 und Q_3 positive reelle Zahlen mit $Q_2 \geq 1$, $Q_1 > 2^{k-1}((k-1)Q_2 + 1)$ und $Q_3 \geq N_1^{k-1}$. Es seien $q, p_1, \ldots, p_{k-1} \in \mathbb{Z}$, so daß*

$$1 \leq q \leq Q_1 Q_3 \quad und \quad |q\delta_i - p_i| \leq Q_2(Q_1 Q_3)^{-1/(k-1)} \tag{5.34}$$

für $i = 1, \ldots, k-1$ erfüllt sind. Dann ist entweder

$$N \leq \lfloor \log(Q_1^{k/(k-1)} Q_3 c_1)/c_2 \rfloor, \tag{5.35}$$

oder es existiert ein $p_k \in \mathbb{Z}$ mit

$$|q\delta_k - p_k| < ((k-1)Q_2 + 1)Q_1^{-1/(k-1)}$$

und

$$|p_1 n_1 + \ldots + p_{k-1} n_{k-1} + n_k q + p_k| < 2((k-1)Q_2 + 1)Q_1^{-1/(k-1)}.$$

Beweis: Nehmen wir an, daß (5.35) nicht wahr ist, das heißt

$$N > \log(Q_1^{k/(k-1)} Q_3 c_1)/c_2$$

gilt. Im weiteren bezeichne $\|x\|$ den Abstand von $x \in \mathbb{R}$ zu der nächstgelegenen ganzen Zahl. Dann folgt

$$\|n_i q\delta_i\| \leq n_i \|q\delta_i\| \leq N Q_2(Q_1 Q_3)^{-1/(k-1)} \leq Q_2 Q_1^{-1/(k-1)}$$

für alle $i = 1, \ldots, k-1$ aus (5.34). Daraus erhalten wir

$$\left\| \sum_{i=1}^{k-1} q n_i \delta_i \right\| \leq (k-1)Q_2 Q_1^{-1/(k-1)}.$$

Andererseits impliziert (5.33)

$$\left| \sum_{i=1}^{k-1} q n_i \delta_i + n_k q + \delta_k q \right| < Q_1 Q_3 c_1 e^{-c_2 N} \leq c_1 e^{-\log(Q_1^{k/(k-1)} Q_3 c_1)} Q_1 Q_3$$

$$= c_1 Q_1 Q_3 / (c_1 Q_3 Q_1^{k/(k-1)}) = Q_1^{-1/(k-1)}.$$

Es sei nun p_k die nächstgelegene ganze Zahl zu $\delta_k q$. Kombiniert man die beiden letzten Ungleichungen, dann bekommt man

$$
\begin{aligned}
|\delta_k q - p_k| \;=\; \|\delta_k q\| &\leq \left\| \sum_{i=1}^{k-1} q n_i \delta_i + n_k q + \delta_k q \right\| + \left\| \sum_{i=1}^{k-1} q n_i \delta_i + n_k q - p_k \right\| \\
&\leq \; Q_1^{-1/(k-1)} + (k-1)Q_2 Q_1^{-1/(k-1)} = ((k-1)Q_2 + 1)Q_1^{-1/(k-1)},
\end{aligned}
$$

und damit ist die erste Behauptung bewiesen.

Die nächste Ungleichungskette vervollständigt den Beweis des Lemmas:

$$
\begin{aligned}
\left| \sum_{i=1}^{k-1} n_i p_i + q n_k + p_k \right| &\leq \left| \sum_{i=1}^{k-1} n_i(-q\delta_i + p_i) \right| + \left| \sum_{i=1}^{k-1} q n_i \delta_i + q n_k + \delta_k q \right| + |p_k - \delta_k q| \\
&< \; 2((k-1)Q_2 + 1)Q_1^{-1/(k-1)}.
\end{aligned}
$$

$\square$

Auf dem Lemma kann der folgende Algorithmus aufgebaut werden:

Algorithmus 5.6 (Baker-Davenport-Reduktion)

Input: $\quad \delta_1, \ldots, \delta_k \in \mathbb{R}$, $\delta_k \neq 0$, N_1, c_1, c_2.

Output: $\quad N$ *mit: Wenn* $(n_1, \ldots, n_k) \in \mathbb{Z}^k$ *eine Lösung von (5.33) ist mit*
$\max\{|n_1|, \ldots, |n_k|\} \leq N_1$, *dann gilt* $\max\{|n_1|, \ldots, |n_k|\} \leq N$.
Eventuell auch lineare diophantische Gleichungen für die möglichen Lösungen von (5.33).

1. $N \leftarrow N_1, \qquad Q_2 \leftarrow \begin{cases} 1 \; \textit{für } k = 2 \\ 2^{k/4} \quad \textit{sonst} \end{cases}, \qquad Q_1 \leftarrow 2^{k-1}((k-1)Q_2 + 1).$

2. $Q_3 \leftarrow N^{k-1}$.

3. *Berechne eine Lösung* $(q, p_1, \ldots, p_{k-1}) \in \mathbb{Z}^k$ *des Ungleichungssystems (5.34).*

4. **if** $\|q\delta_k\| \geq ((k-1)Q_2 + 1)Q_1^{-1/(k-1)}$ **then**
   $\{Q_1 \leftarrow \max\{(((k-1)Q_2 + 1)\|q\delta_k\|^{-1})^{k-1}, q/Q_3\},$
   $N_2 \leftarrow \lfloor \log(Q_1^{k/(k-1)} Q_3 c_1)/c_2 \rfloor\}$
   else *bestimme* $p_k \in \mathbb{Z}$ *mit* $\|q\delta_k\| = |q\delta_k - p_k|$
   output $p_1, \ldots, p_k, q, Q_1, Q_2,$ **return**.

5. **if** $N_2 < N$ **then** $\{N \leftarrow N_2,$ **goto** *2*$\}$
   else $\{$ **output** $N,$ **return**$\}$.

Bemerkung 9 *Man kann eine Lösung des Approximationsproblems (5.34) für* $k = 2$ *gemäß des Satzes 5.4 mit dem KBA bestimmen. Für* $k > 2$ *kann man den LLL Algorithmus anwenden. Den werden wir im nächsten Abschnitt, im Zusammenhang mit der Faktorisierung von Polynomen mit ganzen Koeffizienten, einführen.*

Wir möchten die Kraft des Algorithmus durch die Vervollständigung der Lösung des Problems von Diophant zeigen. Das Verfahren haben wir in MAPLE programmiert.

Berechnung der 'Inputwerte':

```
Digits:=80:
c1:=2.04: c2:=2*ln(2+sqrt(3)): N:=1.275 * 10^18:
delta1:=convert(ln(2+sqrt(3))/ln(3+2*sqrt(2)),float):
delta2p:=
convert(ln(2*(3+sqrt(3))*(4+sqrt(2))/21)/ln(3+2*sqrt(2)),float):
delta2m:=
convert(ln(2*(3+sqrt(3))*(4-sqrt(2))/21)/ln(3+2*sqrt(2)),float):
```

Bestimmung des nötigen Näherungsbruches von δ_1:

```
convert(delta1,confrac,60,'cvgts'):
q1:=denom(cvgts[50]);
```

$$q1 := 5148840144243868737387861694553$$

Test in Schritt 4:

```
d2:=q1*delta2p:
eps2:=abs(d2-round(d2));
```

$$eps2 := .19608283615069734806795465294257630986353 9824727078$$

```
d3:=q1*delta2m:
eps3:=abs(d3-round(d3));
```

$$eps3 := .31596466618077750353473049306227226731545 71862467017$$

Bestimmung der reduzierten obere Schranke für die Lösungen:

```
Q1:=max(q1/N,2/eps2,2/eps3);
```

$$Q1 := 51.48840144243868737387861694553$$

```
N:=convert(trunc(ln(Q1^2*N*c1)/c2),float);
```

$$N := 26$$

2. Iteration

```
Digits:=20:
q1:=denom(cvgts[6]);
```

$$q1 := 87$$

```
d2:=q1*delta2p:
eps2:=abs(d2-round(d2));
```

$$eps2 := .025010275535393870$$

```
d3:=q1*delta2m:
eps3:=abs(d3-round(d3));
```

$$eps3 := .4480710953927730400$$

```
Q1:=max(q1/N,2/eps2,2/eps3);
```

$$Q1 := 79.967131796275244266$$

```
N:=convert(trunc(ln(Q1²*N*c1)/c2),float);
```

$$N := 4.$$

Das Ergebnis dieser Rechnung zusammen mit den Lemmata 5.9 und 5.10 impliziert, daß $0 \leq m < n \leq 4$ für alle Lösungen von (5.28) gilt. Den restlichen Bereich kann man einfach untersuchen und stellt fest, daß (5.28) nur eine nichttriviale Lösung hat, nämlich $(n, m) = (2, 2)$. Damit ist das Problem von Diophant vollständig gelöst.

Neuerdings haben A. Dujella und A. Pethő [39] das Resultat von A. Baker und H. Davenport wesentlich verallgemeinert. Sie haben gezeigt, daß unendlich viele natürliche Zahlen c existieren, so daß $c + 1$ und $3c + 1$ Quadratzahlen sind. Es existieren dagegen für jedes solche $c > 8$ genau zwei $d \in \mathbb{N}$, so daß $d + 1, 3d + 1$ und $cd + 1$ ebenfalls Quadratzahlen sind.

5.10 Gitter

Wir betrachten den n-dimensionalen euklidischen Raum $\mathbb{R}^n$. Für den Vektor $\underline{x} \in \mathbb{R}^n$ bezeichne $\underline{x}^T$ die Transponierte von $\underline{x}$. Wenn $\underline{x} = (x_1, \ldots, x_n)^T, \underline{z} = (z_1, \ldots, z_n)^T \in \mathbb{R}^n$ sind, dann bezeichne $\underline{x}\underline{z} = \underline{x}^T \underline{z} = x_1 z_1 + \ldots x_n z_n$ das innere Produkt von $\underline{x}$ und $\underline{z}$. Es sei weiterhin $|\underline{x}| = (\underline{x}\underline{x})^{1/2} = \sqrt{x_1^2 + \ldots + x_n^2}$ die *(euklidische) Länge* von $\underline{x}$.

Wenn die Vektoren $\underline{a}_1, \ldots, \underline{a}_m \in \mathbb{R}^n$ linear unabhängig sind, dann nennen wir den durch sie erzeugten $\mathbb{Z}$-Modul L ein *Gitter*. Anders ausgedrückt:

$$L = \{\lambda_1 \underline{a}_1 + \ldots + \lambda_m \underline{a}_m \; : \; \lambda_1, \ldots, \lambda_m \in \mathbb{Z}\}.$$

Im Fall $m = n$ nennen wir L ein *vollständiges Gitter*. Es bezeichne A diejenige Matrix, deren Spalten die Vektoren $\underline{a}_1, \ldots, \underline{a}_m$ sind. Dann gilt offensichtlich:

$$L = \{A\underline{\lambda} \; : \; \underline{\lambda} \in \mathbb{Z}^m\}.$$

Wir werden Gitter manchmal durch die Matrix A definieren und diese Konstruktion mit $A = (\underline{a}_1, \ldots, \underline{a}_m)$ bezeichnen.

5.10.1   Gitterbasen

Die Vektoren $\underline{a}_1, \ldots, \underline{a}_m \in L$ bilden eine Basis des Gitters L, wenn für alle $\underline{x} \in L$ eindeutig bestimmte ganze Zahlen $\lambda_1, \ldots, \lambda_m$ existieren mit

$$\underline{x} = \lambda_1 \underline{a}_1 + \ldots + \lambda_m \underline{a}_m.$$

Ein Gitter hat im allgemeinen viele verschiedene Basen. Wir möchten in diesem Abschnitt untersuchen, wie diese Basen aussehen und die möglichen Basisitransformationen charakterisieren. Wir starten mit der Beschreibung der Basen eines Teilgitters. Die algebraische Struktur $L_1 \subseteq L$ heißt *Teilgitter* von L, wenn L_1 selbst ein Gitter ist. Ist L_1 ein Teilgitter von L, dann hat L_1, als Untergruppe der abelschen Gruppe L einen Index, welchen wir mit $[L : L_1]$ bezeichnen.

Satz 5.19 *Es sei L_1 ein Teilgitter von endlichem Index im Gitter L.*

A. Es sei $\underline{a}_1, \ldots, \underline{a}_m$ eine Basis von L. Dann gibt es eine Basis $\underline{b}_1, \ldots, \underline{b}_m$ von L_1, so daß

$$\underline{b}_k = \sum_{i=1}^{k} v_{ki} \underline{a}_i, \quad k = 1, \ldots, m, \tag{5.36}$$

mit ganzen Zahlen v_{ki}, $1 \leq i \leq k \leq m$, $v_{kk} \neq 0$, $k = 1, \ldots, m$ gilt.

B. Es sei umgekehrt $\underline{b}_1, \ldots, \underline{b}_m$ eine Basis von L_1. Dann existiert eine Basis $\underline{a}_1, \ldots, \underline{a}_m$ von L mit (5.36).

Beweis: A. Es bezeichne D den Index von L_1 in L. Betrachten wir für jedes $k = 1, \ldots, m$ die Menge M_k der Elemente von L_1 in der Form

$$\sum_{i=1}^{k} w_{ki} \underline{a}_i, \quad w_{ki} \in \mathbb{Z}, \, 1 \leq i \leq k, \, w_{kk} \neq 0.$$

Diese Mengen sind nicht leer, da M_k mindestens den Vektor $D\underline{a}_k$ enthält. Die Menge der k-ten Koordinaten der Elemente von M_k ist also ebenfalls nicht leer, sie hat folglich ein minimales, positives Element, welches wir mit v_k, $k = 1, \ldots m$, bezeichnen. Es sei $\underline{b}_k \in M_k$ so gewählt, daß die k-te Koordinate von $\underline{b}_k$ gleich v_k ist.

Wir behaupten, daß $\underline{b}_1, \ldots, \underline{b}_m$ die gesuchte Basis von L_1 ist. Nehmen wir an, daß diese Behauptung falsch ist. Dann existiert ein $\underline{c} \in L_1 \subseteq L$ mit $\underline{c} \notin \, < \underline{b}_1, \ldots, \underline{b}_m >$. Wir können $\underline{c}$ in der Form

$$\underline{c} = z_1 \underline{a}_1 + \ldots + z_k \underline{a}_k$$

darstellen mit $z_1, \ldots, z_k \in \mathbb{Z}$ und $z_k \neq 0$. Enthält $L_1 \backslash < \underline{b}_1, \ldots, \underline{b}_m >$ mehrere solche Elemente, dann sei ein $\underline{c}$ mit minimalem k gewählt.

Aus $\underline{c} \in M_k$ folgt $|z_k| \geq v_k$ wegen der Wahl von v_k. Schreiben wir $z_k = q v_k + r$ mit $q, r \in \mathbb{Z}$ und $0 \leq r < v_k$ und betrachten wir den Vektor $\underline{c}_1 = \underline{c} - q\underline{b}_k$. Es gilt offensichtlich $\underline{c}_1 \in L_1 \backslash < \underline{b}_1, \ldots, \underline{b}_m >$ und

$$\underline{c}_1 = z'_1 \underline{a}_1 + \ldots + z'_{k-1} \underline{a}_{k-1} + r \underline{a}_k$$

mit gewissen $z'_1, \ldots, z'_{k-1} \in \mathbb{Z}$. Wäre $r > 0$, dann würde $\underline{c}_1 \in M_k$ der Wahl von v_k widersprechen. Der Fall $r = 0$ ist ebenfalls unmöglich, da dann $\underline{c}_1$ in der Basis $\underline{a}_1, \ldots, \underline{a}_m$ eine kürzere Darstellung haben würde als $\underline{c}$. Damit ist die erste Behauptung bewiesen.

B. Es sei jetzt eine Basis $\underline{b}_1, \ldots, \underline{b}_m$ von L_1 gegeben. Das Gitter DL ist ein Teilgitter von L_1. Nach A. existiert also eine Basis $D\underline{a}_1, \ldots, D\underline{a}_m$ von DL, so daß

$$D\underline{a}_k = \sum_{i=1}^{k} w_{ki}\underline{b}_i, \ k = 1, \ldots, m,$$

gilt mit gewissen $w_{ki} \in \mathbb{Z}$, $1 \leq i \leq k$, $w_{kk} \neq 0$. Die Vektoren $D\underline{a}_1, \ldots, D\underline{a}_m$ bilden eine Basis von DL, somit sind sie über $\mathbb{Q}$ linear unabhängig und bilden eine Basis des $\mathbb{Q}$-Vektorraumes $\underline{b}_1\mathbb{Q} + \ldots + \underline{b}_m\mathbb{Q}$. Das letzte lineare Gleichungssystem ist also lösbar. Durch seine Lösung bekommt man

$$\underline{b}_k = \sum_{i=1}^{k} v_{ki}\underline{a}_i, \ k = 1, \ldots, m,$$

mit $v_{ki} \in \mathbb{Q}$ für alle $1 \leq i \leq k \leq m$. Da die Vektoren $\underline{b}_1, \ldots, \underline{b}_m$ zu L gehören, haben sie in der Basis $\underline{a}_1, \ldots, \underline{a}_m$ von L eine Darstellung mit ganzen Koordinaten. Diese Darstellung ist eindeutig, da $\underline{a}_1, \ldots, \underline{a}_m$ über $\mathbb{R}$ linear unabhängig sind. Somit gilt $v_{ki} \in \mathbb{Z}$ für alle $1 \leq i \leq k \leq m$ und der Satz ist bewiesen. $\square$

Als eine fast unmittelbare Folgerung des letzten Satzes erhalten wir:

Folgerung 5.2 *Es sei* $\underline{a} = (a_1, \ldots, a_m)^T \in \mathbb{Z}^m$ *mit* $\mathrm{ggT}(a_1, \ldots, a_m) = 1$. *Dann kann* $\underline{a}$ *zu eine Basis von* $\mathbb{Z}^m$ *ergänzt werden.*

Beweis: Wir dürfen ohne Beschränkung der Allgemeinheit $a_1 \neq 0$ annehmen. Es sei L das durch die Vektoren $\underline{a}, \underline{e}_2, \ldots, \underline{e}_m$ erzeugte Gitter, wobei $\underline{e}_k$ den k-ten Einheitsvektor von $\mathbb{R}^m$ bezeichnet. Dann ist L ein Teilgitter von endlichem Index von $\mathbb{Z}^m$. Es existiert nach Satz 5.19, Teil B eine Basis $\underline{b}_1, \ldots, \underline{b}_m$ von $\mathbb{Z}^m$, so daß $\underline{a} = v_{11}\underline{b}_1$ gilt mit einem $v_{11} \in \mathbb{Z}$. Es folgt $v_{11} = \pm 1$ aus $\mathrm{ggT}(a_1, \ldots, a_m) = 1$. Die Vektoren $\underline{a}, \underline{b}_2, \ldots, \underline{b}_m$ bilden also ebenfalls eine Basis von $\mathbb{Z}^m$. $\square$

Im $\mathbb{R}^n$ gibt es immer eine orthogonale Basis, man kann sogar von einer beliebigen Basis $\underline{a}_1, \ldots, \underline{a}_n$ ausgehend eine solche orthogonale Basis $\underline{a}_1^*, \ldots, \underline{a}_n^*$ bestimmen, so daß der durch die Vektoren $\underline{a}_1, \ldots, \underline{a}_i$ erzeugte Teilraum $< \underline{a}_1, \ldots, \underline{a}_i >$ mit $< \underline{a}_1^*, \ldots, \underline{a}_i^* >$ für $1 \leq i \leq n$ identisch ist.

Das wohlbekannte *Gram-Schmidt Orthogonalisierungsverfahren* lautet:

Algorithmus 5.7 (Gram-Schmidt Orthogonalisierung) $GS(\underline{a}_1, \ldots, \underline{a}_n)$

Input: $\quad \underline{a}_1, \ldots, \underline{a}_n \in \mathbb{R}^n$ *linear unabhängig,*
Output: $\quad \underline{a}_1^*, \ldots, \underline{a}_n^* \in \mathbb{R}^n$ *paarweise orthogonal*
$\qquad\qquad$ *mit* $< \underline{a}_1, \ldots, \underline{a}_i > = < \underline{a}_1^*, \ldots, \underline{a}_i^* >$ *für alle* $1 \leq i \leq n$
$\qquad\qquad$ *und* $\mu_{ij}, 1 \leq j < i \leq n$, *die Gram-Schmidt Koeffizienten.*

1. $\underline{a}_1^* \leftarrow \underline{a}_1$,

2. **for** $i \leftarrow 2$ **to** n **do**
   $\{\underline{a}_i^* \leftarrow \underline{a}_i$,
   for $j \leftarrow 1$ **to** $i-1$ **do**
   $\{\mu_{ij} \leftarrow \underline{a}_i \underline{a}_j^* / |\underline{a}_j^*|^2$,
   $\underline{a}_i^* \leftarrow \underline{a}_i^* - \mu_{ij} \underline{a}_j^*\}$
   output $\underline{a}_i^*, \mu_{ij}, j = 1, \ldots, i-1\}$
   return.

Es seien $\underline{a}_1, \ldots, \underline{a}_m \in \mathbb{R}^n$ linear unabhängig und $m \leq n$. Dieses Vektorsystem kann mit geeigneten Vektoren $\underline{a}_{m+1}, \ldots, \underline{a}_n$ zu einer Basis von $\mathbb{R}^n$ ergänzt werden. Algorithmus 5.7 liefert dann das orthogonale Vektorsystem $\underline{a}_1^*, \ldots, \underline{a}_n^*$. Wegen der Natur des Algorithmus hängen hier $\underline{a}_1^*, \ldots, \underline{a}_m^*$ nicht von der Wahl von $\underline{a}_{m+1}, \ldots, \underline{a}_n$ ab. Im Fall $m < n$ werden wir die Gram-Schmidt Orthogonalisierung in diesem Sinn benutzen.

Man kann nicht erwarten, daß Gitter Orthogonalbasen besitzen. Betrachten wir zum Beispiel das durch die Vektoren $\underline{a}_1 = (1,0)^T$ und $\underline{a}_2 = (\sqrt{2}, 1)^T$ erzeugte Gitter im $\mathbb{R}^2$. Wenn $\underline{b}_1, \underline{b}_2$ eine orthogonale Basis dieses Gitters wäre, dann würden ganze Zahlen $\lambda_1, \lambda_2, \mu_1, \mu_2$ existieren mit $\underline{b}_1 = \lambda_1 \underline{a}_1 + \lambda_2 \underline{a}_2 = (\lambda_1 + \lambda_2 \sqrt{2}, \lambda_2)^T$ und $\underline{b}_2 = \mu_1 \underline{a}_1 + \mu_2 \underline{a}_2 = (\mu_1 + \mu_2 \sqrt{2}, \mu_2)^T$. Aus der Orthogonalität und aus Satz 5.21 folgte

$$(\lambda_1 + \lambda_2 \sqrt{2})(\mu_1 + \mu_2 \sqrt{2}) + \lambda_2 \mu_2 = 0,$$
$$\lambda_1 \mu_2 - \lambda_2 \mu_1 = \pm 1.$$

Dieses Gleichungssystem widerspricht der Irrationalität von $\sqrt{2}$.

Zu diesem Problemkreis kehren wir im Abschnitt 5.10.3 zurück. Vorher setzen wir aber unsere allgemeinen Untersuchungen über die Gitterbasen fort. Das folgende Lemma bereitet die Einführung einer wichtigen Invariante von Gittern vor.

Lemma 5.11 *Es seien* $\underline{a}_1, \ldots, \underline{a}_m \in \mathbb{R}^n$ *linear unabhängig,* $A = (\underline{a}_1, \ldots, \underline{a}_m)$ *und* $\underline{a}_1^*, \ldots, \underline{a}_m^*$ *die Gram-Schmidt Orthogonalisierung von* $\underline{a}_1, \ldots, \underline{a}_m$. *Dann gilt*

$$\det(A^T A) = \prod_{i=1}^{m} |\underline{a}_i^*|^2.$$

Beweis: Algorithmus 5.7 liefert eine obere Dreiecksmatrix M, in deren Hauptdiagonale lauter Einsen stehen und die

$$(\underline{a}_1^*, \ldots, \underline{a}_m^*) = A^* = AM$$

erfüllt. Es folgt einerseits

$$\det(A^{*T} A^*) = \det(M^T A^T A M) = \det(A^T A)$$

und andererseits

$$\det(A^{*T}A^*) = \det((\underline{a}_i^* \underline{a}_j^*)_{1 \leq i,j \leq m})) = \prod_{i=1}^{m} |\underline{a}_i^*|^2.$$

Damit ist das Lemma bewiesen. $\square$

Als erste Anwendung von Lemma 5.11 beweisen wir eine oft nützliche Ungleichung der linearen Algebra.

Satz 5.20 (Hadamardsche Ungleichung) *Es seien $\underline{a}_1, \ldots, \underline{a}_n \in \mathbb{R}^n$ und $A = (\underline{a}_1, \ldots, \underline{a}_n)$. Dann gilt*

$$|\det(A)| \leq |\underline{a}_1| \cdots |\underline{a}_n|.$$

Beweis: Wenn die Vektoren $\underline{a}_1, \ldots, \underline{a}_n$ über $\mathbb{R}$ linear abhängig sind, dann gilt die behauptete Ungleichung trivialerweise.

Es seien also $\underline{a}_1, \ldots, \underline{a}_n$ $\mathbb{R}$–linear unabhängig und $A = (\underline{a}_1, \ldots, \underline{a}_n)$. Es gilt dann

$$|\det(A)| = \prod_{i=1}^{n} |\underline{a}_i^*|$$

wegen Lemma 5.11. Die Behauptung folgt nun aus der trivialen Ungleichung $|\underline{a}_i^*| \leq |\underline{a}_i|, i = 1, \ldots, n$. $\square$

Um die Basistransformationen eines Gitters charakterisieren zu können, brauchen wir folgende Definition: Eine Matrix $U \in \mathbb{Z}^{m \times m}$ heißt *unimodular*, wenn $\det(U) = \pm 1$ ist.

Satz 5.21 *Es seien $\underline{a}_1, \ldots, \underline{a}_m$ und $\underline{b}_1, \ldots, \underline{b}_m$ Basen eines Gitters L im $\mathbb{R}^n$. Dann existiert eine unimodulare Matrix $U \in \mathbb{Z}^{m \times m}$, so daß*

$$B = AU$$

gilt mit $A = (\underline{a}_1, \ldots, \underline{a}_m)$ und $B = (\underline{b}_1, \ldots, \underline{b}_m)$.

Beweis: Da sowohl $\underline{a}_1, \ldots, \underline{a}_m$, als auch $\underline{b}_1, \ldots, \underline{b}_m$ eine Basis von L bilden, existieren $U, V \in \mathbb{Z}^{m \times m}$ mit

$$B = AU \quad \text{und} \quad A = BV,$$

woraus $A = AUV$ und schließlich

$$A^T A = A^T AUV$$

folgt. Die Determinante von $A^T A$ ist nach Lemma 5.11 nicht Null, das heißt $A^T A$ ist in $\mathbb{R}^{m \times m}$ invertierbar. Somit erhalten wir $UV = E$, wobei E die m-dimensionale Einheitsmatrix bezeichnet. Es folgt $\det(U) = \pm 1$ und der Satz ist bewiesen. $\square$

Es sei das Gitter L im $\mathbb{R}^n$ durch die linear unabhängigen Spaltenvektoren der Matrix A gegeben. Nach Lemma 5.11 ist $\det(A^T A)$ eine positive reelle Zahl, welche nach Satz 5.21 nicht von der Wahl der Basis von L abhängt. Die Zahl

$$d(L) = \sqrt{\det(A^T A)}$$

ist also eine reelle invariante von L. Ist L ein vollständiges Gitter, das heißt $m = n$, dann ist $\det(A^T A) = (\det(A))^2$ und somit $d(L) = |\det(A)|$. Diese Zahl ist der Inhalt der Grundmasche von L, das heißt der Inhalt der Menge

$$\{x_1\underline{a}_1 + \cdots + x_n\underline{a}_n \ : \ 0 \leq x_i < 1, \ 1 \leq i \leq n\}.$$

5.10.2 Kurze Vektoren in Gittern

Wir beschäftigen uns in diesem Abschnitt mit der Ungleichung

$$|\underline{x}|^2 \leq d^2. \tag{5.37}$$

Wir zeigen, daß sie für beliebige $d \in \mathbb{R}$ nur endlich viele Lösungen $\underline{x} \in L$ für jedes Gitter L hat. Für die Bestimmung der Lösungen von (5.37) stellen wir das Verfahren von U. Fincke and M. Pohst [42] vor. Um eine obere Schranke für die Länge eines kürzesten von $\underline{0}$ verschiedenen Vektors von L beweisen zu können, untersuchen wir den Zusammenhang zwischen Gittern und positiv definiten quadratischen Formen.

Es seien $\underline{a}_1, \ldots, \underline{a}_m \in \mathbb{R}^n$ linear unabhängig und $A = (\underline{a}_1, \ldots, \underline{a}_m)$. Die, nach Lemma 5.11, positiv definite quadratische Form $Q(\underline{x}) = Q_A(x_1, \ldots, x_m)$ sei durch

$$Q(\underline{x}) = (A\underline{x})^T A\underline{x} = \underline{x}^T A^T A\underline{x}$$

definiert. Wir fangen mit dem folgenden Satz an:

Satz 5.22 *Die Ungleichung*

$$Q(\underline{x}) \leq d^2. \tag{5.38}$$

hat für beliebige $d \in \mathbb{R}$ nur endlich viele Lösungen $\underline{x} \in \mathbb{Z}^m$.

Beweis: Wendet man das Gram-Schmidt Ortogonalisierungsverfahren auf die Vektoren $\underline{a}_1, \ldots, \underline{a}_m$ an, dann erhält man einerseits ein orthogonales Vektorsystem $\underline{a}_1^*, \ldots, \underline{a}_m^*$ und andererseits eine obere Dreiecksmatrix M, in deren Hauptdiagonale lauter Einsen stehen, so daß die Relation

$$(\underline{a}_1^*, \ldots, \underline{a}_m^*) = A^* = AM$$

gilt. Die Matrix M ist invertierbar. Bezeichnen wir ihre Inverse mit B. Die Matrix B ist ebenfalls eine obere Dreiecksmatrix mit lauter Einsen in der Hauptdiagonale. Somit erhalten wir

$$Q(\underline{x}) = \underline{x}^T A^T A\underline{x} = \underline{x}^T B^T A^{*T} A^* B\underline{x}.$$

Die Matrix $A^{*T}A^*$ ist eine Diagonalmatrix mit positiven Einträgen $d_{11}, \ldots, d_{mm}$ in der Hauptdiagonale, da die Spaltenvektoren von A^* ein orthogonales Vektorsystem bilden. Aus $Q(\underline{x}) \leq d$ erhalten wir

$$d_{11}z_1^2 + \ldots + d_{mm}z_m^2 \leq d^2 \tag{5.39}$$

mit $(z_1, \ldots, z_m)^T = \underline{z} = B\underline{x}$. Es folgt offensichtlich aus (5.39)

$$|z_i| \leq d/\sqrt{d_{ii}} = d_i, \ 1 \leq i \leq m.$$

Das Gleichungssystem $B\underline{x} = \underline{z}$ lösen wir mit der Cramerschen Regel, und erhalten

$$x_i = \frac{\det(B_i)}{\det(B)} = \det(B_i), \quad 1 \leq i \leq m,$$

wobei B_i die Matrix $(\underline{b}_1, \ldots, \underline{b}_{i-1}, \underline{z}, \underline{b}_{i+1}, \ldots, \underline{b}_m)$ bezeichnet. Die Relation $\det(B) = \pm 1$ und die Hadamardsche Ungleichung (Satz 5.20) implizieren nun

$$|x_i| \leq |\underline{z}| \prod_{\substack{j=1 \\ j \neq i}}^{m} |\underline{b}_j|, \quad \text{für} \quad 1 \leq i \leq m.$$

Da $|\underline{z}|$ durch die Konstante $\sqrt{d_1^2 + \ldots + d_m^2}$ beschränkt ist, sind die x_i ebenfalls beschränkt, und der Satz ist bewiesen. $\square$

Wir sind jetzt in der Lage zu beweisen, daß jedes Gitter eine diskrete Menge ist.

Satz 5.23 *Es sei L ein Gitter. Dann existiert eine reelle Zahl $\delta > 0$, so daß*

$$|\underline{a} - \underline{b}| \geq \delta$$

für alle $\underline{a}, \underline{b} \in L$ mit $\underline{a} \neq \underline{b}$ gilt. Insbesondere gilt

$$|\underline{a}| \geq \delta$$

für alle $\underline{0} \neq \underline{a} \in L$. Das Gitter L ist also eine diskrete Menge.

Beweis: Mit $\underline{a}$ und $\underline{b}$ gehört $\underline{a} - \underline{b}$ ebenfalls zu L. Es reicht also, den Satz in der speziellen Form zu beweisen. Es sei L durch die Spaltenvektoren der Matrix A gegeben. Es sei $d > 0$ eine reelle Zahl und $\underline{0} \neq \underline{a} \in L$, so daß $|\underline{a}| < d$ ist. Für $\underline{a}$ gibt es ein $\underline{x} = (x_1, \ldots, x_m)^T \in \mathbb{Z}^m$ mit $\underline{a} = A\underline{x}$. Damit gilt

$$|\underline{a}|^2 = \underline{x}^T A^T A\underline{x} = Q(\underline{x})$$

mit einer positiv definiten quadratischen Form $Q(\underline{x})$. Die Ungleichung $|\underline{a}| \leq d$ ist also mit der Ungleichung (5.38) äquivalent. Nach Satz 5.22 hat (5.38) nur endlich viele Lösungen $\underline{x} \in \mathbb{Z}^m$. Es existieren also nur endlich viele $\underline{a} \in L$ mit $|\underline{a}| < d$, und jede reelle Zahl, welche nicht größer ist als die kleinste der Längen aller dieser $\underline{a} \neq \underline{0}$, eignet sich als δ. $\square$

Es existiert in einem Gitter L nach Satz 5.23 ein kürzestes, vom Nullvektor verschiedenes Element. Die Länge dieses Elementes werden wir im weiteren mit $\lambda(L)$ bezeichnen.

Man kann die 'kurzen' Elemente eines Gitters L, das heißt diejenigen $\underline{a} \in L$ mit $|\underline{a}| \le d$ mit der, im Beweis des Satzes 5.22 angewandten Methode bestimmen. U. Fincke und M. Pohst [42] haben ein effizienteres Verfahren entwickelt. Wir behalten die Bezeichnungen des Beweises von Satz 5.22 bei. Die Elemente der oberen Dreiecksmatrix B bezeichnen wir mit $B = (b_{ij})$.

Fincke und Pohst bemerkten, daß Ungleichung

$$d_{11}z_1^2 + \ldots + d_{mm}z_m^2 \le d^2 \tag{5.39}$$

die spezielle Form

$$d_{11}\left(x_1 + \sum_{i=2}^{m} b_{1i}x_i\right)^2 + d_{22}\left(x_2 + \sum_{i=3}^{m} b_{2i}x_i\right)^2 + \ldots + d_{mm}x_m^2 \le d^2. \tag{5.40}$$

hat. Es gilt offensichtlich

$$d_{ii}\left(x_i + \sum_{j=i+1}^{m} b_{ij}x_j\right)^2 \le d^2 - \sum_{k=i+1}^{m} d_{kk}\left(x_k + \sum_{j=k+1}^{n} b_{kj}x_j\right)^2 = T_i$$

für $i = m, \ldots, 1$. Setzen wir hier $i = m$, dann erhalten wir

$$|x_m| \le (T_m/d_{mm})^{1/2} = (d^2/d_{mm})^{1/2}.$$

Für gegebene $x_{i+1}, \ldots, x_m \in \mathbb{Z}$, welche den Ungleichungen

$$d_{kk}\left(x_k + \sum_{j=k+1}^{m} b_{kj}x_j\right)^2 \le T_k \ \ \text{für} \ k = i+1, \ldots, m$$

genügen, bekommen wir mögliche Werte für x_i aus

$$-(T_i/d_{ii})^{1/2} - U_i \le x_i \le (T_i/d_{ii})^{1/2} - U_i$$

mit

$$U_i = \sum_{j=i+1}^{m} b_{ij}x_j.$$

Nach dieser Vorbereitung ist die Richtigkeit des folgenden Algorithmus klar.

Algorithmus 5.8 (Fincke-Pohst)

Input: $\quad \underline{a}_1, \ldots, \underline{a}_m \in \mathbb{R}^n$ *linear unabhängig,* $d \in \mathbb{R}_{>0}$,
Output: $\quad$ *Alle* $\underline{x} \in \mathbb{Z}^m, \underline{x} \neq 0$, *so daß* $|(\underline{a}_1, \ldots, \underline{a}_m)\underline{x}|^2 \leq d$
$\qquad\qquad$ *und die Werte* $|(\underline{a}_1, \ldots, \underline{a}_m)\underline{x}|^2$.

1. *Bestimme* $\underline{a}_1^*, \ldots, \underline{a}_m^*$ *und die Gram-Schmidt-Koeffizienten* $\mu_{ij}, 1 \leq j < i \leq m$ *mit Algorithmus 5.7,*

2. **for** $i \leftarrow 1$ **to** m **do**
   $\{\ d_{ii} \leftarrow |\underline{a}_i^*|^2,$
   for $j \leftarrow i+1$ **to** m **do**
   $b_{ij} \leftarrow \mu_{ji}\ \}$,

3. $i \leftarrow m, T_i \leftarrow d^2, U_i \leftarrow 0$,

4. $Z \leftarrow (T_i/d_{ii})^{1/2}, UB(x_i) \leftarrow \lfloor Z - U_i \rfloor, x_i \leftarrow \lceil -Z - U_i \rceil - 1$,

5. $x_i \leftarrow x_i + 1$,
   if $x_i \leq UB(x_i)$ **then goto** 5,

6. $i \leftarrow i+1$, **goto** 3,

7. **if** $i = 1$ **then goto** 6 **else**
   $\{i \leftarrow i-1, U_i \leftarrow \sum_{j=i+1}^{m} b_{ij}x_j,$
   $T_i \leftarrow T_{i+1} - d_{i+1,i+1}(x_{i+1} + U_{i+1})^2$, **goto** 2$\}$,

8. **if** $(x_1, \ldots, x_m) = \underline{0}$ **then return else**
   $\{$**output** $(x_1, \ldots, x_m), -(x_1, \ldots, x_m)$ *und*
   $d^2 - T_1 + d_{11}(x_1 + U_1)^2 = Q(\underline{x})$, **goto** 3$\}$.

U. Fincke und M. Pohst [42] bemerkten, daß die Effizienz des obigen Verfahrens wesentlich gesteigert wird, wenn man mit einer LLL-reduzierten Basis startet, die wir bald definieren werden. Sie haben auch die Komplexität des Verfahrens analysiert.

Mit Algorithmus 5.8 kann man natürlich $\lambda(L)$ bestimmen, wenn man $d \geq (\lambda(L))^2$ wählt. Bevor wir uns mit einer oberen Abschätzung für $\lambda(L)$ beschäftigen, beweisen wir eine untere Abschätzung für $\lambda(L)$, welche in gewissen Anwendungen ebenfalls nützlich ist.

Lemma 5.12 *Es seien* $\underline{a}_1, \ldots, \underline{a}_m$ *eine Basis des Gitters* L *und* $\underline{a}_1^*, \ldots, \underline{a}_m^*$ *die zugehörigen orthogonalen Vektoren aus der Gram-Schmidt Orthogonalisierung. Dann gilt*

$$\lambda(L) \geq \min\{|\underline{a}_1^*|, \ldots, |\underline{a}_m^*|\}.$$

Beweis: Es sei $\underline{0} \neq \underline{a} \in L$. Es gibt $x_1, \dots, x_k \in \mathbb{Z}, k \leq m, x_k \neq 0$, so daß

$$\underline{x} = \sum_{i=1}^{k} x_i \underline{a}_i$$

gilt. Ersetzt man hierin die $\underline{a}_i$ durch geeignete Linearkombinationen von $\underline{a}_1^*, \dots, \underline{a}_i^*$, dann erhält man

$$\underline{x} = \sum_{i=1}^{k} x_i' \underline{a}_i^*.$$

Wir bemerken, daß gemäß der Konstruktion $x_k = x_k'$ gilt. Somit erhalten wir

$$|\underline{x}|^2 = \sum_{i=1}^{k} x_i'^2 |\underline{a}_i^*|^2 \geq x_k^2 |\underline{a}_k^*|^2 \geq |\underline{a}_k^*|^2,$$

da die Vektoren $\underline{a}_1^*, \dots, \underline{a}_m^*$ orthogonal sind. Das Lemma ist bewiesen. $\square$

Die Abschätzung für $\lambda(L)$ im letzten Lemma hängt von den gewählten Basisvektoren ab. Jetzt geben wir für $\lambda(L)$ eine basisunabhängige obere Abschätzung. Wir beweisen genauer den folgenden Satz:

Satz 5.24 *Es sei das Gitter L durch die Matrix A vom Rang m definiert. Dann gilt*

$$(\lambda(L))^2 \leq \left(\frac{4}{3}\right)^{(m-1)/2} d(L)^{2/m}.$$

Um diesen Satz beweisen zu können, werden wir die quadratische Form $Q_A(\underline{x}) = \underline{x}^T A^T A \underline{x}$ und, allgemeiner, den Zusammenhang zwischen Gittern und quadratischen Formen näher untersuchen.

Aus der Definition folgt

$$(\lambda(L))^2 = \min\{Q_A(\underline{x}) \ : \ \underline{x} \in \mathbb{Z}^m, \underline{x} \neq \underline{0}\}.$$

Es ist also sinnvoll, den Wertevorrat von $Q_A(\underline{x})$ zu analysieren. Es sei $U \in \mathbb{Z}^{m \times m}$ eine unimodulare Matrix. Diese Matrix transformiert eine Basis von L in eine andere Basis. Wir zeigen, daß der Wertevorrat von $Q_A(\underline{x})$ unverändert bleibt. In der Tat gilt für $A = BU$:

$$Q_A(\underline{x}) = \underline{x}^T U^T B^T B U \underline{x} = \underline{z}^T B^T B \underline{z} = Q_B(\underline{z})$$

mit $\underline{z} = U\underline{x}$. Wir nennen die quadratischen Formen $Q_A(\underline{x})$ und $Q_B(\underline{x})$ äquivalent, wenn eine unimodulare Matrix U mit $A = BU$ existiert. Diese Vorbereitung war nötig, um folgendes Hilfsresultat formulieren zu können.

Lemma 5.13 *Es gibt eine zu $Q_A(\underline{x})$ äquivalente quadratische Form $Q_B(\underline{x})$ von der Gestalt*

$$Q_B(\underline{x}) = (\lambda(L))^2 x_1^2 + \sum_{i=2}^{m} 2q_{1i} x_1 x_j + Q'_B(x_2, \ldots, x_m)$$

mit einer quadratischen Form $Q'_B(x_2, \ldots, x_m)$.

Beweis: Nehmen wir $(\lambda(L))^2 = Q_A(\underline{u})$ mit einem $\underline{0} \neq \underline{u} \in \mathbb{Z}^m$ an. Es sei $\underline{u} = (u_1, \ldots, u_m)$. Dann gilt $\mathrm{ggT}(u_1, \ldots, u_m) = 1$. Wäre nämlich $\mathrm{ggT}(u_1, \ldots, u_m) = f > 1$, dann wäre $\underline{u}/f \in \mathbb{Z}^m$ und $Q_A(\underline{u}/f) = (\lambda(L)/f)^2 < (\lambda(L))^2$, was der Definition von $\lambda(L)$ widerspricht.

Nach Folgerung 5.2 kann $\underline{u}$ mit gewissen Vektoren $\underline{v}_2, \ldots, \underline{v}_m$ zu einer Basis von $\mathbb{Z}^m$ ergänzt werden, so daß $|\det(\underline{u}, \underline{v}_2, \ldots, \underline{v}_m)| = |\det(\underline{e}_1, \underline{e}_2, \ldots, \underline{e}_m)| = 1$ nach Satz 5.21 gilt. Die Matrix $U = (\underline{u}, \underline{v}_2, \ldots, \underline{v}_m)$ ist also unimodular. Setzen wir $B = AU$. Dann sind $Q_A(\underline{x})$ und $Q_B(\underline{x})$ äquivalent, und es gilt

$$Q_A(\underline{x}) = Q_B(\underline{z}),$$

wenn $\underline{z} = U^{-1}\underline{x}$ ist, welches wir auch in der Form $\underline{x} = U\underline{z}$ ausdrücken können. Es sei $\underline{z}_0 = (z_1, 0, \ldots, 0)^T$. Dann gilt $\underline{x}_0 = U\underline{z}_0 = z_1 \underline{u}$, das heißt

$$Q_B(\underline{z}_0) = Q_A(\underline{x}_0) = z_1^2 Q_A(\underline{u}) = (\lambda(L))^2 z_1^2.$$

Das Lemma ist bewiesen. $\square$

Es sei jetzt $Q(\underline{x})$ eine positiv definite quadratische Form. Sie hat die Gestalt $Q(\underline{x}) = \underline{x}^T Q \underline{x}$ mit einer positiv definiten Matrix Q. Es existiert dann eine nicht-singuläre Matrix A mit $Q = A^T A$. Die Spaltenvektoren der Matrix A erzeugen ein vollständiges Gitter L und es gilt $Q(\underline{x}) = Q_A(\underline{x})$. Positiv-definite quadratische Formen messen also die Länge der Elemente der zugehörigen Gitter. Die Diskriminante von Q ist darüber hinaus gleich $\det(A^T A)$, wobei A die erzeugende Matrix des zu $Q(\underline{x})$ gehörigen Gitters ist. Nach dieser Vorbereitung können wir endlich den angegebenen Satz beweisen.

Beweis von Satz 5.24 Betrachten wir zuerst den Fall $m = 2$. Dann sieht $Q_A(\underline{x})$ wie folgt aus:

$$Q_A(\underline{x}) = q_1 x_1^2 + 2q_2 x_1 x_2 + q_3 x_2^2.$$

Wir dürfen nach Lemma 5.13 $q_1 = (\lambda(L))^2$ annehmen. Es gilt

$$\begin{aligned}
Q_A(\underline{x}) &= q_1 \left(x_1 + \frac{q_2}{q_1} x_2 \right)^2 + \frac{q_1 q_3 - q_2^2}{q_1} x_2^2 \\
&= q_1 \left(x_1 + \frac{q_2}{q_1} x_2 \right)^2 + \frac{d(L)^2}{q_1} x_2^2.
\end{aligned}$$

Wählen wir $x_2 = 1$ und $x_1 \in \mathbb{Z}$, so daß $\left| x_1 + \dfrac{q_2}{q_1} \right| \leq \dfrac{1}{2}$ ist. Dann erhalten wir einerseits $Q_A((x_1, 1)) \geq (\lambda(L))^2 = q_1$ und

$$Q_A((x_1,1)) \le \frac{q_1}{4} + \frac{d(L)^2}{q_1}$$

andererseits. Kombiniert man diese Ungleichungen, dann erhält man

$$q_1 \le \frac{q_1}{4} + \frac{d(L)^2}{q_1} \quad \text{oder} \quad \frac{3}{4}q_1^2 \le d(L)^2,$$

woraus die Ungleichung

$$(\lambda(L))^2 = q_1 \le \left(\frac{4}{3}\right)^{1/2} d(L)$$

unmittelbar folgt, was zu beweisen war.

Nehmen wir an, daß die Behauptung für ein $m \ge 2$ bewiesen ist. Es sei L das durch die Vektoren $\underline{a}_1, \ldots, \underline{a}_{m+1}$ erzeugte Gitter und $Q_A(\underline{x})$ die zugehörige quadratische Form. Wir dürfen nach Lemma 5.13

$$Q_A(\underline{x}) = (\lambda(L))^2 \left(x_1 + \sum_{i=2}^{m+1} \frac{q_{1i}}{(\lambda(L))^2}x_j\right)^2 + Q_B'(x_2, \ldots, x_m)$$

mit einer positiv definiten quadratischen Form $Q_B'(x_2, \ldots, x_m)$ im $\mathbb{R}^m$ annehmen. Es sei L_1 ein zu $Q_B'(\underline{x})$ gehöriges Gitter. Dann gilt $d^2(L_1) = (d(L)/\lambda(L))^2$. Die Induktionsannahme impliziert

$$(\lambda(L_1))^2 \le \left(\frac{4}{3}\right)^{(m-1)/2} (d(L_1))^{2/m} = \left(\frac{4}{3}\right)^{(m-1)/2} \left(\frac{d(L)}{\lambda(L)}\right)^{2/m}.$$

Es seien $x_1 \in \mathbb{Z}$ und $(x_2, \ldots, x_{m+1})^T \in \mathbb{Z}^m$, so daß $Q_B'(x_2, \ldots, x_{m+1}) = (\lambda(L_1))^2$ und

$$\left| x_1 + \frac{q_{12}}{(\lambda(L))^2}x_2 + \ldots + \frac{q_{1,m+1}}{(\lambda(L))^2}x_{m+1} \right| \le \frac{1}{2}$$

erfüllt sind. Dann erhalten wir

$$(\lambda(L))^2 \le |Q_A(x_1, \ldots, x_{m+1})| \le \frac{(\lambda(L))^2}{4} + \left(\frac{4}{3}\right)^{(m-1)/2} \left(\frac{d(L)}{\lambda(L)}\right)^{2/m},$$

woraus

$$\lambda(L)^{2(m+1)/m} \le \left(\frac{4}{3}\right)^{(m+1)/2} (d(L))^{2/m}$$

und schließlich

$$(\lambda(L))^2 \le \left(\frac{4}{3}\right)^{m/2} d^{2/(m+1)}$$

folgt. Der Satz ist bewiesen. $\square$

5.10.3 Die LLL-Basisreduktion

Dieser Abschnit basiert weitgehend auf der Arbeit vom A.K. Lenstra, H.W. Lenstra Jr. und L. Lovász [68]. Wir stellen hier ein Verfahren vor, womit man eine beinahe orthogonale Basis in einem vollständigen Gitter bestimmen kann.

Es sei $\underline{a}_1, \ldots, \underline{a}_n$ eine Basis des Gitters $L \subseteq \mathbb{R}^n$. Es bezeichne $\underline{a}_1^*, \ldots, \underline{a}_n^*$ die Basis des $\mathbb{R}^n$, welche wir aus $\underline{a}_1, \ldots, \underline{a}_n$ durch das Gram-Schmidt Verfahren erhalten. Die Gram-Schmidt Koeffizienten $\underline{a}_i \underline{a}_j^* / |\underline{a}_j^*|^2$ werden wieder mit μ_{ij} bezeichnet.

Die Basis $\underline{a}_1, \ldots, \underline{a}_n$ nennen wir *LLL-reduziert*, wenn

$$|\mu_{ij}| \ \leq \ \frac{1}{2}, \ 1 \leq j < i \leq n, \tag{5.41}$$

$$|\underline{a}_{i+1}^*|^2 \ \geq \ \left(\frac{3}{4} - \mu_{i+1,i}^2\right) |\underline{a}_i^*|^2, \ 1 \leq i < n, \tag{5.42}$$

gilt.

Die geometrische Bedeutung von (5.41) ist, daß die Vektoren $\underline{a}_1, \ldots, \underline{a}_n$ fast orthogonal sind. Ungleichung (5.42) ist äquivalent mit

$$|\underline{a}_i^*|^2 \leq \frac{4}{3}|\mu_{i+1,i}\underline{a}_i^* + \underline{a}_{i+1}^*|^2, \ 1 \leq i < n.$$

Wir haben

$$\underline{a}_i^* \ = \ \underline{a}_i - \sum_{j=1}^{i-1} \mu_{ij}\underline{a}_j^* \quad \text{und}$$

$$\underline{a}_{i+1}^* \ = \ \underline{a}_{i+1} - \sum_{j=1}^{i} \mu_{i+1,j}\underline{a}_j^*.$$

Aus der zweiten Gleichung folgt

$$\underline{a}_{i+1}^* + \mu_{i+1,i}\underline{a}_i^* = \underline{a}_{i+1} - \sum_{j=1}^{i-1} \mu_{i+1,j}\underline{a}_j^*.$$

Der Vektor $\underline{a}_i^*$ ist also die Differenz von $\underline{a}_i$ und seiner Projektion auf den Teilraum $<\underline{a}_1, \ldots, \underline{a}_{i-1}>$. In analoger Weise ist $\underline{a}_{i+1}^* + \mu_{i+1,i}\underline{a}_i^*$ die Differenz von $\underline{a}_{i+1}$ und seiner Projektion auf $<\underline{a}_1, \ldots, \underline{a}_{i-1}>$. Die Basisvektoren einer LLL-reduzierten Basis sind also so geordnet, daß der zweite Differenzvektor nicht wesentlich länger ist als der erste. Wir bemerken, daß die Konstante 4/3 durch jede andere Zahl größer als Eins ersetzt werden kann.

Die wichtigsten Eigenschaften der LLL-reduzierten Basen fassen wir in dem folgenden Satz zusammen.

Satz 5.25 *Es sei $\underline{a}_1, \ldots, \underline{a}_n$ eine LLL-reduzierte Basis des Gitters L. Dann gilt*

$$|\underline{a}_1| \ \leq \ 2^{(n-1)/2}\lambda(L), \tag{5.43}$$

$$|\underline{a}_1| \ \leq \ 2^{(n-1)/4}d(L)^{1/n}, \tag{5.44}$$

$$|\underline{a}_1| \cdots |\underline{a}_n| \ \leq \ 2^{n(n-1)/4}d(L). \tag{5.45}$$

Beweis: Bezeichne $\underline{a}_1^*, \ldots, \underline{a}_n^*$ die orthogonale Basis, welche aus $\underline{a}_1, \ldots, \underline{a}_n$ durch die Anwendung des Gram–Schmidt Verfahrens ensteht. Es sei $1 \leq i \leq n-1$. Aus (5.42) und (5.41) folgt

$$|\underline{a}_{i+1}^*|^2 \geq \left(\frac{3}{4} - \mu_{i+1,i}^2\right) |\underline{a}_i^*|^2 \geq \frac{1}{2}|\underline{a}_i^*|^2,$$

und nach Induktion

$$|\underline{a}_{i+1}^*|^2 \geq 2^{-i}|\underline{a}_1^*|^2 = 2^{-i}|\underline{a}_1|^2,$$

was sich auch als

$$|\underline{a}_1|^2 \leq 2^i|\underline{a}_{i+1}^*|^2 \tag{5.46}$$

schreiben läßt. Berücksichtigt man hier das Ergebnis des Lemmas 5.12 und $i \leq n-1$, dann erhält man (5.43).

Es sei M die Matrix der Basistransformation $(\underline{a}_1^*, \ldots, \underline{a}_n^*) \to (\underline{a}_1, \ldots, \underline{a}_n)$. Dann ist M eine obere Dreiecksmatrix, in deren Hauptdiagonale lauter Einsen stehen, somit gilt $\det(M) = 1$, und wir erhalten

$$d(L) = \det(\underline{a}_1, \ldots, \underline{a}_n) = \det((\underline{a}_1^*, \ldots, \underline{a}_n^*)M) = \det(\underline{a}_1^*, \ldots, \underline{a}_n^*).$$

Die Vektoren Vektoren $\underline{a}_1^*, \ldots, \underline{a}_n^*$ sind orthogonal, somit gilt

$$\det(\underline{a}_1^*, \ldots, \underline{a}_n^*) = |\underline{a}_1^*| \cdots |\underline{a}_n^*|.$$

Faßt man diese Identitäten zusammen, dann erhält man

$$d(L) = |\underline{a}_1^*| \cdots |\underline{a}_n^*|.$$

Multipliziert man die Ungleichungen (5.46) für $i = 1, \ldots, n-1$ und berücksichtigt $|\underline{a}_1| = |\underline{a}_1^*|$, dann erhält man

$$|\underline{a}_1|^{2n} \leq 2^{n(n-1)/2}|\underline{a}_1^*|^2 \cdots |\underline{a}_n^*|^2.$$

Diese Ungleichung, zusammen mit dem Ausdruck für $d(L)$ impliziert (5.44) unmittelbar.

Setzen wir $\mu_{ii} = 1, 1 \leq i \leq n$. Dann können wir $|\underline{a}_i|, 1 \leq i \leq n$, wie folgt abschätzen:

$$\begin{aligned}
|\underline{a}_i|^2 &= \sum_{j=1}^{i} \mu_{ij}^2 |\underline{a}_j^*|^2 \leq \frac{1}{4}\sum_{j=1}^{i-1} |\underline{a}_j^*|^2 + |\underline{a}_i^*|^2 \\
&\leq \left(1 + \frac{1}{4}(2 + \ldots + 2^{i-1})\right)|\underline{a}_i^*|^2 \leq 2^{i-1}|\underline{a}_i^*|^2.
\end{aligned}$$

Multipliziert man diese Ungleichungen, dann erhält man (5.45) unmittelbar. Damit ist der Satz vollständig bewiesen. $\square$

Die Existenz einer LLL-reduzierten Basis bleibt bisher offen. Wir geben nun einen Algorithmus an, mit dem eine solche Basis berechnet werden kann.

Algorithmus 5.9 (LLL-Reduktion)

Input: *Eine Basis $\underline{a}_1, \ldots, \underline{a}_n$ des Gitters L.*
Output: *Eine LLL-reduzierte Basis $\underline{b}_1, \ldots, \underline{b}_n$ von L.*
Prozeduren: *$GS(\underline{a}_1, \ldots, \underline{a}_n)$, reduziere (h), vertausche*
                 *(*Die letzteren werden nach dem Hauptprogramm definiert.*).*

1. **for** $i \leftarrow 1$ **to** n **do** $\underline{b}_i \leftarrow \underline{a}_i$,

2. $GS(\underline{b}_1, \ldots, \underline{b}_n)$, *(*Das Ergebnis ist in $\underline{b}_1^*, \ldots, \underline{b}_n^*$ gespeichert.*)*
   for $i \leftarrow 1$ **to** n **do** $B_i \leftarrow |\underline{b}_i^*|^2$,
   $k \leftarrow 2$,

3. *reduziere*$(k - 1)$,

4. **if** $B_k < (3/4 - \mu_{k,k-1}^2)B_{k-1}$ **then**
   { *vertausche*,
   if $k > 2$ **then** $k \leftarrow k - 1$},

5. **for** $h \leftarrow k - 2$ **downto** 1 **do** *reduziere*(h),

6. **if** $k = n$ **then** **return**,
   $k \leftarrow k + 1$, **goto** 3.

In dem Unterprogramm *reduziere*(h) stellen wir den Zustand $|\mu_{k,h}| \leq \frac{1}{2}$ her.

Prozedur *reduziere*(h)

1. **if** $|\mu_{kh}| > 1/2$ **then**
   {$r \leftarrow$ die nächstliegende ganze Zahl zu μ_{kh}, das heißt $|r - \mu_{kh}| < 1/2$,
   $\underline{b}_k \leftarrow \underline{b}_k - r\underline{b}_h$,
   for $j \leftarrow 1$ **to** $h - 1$ **do** $\mu_{kj} \leftarrow \mu_{kj} - r\mu_{hj}$,
   $\mu_{kh} \leftarrow \mu_{kh} - r,$ }
   return.

In dem zweiten Unterprogramm, vertausche, stellen wir den Zustand (5.42) für $i = k - 1$ durch Vertauschung der Vektoren $\underline{a}_k$ und $\underline{a}_{k-1}$ her.

Prozedur *vertausche*

1. $\mu \leftarrow \mu_{k,k-1}, B \leftarrow B_k + \mu^2 B_{k-1}$,
   $\mu_{k,k-1} \leftarrow \mu B_{k-1}/B$,
   $B_k \leftarrow B_{k-1}B_k/B$, $B_{k-1} \leftarrow B$,
   $\underline{b}_k \leftrightarrow \underline{b}_{k-1}$,

2. **for** $j \leftarrow 1$ **to** $k - 2$ **do** $\mu_{kj} \leftrightarrow \mu_{k-1,j}$,

3. **for** $i \leftarrow k + 1$ **to** n **do**
$\{\mu' \leftarrow \mu_{i,k-1} - \mu\mu_{ik},$
$\mu_{i,k-1} \leftarrow \mu_{ik} + \mu_{k,k-1}\mu',$
$\mu_{ik} \leftarrow \mu'\}$
return.

Satz 5.26 *Es sei $\underline{a}_1, \ldots, \underline{a}_n \in \mathbb{R}^n$ eine Basis des Gitters $L \subseteq \mathbb{Z}^n$, und es sei*

$$A = \max\{|\underline{a}_i|^2 \ : \ 1 \leq i \leq n\}.$$

Dann berechnet Algorithmus 5.9 eine LLL-reduzierte Basis von L mit höchstens $O(n^4 \log A)$ arithmetischen Grundoperationen in $\mathbb{Q}$. In diese Operationen treten nur rationale Zahlen mit einer binären Länge höchstens $O(n \log A)$ auf.

Beweis: Wir starten mit einer Basis von L, und im Laufe des Algorithmus wird entweder die Transformation $\underline{b}_k \leftarrow \underline{b}_k - r\underline{b}_h$ oder $\underline{b}_k \leftrightarrow \underline{b}_{k-1}$ durchgeführt, somit bilden die Vektoren $\underline{b}_1, \ldots, \underline{b}_n$ immer eine Basis vom L. Den Beweis, daß die zwei Unterprogramme die Gram-Schmidt Koeffizienten richtig transformieren, überlassen wir dem Leser. Der Algorithmus terminiert, wenn weder $|\mu_{kh}| > 1/2$ noch

$$|\underline{b}_k^*|^2 = B_k < \left(\frac{3}{4} - \mu_{k,k-1}^2\right) B_{k-1} = \left(\frac{3}{4} - \mu_{k,k-1}^2\right) |\underline{b}_{k-1}^*|^2 \qquad (5.47)$$

für gewisse $2 \leq k \leq n, h < k$ erfüllt ist. Dann ist die Basis LLL-reduziert. Wir müssen nur noch zeigen, daß der Algorithmus terminiert.

Es sei

$$d_i = \det(\underline{a}_j\underline{a}_k)_{1 \leq j,k \leq i}, \quad 0 \leq i \leq n.$$

Es gilt

$$d_i = \prod_{j=1}^{i} |\underline{b}_j^*|^2$$

für $0 \leq i \leq n$ nach Lemma 5.11. Somit sind die d_i positive reelle Zahlen. Es sei

$$D = \prod_{i=1}^{n-1} d_i.$$

Für $i > 0$ ist d_i das Quadrat des Grundmascheninhaltes $d(L_i)$ des durch die Vektoren $\underline{b}_1, \ldots, \underline{b}_i$ erzeugten Gitters L_i. Es gilt

$$\lambda(L_i)^2 \leq \left(\frac{4}{3}\right)^{(i-1)/2} d_i^{1/i}$$

nach Satz 5.24. Somit erhalten wir

$$d_i \geq \left(\frac{3}{4}\right)^{i(i-1)/2} \lambda(L)^{2i},$$

da offensichtlich $\lambda(L_i) \geq \lambda(L)$ gilt. Die d_i und folglich auch D sind durch eine nur von dem Gitter L abhängige Konstante D_0 nach unten beschränkt.

Am Anfang des Algorithmus gilt $d_i \leq A^i$ und somit $D \leq A^{n(n-1)/2}$. Wir haben später immer $D \geq D_0$. Wenn (5.47) p-mal erfüllt ist, dann wird D in jedem dieser Schritte mit einem Faktor kleiner als $\frac{3}{4}$ multipliziert, es muß also

$$D_0 \leq \left(\frac{3}{4}\right)^p A^{n(n-1)/2}$$

immer gelten. Also folgt $p \leq O(n^2 \log A)$. Nach jedem Aufruf von *vertausche* wird *reduziere* höchstens $O(n)$-mal aufgerufen und jedesmal werden $O(n)$ Operationen durchgeführt. Somit ist die maximale Komplexität tatsächlich $O(n^4 \log A)$.

Für die Analyse der Größe der beteiligten Zahlen verweisen wir den Leser auf die Originalarbeit [68]. $\square$

H. Daudé und B. Vallée [36] haben bewiesen, daß die durchschnittliche Komplexität des LLL-Algorithmus $O(n^2 \log n)$ ist, sie hängt also nicht von der Inputlänge ab.

5.10.4 Anwendungen in diophantischen Approximationen

Im Abschnitt 5.9 haben wir gesehen, daß die Kenntnis simultaner rationaler Approximationen reeller Zahlen zur Lösung diophantischer Gleichungen nützlich sein kann. Wir möchten nun zeigen, wie hier die LLL-Reduktion eingesetzt werden kann. Man kann sie somit als eine Verallgemeinerung der Kettenbruchentwicklung betrachten.

Satz 5.27 *Es seien* $\alpha_1, \ldots, \alpha_n \in \mathbb{Q}$, $0 < \varepsilon < 1$, $Q = 2^{n(n+1)/4} \varepsilon^{-n}$, *und das Gitter* L *sei durch die Spalten der Matrix*

$$A = \begin{pmatrix} 1 & \ldots & 0 & -\alpha_1 \\ & \ddots & & \\ 0 & \ldots & 1 & -\alpha_n \\ 0 & \ldots & 0 & \varepsilon/Q \end{pmatrix}$$

erzeugt. Algorithmus 5.9 bestimmt in polynomieller Zeit ganze Zahlen $p_1, \ldots, p_n$ *und* q *mit*

$$|p_i - q\alpha_i| < \varepsilon = 2^{(n+1)/4} Q^{-1/n} \tag{5.48}$$

und

$$0 < q \leq Q. \tag{5.49}$$

Beweis: Wir wenden Algorithmus 5.9 auf die Spaltenvektoren der Matrix A an. Er berechnet eine LLL-reduzierte Basis $\underline{b}_1, \ldots, \underline{b}_n$ von L. Es gilt $d(L) = \varepsilon/Q$, somit folgt aus Satz 5.41 (5.44)

$$|\underline{b}_1| \leq 2^{n/4} d(L)^{1/(n+1)} = \varepsilon.$$

Wir haben $\underline{b}_1^T = (p_1 - q\alpha_1, p_2 - q\alpha_2, \ldots, p_n - q\alpha_n, q\varepsilon/Q)$ mit $p_1, \ldots, p_n, q \in \mathbb{Z}$ wegen der gewählten Gestalt von A. Die Behauptungen folgen nun unmittelbar. $\square$

Es sei α eine gegebene rationale Zahl. Durch die Berechnung der Kettenbruchentwicklung von α bis

$$q_n \leq Q < q_{n+1}$$

wird, wobei q_n beziehungsweise q_{n+1} die Nenner des n-ten, beziehungsweise $(n + 1)$-ten Näherungsbruches bezeichnet, bestimmen wir eine Approximation mit der Eigenschaft

$$|p - q\alpha| < q^{-1} \quad \text{und} \quad 0 < q \leq Q.$$

$q = q_n$ und $p = p_n$ werden diese Ungleichungen erfüllen. Schreibt man jetzt eine bessere Approximationsgüte, sagen wir Q_1, vor, dann können wir die früher bestimmten Zwischenergebnisse benutzen, wir müssen nur die $n + 2$-ten und so weiter partiellen Quotienten berechnen.

Eine ähnliche Weiterverfolgung des Näherungsprozesses kennen wir in dem simultanen Fall nicht, obwohl es manchmal wünschenswert wäre. Berechnet man eine Lösung von (5.48) und (5.49) mit Hilfe der LLL-Reduktion und möchte man dasselbe für $Q_1 > Q$ tun, dann muß man den Prozeß von Anfang an starten, ohne die bisherigen Ergebnisse benutzen zu können. Eine Modifikation des Verfahrens, welche im simultanen Fall ähnlich wie der Kettenbruchalgorithmus arbeitet, wäre interessant.

Wenn $1, \alpha_1, \ldots, \alpha_n$ eine Ganzheitsbasis eines Zahlkörpers $\mathbb{K}$ von Grad $n + 1$ über $\mathbb{Q}$ ist, dann haben J. Buchmann und A. Pethő [21] Satz 5.28 für die Berechnung maximaler Systeme unabhängiger Einheiten angewandt. Sie konnten in diesem Spezialfall ein Iterationsverfahren entwickeln, welches bekannte, gute simultane Approximationen für die Bestimmung noch besserer Approximationen benutzt, also ähnlich arbeitet, wie der Kettenbruchalgorithmus. Da sie nicht nur in $\mathbb{K}$ sondern gleichzeitig auch in den zu $\mathbb{K}$ isomorphen Körpern arbeiteten, ist ihre Methode für reelle Zahlen im allgemeinen nicht anwendbar.

Wir möchten noch den dualen Satz zu Satz 5.43 beweisen, welcher in der Polynomfaktorisierung nützlich ist.

Satz 5.28 *Es seien $\alpha_0 = 1, \alpha_1, \ldots, \alpha_n \in \mathbb{Q}$ und $\varepsilon > 0$. Wir können in polynomieller Zeit $q_0, \ldots, q_n \in \mathbb{Z}$, nicht alle 0, finden mit*

$$|q_0\alpha_0 + \ldots + q_n\alpha_n| < \varepsilon$$

und

$$|q_i| \leq 2^{(n+1)/4}\varepsilon^{-1/n}, \;\; 1 \leq i \leq n.$$

Beweis: Wir setzen $Q = 2^{(n+1)/4}\varepsilon^{-1/n}$ und erzeugen durch die Spalten der Matrix

$$A = \begin{pmatrix} \alpha_0 & \alpha_1 & \cdots & \alpha_n \\ 0 & \varepsilon/Q & \cdots & 0 \\ & & \ddots & \\ 0 & & & \varepsilon/Q \end{pmatrix}$$

das Gitter L. Wir erhalten $d(L) = \varepsilon^n/Q^n = 2^{-n(n+1)/4}\varepsilon^{n+1}$. Berechnet man eine LLL-reduzierte Basis $\underline{b}_1, \ldots, \underline{b}_{n+1}$ des Gitters L, dann erhält man aus (5.44)

$$|\underline{b}_1| \leq 2^{n/4}d(L)^{1/(n+1)} = \varepsilon.$$

Wir können $\underline{b}_1$ als $\underline{b}_1 = A\underline{q}$ schreiben mit einem Vektor $\underline{0} \neq \underline{q} = (q_0, \ldots, q_n) \in \mathbb{Z}^{n+1}$. Die behaupteten Ungleichungen folgen nun mittels (5.44). $\square$

Der Basisreduktionsalgorithmus hat sehr große theoretische Bedeutung. Eine seiner Anwendungen für die Faktorisierung von Polynomen mit ganzen Koeffizienten werden wir im Abschnitt 7.3.2 näher besprechen. Über weitere Anwendungen in der theoretischen Informatik findet man in [59] und [71] Auskunft.

Der Algorithmus erwies sich auch als sehr nützlich in der algorithmischen Zahlentheorie [81], [30], [110], [47], [104] [102]. Es gibt zahlreiche Implementierungen, und er hat sich in den Computeralgebra-Systemen eingebürgert.

6 Polynomringe

Verfahren, welche Polynome manipulieren, spielen in der algorithmischen Algebra eine ausgezeichnete Rolle. Der Rest des Buches ist deswegen der Untersuchung der algorithmischen Eigenschaften der Polynomringe gewidmet. Dabei beschäftigt sich dieses Kapitel mit den grundlegenden Begriffen und Konstruktionen.

Wir definieren zunächst die Grundoperationen und analysieren ihre Komplexität. Dann beschäftigen wir uns mit Polynomfunktionen, insbesondere mit der Lösung des Interpolationsproblems und mit Nullstellen von Polynomen.

Im allgemeinen stehen nur der Grad und die Anzahl der von Null verschiedenen Koeffizienten für das Messen der Komplexität eines Polynoms zur Verfügung. Für Polynome mit komplexen Koeffizienten existieren feinere Maßbegriffe. Sie werden in Abschnitt 6.6 behandelt.

Für die Berechnung des größten gemeinsamen Teilers von Polynomen geben wir zwei Methoden an. Die erste benutzt die Subresultantenfolge, die zweite homomorphe Bilder des Polynomringes.

Die Lösung polynomieller Gleichungssysteme ist eine wichtige Aufgabe der algorithmischen Algebra. Eine Methode für die Lösung dieser Aufgabe beruht auf sukzessiver Resultantenbildung. Sie wird im Abschnitt 6.11 durch ein Beispiel präsentiert.

Als Abschluß des Kapitels zeigen wir, wie die Grundoperationen auf algebraischen Zahlen mittels Resultantenbildung ausgedrückt werden können.

6.1 Definition und Darstellungen

Es sei R ein Ring und x eine Unbestimmte über R, das heißt x ein Objekt, so daß $x, x^2, \ldots$ über R linear unabhängig sind. Eine formal unendliche Summe

$$P(x) = a_0 + a_1 x + a_2 x^2 + \ldots$$

mit $a_i \in R$ und $a_i = 0$ für alle bis auf endlich viele i wird *Polynom* über R genannt. Die Menge der Polynome über R werden wir mit $R[x]$ bezeichnen. Bis auf das Polynom $0(x) = 0 + 0x + 0x^2 + \ldots$ gibt es zu jedem Polynom ein eindeutig bestimmtes $j \geq 0$, so daß $a_j \neq 0$ aber $a_k = 0$ für alle $k > j$ gilt. Dieses j nennen wir den *Grad* von $P(x)$, und es wird mit $\deg(P)$ bezeichnet. Definitionsgemäß sei $\deg(0) = -\infty$. Wenn R ein Ring ist, in dem zu je zwei Elementen ihr größter gemeinsamer Teiler existiert, dann wird der größte gemeinsame Teiler der Koeffizienten eines Polynoms $P(x) \in R[x]$ der *Inhalt* , cont(P), von $P(x)$ genannt. Ist cont$(P) = 1$, dann nennen wir $P(x)$ *primitiv* . Das Polynom pp$(P) = P(x)/\text{cont}(P)$ gehört für $P(x) \neq 0$ zu $R[x]$ und ist primitiv. Es wird der *primitive Teil* von $P(x)$ genannt.

Es seien $P_i(x) = a_{i0} + a_{i1}x + a_{i2}x^2 + \ldots \in R[x]$, $i = 1, 2$. Diese Polynome sind gleich, wenn $a_{1j} = a_{2j}$ für alle $j = 0, 1, \ldots$ gilt. Die Gleichheit für Polynome ist eine Äquivalenzrelation. Wir führen nun die Grundoperationen in $R[x]$ ein. Das Polynom

$$P(x) = c_0 + c_1 x + c_2 x^2 + \ldots$$

heißt die *Summe* von $P_1(x)$ und $P_2(x)$, wenn

$$c_i = a_{1i} + a_{2i}$$

für alle $i = 0, 1, 2, \ldots$ gilt. Das Polynom $P(x)$ ist das *Produkt* von $P_1(x)$ und $P_2(x)$, wenn

$$c_i = \sum_{j=0}^{i} a_{1j} a_{2,i-j}$$

für alle $i = 0, 1, 2, \ldots$ gilt.

Wir zitieren aus der elementaren Algebra den folgenden Satz.

Satz 6.1 *($R[x], +, \cdot$) ist ein Ring. Hat R ein Einselement, ist R kommutativ oder nullteilerfrei, dann besitzt $R[x]$ ebenfalls diese Eigenschaften.*

Wir geben zwei Definitionen für multivarible Polynome über R, das heißt für Polynome in mehreren Unbestimmten. Wir wählen die Objekte $x_1, \ldots, x_n$ so, daß x_n eine Unbestimmte über dem Ring $R[x_1, \ldots, x_{n-1}]$ ist. Dann ist $R[x_1, \ldots, x_{n-1}][x_n] = R[x_1, \ldots, x_n]$ die Menge der Polynome in n Unbestimmten über R. Es sei $\pi : \{1, \ldots, n\} \rightarrow \{1, \ldots, n\}$ eine Permutation. Es ist einfach zu zeigen, daß der Ring $R[x_{\pi(1)}, \ldots, x_{\pi(n)}]$ isomorph zu $R[x_1, \ldots, x_n]$ ist. Damit erhalten wir eine rekursive Definition von $R[x_1, \ldots, x_n]$. Wir werden im weiteren oft die Bezeichnung $R[\underline{x}]$ anstatt $R[x_1, \ldots, x_n]$ benutzen.

Nehmen wir an, daß jedes Element von R eine Listendarstellung besitzt. Es sei $P(x) = a_0 + a_1 x + a_2 x^2 + \ldots \in R[x]$ vom Grad n. Wir können $P(x)$ zwei im allgemeinen verschiedene Listendarstellungen zuordnen:

- *Dichte Darstellung:* $P(x)$ wird mit der Liste $(n, a_0, \ldots, a_n)$ identifiziert,

- *Dünne Darstellung:* $P(x)$ wird mit der Liste $((i_1, a_1), \ldots, (i_k, a_k), (n, a_n))$ identifiziert mit $0 \leq i_1 < \ldots < i_k < n$, $a_j \neq 0$, $j = i_1, \ldots, i_k, n$ und $a_j = 0$ sonst.

Diese Zuordnung läßt sich rekursiv auf Polynome in mehreren Unbestimmten verallgemeinern. Ist $P(x_1, \ldots, x_n) \in R[x_1, \ldots, x_n]$ und $1 \leq j \leq n$, dann werden wir mit $\deg_{x_j}(P)$ oder kürzer $\deg_j(P)$ den Grad von $P(x_1, \ldots, x_n)$ als Element von $R[x_1, \ldots, x_{j-1}, x_{j+1}, \ldots, x_n][x_j]$ bezeichnen.

Es sei $\underline{e} = (e_1, \ldots, e_n)^T \in \mathbb{Z}_{\geq 0}^n$, dann gehört das spezielle Polynom

$$\underline{x}^{\underline{e}} = x_1^{e_1} \cdots x_n^{e_n}$$

zu $R[\underline{x}]$. Es wird *Monom* genannt.

Lemma 6.1 *Es sei* $0 \neq P(\underline{x}) \in R[\underline{x}]$. *Es gibt paarweise verschiedene* $\underline{e}_1, \ldots, \underline{e}_m \in$ $\mathbb{Z}_{\geq 0}^n$ *und von* 0 *verschiedene* $a_1, \ldots, a_m \in R$ *mit*

$$P(\underline{x}) = \sum_{j=1}^{m} a_j \underline{x}^{\underline{e}_j}. \tag{6.1}$$

Beweis: Ist $n = 1$, dann gilt offensichtlich die Behauptung. Es sei also $n > 1$, und wir nehmen an, daß das Lemma wahr für alle Elemente von $R[x_1, \ldots, x_{n-1}]$ ist. Es sei $0 \neq P(\underline{x}) \in R[x_1, \ldots, x_n]$ vom Grad k in der Unbestimmten x_n. Dann gibt es $P_0(x_1, \ldots, x_{n-1}), \ldots, P_k(x_1, \ldots, x_{n-1}) \in R[x_1, \ldots, x_{n-1}]$ mit

$$P(\underline{x}) = \sum_{j=0}^{k} P_j(x_1, \ldots, x_{n-1}) x_n^j.$$

Diese Summe können wir laut Induktionsannahme wie folgt umformen

$$\sum_{j=0}^{k} \left(\sum_{h=1}^{m_j} a_{jh} x_1^{e_{h1}} \cdots x_{n-1}^{e_{h,n-1}} \right) x_n^j = \sum_{j=0}^{k} \sum_{h=1}^{m_j} a_{jh} (x_1^{e_{h1}} \cdots x_{n-1}^{e_{h,n-1}} x_n^j).$$

Wenn wir in dieser endlichen Summe die Koeffizienten der Monome mit gleichen Exponentenvektoren addieren und danach nur diejenigen Monome berücksichtigen, welche von Null verschiedene Koeffizienten haben, dann erhalten wir die Behauptung. $\square$

Aus Lemma 6.1 folgt eine weitere *dünne, distributive* Darstellungsmöglichkeit. Die Liste $(((e_{11}, \ldots, e_{1n}), a_1), \ldots, ((e_{m1}, \ldots, e_{mn}), a_m))$ ist nämlich $P(\underline{x})$ zugeordnet. Die Zahl

$$\deg(P) = \max\{e_{j1} + \ldots + e_{jn} \; : \; j = 1, \ldots, m\}$$

ist der *Totalgrad* von $P(\underline{x})$. Für $n = 1$ stimmen Totalgrad und Grad überein. Wir werden die Anzahl der von Null verschiedenen Koeffizienten von $P(\underline{x})$ mit $n(P)$ bezeichnen.

Die Größen $\deg(P)$ und $n(P)$ sind eindeutig definiert. Dagegen haben wir für die Reihenfolge der Monome in der Summe (6.1) noch keine Annahme gemacht, obwohl sie überhaupt nicht eindeutig ist. Insbesondere, wenn $n \geq 2$ ist, dann wird in der Summe (6.1) je nach Anwendung eine unterschiedliche Reihenfolge der Monome benutzt. Eine Relation $\preceq$ auf einer Menge A heißt eine *Wohlordnung,* wenn für alle $a, b, c \in A$

- aus $a \preceq b$ und $b \preceq a$ stets $a = b$ folgt,

- aus $a \preceq b$ und $b \preceq c$ stets $a \preceq c$ folgt

und jede nichtleere Teilmenge von A ein kleinstes Element bezüglich $\preceq$ besitzt.

In der Theorie der multivariablen Polynome spielen folgende Wohlordnungen der Monome, präziser der Exponentenvektoren der Monome, eine wichtige Rolle. Es seien $\underline{e}^T = (e_1, \ldots, e_n)$ und $\underline{f}^T = (f_1, \ldots, f_n)$ aus $\mathbb{Z}_{\geq 0}^n$.

- *Lexikographische Ordnung:* $\underline{e} \preceq \underline{f}$, wenn $\underline{e} = \underline{f}$ gilt oder es ein $1 \leq j \leq n$ mit $e_i = f_i$ für alle $1 \leq i < j$ und $e_j < f_j$ gibt.

- *Antilexikographische Ordnung:* $\underline{e} \preceq \underline{f}$, wenn $\underline{e} = \underline{f}$ gilt oder es ein $1 \leq j \leq n$ mit $e_i = f_i$ für alle $j + 1 \leq i \leq n$ und $e_j < f_j$ gibt.

- *Totalgrad und lexikographische Ordnung:* $\underline{e} \preceq \underline{f}$, wenn entweder $\sum_{i=1}^{n} e_i < \sum_{i=1}^{n} f_i$ ist oder $\underline{e} \preceq \underline{f}$ im Sinne der lexikographischen Ordnung gilt.

Bezüglich der gemischten totalgrad-lexikographischen Ordnung ist es möglich, eine weitere, *dichte, distributive* Darstellung zu definieren. Da sie sehr Speicherplatzintensiv ist, beschäftigen wir uns damit nicht.

Es sei $\preceq$ eine Wohlordnung auf $\mathbb{Z}_{\geq 0}^n$, und wir nehmen in (6.1) $\underline{e_1} \preceq \ldots \preceq \underline{e_m}$ an. Dann werden wir den Leitkoeffizienten, das heißt den Koeffizienten des Monoms mit dem größten Exponenten, mit $\mathrm{lc}(P)$ bezeichnen. Im Falle $n = 1$ werden wir immer die natürliche Ordnung benutzen. Wenn wir im Fall $n > 1$ den Leitkoeffizienten $\mathrm{lc}(P)$ brauchen, dann werden wir die aktuelle Ordnung angeben.

Ich möchte zum Schluß die Darstellungsmöglichkeiten der multivariablen Polynome durch ein Beispiel illustrieren. Es sei

$$P(x_1, x_2, x_3) = ((3x_1^2 + 2)x_2)x_3^2 + (-4x_1^3 + 7x_1)x_2 - 1 \in \mathbb{Z}[x_1, x_2, x_3].$$

Hierfür sehen dichte und dünne rekursive Darstellung wie folgt aus:

$$(2, (1, (-1, (3, 0, 7, 0, -4))), 0, (1, (0, (2, 2, 0, 3)))),$$

$$((0, ((0, -1), (1, ((1, 7), (3, -4))))), (2, ((1, ((0, 2), (2, 3)))))).$$

Die dünne distributive Darstellung bezüglich der lexikograhischen Anordnung ist

$$(((0, 0, 0), -1), ((0, 1, 2), 2), ((1, 1, 0), 7), ((2, 1, 2), 3), ((3, 1, 0), -4)).$$

Die Darstellung von Polynomen in einem Computeralgebra-System beeinflußt wesentlich die Leistung des Systems. Eine sehr grobe Analyse finden Sie im nächsten Abschnitt. Erwartet man, mit Polynomen in wenigen (ein oder zwei) Unbestimmten zu arbeiten, dann spielt die Anordnung kaum eine Rolle. Sonst hängt die bevorzugte Anordnung von der geplanten Anwendergruppe ab. In der Zeit der Planung eines Computeralgebra-Systems oder beim Kauf eines Computeralgebra-Systems ist es wichtig, die geplanten Anwendungen zu analysieren. Nur nach einer gründlichen Analyse sollte man sich für eins der zahlreichen Computeralgebra-Systeme entscheiden.

6.2 Analyse der Grundoperationen

Es seien $\underline{x} = (x_1, \ldots, x_n)$ und $P_i(\underline{x}) = \sum a_{i,j}\underline{x}^{\underline{j}} \in R[\underline{x}]$, $\quad i = 1, 2$. Nehmen wir noch an, daß der Zeitaufwand für die Addition und Multiplikation zweier Elemente $n, m \in R$ durch die Funktionen $A(n, m)$ und $M(n, m)$ abschätzbar sind. (Im Falle $R = \mathbb{Z}$ haben wir diese Funktionen im Abschnitt 2.2 studiert. Für $R = \mathbb{Q}$ kann man ähnliche Resultate einfach ableiten. Ist schließlich R ein endlicher Ring, dann kann man diese Funktionen als Konstante betrachten.)

Die Gradfunktionen und die Anzahl der von Null verschiedenen Koeffizienten ändern sich bei der Addition wie folgt:

$$\begin{aligned}
\deg_j(P_1 + P_2) &\leq \max\{\deg_j(P_1), \deg_j(P_2)\},\, 1 \leq j \leq n, \\
\deg(P_1 + P_2) &\leq \max\{\deg(P_1), \deg(P_2)\}, \\
n(P_1 + P_2) &\leq n(P_1) + n(P_2).
\end{aligned}$$

Sind die Polynome $P_1(\underline{x})$ und $P_2(\underline{x})$ in dichter Darstellungsweise gegeben, dann müssen wir $\prod_{j=1}^{n} (\deg_j(P_1) + \deg_j(P_2) + 1)$ Additionen mit Elementen von R durchführen. Somit ist der Zeitaufwand für die Addition von $P_1(\underline{x})$ und $P_2(\underline{x})$ abschätzbar durch

$$A(P_1, P_2) \prod_{j=1}^{n} (\deg_j(P_1) + \deg_j(P_2) + 1),$$

mit $A(P_1, P_2) = \max\{A(a_{1,\underline{j}}, a_{2,\underline{k}})\}$, wobei $\underline{j}$ und $\underline{k}$ diejenigen Indizes durchlaufen, für die $a_{1,\underline{j}}, a_{2,\underline{k}} \neq 0$ ist.

Man kann in analoger Weise beweisen, daß für eine dünne Darstellungsweise der Zeitaufwand der Addition höchstens

$$A(P_1, P_2)(n(P_1) + n(P_2))$$

ist.

Die Gradfunktionen und die Anzahl der von Null verschiedenen Koeffizienten ändern sich bei der Multiplikation im allgemeinsten Fall wie folgt:

$$\begin{aligned}
\deg_j(P_1 P_2) &\leq \deg_j(P_1) + \deg_j(P_2),\, 1 \leq j \leq n, \\
\deg(P_1 P_2) &\leq \deg(P_1) + \deg(P_2), \\
n(P_1 P_2) &\leq n(P_1) n(P_2).
\end{aligned}$$

Ist R nullteilerfrei, dann gilt sogar die Gleichheit in den ersten zwei Ungleichungen.

Satz 6.2 *Es seien R ein nullteilerfreier Ring, $n \geq 1$ und $P_1(\underline{x}), P_2(\underline{x}) \in R[\underline{x}]$. Dann gilt*

$$\deg(P_1 \cdot P_2) = \deg(P_1) + \deg(P_2).$$

Beweis: Betrachten wir die Darstellungen (6.1) von $P_i(\underline{x})$, $i = 1, 2$, bezüglich der totalgrad-lexikographischen Ordnung

$$P_i(\underline{x}) = \sum_{j=1}^{m_i} a_{i,j} \underline{x}^{\underline{e}_{ij}}, \ i = 1, 2.$$

Es seien j und k Indizes mit $1 \leq j \leq m_1, 1 \leq k \leq m_2, j + k < m_1 + m_2$. Wir dürfen ohne Beschränkung der Allgemeinheit $\underline{e}_{1j} \prec \underline{e}_{1m_1}$ und $\underline{e}_{2k} \preceq \underline{e}_{2m_2}$ annehmen. Dann gilt $\underline{e}_{1j} + \underline{e}_{2k} \prec \underline{e}_{1m_1} + \underline{e}_{2m_2}$ offensichtlich wegen der Definition der Ordnung. Somit ist der Koeffizient des Monoms $\underline{x}^{\underline{e}_{1m_1} + \underline{e}_{2m_2}}$ in $P_1(\underline{x})P_2(\underline{x})$ genau $a_{1,m_1} a_{2,m_2}$, und er ist wegen der Nullteilerfreiheit von R von Null verschieden. $\square$

Multipliziert man die in dichter Darstellunsweise gegebenen Polynome $P_1(\underline{x})$ und $P_2(\underline{x})$ mit der 'klassischen Methode', dann muß man $\prod_{j=1}^{n} (\deg_j(P_1) + 1)(\deg_j(P_2) + 1)$ Multiplikationen mit Elementen von R durchführen. Somit ist der Zeitaufwand für die Multiplikation von $P_1(\underline{x})$ und $P_2(\underline{x})$ abschätzbar durch

$$M(P_1, P_2) \prod_{j=1}^{n} (\deg_j(P_1) + 1)(\deg_j(P_2) + 1),$$

mit $M(P_1, P_2) = \max\{M(a_{1,\underline{j}}, a_{2,\underline{k}})\}$, und $\underline{j}$ und $\underline{k}$ durchlaufen diejenigen Indizes mit $a_{1,\underline{j}}, a_{2,\underline{k}} \neq 0$.

Es seien jetzt $P_i(\underline{x}) = \sum_{j=1}^{n(P_i)} a_{i,j} \underline{x}^{\underline{e}_{ij}} \in R[\underline{x}]$ mit $a_{i,j} \neq 0$ für alle $i = 1, 2$ und $j = 1, \ldots, n(P_i)$, $P_i(\underline{x})$ sei also in dünner Darstellung gegeben. Nehmen wir an, daß die Multiplikation zweier Koeffizienten 'teurer' ist als die Addition von zwei solchen Produkten. Um $P_1(\underline{x})P_2(\underline{x})$ zu bestimmen, wird zuerst $P_1(\underline{x})a_{2,j}\underline{x}^{\underline{e}_{2j}}$ für $j = 1, \ldots, n(P_2)$ berechnet und zu dem bereits vorhandenen Zwischenergebnis, welches aus höchstens $(j-1)n(P_1)$ Monomen besteht, addiert. Der Zeitaufwand dafür beträgt

$$\sum_{j=1}^{n(P_2)} (M(P_1, P_2)n(P_1)) + M(P_1, P_2)(j-1)n(P_1) = O(M(P_1, P_2)n(P_1)n(P_2)^2).$$

Sowohl die Karatsuba-, als auch die Schönhage-Strassen Methode kann für Polynome angewandt werden, aber das, was wir über den Nachteil dieser Methoden im Abschnitt 3.2 geschrieben haben, stimmt auch hier.

Aufgrund der alltäglichen Erfahrungen würde man erwarten, daß die Zerlegung eines Polynoms in irreduzible Faktoren länger dauert als das Zurückgewinnen des Polynoms durch Multiplikation der Faktoren. Das ist aber nicht immer der Fall. Der zweite Prozeß dauert mit MAPLE zum Beispiel für das Polynom $x^{1155} - 1$ wesentlich länger als der erste. Der Grund dafür ist, daß zwar $x^{1155} - 1$ dünn besetzt ist, gewisse Zwischenergebnisse aber dicht besetzt werden.

6.3 Division von Polynomen

Die Division in einem Polynomring über einem Körper und über einem Integritätsbereich unterscheiden sich wesentlich. Wir beginnen mit dem einfacheren Fall.

Satz 6.3 *Es sei K ein Körper, dann ist $K[x]$ ein euklidischer Ring, wobei der Grad
die euklidische Norm ist.*

Die Richtigkeit dieses Satzes folgt aus dem folgenden Algorithmus.

Algorithmus 6.1 (Division von Polynomen in $K[x]$)

Input: $P_1(x), P_2(x) \in K[x]$, $P_2(x) \neq 0, \deg(P_1) \geq \deg(P_2)$.
Output: $Q(x), R(x) \in K[x]$ *mit* $P_1(x) = P_2(x)Q(x) + R(x)$,
                 $\deg(R) < \deg(P_2)$ *oder* $R(x) = 0$.
Bemerkung: $P_1(x), P_2(x)$ *sind in dichter Listendarstellung angegeben.*

1. $m \leftarrow \text{first}(P_1)$, $n \leftarrow \text{first}(P_2)$, $mn \leftarrow m - n$,
   $P_1' \leftarrow \text{inv}(\text{red}(P_1))$, $P_2' \leftarrow \text{inv}(\text{red}(P_2))$
   $lc2 \leftarrow \text{first}(P_2')$, $Q \leftarrow (\ )$

2. **while** $m \geq n$ **do**
   $\{c \leftarrow \text{first}(P_1')/lc2,$
   $Q \leftarrow \text{comp}(c, Q),$
   $P_1' \leftarrow \text{red}(P_1' - cP_2'),$
   *(*Multiplikation und Subtraktion verstehen wir hier koordinatenweise *)*
   $m \leftarrow m - 1\}$

3. $Q \leftarrow \text{comp}(mn, \text{inv}(Q)),$
   while $\text{first}(P_1') = 0$ **do** $P_1' \leftarrow \text{red}(P_1'),$
   $R \leftarrow \text{comp}(\deg(P_1'), \text{inv}(P_1'))$
   output Q, R **return.**

Die Komplexität des Divisionsalgorithmus hängt weitgehend von der Komplexität
der Grundoperationen in K ab. Ich möchte deswegen auf dessen Analyse nicht tiefer
eingehen, sondern nur einen einfachen Spezialfall formulieren, welcher zum Beispiel
für einen endlichen Körper anwendbar ist.

Satz 6.4 *Es seien $P_1(x), P_2(x) \in K[x]$ vom Grad m und n mit $m \geq n$. Dann
terminiert der Algorithmus 6.1 nach höchstens $O(n(m - n + 1))$ Operationen mit
Elementen aus K.*

Beweis: Die Schleife 2 wird nicht mehr als $(m - n + 1)$-mal durchlaufen. Jedesmal
werden höchstens $n + 2$ Operationen mit Elementen aus K durchgeführt. $\square$

Ist der Koeffizientenbereich R kein Körper, dann ist der Algorithmus 6.1 nicht
mehr korrekt, da die Division in R im allgemeinen nicht zur Verfügung steht. Ein
ganz einfaches Beispiel ist: $P_1(x) = x^2 + 1, P_2(x) = 2x \in \mathbb{Z}[x]$. In einem wichtigen
Fall, nämlich für Integritätsbereiche R, können wir Satz 6.3 jedoch verallgemeinern.

Satz 6.5 *Es seien I ein Integritätsbereich $P_1(x), P_2(x) \in I[x]$ mit $\deg(P_1) = m \geq \deg(P_2) = n$ und $P_2(x) \neq 0$. Dann existieren eindeutig bestimmte Polynome $Q(x)$, $R(x) \in I[x]$ mit*

$$(\mathrm{lc}(P_2))^{m-n+1} \cdot P_1(x) = Q(x)P_2(x) + R(x) \tag{6.2}$$

und $R(x) = 0$ oder $\deg(R) < \deg(P_2)$.

Die Polynome $Q(x)$ und $R(x)$ werden wir *Pseudoquotient* und *Pseudorest* nennen und mit $\mathrm{pquot}(P_1, P_2)$ beziehungsweise $\mathrm{prest}(P_1, P_2)$ bezeichnen.

Beweis: Wir geben einen Algorithmus an, womit man den Pseudoquotient und Pseudorest ohne Division berechnen kann.

Algorithmus 6.2 (Pseudodivision von Polynomen in $I[x]$)

Input: $\quad$ $P_1(x), P_2(x) \in I[x]$, $P_2(x) \neq 0, \deg(P_1) \geq \deg(P_2)$.
Output: $\quad$ $Q(x), R(x) \in I[x]$ *mit* $(\mathrm{lc}(P_2))^{m-n+1} \cdot P_1(x) = Q(x)P_2(x) + R(x)$
$\qquad\qquad$ *und* $\deg(R) < \deg(P_2)$ *oder* $R(x) = 0$.
Bemerkung: $\quad$ $P_1(x), P_2(x)$ *sind in dichter Listendarstellung angegeben.*

1. $m \leftarrow \mathrm{first}(P_1)$, $n \leftarrow \mathrm{first}(P_2)$, $mn \leftarrow m - n$,
   $P_1' \leftarrow \mathrm{inv}(\mathrm{red}(P_1))$, $P_2' \leftarrow \mathrm{inv}(\mathrm{red}(P_2))$
   $lc2 \leftarrow \mathrm{first}(P_2')$, $Q \leftarrow (\,)$

2. **while** $m \geq n$ **do**
   $\{c \leftarrow \mathrm{first}(P_1')(lc2)^{m-n}$,
   $Q \leftarrow \mathrm{comp}(c, Q)$,
   $P_1' \leftarrow \mathrm{red}(lc2 \cdot P_1' - \mathrm{first}(P_1')P_2')$,
   *(*Multiplikation und Subtraktion verstehen wir hier koordinatenweise *)*
   $m \leftarrow m - 1\}$

3. $Q \leftarrow \mathrm{comp}(mn, \mathrm{inv}(Q))$,
   while $\mathrm{first}(P_1') = 0$ **do** $P_1' \leftarrow \mathrm{red}(P_1')$,
   $R \leftarrow \mathrm{comp}(\deg(P_1'), \mathrm{inv}(P_1'))$
   output Q,R **return.**

Der Satz folgt aus der Korrektheit des Algorithmus, welche wir jetzt beweisen.

Es seien $P_1(x) = a_m x^m + \ldots + a_0$, $P_2(x) = b_n x^n + \ldots + b_0$ mit $a_m, b_n \neq 0$, $m \geq n$. Es sei $M = m - n$. In der Schleife 2 bekommen wir nach dem ersten Durchlauf

$$P_1'(x) = b_n P_1(x) - a_m x^{m-n} P_2(x) = a_{m-1}' x^{m-1} + \ldots + a_0',$$

wobei $a_{m-1}' \in I$ ist, und dann arbeitet diese Schleife mit $P_1'(x)$ anstelle von $P_1(x)$ weiter. Im Fall $m = n$ geht der Algorithmus sofort zu Schritt 3 und bricht mit dem korrekten Ergebnis ab. Sonst macht er die while-Schleife weiter. Nehmen wir an, daß der Algorithmus für alle $k < M$ richtig ist. Wegen $m - 1 - n < m - n$ gilt

$$b_n^{m-n} P_1'(x) = Q_1(x)P_2(x) + R_1(x)$$

nach Induktionsannahme, wobei $Q_1(x)$ und $R_1(x)$ die durch den Algorithmus ausge-
gebenen Polynome bezeichnen. Es gilt $R_1(x) = 0$ oder $\deg(R_1) < \deg(P_2)$. Daraus
folgt

$$b_n^{m-n}(b_n P_1(x) - a_m x^{m-n} P_2(x)) = Q_1(x)P_2(x) + R_1(x)$$

und daher

$$b_n^{m-n+1} P_1(x) = (b_n^{m-n} a_m x^{m-n} + Q_1(x))P_2(x) + R_1(x).$$

Setzen wir $Q(x) = b_n^{m-n} a_m x^{m-n} + Q_1(x)$ und $R(x) = R_1(x)$, dann ist die Existenz
bewiesen.

Den sehr einfachen Beweis der Eindeutigkeit überlassen wir dem Leser. $\square$

Wir möchten darauf hinweisen, daß Algorithmus 6.2 auf Polynome über beliebigen kommutativen Ringen mit Einselement angewandt werden kann, aber Pseudoquotient und Pseudorest dann im allgemeinen nicht eindeutig sind. Betrachten
wir zum Beispiel die Polynome $2x^2 + 1$ und $3x + 1$ in $(\mathbb{Z}/6)[x]$. Es gilt sowohl
$3 \cdot (2x^2 + 1) = 0 \cdot (3x + 1) + 3$ als auch $3 \cdot (2x^2 + 1) = 2 \cdot (3x + 1) + 1$. Das Problem
liegt offensichtlich darin, daß 2 und 3 Nullteiler in $(\mathbb{Z}/6)[x]$ sind.

Unser nächstes Ziel ist es, den folgenden Satz zu beweisen.

Satz 6.6 *Es sei I ein ZPE-Ring, dann ist $I[x]$ auch ein ZPE-Ring.*

Um diesen Satz zu beweisen, verwenden wir den folgenden Hilfssatz.

Lemma 6.2 (Gaußsches Lemma) *Es seien $P_i(x) = a_{i0} + \ldots + a_{in_i} x^{n_i} \in I[x]$, $i =
1, 2$, primitive Polynome, dann ist $P_1(x)P_2(x) = Q(x) = b_0 + \ldots + b_n x^n$, $n = n_1 + n_2$,
ebenfalls primitiv.*

Beweis: Nehmen wir $\mathrm{ggT}(b_0, \ldots, b_n) = d \neq 1$ an. Es sei $q \in I$ ein Primelement,
welches d teilt. Es gilt $b_n = a_{1n_1} a_{2n_2}$ und da d und somit auch q ein Teiler von b_n
ist, teilt q einen der Faktoren a_{1n_1} oder a_{2n_2}. Wir dürfen ohne Beschränkung der
Allgemeinheit $q | a_{1n_1}$ annehmen.

Es existiert ein $j < n_1$ maximal, so daß $q \nmid a_{1j}$ wegen $\mathrm{ggT}(a_{10}, \ldots, a_{1n_1}) = 1$ ist.
Es gilt

$$b_{j+n_2} = (a_{1n_1} a_{2,j+n_2-n_1} + \ldots + a_{1,j+1} a_{2,n_2+1}) + a_{1j} a_{2n_2}.$$

Sowohl die Summe in der Klammer als auch b_{j+n_2} sind durch q teilbar, also ist auch
$a_{1j} a_{2n_2}$ durch q teilbar, und wegen $q \nmid a_{1j}$ muß $q | a_{2n_2}$ erfüllt sein.

Somit existiert ein größter Index k mit $0 \leq k < n_2$ und $q \nmid a_{2k}$, aber $q | a_{2\ell}$ für alle
$k < \ell \leq n_2$. Betrachtet man jetzt b_{j+k} wie vorher b_{j+n_2}, dann bekommt man den
Widerspruch $q | a_{1j} a_{2k}$. $\square$

Beweis des Satzes 6.6: Es sei Q_I der Quotientenring von I. Dann ist Q_I ein
Körper, und $Q_I[x]$ ist ein euklidischer Ring, folglich ein ZPE-Ring. Außerdem ist
$I[x]$ isomorph zu einem Teilring von $Q_I[x]$. Wir identifizieren die Elemente von $I[x]$
mit ihren Bildern in $Q_I[x]$.

Es sei $P(x) \in I[x]$, dann gilt $P(x) \in Q_I[x]$, und es existieren irreduzible Polynome $\widetilde{P_1}(x), \ldots, \widetilde{P_r}(x) \in Q_I[x]$ mit

$$P(x) = \widetilde{P_1}(x) \cdots \widetilde{P_r}(x). \tag{6.3}$$

Wir normieren jetzt die $\widetilde{P_i}(x)$ wie folgt. Es sei

$$\widetilde{P_i}(x) = \frac{a_{i0}}{b_{i0}} + \frac{a_{i1}}{b_{i1}}x + \ldots + \frac{a_{in_i}}{b_{in_i}}x^{n_i}, \quad i = 1, \ldots, r,$$

mit $a_{ij}, b_{ij} \in I$, $\mathrm{ggT}(a_{ij}, b_{ij}) = 1$, $1 \leq i \leq r$, $0 \leq j \leq n_i$. Es sei

$$d_i = \begin{cases} \mathrm{ggT}(a_{i0}, \ldots, a_{in_i}), & \text{wenn alle } b_{i,j} = 1 \text{ sind, } 0 \leq j \leq n_i, \\ 1/\mathrm{kgV}(b_{i0}, \ldots, b_{in_i}), & \text{sonst.} \end{cases} \tag{6.4}$$

Es gilt dann $P_i(x) = \widetilde{P_i}(x)/d_i \in I[x]$, und $P_i(x)$ ist ein primitives Polynom $(i = 1, \ldots, r)$. Aus (6.3) folgt

$$P(x) = (d_1 \cdots d_r)P_1(x) \cdots P_r(x).$$

Da $P_1(x), \ldots, P_r(x)$ primitive Polynome sind, ist $P_1(x) \cdots P_r(x)$ nach Lemma 6.2 auch ein primitives Polynom, und somit gilt $d = d_1 \cdots d_r \in I$. Das Element d können wir in I als Produkt von Primelementen darstellen, das heißt

$$P(x) = \pi_1 \cdots \pi_s \, P_1(x) \cdots P_r(x).$$

Wie man leicht sieht, sind $\pi_1, \ldots, \pi_s, P_1(x), \ldots, P_r(x)$ alle irreduziblen Elemente in $I[x]$, die $P(x)$ teilen; damit ist die Existenz der Zerlegung bewiesen.

Der Beweis der Eindeutigkeit der Zerlegung ist ähnlich wie für euklidische Ringe.
$\square$

Folgerung 6.1 ggT *ist eine Operation in* $I[x]$.

Folgerung 6.2 *Es seien* $P_1(x), P_2(x) \in I[x]$ *primitiv, und es sei* Q_I *der Quotientenring von* I. *Ist* $G(x) = \mathrm{ggT}(P_1(x), P_2(x))$ *in* $Q_I[x]$, *so daß* $G(x)$ *in* $I[x]$ *liegt und primitiv ist, dann ist* $G(x)$ *der größte gemeinsame Teiler von* $P_1(x)$ *und* $P_2(x)$ *in* $I[x]$.

Beweis: Es sei $G_1(x) = \mathrm{ggT}(P_1(x), P_2(x))$ in $I[x]$. Dann gilt $G_1(x)|G(x)$ in $Q_I[x]$ und wegen des Gaußschen Lemmas gilt dasselbe in $I[x]$. Auf der anderen Seite ist $G(x)|P_i(x)$, $i = 1, 2$, in $Q_I[x]$ und somit auch in $I[x]$, das heißt $G(x)|G_1(x)$ in $I[x]$.
$\square$

6.4 Polynomfunktionen

Es seien R ein Ring, $P(x) = a_n x^n + \ldots + a_0 \in R[x]$ und S ein Oberring von R.
Man kann jedem $\alpha \in S$ ein Element $\beta \in S$ durch die Vorschrift $a_n \alpha^n + \ldots + a_0$
eindeutig zuordnen. Wir werden die Bezeichnung $\beta = P(\alpha)$ benutzen und β als
Wert von $P(x)$ an der Stelle α bezeichnen. Diese Zuordnung definiert eine *Po-*
lynomfunktion auf R, welche mit $P(x)$ eng verwandt ist und vorläufig mit $\mathcal{P}(x)$
bezeichnet wird. Sind $P_1(x), P_2(x) \in R[x]$, dann sei $(\mathcal{P}_1 + \mathcal{P}_2)(x) = \mathcal{P}_1(x) + \mathcal{P}_2(x)$
und $\mathcal{P}_1 \cdot \mathcal{P}_2(x) = \mathcal{P}_1(x) \cdot \mathcal{P}_2(x)$. Wir haben somit Addition und Multiplikation auf
der Menge der Polynomfunktionen über R definiert. Man kann leicht beweisen, daß
diese Operationen den Ringaxiomen genügen und der Ring der Polynomfunktionen
über R ein homomorphes Bild vom $R[x]$ ist. Diese Beobachtung liegt dem wohlbekannten Hornerschen Schema zugrunde.

Algorithmus 6.3 (Hornerscher Schema)

Input: $P(x) \in R[x]$ *in dichter Listendarstellung,* $\alpha \in R$.
Output: $P(\alpha)$.

  1. $P_1 \leftarrow \text{inv}(\text{red}(P))$,
     $\beta \leftarrow \text{first}(P_1)$,

  2. **while** $P_1 \neq (\,)$ **do** $\{\ \beta \leftarrow \alpha \cdot \beta + \text{first}(P_1),\ P_1 \leftarrow \text{red}(P_1)\ \}$

  3. **output** β, **return**.

Wir werden zwar im weiteren die zu dem Polynom $P(x)$ zugeordnete Polynomfunktion ebenfalls mit $P(x)$ bezeichnen, aber wir dürfen nie vergessen, daß es sich
hier um wesentlich verschiedene Objekte handelt. Wir zeigen nun, daß die obige
Zuordnung nicht immer umkehrbar ist. Es gibt Fälle, in denen zu unendlich vielen
verschiedenen Polynomen dieselbe Polynomfunktion gehört. Wir führen das folgende einfache Beispiel vor.

Es sei $\mathbb{F}_q$ ein endlicher Körper mit Elementen $\alpha_0 = 0, \alpha_1, \ldots, \alpha_{q-1}$; dann ist das
Polynom $H(x) = x(x - \alpha_1) \cdots (x - \alpha_{q-1}) \in \mathbb{F}_q[x]$ kein Nullpolynom, es hat den Grad
q, aber die zu ihm gehörige Polynomfunktion ist die Nullfunktion. Dasselbe gilt für
alle Vielfachen von $H(x)$. Diese Beispiele zeigen, daß die Zuordnung Polynom $\to$
Polynomfunktion nicht bijektiv ist.

Ursprünglich war Algebra die Wissenschaft, die sich mit der Lösung von Gleichungen beschäftigte. Die Lösungen von Gleichungen, genauer, die Nullstellen polynomieller Gleichungen, sind im heutigen Sprachgebrauch mit den Polynomfunktionen
verbunden. Das Polynom $x^2 + 1$ hat keine Nullstellen in $\mathbb{Z}$ oder in $\mathbb{R}$, aber zwei
verschiedene in $\mathbb{C}$ oder in $\mathbb{F}_5$. Es hat eine zweifache Nullstelle in $\mathbb{F}_2$, vier in $\mathbb{Z}/8$ und
unendlich viele im Ring der 2×2 Matrizen über $\mathbb{Z}$. Dieser Begriff ist also sehr eng
mit der zugrunde liegenden Struktur verbunden.

Die Manipulationen mit Polynomfunktionen über $\mathbb{C}$ sind ein wichtiges Gebiet der
numerischen Mathematik. Sie lassen sich einfach in den meisten Programmiersprachen ausdrücken.

Die 'klassischen' Computeralgebra-Systeme konzentrierten sich auf das Rechnen mit Symbolen. Die neueren Systeme integrieren mehr oder weniger die Vorteile der symbolischen, numerischen und graphischen Verfahren.

Die erste Frage, die wir hier behandeln, ist die Interpolation. Es seien $\alpha_1, \ldots, \alpha_n$ und $\beta_1, \ldots, \beta_n$ gegebene Elemente eines Ringes R. Das Interpolationsproblem besteht darin, ein Polynom $P(x) \in R[x]$ zu bestimmen mit der Eigenschaft $P(\alpha_i) = \beta_i$, $i = 1, \ldots, n$. Die Richtigkeit des folgenden Interpolationssatzes folgt unmittelbar aus dem chinesischen Restsatz 4.4.

Satz 6.7 *Es sei R ein kommutativer Ring mit Einselement. Es seien $\alpha_1, \ldots, \alpha_n \in R$, so daß*

$$(x - \alpha_i)R[x] + (x - \alpha_j)R[x] = R[x] \tag{6.5}$$

gilt für $1 \leq i < j \leq n$. Dann existiert für alle $\beta_1, \ldots, \beta_n \in R$ ein $P(x) \in R[x]$ vom Grad höchstens $n - 1$, so daß $P(\alpha_i) = \beta_i$ für alle $1 \leq i \leq n$ gilt.

Beweis: Mit den Bezeichnungen $J_i = (x - \alpha_i)R[x], 1 \leq i \leq n$, erfüllen die Ideale J_i die Voraussetzungen des chinesischen Restsatzes. Also existiert ein modulo $J_1 \cdots J_n = (G(x))$, $G(x) = \prod_{i=1}^{n} (x - \alpha_i)$, eindeutig bestimmtes Polynom $P(x)$ mit $P(x) - \beta_i \in J_i$, $1 \leq i \leq n$. Den Grad von $P(x)$ dürfen wir kleiner als n wählen, da wegen der speziellen Gestalt von $G(x)$ die euklidische Division immer durchgeführt werden kann. Die Bedingung $P(x) - \beta_i \in J_i$ bedeutet nichts anderes als $P(x) - \beta_i = (x - \alpha_i)Q_i(x)$ mit einem $Q_i(x) \in R[x]$. $\square$

Die Voraussetzung (6.5) ist im allgemeinen schwierig zu prüfen. Darüber hinaus ist dies nur ein hinreichendes, aber kein notwendiges Kriterium für die Entscheidung des Interpolationsproblems. Die Entscheidung hängt nur von den Interpolationspunkten, aber nicht von den Interpolationswerten ab. Genügen die Interpolationspunkte (6.5) nicht, dann kann das Interpolationsproblem für gewisse Werte lösbar, für andere unlösbar sein. Ist zum Beispiel $R = \mathbb{Z}$, $\alpha_1 = 2$, $\alpha_2 = 4$, dann existiert ein lineares Polynom, $x + 1$, für die Werte $(\beta_1, \beta_2) = (3, 5)$, aber es existiert keines für die Werte $(\beta_1, \beta_2) = (3, 4)$.

Wenn R ein Körper ist, dann genügen die Elemente $\alpha_1, \ldots, \alpha_n \in R$ der Bedingung (6.5) genau dann, wenn sie paarweise verschieden sind. Unter solchen Voraussetzungen ist also das Interpolationsproblem stets lösbar. Gehören die paarweise verschiedenen Elemente $\alpha_1, \ldots, \alpha_n$ und $\beta_1, \ldots, \beta_n$ zu R, dann existiert ein Polynom $P(x) \in R[x]$ mit $P(\alpha_i) = \beta_i, i = 1, \ldots, n$. Wir können sogar ein solches Polynom explizit angeben. Den sehr einfachen Beweis des folgenden Satzes überlassen wir dem Leser.

Satz 6.8 *Es seien $\alpha_1, \ldots, \alpha_n$ paarweise verschiedene Elemente eines Körpers K und $\beta_1, \ldots, \beta_n \in K$. Es sei*

$$P(x) = \sum_{i=1}^{n} \left(\beta_i \prod_{\substack{j=1 \\ j \neq i}}^{n} \frac{x - \alpha_j}{\alpha_i - \alpha_j} \right).$$

Dann gilt $P(\alpha_i) = \beta_i$ für alle $1 \le i \le n$.

Das Polynom $P(x)$ ist als das *Lagrangesche Interpolationspolynom* bekannt.

Es bezeichne I, wie üblich, einen Integritätsbereich und Q_I seinen Quotientenkörper. Wenn Elemente $\alpha_1, \ldots, \alpha_n$ und $\beta_1, \ldots, \beta_n$ von I gegeben sind, dann existiert ein Polynom $P(x) \in Q_I[x]$ mit $P(\alpha_i) = \beta_i, i = 1, \ldots, n$, aber einige seiner Koeffizienten gehören nicht zu I. Ein einfaches Kriterium für die Lösbarkeit des Interpolationsproblems über Integritätsbereichen kann man nicht erwarten, da zum Beispiel in $\mathbb{Q}[x]\backslash\mathbb{Z}[x]$ Polynome existieren, welche an beliebigen ganzzahligen Argumenten ganze Werte annehmen. In der Tat, es sei $n \ge 1$, und wir setzen

$$F_n(x) = \binom{x}{n} = \frac{x(x-1)\cdots(x-n+1)}{n!}.$$

Ist $x \in \mathbb{Z}$ und $x \ge n$, dann ist $F_n(x) = \binom{x}{n} \in \mathbb{Z}$. Für $0 \le x < n$ ist $F_n(x) = 0$, und für $x < 0$ erhalten wir $F_n(x) = (-1)^n \binom{x+n-1}{n}$.

Es sei I ein Integritätsbereich und K ein Körper, welcher I enthält. Eine Polynomfunktion $P(x) \in K[x]$ heißt *ganzwertig*, wenn $P(\alpha) \in I$ für alle $\alpha \in I$ gilt. Der folgende Satz charakterisiert die ganzwertigen Polynomfunktionen.

Satz 6.9 *Es sei I ein Integritätsbereich der Charakteristik 0 und $F : I \to I$ eine ganzwertige Polynomfunktion vom Grad m. Dann existieren $c_0, \ldots, c_m \in I$ mit*

$$F(x) = \sum_{i=0}^{m} c_i \binom{x}{i}.$$

Um diesen Satz beweisen zu können, brauchen wir zwei Lemmata.

Lemma 6.3 *Es seien $n > 0$ und $0 \le i \le n - 1$ ganze Zahlen. Dann existieren $a_{nij} \in \mathbb{Z}, 1 \le j \le n + 1$, mit*

$$(x - i)\binom{x}{n} = \sum_{j=1}^{n+1} a_{nij} \binom{x}{j}.$$

Beweis: Wir haben für $i = n - 1$

$$
\begin{aligned}
n!(x - n + 1)\binom{x}{n} &= x(x-1)\cdots(x-n+2)(x-n+1)^2 \\
&= x(x-1)\cdots(x-n+1) + x(x-1)\cdots(x-n+1)(x-n).
\end{aligned}
$$

Es folgt

$$(x - n + 1)\binom{x}{n} = \binom{x}{n} + (n + 1)\binom{x}{n+1}$$

nach Division mit $n!$. Mit absteigender Induktion nach i bekommt man leicht den Beweis. $\square$

Lemma 6.4 *Für jede Zahl $0 < n \in \mathbb{Z}$ existieren $b_{nj} \in \mathbb{Z}, 1 \le j \le n$, mit*

$$x^n = \sum_{j=1}^{n} b_{nj} \binom{x}{j}.$$

Beweis: Für $n = 1$ ist die Behauptung wegen $x = \binom{x}{1}$ wahr. Nehmen wir an, sie ist wahr für ein $n \ge 1$. Dann gilt

$$
\begin{aligned}
x^{n+1} &= xx^n = \sum_{j=1}^{n} b_{nj} x \binom{x}{j} = \sum_{j=1}^{n} b_{nj} \sum_{k=1}^{j+1} a_{j0k} \binom{x}{k} \\
&= \sum_{k=1}^{n+1} b_{n+1,k} \binom{x}{k}.
\end{aligned}
$$

Wir haben hierbei Lemma 6.3 für $i = 0$ benutzt. $\square$

Beweis des Satzes 6.9. Da $F(x)$ eine ganzwertige Polynomfunktion auf I ist, existieren nach Satz 6.8 $c'_0, \ldots, c'_m \in Q_I$, wobei Q_I den Quotientenkörper von I bezeichnet, mit

$$F(x) = \sum_{j=0}^{m} c'_j x^j.$$

Dies können wir nach Lemma 6.4 auch in die Form

$$F(x) = \sum_{j=0}^{m} c_j \binom{x}{j}$$

umschreiben mit $\binom{x}{0} = 1$. Es gilt $f(0) = c_0$, und somit ist $c_0 \in I$. Nehmen wir an, daß $c_0, \ldots, c_i \in I$ für $m > i \ge 0$ sind. Wir haben

$$F(i + 1) = \sum_{j=0}^{m} c_j \binom{i+1}{j}.$$

Ist $j > i + 1$, dann gilt $\binom{i+1}{j} = 0$ nach Definition. Somit erhalten wir

$$F(i + 1) = \sum_{j=0}^{i} c_j \binom{i+1}{j} + c_{j+1}.$$

$F(i + 1)$ und $c_0, \ldots, c_i$ gehören zu I und $\binom{i+1}{j}, 0 \le j \le i$, sind ganze Zahlen, also ist c_{j+1} aus I. $\square$

Weitere verwandte Ergebnisse findet man in [85] [92] und [89].

6.5 Nullstellen von Polynomen

Ein Element $\alpha \in R$ heißt *Nullstelle* des Polynoms $P(x) \in R[x]$, wenn $P(\alpha) = 0$ ist. In einem Polynomring über einem Integritätsbereich können die Nullstellen sogar in dem Polynomring selbst charakterisiert werden.

Satz 6.10 *Es seien I ein Integritätsbereich und $P(x) \in I[x]$. Ein $\alpha \in I$ ist Nullstelle von $P(x)$ genau dann, wenn $x - \alpha$ das Polynom $P(x)$ teilt.*

Beweis: Es bezeichne Q_I den Quotientenkörper von I, dann ist $Q_I[x]$ ein euklidischer Ring und $P(x) \in Q_I[x]$. Es existieren also eindeutig bestimmte $S(x), T(x) \in Q_I[x]$ mit $T(x) = 0$ oder $\deg(T) = 0$ und

$$P(x) = (x - \alpha)S(x) + T(x).$$

Ist α eine Nullstelle von $P(x)$, dann gilt $T(\alpha) = 0$, also ist $T(x)$ das Nullpolynom, und $x - \alpha$ teilt $P(x)$ in $Q_I[x]$, folglich auch in $I[x]$.
Den Beweis der Umkehrung überlassen wir dem Leser. $\square$

Es sei $\alpha \in R$ eine Nullstelle des Polynoms $P(x) \in R[x]$. Die *Multiplizität* von α ist die größte natürliche Zahl k mit $(x - \alpha)^k | P(x)$.

Satz 6.11 *Es sei I ein Integritätsbereich und $P(x) \in I[x]$ vom Grad n. Es seien $\alpha_1, \ldots, \alpha_m \in I$ paarweise verschiedene Nullstellen von $P(x)$, jeweils mit Multiplizität $k_1, \ldots, k_m$. Dann gilt*

$$k_1 + \ldots + k_m \leq n.$$

Insbesondere hat $P(x)$ höchstens $\deg(P)$ viele verschiedene Nullstellen.

Beweis: Es seien $1 \leq i < j \leq m$. Dann sind $x - \alpha_i$ und $x - \alpha_j$ in $Q_I[x]$ teilerfremd, da $(x - \alpha_i) - (x - \alpha_j) = \alpha_j - \alpha_i \neq 0$ eine Einheit in $Q_I[x]$ ist. Somit sind $(x - \alpha_i)^{k_i}$ und $(x - \alpha_j)^{k_j}$ ebenfalls teilerfremd. Da sowohl $(x - \alpha_i)^{k_i}$ als auch $(x - \alpha_j)^{k_j}$ das Polynom $P(x)$ teilen, so teilt es auch ihr Produkt. Damit erhalten wir

$$P(x) = (x - \alpha_1)^{k_1} \cdots (x - \alpha_m)^{k_m} Q(x),$$

mit einem $Q(x) \in I[x]$. Vergleicht man die Grade der Polynome auf beiden Seiten, dann erhält man das Resultat. $\square$

Ein Körper K heißt *algebraisch abgeschlossen*, wenn jedes nicht konstante Polynom eine Nullstelle in K hat. In einem algebraisch abgeschlossenen Körper sind also nur die linearen Polynome irreduzibel, und jedes nicht konstante Polynom zerfällt in ein Produkt linearer Polynome. Das Musterbeispiel eines algebraisch abgeschlossenen Körpers ist der Körper der komplexen Zahlen $\mathbb{C}$. Diese durch C.F. Gauß bewiesene Tatsache wurde lange der Fundamentalsatz der Algebra genannt. E. Steinitz hat bewiesen, daß zu jedem Körper ein algebraisch abgeschlossener Oberkörper existiert. $\mathbb{C}$ ist also nur ein, aber nach wie vor das wichtigste, Mitglied dieser Körperfamilie. Aus dem Steinitzschen Satz folgt:

Satz 6.12 *Es seien I ein Integritätsbereich, $P(x) \in I[x]$ vom Grad n. Dann existiert ein Oberkörper K von I, in dem $P(x)$ sich in der Form*

$$P(x) = \mathrm{lc}(P) \prod_{i=1}^{n} (x - \alpha_i)$$

schreiben läßt.

Wir wollen auf dieses Thema nicht näher eingehen, sondern verweisen den interessierten Leser auf das klassische Buch von van der Waerden [109].

Das Ergebnis des folgenden Satzes wird im allgemeinen bei der Integration rationaler Funktionen mit reellen Koeffizienten benutzt.

Satz 6.13 *Es seien $P(x), Q(x) \in K[x], Q(x) \neq 0$. Es sei*

$$Q(x) = \prod_{j=1}^{m} Q_j^{k_j}(x),$$

mit paarweise teilerfremden, irreduziblen Polynomen $Q_j(x) \in K[x]$, $j = 1, \ldots m$. Dann existieren eindeutig bestimmte Polynome $A(x)$ und $B_{ji}(x) \in K[x]$, mit $\deg(B_{ji}) < \deg(Q_j)$, $1 \leq j \leq m$, $1 \leq i \leq k_j$ und

$$\frac{P(x)}{Q(x)} = A(x) + \sum_{j=1}^{m} \sum_{i=1}^{k_j} \frac{B_{ji}(x)}{Q_j^i(x)}.$$

Beweis: Es seien $R_j(x) = Q(x)/Q_j^{k_j}(x)$, $j = 1, \ldots, m$. Nach dem chinesischen Restsatz 4.4 existieren $U_j(x) \in K[x]$, $j = 1, \ldots, m$, mit $\deg(U_j) < k_j \deg(Q_j)$ und

$$U_1(x)R_1(x) + \ldots + U_m(x)R_m(x) = 1. \tag{6.6}$$

Diese Koeffizientenpolynome können durch die Lösung der Gleichungen

$$U_j(x)R_j(x) + V_j(x)Q_j^{k_j}(x) = 1, \ j = 1, \ldots, m,$$

mit Hilfe des erweiterten euklidischen Algorithmus 2.3 bestimmt werden.
Durch Multiplikation mit $P(x)/Q(x)$ erhalten wir

$$\frac{P(x)}{Q(x)} = \sum_{j=1}^{m} \frac{U_j(x)P(x)}{Q_j^{k_j}(x)}$$

aus (6.6). Dividiert man $U_j(x)P(x)$ durch $Q_j^{k_j}(x)$ mit Rest, dann erhält man

$$\frac{P(x)}{Q(x)} = A(x) + \sum_{j=1}^{m} \frac{V_j(x)}{Q_j^{k_j}(x)}$$

mit $A(x), v_j(x) \in K[x]$, $\deg(v_j) < k_j \deg(Q_j)$, $j = 1, \ldots, m$. Wir müssen also nur noch die einzelnen Summanden der rechten Seite auf die behauptete Form umgestalten. Wir dürfen ohne Beschränkung der Allgemeinheit $j = 1$ voraussetzen.

Die Division mit Rest liefert

$$V_1(x) = W_1(x)Q_1(x) + B_{11}(x)$$

mit $\deg(B_{11}) < \deg(Q_1)$. Macht man die Division mit $W_1(x)$ anstatt $V_1(x)$ weiter, dann erhält man nach endlich viele Schritten

$$V_1(x) = \sum_{i=1}^{k_1} B_{1i}(x)Q_1^i(x).$$

Damit ist der Satz bewiesen. $\square$

Die algorithmische Bestimmung wichtiger Invarianten algebraischer Zahlkörper bildet ein schnell wachsendes Teilgebiet der Computeralgebra. Der Umfang des Buches macht es uns nicht möglich, dieses Thema näher zu besprechen. Wir verweisen den interessierten Leser auf die Bücher von H. Cohen [30], M. Pohst und H. Zassenhaus [81] sowie M. Pohst [82].

Algebraische zahlentheoretische Methoden sind wichtige Hilfsmittel für die Lösung zahlreicher diophantischer Probleme. Wir denken hier zum Beispiel an Zerlegbare-Form-Gleichungen, insbesondere Normform-, Diskriminantenform- und Indexform-Gleichungen. Eine andere interessante Anwendung gibt es bei der Entscheidung der Irreduzibilität von Polynomen mit ganzen Koeffizienten. Hier können wir auch nur andere Bücher, nämlich K. Győry [51], T.N. Shorey und R. Tijdeman [101], N. Smart [102] sowie W.M. Schmidt [94] empfehlen.

6.6   Verschiedene Maßbegriffe

Wir haben schon bei der Analyse der Grundoperationen darauf hingewiesen, daß zwar der Grad $(\deg(P))$ und die Anzahl der von Null verschiedenen Monome $(n(P))$ natürliche und sehr wichtige Maße eines Polynoms $P(x)$ sind, aber im allgemeinen sind sie nicht fein genug, um die Komplexität der Algorithmen zu messen. Wenn man zum Beispiel über ein Polynom mit ganzen Koeffizienten nur weiß, daß sein Grad beschränkt ist, dann bleiben noch unendlich viele Möglichkeiten für seine Wahl. Es ist also wichtig, weitere, feinere Maßbegriffe einzuführen. Das ist nur dann möglich, wenn in dem Ring, über dem der Polynomring betrachtet wird, eine Metrik zur Verfügung steht. Diese Bedingung ist für die Teilringe von $\mathbb{C}$ erfüllt. Wir werden uns im weiteren mit diesem Fall beschäftigen, obwohl einige Ergebnisse auch unter allgemeineren Bedingungen gelten.

Zuerst definieren wir zwei Maßbegriffe, bei denen die Koeffizienten, und dann einen weiteren, bei dem die Nullstellen als Variable betrachtet werden.

Es sei $\underline{x} = (x_1, \ldots, x_n)$ und $P(\underline{x}) = \sum_{j=1}^{m} a_j \underline{x}^{\underline{e}_j} \in \mathbb{C}[\underline{x}]$ die in Lemma 6.1 bewiesene Darstellung von $P(\underline{x})$. Dann ist

$$H(P) = \max\{|a_j| \ : \ j = 1, \ldots, m\}$$

die Höhe und

$$\|P\| = \left(\sum_{j=1}^{m} |a_j|^2\right)^{1/2}$$

die Norm von $P(\underline{x})$. Betrachtet man $\mathbb{C}[\underline{x}]$ als einen topologischen Raum, dann ist $H(P)$ die $\ell_\infty-$ und $\|P\|$ die ℓ_2- Norm.

Satz 6.14 *Es seien* $P_1(\underline{x}), P_2(\underline{x}) \in \mathbb{C}[\underline{x}]$, *dann gilt:*

(1) $H(P_1 + P_2) \leq H(P_1) + H(P_2)$, $\ \|P_1 + P_2\| \leq \|P_1\| + \|P_2\|$,

(2) $H(P_1 P_2) \leq H(P_1) H(P_2) \min\{n(P_1), n(P_2)\}$,

$\quad \|P_1 P_2\| \leq \|P_1\| \cdot \|P_2\| \sqrt{\min\{n(P_1), n(P_2)\} - 1}.$

Beweis: Es seien $P_i(\underline{x}) = \sum_{j=1}^{m_i} a_{ij} \underline{x}^{\underline{e}_{ij}}$, $i = 1, 2$, $\ (P_1 + P_2)(\underline{x}) = \sum_{j=1}^{m_3} a_{3j} \underline{x}^{\underline{e}_{3j}}$ und

$(P_1 \cdot P_2)(\underline{x}) = \sum_{j=1}^{m_4} a_{4j} \underline{x}^{\underline{e}_{4j}}$. Zu jedem $1 \leq j \leq m_3$ existieren $j_1 \leq m_1$ und $j_2 \leq m_2$ mit $a_{3j} = a_{1j_1} + a_{2j_2}$. Hier können entweder a_{1j_1} oder a_{2j_2}, aber nicht beide, Null sein. Es folgt $|a_{3j}| \leq |a_{1j_1}| + |a_{2j_2}| \leq H(P_1) + H(P_2)$ und somit $H(P_1 + P_2) \leq H(P_1) + H(P_2)$. Die zweite Behauptung von (1) ist die wohlbekannte Dreiecksungleichung. Einen Beweis findet man zum Beispiel in [46].

Es gilt

$$a_{4j} = \sum_{\substack{j_1, j_2 \\ \underline{e}_{1j_1} + \underline{e}_{2j_2} = \underline{e}_{4j}}} a_{1j_1} a_{2j_2},$$

woraus die erste Behauptung in (2) unmittelbar folgt. Wir schätzen schließlich $\|P_1 P_2\|$ wie folgt ab:

$$\|P_1 P_2\|^2 = \sum_{j=1}^{m_4} |a_{4j}|^2 \leq \sum_{j=1}^{m_4} \left(\sum_{\substack{j_1, j_2 \\ \underline{e}_{1j_1} + \underline{e}_{2j_2} = \underline{e}_{4j}}} |a_{1j_1}| \, |a_{2j_2}|\right)^2$$

$$= \|P_1\|^2 \|P_2\|^2 + 2 \sum_{i_1=1}^{m_1} \sum_{\substack{i_2=1 \\ i_2 \neq i_1}}^{m_1} \sum_{i_3=1}^{m_2} \sum_{\substack{i_4=1 \\ \underline{e}_{1i_1} + \underline{e}_{2i_3} = \underline{e}_{1i_2} + \underline{e}_{2i_4}}}^{m_2} |a_{1i_1}| \, |a_{1i_2}| \, |a_{2i_3}| \, |a_{2i_4}|.$$

Nehmen wir $n(P_1) = m_1 \leq n(P_2) = m_2$ an. Für reelle Zahlen a, b gilt die wohlbekannte Ungleichung $2ab \leq a^2 + b^2$. Wir bemerken noch, daß für gegebene i_1 und i_2 der Index i_3 höchstens zweimal in einem Produkt $|a_{1i_1} a_{1i_2} a_{2i_3} a_{2i_4}|$ vorkommen kann. Nach dieser Vorbereitung können wir unsere Abschätzung fortsetzen:

$$\|P_1 P_2\|^2 \leq \|P_1\|^2 \|P_2\|^2 + \sum_{i=1}^{m_1} \sum_{\substack{i_2=1 \\ i_2 \neq i_1}}^{m_1} |a_{1i_1}| \, |a_{1i_2}| \sum_{i_3} \sum_{i_4} (|a_{2i_3}|^2 + |a_{2i_4}|^2)$$

$$\leq \|P_1\|^2 \|P_2\|^2 + 2\|P_2\|^2 \sum_{i_1=1}^{m_1} \sum_{\substack{i_2=1 \\ i_2 \neq i_1}}^{m_1} (|a_{1i_1}|^2 + |a_{1i_2}|^2)/2$$

$$\leq (2m_1 - 1)\|P_1\|^2 \|P_2\|^2.$$

Damit ist das Lemma bewiesen. $\square$

Das einfache Beispiel $P(x) = x^3 + x^2 - x - 1 = (x^2 + 2x + 1)(x - 1)$ zeigt, daß die Höhe (und die Norm) eines Teilers eines Polynoms größer sein können als die Höhe des Polynoms selbst. Das Supremum der Höhe der Teiler der Kreisteilungspolynome $x^n - 1$ strebt sogar gegen Unendlich, siehe zum Beispiel P. Erdős [40]. Zu dem Problem der Abschätzung der Höhe eines Teilers durch die Höhe des Polynoms kehren wir später noch zurück.

Der nächste Satz liefert eine Abschätzung von $\|P\|$ durch $H(P)$.

Satz 6.15 *Es sei $P(\underline{x}) \in \mathbb{C}[\underline{x}]$. Dann gilt*

$$H(P) \leq \|P\| \leq n(P)^{1/2} H(P).$$

Beweis: Die Behauptung folgt unmittelbar aus der folgenden Ungleichungskette.

$$H(P)^2 = \max\{|a_j| \, : \, j = 0, \ldots, m\}^2 \leq \sum_{j=0}^{m} |a_j|^2 \leq n(P)H(P)^2.$$

$\square$

Es sei jetzt $P(x) = a_n x^n + \ldots + a_0 \in \mathbb{C}[x]$ mit $a_n \neq 0$, und $\alpha_1, \ldots, \alpha_n$ seien seine Nullstellen. Das *Mahlersche Maß* von $P(x)$ ist durch

$$M(P) = a_n \prod_{i=1}^{n} \max\{1, |\alpha_i|\}$$

definiert. Es wurde durch K. Mahler [72] eingeführt. Bevor wir die Eigenschaften des Mahlerschen Maßes untersuchen, möchten wir zeigen, daß $M(P)$ sich auch unabhängig von den Nullstellen von $P(x)$ definieren läßt.

Nur eine solche Darstellung ermöglicht es, $M(P)$ für Polynome mit mehreren Unbestimmten zu verallgemeinern.

Satz 6.16 *Es sei* $P(x) = a_n x^n + \ldots + a_0 \in \mathbb{C}[x]$ *mit* $a_n \neq 0$. *Dann gilt*

$$\log(M(P)) = \frac{1}{2\pi} \int_0^{2\pi} \log |P(e^{i\vartheta})| d\vartheta.$$

Wir leiten diesen Satz aus der Jensenschen Integralformel der Theorie der analytischen Funktionen ab. (Siehe zum Beispiel [12].)

Satz 6.17 (Jensen) *Es sei* $F(x)$ *eine komplexwertige Funktion, welche regulär auf der Kreisscheibe* $|x| = \rho > 0$ *ist. Es sei* $F(0) \neq 0$, *und* $\xi_1, \ldots, \xi_N$ *mögen die Nullstellen von* $F(x)$ *mit* $|\xi_j| \leq \rho$, $j = 1, \ldots, N$, *bezeichnen. Die mehrfachen Nullstellen werden dabei entsprechend ihrer Vielfachheit gezählt. Dann gilt*

$$\frac{1}{2\pi} \int_0^{2\pi} \log |F(\rho e^{i\vartheta})| d\vartheta = \log |F(0)| + \sum_{j=1}^{N} \log \frac{\rho}{|\xi_j|}.$$

Beweis des Satzes 6.16: Nehmen wir an, daß 0 eine k-fache Nullstelle von $P(x)$ ist, das heißt $P(x) = x^k Q(x)$ mit $Q(0) \neq 0$ gilt. Dann folgt einerseits $M(P) = M(Q)$. Andererseits ist

$$\frac{1}{2\pi} \int_0^{2\pi} \log |P(e^{i\vartheta})| d\vartheta = \frac{1}{2\pi} \int_0^{2\pi} \log |e^{ki\vartheta}| d\vartheta + \frac{1}{2\pi} \int_0^{2\pi} \log |Q(e^{i\vartheta})| d\vartheta.$$

Da der erste Summand auf der rechten Seite Null ist, reicht es, den Satz für Polynome $P(x)$ mit $P(0) \neq 0$ zu beweisen.

Es seien $\alpha_1, \ldots, \alpha_n$ die sämtlichen Nullstellen von $P(x)$. Ordnen wir sie so, daß $|\alpha_1| \leq \ldots \leq |\alpha_N| \leq 1 < |\alpha_{N+1}| \leq \ldots \leq |\alpha_n|$ gilt. Durch die Anwendung der Jensenschen Formel mit $\rho = 1$ und $F(x) = P(x)$ erhalten wir

$$\frac{1}{2\pi} \int_0^{2\pi} \log |P(e^{i\vartheta})| d\vartheta = \log |a_n| + \sum_{j=1}^{N} \log \frac{1}{|\alpha_j|} = \log \left| \frac{a_0}{\alpha_1 \ldots \alpha_N} \right|.$$

Aus der Identität $|a_n \alpha_1 \ldots \alpha_n| = |a_0|$ folgt

$$\frac{1}{2\pi} \int_0^{2\pi} \log |P(e^{i\vartheta})| d\vartheta = \log |a_n \alpha_{N+1} \ldots \alpha_n| = \log(M(P)).$$

Damit ist der Satz bewiesen. $\square$

Jetzt formulieren wir einige Eigenschaften des Mahlerschen Maßes.

Satz 6.18 *Es seien* $P(x), Q(x) \in \mathbb{C}[x]$ *und* $k > 0$ *eine ganze Zahl. Es bezeichne* n *den Grad von* $P(x)$. *Dann gilt*

1. $M(x^n P(1/x)) = M(P(x))$,

2. $M(PQ) = M(P)M(Q)$,

3. $M(P(x^k)) = M(P)$.

Beweis: Die Nullstellen von $P(1/x)$ sind die multiplikativen Inversen der Nullstellen von $P(x)$, und wenn $P(x) = a_n x^n + \ldots + a_0$ mit $a_0 \neq 0$ ist, dann gilt $\mathrm{lc}(x^n P(1/x)) = a_0$. Die erste Behauptung folgt in diesem Fall aus der Definition. Ist $a_0 = 0$, dann sei k die kleinste Zahl mit $a_k \neq 0$. Es sei $\widetilde{P}(x) = P(x)/x^k$. Dann sind sowohl der Hauptkoeffizient, als auch der konstante Term von $\widetilde{P}(x)$ von Null verschieden. Somit gilt $M(x^{n-k}\widetilde{P}(1/x)) = M(\widetilde{P}(x))$. Wir haben offensichtlich $M(P) = M(\widetilde{P})$. Die erste Behauptung folgt in dem allgemeinen Fall aus der Kombination der letzten Identitäten.

Die anderen Behauptungen kann man analog beweisen. $\square$

Satz 6.19 *Es seien* $P(x) = a_n x^n + \cdots + a_0 \in \mathbb{C}[x]$, $a_n \neq 0$ *und* $n \geq 1$. *Dann gilt*

$$|\alpha| < 1 + \frac{\max\{|a_0|, \ldots, |a_{n-1}|\}}{|a_n|}$$

für alle Nullstellen α *des Polynoms* $P(x)$.

Beweis: Es sei $\alpha \in \mathbb{C}$ eine Nullstelle von $P(x)$. Wenn $|\alpha| \leq 1$ ist, dann haben wir nichts zu beweisen. Es sei also $|\alpha| > 1$ und $H = \max\{|a_0|, \ldots, |a_{n-1}|\}$. Es gilt

$$a_n \alpha^n = -a_{n-1}\alpha^{n-1} - \cdots - a_0,$$

also

$$|a_n \alpha^n| < H(1 + \cdots + |\alpha|^{n-1}) = H \cdot \frac{|\alpha|^n - 1}{|\alpha| - 1} < H\frac{|\alpha|^n}{|\alpha| - 1},$$

woraus die Behauptung unmittelbar folgt. $\square$

Lemma 6.5 *Es seien* $Q(x) \in \mathbb{C}[x]$ *und* $z \in \mathbb{C}$. *Dann haben wir*

$$\|(x + z)Q(x)\| = \|(\bar{z}x + 1)Q(x)\|.$$

Beweis: Es sei $Q(x) = \sum_{k=0}^{m} c_k x^k$, dann gilt

$$Q(x)(x + z) = \sum_{k=0}^{m+1} (c_{k-1} + c_k z)x^k$$

mit den formalen Koeffizienten $c_{-1} = c_{m+1} = 0$. Es folgt

$$
\begin{aligned}
\|Q(x)(x + z)\|^2 &= \sum_{k=0}^{m+1} |c_{k-1} + c_k z|^2 = \sum_{k=0}^{m+1} (c_{k-1} + c_k z)(\bar{c}_{k-1} + \bar{c}_k \bar{z}) \\
&= \sum_{k=0}^{m+1} (|c_{k-1}|^2 + |z|^2|c_k|^2) + \sum_{k=0}^{m+1} (c_k \bar{c}_{k-1} z + c_{k-1}\bar{c}_k \bar{z}) \\
&= (1 + |z|^2)\|Q\|^2 + \sum_{k=0}^{m+1} (c_k \bar{c}_{k-1} z + c_{k-1}\bar{c}_k \bar{z}).
\end{aligned}
$$

Es gilt andererseits

$$(\bar{z}x + 1)Q(x) = \sum_{k=0}^{m+1}(c_{k-1}\bar{z} + c_k)x^k,$$

also

$$\begin{aligned}
\|Q(x)(\bar{z}x + 1)\|^2 &= \sum_{k=0}^{m+1}|c_{k-1}\bar{z} + c_k|^2 = \sum_{k=0}^{m+1}(c_{k-1}\bar{z} + c_k)(\bar{c}_{k-1}z + \bar{c}_k)\\
&= \sum_{k=0}^{m+1}(|c_{k-1}|^2|z|^2 + |c_k|^2) + \sum_{k=0}^{m+1}(c_{k-1}\bar{z}\bar{c}_k + c_k\bar{c}_{k-1}z)\\
&= (1 + |z|^2)\|Q\|^2 + \sum_{k=0}^{m+1}(c_{k-1}\bar{z}\bar{c}_k + c_k\bar{c}_{k-1}z)\\
&= \|Q(x)(x + z)\|^2.
\end{aligned}$$

$\square$

Wir sind jetzt in der Lage, das Mahlersche Maß durch die Norm abzuschätzen.

Satz 6.20 *Es sei $P(x) \in \mathbb{C}[x]$ wie im Satz 6.19. Dann gilt*

$$\|P\|/\binom{2n}{n}^{1/2} \leq M(P) \leq \|P\|.$$

Beweis: Es seien $\alpha_1, \ldots, \alpha_n$ die Nullstellen von $P(x)$. Wir beschäftigen uns zuerst mit der oberen Abschätzung. Wir dürfen ohne Beschränkung der Allgemeinheit $|\alpha_1| \geq \ldots \geq |\alpha_k| > 1 \geq |\alpha_{k+1}| \geq \ldots \geq |\alpha_n|$ annehmen. Dann gilt $M(P) = |a_n|\,|\alpha_1 \cdots \alpha_k|$. Es seien

$$R_t(x) = a_n \prod_{j=1}^{t}(\bar{\alpha}_j x - 1) \prod_{j=k+1}^{n}(x - \alpha_j), \quad t = 1, \ldots, k,$$

und

$$S_t(x) = a_n \prod_{j=1}^{t}(x - \alpha_j) \prod_{j=k+1}^{n}(x - \alpha_j), \quad t = 1, \ldots, k.$$

Es gilt $\|S_t(x)\| = \|R_t(x)\|$ wegen Lemma 6.5, wenn wir dort $z = -\alpha_t$ einsetzen. Daraus folgt

$$\|P(x)\| = \|S_k(x)\| = \|R_k(x)\|.$$

Ist $R_k(x) = b_n x^n + \ldots + b_0$, dann gilt

$$\|P(x)\| = \|R_k(x)\| \geq |b_n|^2 = a_n|\bar{\alpha}_1 \cdots \bar{\alpha}_k| = M(P).$$

Wir führen nun den Beweis der unteren Abschätzung. Durch den Vergleich des Koeffizienten von x^i, $i = 0, \ldots, n-1$, in den Darstellungen

$$P(x) = a_n x^n + \ldots + a_0 = a_n (x - \alpha_1) \cdots (x - \alpha_n)$$

erhält man

$$\frac{a_{n-i}}{a_n} = (-1)^i \sum_{1 \leq j_1 < \ldots < j_i \leq n} \alpha_{j_1} \cdots \alpha_{j_i}.$$

Hier ist die Anzahl der Summanden gleich $\binom{n}{i}$, und der absolute Betrag sämtlicher Summanden ist höchstens $M(P)/|a_n|$. Es folgt also

$$|a_{n-i}|^2 \leq \binom{n}{i}^2 M^2(P), \quad i = 1, \ldots, n.$$

Diese Abschätzung bleibt wegen der Definition von $M(P)$ auch für $i = 0$ wahr. Durch Summierung und Anwendung einer wohlbekannten kombinatorischen Identität (Siehe zum Beispiel [50]) erreicht man

$$\|P\|^2 \leq M^2(P) \sum_{i=0}^{n} \binom{n}{i}^2 = \binom{2n}{n} M^2(P).$$

Der Satz ist damit bewiesen. $\square$

Aus diesem Satz folgt unmittelbar, daß nur endlich viele Polynome mit ganzen Koeffizienten, gegebenem Grad und gegebenem Mahlerschen Maß existieren.

In dem folgenden Satz beweisen wir, daß die Höhe der Teiler eines Polynoms durch seine Norm, folglich auch durch seine Höhe abschätzbar ist. Der Satz stammt von M. Mignotte [73] und hat große Bedeutung in der Computeralgebra. Aus ihm folgt, daß das Problem der Faktorisierung von Polynomen mit ganzen Koeffizienten algorithmisch lösbar ist. Er bildet eine Grundlage aller heutigen Faktorisierungsmethoden.

Satz 6.21 (Mignotte) *Es sei $Q(x) \in \mathbb{C}[x]$ vom Grad m ein Teiler des Polynoms $P(x) \in \mathbb{C}[x]$. Dann gilt*

$$\|Q\| \leq \left| \frac{\mathrm{lc}(Q)}{\mathrm{lc}(P)} \right| \binom{2m}{m}^{1/2} \|P\|.$$

Beweis: Aus Satz 6.20 folgt

$$\|Q\| \leq \binom{2m}{m}^{1/2} M(Q).$$

Es gilt andererseits

$$M(Q) \leq \left| \frac{\mathrm{lc}(Q)}{\mathrm{lc}(P)} \right| M(P),$$

da alle Nullstellen von $Q(x)$ auch Nullstellen von $P(x)$ mit eventuell kleinerer Vielfachheit sind. Wendet man wieder Satz 6.20 an, dann bekommt man die behauptete Ungleichung. $\square$

Diesen Satz wendet man oft in der folgenden, etwas schwächeren Form an.

Folgerung 6.3 *Es sei $Q(x) \in \mathbb{C}[x]$ vom Grad m ein Teiler des Polynoms $P(x) \in \mathbb{C}[x]$. Dann gilt*

$$H(Q) \leq \left|\frac{\mathrm{lc}(Q)}{\mathrm{lc}(P)}\right| 2^m \|P\| \leq \left|\frac{\mathrm{lc}(Q)}{\mathrm{lc}(P)}\right| 2^m n(P)^{1/2} H(P).$$

Beweis: Es gilt $H(Q) \leq \|Q\|$ nach Satz 6.15 und $\binom{2m}{m} < 2^{2m}$. Diese Ungleichungen und Satz 6.21 implizieren die Behauptung. $\square$

Folgerung 6.4 *Es seien $P_1(x), P_2(x) \in \mathbb{Z}[x]$ mit $k = \min\{\deg(P_1), \deg(P_2)\}$. Dann gilt*

$$H(\mathrm{ggT}(P_1, P_2)) \leq 2^k \mathrm{ggT}(|\mathrm{lc}(P_1)|, |\mathrm{lc}(P_2)|) \min\left\{\frac{\|P_1\|}{|\mathrm{lc}(P_1)|}, \frac{\|P_2\|}{|\mathrm{lc}(P_2)|}\right\}.$$

Beweis: Es sei $D(x) = \mathrm{ggT}(P_1(x), P_2(x))$. Dann gilt $\mathrm{lc}(D)|\mathrm{ggT}(\mathrm{lc}(P_1), \mathrm{lc}(P_2))$, das heißt

$$|\mathrm{lc}(D)| \leq |\mathrm{ggT}(\mathrm{lc}(P_1), \mathrm{lc}(P_2))|.$$

Das Polynom $D(x)$ ist ein Teiler sowohl von $P_1(x)$ als auch von $P_2(x)$, somit gilt $\deg(D) \leq \min\{\deg(P_1), \deg(P_2)\}$. Durch die Anwendung der Folgerung 6.3 erhalten wir

$$H(D) \leq \frac{|\mathrm{ggT}(\mathrm{lc}(P_1), \mathrm{lc}(P_2))|}{|\mathrm{lc}(P_1)|} 2^{\deg(D)} \|P_1\|$$

und auch

$$H(D) \leq \frac{|\mathrm{ggT}(\mathrm{lc}(P_1), \mathrm{lc}(P_2))|}{|\mathrm{lc}(P_2)|} 2^{\deg(D)} \|P_2\|.$$

Die behauptete Ungleichung folgt nun unmittelbar. $\square$

6.7 Größter gemeinsamer Teiler von Polynomen

Unser Ziel ist es, Methoden zur Bestimmung des größten gemeinsamen Teilers von Polynomen $P_1(x), P_2(x) \in I[x]$, I ein ZPE-Ring, zu entwickeln. Ist I ein Körper, dann ist $I[x]$ ein euklidischer Ring, und wir können das Problem durch die Anwendung des euklidischen Algorithmus lösen. Die Komplexität dieses Algorithmus ist einfach zu analysieren, wenn wir uns nur für die Anzahl der Operationen interessieren.

Satz 6.22 *Es seien K ein Körper und $P_1(x), P_2(x) \in K[x]$ mit $\deg(P_1) = m \geq \deg(P_2) = n$. Es bezeichne $G(m,n)$ die Anzahl der Grundoperationen $(+, -, *, /)$ mit Elementen von K, welche zur Berechnung von $\mathrm{ggT}(P_1, P_2)$ mit der Spezialisierung des Algorithmus 2.2 erforderlich ist. Dann gilt*

$$G(m,n) = O(2mn - \deg^2((P_1, P_2)))$$

Beweis: Im Laufe des euklidischen Algorithmus berechnen wir Quotienten- und Restpolynome $Q_i(x), P_i(x)$, welche durch die Gleichungen

$$P_i(x) = P_{i+1}(x)Q_i(x) + P_{i+2}(x) \quad i = 1, 2, \ldots, k, \ \deg(P_{i+2}) < \deg(P_{i+1}) \qquad (6.7)$$

verknüpft sind, solange bis $P_{k+2}(x) = 0$ gilt. Dann ist $P_{k+1}(x) = \mathrm{ggT}(P_1(x), P_2(x))$. Um $Q_i(x)$ und $P_{i+2}(x)$ zu berechnen, brauchen wir höchstens

$$(\deg(P_i) - \deg(P_{i+1}) + 1)(1 + 2\deg(P_{i+1})) \leq 3\deg(P_{i+1})(\deg(P_i) - \deg(P_{i+1}) + 1)$$

Operationen. Daraus folgt

$$
\begin{aligned}
G(m,n) \ &\leq \ 3 \sum_{i=1}^{k} \deg(P_{i+1}) \left(\deg(P_i) - \deg(P_{i+1}) + 1 \right) \\
&\leq \ 3 \left(\deg(P_1) \deg(P_2) - \deg^2(P_{k+1}) + \sum_{i=1}^{k} \deg(P_{i+1}) \right) \\
&\leq \ 3 \left(mn - \deg^2(\mathrm{ggT}(P_1, P_2)) + \frac{n(n+1)}{2} \right) \\
&\leq \ 3 \left(2mn - \deg^2(\mathrm{ggT}(P_1, P_2)) \right).
\end{aligned}
$$

$\square$

Diese Abschätzung ist nur dann realistisch, wenn die Koeffizienten der Polynome im Vergleich zu ihrem Grad nicht groß sind, wenn zum Beispiel K ein endlicher Körper ist. Sonst müssen wir die Kosten der mit Elementen aus K durchgeführten Operationen ebenfalls in Betracht ziehen. Denken wir zum Beispiel an die Bestimmung des größten gemeinsamen Teilers zweier linearer Polynome. Die Lösung dieser Aufgabe erfordert nur eine Polynomdivision. In einem unendlichen Körper (zum Beispiel in $\mathbb{Q}$) hängen die Kosten dieser einen Division von der Größe der Koeffizienten ab.

Ist I kein Körper, aber ein ZPE-Ring, dann kann der größte gemeinsame Teiler zweier Polynome mit der folgenden Methode berechnet werden.

Algorithmus 6.4 *PGCD1*

Input: $\quad P_1(x), P_2(x) \in I[x]$,
Output: $\mathrm{ggT}(P_1(x), P_2(x))$.

1. Bestimme $\text{cont}(P_i)$ *und* $\text{pp}(P_i)$, $i = 1, 2$.

2. Bestimme $D_1(x) = \text{ggT}(\text{pp}(P_1), \text{pp}(P_2))$ *in dem Polynomring des Quotientenkörpers von* I, *dann normiere laut (6.4), um* $D_1(x) \in I[x]$ *herzustellen.* $D_1(x)$ *ist ein primitives Polynom in* $I[x]$.

3. **output** $\text{ggT}(\text{cont}(P_1), \text{cont}(P_2))D_1(x)$ **return**

Dieser Algorithmus ist einerseits nicht natürlich, da man den Ring I verläßt, andererseits langsam, da man sehr oft den größten gemeinsamen Teiler bilden muß. Diese Nachteile können wir teilweise durch die Anwendung von polynomiellen Restfolgen vermeiden. Den Rest dieses Abschnittes widmen wir ihrer Untersuchung.

Die Polynome $P_1(x), P_2(x) \in I[x]$ heißen *ähnlich*, $P_1(x) \sim P_2(x)$, wenn $\alpha, \beta \in I\backslash\{0\}$ existieren, so daß $\alpha P_1(x) = \beta P_2(x)$ gilt. Es ist klar, daß die Ähnlichkeit eine Äquivalenzrelation in $I[x]$ ist.

Eine Folge $P_1(x), P_2(x), \ldots, P_{k+1}(x) \in I[x]$ mit den folgenden Eigenschaften

1. $k \geq 2$,

2. $\deg(P_1) \geq \deg(P_2)$

3. $P_i(x) \neq 0$ für $1 \leq i \leq k$

4. $P_i(x) \sim \text{prest}(P_{i-2}, P_{i-1})$ für $3 \leq i \leq k + 1$ und
   $P_{k+1}(x) = \text{prest}(P_{k-1}, P_k) = 0$

heißt *polynomiale Restfolge*.

Lemma 6.6 *Es seien* $P_1(x), P_2(x), P_1'(x), P_2'(x) \in I[x]\backslash\{0\}$ *mit* $P_1(x) \sim P_1'(x)$, $P_2(x) \sim P_2'(x)$ *und* $\deg(P_1) \geq \deg(P_2)$. *Dann ist* $\text{prest}(P_1, P_2) \sim \text{prest}(P_1', P_2')$.

Beweis: Es seien $\alpha P_1(x) = \beta P_1'(x)$ und $\gamma P_2(x) = \delta P_2'(x)$ mit $\alpha, \beta, \gamma, \delta \in I\backslash\{0\}$, und es seien $\deg(P_1) = \deg(P_1') = m$, $\deg(P_2) = \deg(P_2') = n$. Es existieren nach Satz 6.5 Polynome $Q(x), Q'(x) \in I[x]$, so daß einerseits

$$\text{lc}(P_2)^{m-n+1}P_1(x) = Q(x)P_2(x) + \text{prest}(P_1, P_2)$$

und andererseits

$$(\gamma\text{lc}(P_2))^{m-n+1}(\alpha P_1(x)) = Q'(x)(\gamma P_2(x)) + \text{prest}(\alpha P_1, \gamma P_2),$$

oder nach Umgestaltung

$$\gamma^{m-n+1}\alpha(\text{lc}(P_2))^{m-n+1}P_1(x) = Q'(x)\gamma P_2(x) + \text{prest}(\alpha P_1, \gamma P_2).$$

gilt.

Wenn wir die erste und dritte Gleichung betrachten, dann erhalten wir die Identitätskette

$$\begin{aligned}
\alpha\gamma^{m-n+1}\mathrm{prest}(P_1,P_2) &= \mathrm{prest}(\alpha P_1,\gamma P_2)\\
&= \mathrm{prest}(\beta P_1',\delta P_2')\\
&= \beta\delta^{m-n+1}\,\mathrm{prest}(P_1',P_2').
\end{aligned}$$

Daraus folgt $\mathrm{prest}(P_1,P_2) \sim \mathrm{prest}(P_1',P_2')$ unmittelbar. $\square$

Falls der Koeffizientenbereich unendlich viele Elemente enthält, dann können sogar unendlich viele verschiedene polynomiale Restfolgen konstruiert werden, welche mit den Polynomen $P_1(x), P_2(x)$ beginnen. Aus dem nächsten Lemma folgt, daß die Mitglieder solcher Folgen bis auf Ähnlichkeit eindeutig bestimmt sind.

Lemma 6.7 *Es seien $P_1(x), P_2(x), R(x) \in I[x]$ mit $R(x) \sim \mathrm{prest}(P_1,P_2)$. Dann ist $\mathrm{ggT}(P_1(x), P_2(x)) \sim \mathrm{ggT}(P_2(x), R(x))$.*

Beweis: Es seien $D(x) = \mathrm{ggT}(P_1(x), P_2(x))$ und $D_1(x) = \mathrm{ggT}(P_2(x), R(x))$. Aus der offensichtlichen Relation $D(x)|R(x)$ folgt $D(x)|D_1(x)$. Deswegen ist $\deg(D_1) \geq \deg(D)$.

Es seien $\alpha, \beta \in I\backslash\{0\}$ mit $\alpha R(x) = \beta \cdot \mathrm{prest}(P_1,P_2)$. Bezeichne m den Grad von $P_1(x)$ und n den von $P_2(x)$. Nehmen wir $m \geq n$ an. Es existiert nach Satz 6.5 ein $Q(x) \in I[x]$ mit

$$\beta \cdot \mathrm{lc}(P_2)^{m-n+1}P_1(x) = \beta \cdot Q(x)P_2(x) + \beta \cdot \mathrm{prest}(P_1,P_2) = \beta \cdot Q(x)P_2(x) + \alpha \cdot R(x).$$

Somit gilt $D_1(x)|\beta \cdot \mathrm{lc}(P_2)^{m-n+1}P_1(x)$. Es folgt $D_1(x)|\beta \cdot \mathrm{lc}(P_2)^{m-n+1}D(x)$ und schließlich $\deg(D_1) \leq \deg(D)$. Wir haben also $\deg(D_1) = \deg(D)$ und wegen $D(x)|D_1(x)$ auch $D \sim D_1$ bewiesen. $\square$

Satz 6.23 *Es seien $P_1(x), P_2(x) \in I[x]\backslash\{0\}$ und $P_1(x),\ldots,P_k(x)$ und $P_1'(x),\ldots, P_\ell'(x)$ polynomiale Restfolgen, welche mit $P_1(x)$ und $P_2(x)$ beginnen. Dann gilt $k = \ell$ und $P_i(x) \sim P_i'(x)$ für $i = 1,\ldots,k$.*

Beweis: Wir dürfen ohne Beschränkung der Allgemeinheit $k \leq \ell$ annehmen. Es gilt $P_i(x) \sim P_i'(x)$ für $i = 1,2$ nach Voraussetzung. Es sei $i \geq 2$, und wir nehmen an, daß $P_j(x) \sim P_j'(x)$ wahr ist für alle $j < i$. Dann gilt $\mathrm{prest}(P_{i-2}, P_{i-1}) \sim \mathrm{prest}(P_{i-2}', P_{i-1}')$ nach Lemma 6.6 und $P_i(x) \sim \mathrm{prest}(P_{i-2}, P_{i-1})$ und $P_i'(x) \sim \mathrm{prest}(P_{i-2}', P_{i-1}')$ nach der Definition der polynomiellen Restfolgen. Somit erhalten wir $P_i(x) \sim P_i'(x)$ für alle $i \leq k$. Da $P_k(x)$ das Nullpolynom ist, ist $P_k'(x)$ auch das Nullpolynom. Damit ist auch $k = \ell$ bewiesen. $\square$

Mit diesem Hintergrund können wir auf den polynomiellen Restfolgen einen allgemeinen Algorithmus für die Berechnung des größten gemeinsamen Teilers aufbauen.

Algorithmus 6.5 *PRSGGT*

Input: $P_1(x), P_2(x) \in I[x]\backslash\{0\}$
Output: $\mathrm{ggT}(P_1, P_2)$

1., $d \leftarrow \mathrm{ggT}(\mathrm{cont}(P_1), \mathrm{cont}(P_2)),\ P_1' \leftarrow \mathrm{pp}(P_1), P_2' \leftarrow \mathrm{pp}(P_2)$

2. Berechne eine polynomiale Restfolge $P_1'(x), P_2'(x), \ldots, P_{k+1}'(x) = 0$

3. $G'(x) \leftarrow \mathrm{pp}(P_k')$

4. $G(x) \leftarrow d \cdot G'$, **return**

Ein Problem besteht darin, wie man die polynomiale Restfolge im Schritt 2 berechnet. Man kann zunächst den Divisions-Algorithmus 6.2 auf $P_i'(x), P_{i-1}'(x)$ anwenden, um $P_{i+1}'(x)$ zu berechnen. Dann werden aber die Koeffizienten der Zwischenergebnisse sehr groß.

Wir haben die Koeffizienten der Polynome

$$P_1(x) = x^8 + 10x^7 - 7x^6 + x^5 + 4x^4 - x^2 - 8x.$$

und

$$P_2(x) = 2x^6 + 3x^5 + 8x^4 - 2x^3 - 9x - 9$$

bis auf den höchsten Koeffizienten von $P_1(x)$ zufällig aus dem Intervall $[-10, 10]$ gewählt. Die polynomiale Restfolge, welche durch Algorithmus 6.2 berechnet wurde, beginnt wie folgt:

$$\begin{aligned}
P_3(x) &= 29x^5 + 860x^4 - 154x^3 + 334x^2 - 613x - 855 \\
P_4(x) &= 1420040x^4 - 272536x^3 + 580976x^2 - 959008x - 1403784.
\end{aligned}$$

Die Koeffizienten der nächsten $P_i(x)$ werden noch größer; wir haben sie deshalb nicht angegeben, aber wir empfehlen dem Leser, sie zu berechnen.

Eine andere Möglichkeit wäre, $P_{i+1}'(x) = \mathrm{pp}(\mathrm{ggT}(P_i', P_{i-1}'))$ zu setzen. In dem obigen Beispiel könnte man $P_4(x)$ durch 8 dividieren. Mit der Anwendung dieser Methode werden die Koeffizienten angenehm klein, aber der Aufwand der ggT-Berechnungen groß. Es wird also ein Verfahren gesucht, bei dem man nach jedem Divisionsschritt den Rest mit einer einfach berechenbaren Zahl kürzen kann. Um ein solches Verfahren darstellen zu können, werden wir die Subresultante einführen und untersuchen.

6.8   Die Subresultante

Es seien $Q_i(x) = a_{i0} + a_{i,1}x + \ldots$ Polynome über einem Integritätsbereich I vom Grad n_i, $i = 1, \ldots, k$. Wir setzen $\ell = 1 + \max\{n_i : 1 \leq i \leq k\}$. Wir ordnen der Polynomfolge $Q_1(x), \ldots, Q_k(x)$ die $k \times \ell$ Matrix $\mathrm{mat}(Q_1, \ldots, Q_k) = (a_{i,\ell-j})_{\substack{1 \leq i \leq k \\ 0 \leq j \leq \ell-1}}$ zu.

Es sei M irgendeine $k \times \ell$ Matrix über I mit $k \leq \ell$. Ihr *Determinantenpolynom* ist durch

$$\text{detpol}(M) = \det(M^{(k)})x^{\ell-k} + \ldots + \det(M^{(\ell)})$$

definiert, wobei $M^{(j)}$ diejenige Untermatrix von M bezeichnet, welche aus den ersten $k-1$ Spalten von M und aus der j-ten Spalte, $k \leq j \leq \ell$, besteht.

Es seien jetzt $P_1(x), P_2(x) \in I[x]$ mit $\deg(P_1) = m, \deg(P_2) = n$ und $m \geq n$ wie im Abschnitt 6.7. Betrachten wir für jedes $0 \leq k < n$ die Matrix

$$M_k = \text{mat}(x^{n-k-1}P_1(x), \ldots, P_1(x), x^{m-k-1}P_2(x), \ldots, P_2(x)).$$

Das Polynom $\text{detpol}(M_k)$ nennen wir die *k-te Subresultante* von $P_1(x)$ und $P_2(x)$. Die k-te Subresultante von $P_1(x)$ und $P_2(x)$ bezeichnen wir mit $\text{sres}_k(P_1, P_2)$, oder abgekürzt mit $S_k(x)$.

Die Matrix M_k hat $m + n - 2k$ Zeilen und $m + n - k$ Spalten, so ist $\deg(S_k) \leq m + n - k - (m + n - 2k) = k$. Für $k = 0$ ist S_k eine Konstante. Sie nennen wir die *Resultante* der Polynome $P_1(x)$ und $P_2(x)$. Die Eigenschaften der Resultante und einige ihrer Anwendungen werden wir im Abschnitt 6.10 untersuchen.

Der folgende Satz stellt einen Zusammenhang zwischen polynomialen Restfolgen und der Subresultantenfolge her.

Satz 6.24 *Es sei $P_1(x), P_2(x), \ldots, P_k(x), P_{k+1}(x)$ eine polynomiale Restfolge in $I[x]$, und wir setzen $n_i = \deg(P_i)$ und $c_i = \text{lc}(P_i), i = 1, \ldots, k$. Es seien $e_j, f_j \in I$, nicht beide Null, so daß*

$$e_j P_j(x) = Q_j(x)P_{j+1}(x) + f_j P_{j+2}(x), \quad j = 1, \ldots, k-2, \tag{6.8}$$

mit $Q_j(x) \in I[x]$ erfüllt ist. Dann gilt

$$S_\ell(x) = 0, \ 0 \leq \ell < n_k, \ n_{j+1} < \ell < n_j - 1, \tag{6.9}$$

$$\left\{ \prod_{i=1}^{j-1} e_i^{m_{i+1,j}} \right\} S_{n_j-1}(x) = \left\{ \prod_{i=1}^{j-1} (-1)^{(n_i-n_j+1)m_{i+1,j}} f_i^{m_{i+1,j}} c_{i+1}^{n_i-n_{i+2}} \right\}$$
$$\times \ c_j^{-n_j+n_{j+1}+1} P_{j+1}(x), \ 1 < j < k, \tag{6.10}$$

mit $m_{i+1,j} = n_{i+1} - n_j + 1$ und

$$\left\{ \prod_{i=1}^{j-1} e_i^{u_{i+1,j+1}} \right\} S_{n_{j+1}}(x) = \left\{ \prod_{i=1}^{j-1} (-1)^{(n_i-n_j+1)u_{i+1,j+1}} f_i^{u_{i+1,j+1}} c_{i+1}^{n_i-n_{i+2}} \right\}$$
$$\times \ c_{j+1}^{n_j-n_{j+1}-1} P_{j+1}(x), \ 1 < j < k, \tag{6.11}$$

mit $u_{i+1,j+1} = n_{i+1} - n_{j+1}$ für alle $j = 2, \ldots, k-1$.

Beweis: Es seien $1 \leq i \leq k - 2$, $0 \leq \ell < n_{i+1}$, und wir betrachten

$$\operatorname{sres}_l(P_i, P_{i+1}) = \operatorname{detpol}(x^{n_{i+1}-\ell-1}P_i(x), \ldots, P_i(x), x^{n_i-\ell-1}P_{i+1}(x), \ldots, P_{i+1}(x)).$$

Es seien $P_i(x) = c_{i,n_i}x^{n_i} + \cdots + c_{i,0}$, $Q_i(x) = d_{n_i-n_{i+1}}x^{n_i-n_{i+1}} + \cdots + d_0 \in I[x]$, sowie $0 \leq j \leq \ell + 1$. (Es gilt $c_i = c_{i,n_i}$.) Aus (6.8) erhalten wir

$$e_i x^{n_{i+1}-j}P_i(x) = \sum_{h=0}^{n_i-n_{i+1}} d_h x^{n_{i+1}-j+h}P_{i+1}(x) + f_i x^{n_{i+1}-j}P_{i+2}(x).$$

Es gilt

$$0 \leq n_{i+1} - \ell - 1 \leq n_{i+1} - j \leq n_{i+1} - j + h \leq n_{i+1} - j + n_i - n_{i+1} = n_i - j$$

und deswegen auch

$$e_i^{n_{i+1}-\ell}\operatorname{sres}_\ell(P_i, P_{i+1}) =$$

$$f_i^{n_{i+1}-\ell}\operatorname{detpol}(x^{n_{i+1}-\ell-1}P_{i+2}(x), \ldots, P_{i+2}(x), x^{n_i-\ell-1}P_{i+1}(x), \ldots, P_{i+1}(x)).$$

Schieben wir jetzt die letzten $n_i - \ell$ Zeilen auf die ersten $n_i - \ell$ Positionen, dann erhalten wir eine Matrix folgender Gestalt

$$\begin{pmatrix} c_{i+1,n_{i+1}} & c_{i+1,n_{i+1}-1} & & \cdots & c_{i+1,0} & 0 & \cdots & 0 \\ 0 & c_{i+1,n_{i+1}} & c_{i+1,n_{i+1}-1} & \cdots & c_{i+1,1} & c_{i+1,0} & \cdots & 0 \\ \vdots & & \ddots & & & & & \\ 0 & \cdots & & c_{i+2,n_{i+2}} & \cdots & & & \\ \vdots & \ddots & & \ddots & & & & 0 \\ 0 & \cdots & & & 0 & c_{i+2,n_{i+2}} & \cdots & c_{i+2,0} \end{pmatrix}.$$

In den ersten $n_i - \ell$ Zeilen stehen die Koeffizieneten von $P_{i+1}(x)$ und in den darauffolgenden $n_{i+1} - \ell$ Zeilen die Koeffizieneten von $P_{i+2}(x)$. In der $(n_i - \ell + 1)$-ten Zeile stehen die Koeffizieneten von $x^{n_{i+1}-\ell-1}P_{i+2}(x)$, diese Zeile fängt also mit $n_i - n_{i+2}$ Nullen an. Ist $n_i - n_{i+2} > n_i - \ell$, das heißt $\ell > n_{i+2}$, dann sind die Koeffizienten des Determinantenpolynoms $\operatorname{sres}_\ell(P_i, P_{i+1})$ Determinanten solcher unteren Dreiecksmatrizen, welche in der Hauptdiagonale einige Nullen haben. Somit ist (6.9) bewiesen.

Es sei also $\ell < n_{i+2}$, dann können wir die Koeffizientendeterminante nach dem Laplace'schen Determinantensatz berechnen, und wir erhalten schließlich

$$e_i^{n_{i+1}-\ell}\operatorname{sres}_\ell(P_i, P_{i+1}) = f_i^{n_{i+1}-\ell} \cdot c_{i+1}^{n_i-n_{i+2}}(-1)^{(n_i-\ell)(n_{i+1}-\ell)}\operatorname{sres}_\ell(P_{i+1}, P_{i+2}).$$

Das Polynom $S_{n_j-1}(x)$ ist $\operatorname{sres}_{n_j-1}(P_1, P_2)$. Wendet man die soeben bewiesene Identität mit $\ell = n_j - 1$ und $i = 1, \ldots, j - 2$ sukzessiv an, dann erhält man

$$\left\{\prod_{i=1}^{j=2} e_i^{m_{i+1,j}}\right\} S_{n_j-1}(x) = \left\{\prod_{i=1}^{j-2}(-1)^{(n_i-n_j+1)m_{i+1,j}} f_i^{m_{i+1,j}} c_{i+1}^{n_i-n_{i+2}}\right\}$$
$$\times \; \mathrm{sres}_{n_j-1}(P_{j-1},P_j).$$

Benutzt man wieder die Definition der Subresultanten und (6.8), dann folgt

$$
\begin{aligned}
e_{j-1}\mathrm{sres}_{n_j-1}(P_{j-1},P_j) &= \mathrm{detpol}(e_{j-1}P_{j-1}(x), x^{n_{j-1}-n_j}P_j(x),\ldots,P_j(x)) \\
&= \mathrm{detpol}(Q_{j-1}(x)P_j(x)+f_{j-1}P_{j+1}(x), x^{n_{j-1}-n_j}P_j(x),\ldots,P_j(x)) \\
&= \mathrm{detpol}(f_{j-1}P_{j+1}(x), x^{n_{j-1}-n_j}P_j(x),\ldots,P_j(x)) \\
&= (-1)^{n_{j-1}-n_j+1} f_{j-1} c_j^{n_{j-1}-n_j+1} P_{j+1}(x).
\end{aligned}
$$

Setzt man dieses in der letzten Identität ein, dann erhält man (6.10). Die letzte Gleichung, (6.11), kann man völlig analog beweisen. $\Box$

Verschiedene Wahlen der Koeffizienten e_i und f_i in (6.8) implizieren verschiedene polynomiale Restfolgen. Eine besonders einfache polynomiale Restfolge hat G. E. Collins entdeckt. Der Einfachheit halber führen wir die Bezeichnungen

$$\delta_j = n_j - n_{j+1}, \quad 1 \le j \le k-1,$$

und

$$\sigma_j = \sum_{i=1}^{j-1}(n_i - n_j + 1)(n_{i+1}-n_j+1), \quad 2 \le j \le k,$$

ein.

Satz 6.25 *Es bezeichne K den Quotientenkörper von I. Es seien $P_1(x), P_2(x) \in I[x]$, $P_1(x),\ldots,P_{k+1}(x)$ eine polynomiale Restfolge in $K[x]$ und n_j, c_j, δ_j und σ_j wie vorher. Es seien*

$$e_j = c_{j+1}^{\delta_j+1}, \quad 1 \le j < k,$$

$$f_1 = (-1)^{\delta_1+1}, \quad f_j = (-1)^{\delta_j+1} c_j h_j^{\delta_j}, \quad 2 \le j \le k-1,$$

wobei

$$h_2 = c_2^{\delta_1} \quad und \quad h_j = c_j^{\delta_{j-1}} h_{j-1}^{1-\delta_{j-1}}, \quad 3 \le j \le k-1$$

ist. Ist $f_j P_j(x) = \mathrm{prest}(P_{j-2}, P_{j-1})$ für alle $3 \le j \le k+1$ erfüllt, dann gilt

$$P_{j+1}(x) = S_{n_j-1}(x)$$

für alle $2 \le j \le k-1$.

Um diesen Satz beweisen zu können brauchen wir folgendes Hilfsergebnis:

Lemma 6.8 *Es gilt*

$$h_j c_j \prod_{i=1}^{j-1} \left(\frac{f_i}{e_i}\right) = (-1)^{\sum_{i=1}^{j-1}(\delta_i+1)}$$

für alle $2 \le j \le k-1$.

Beweis: Wir wenden vollständige Induktion nach j an. Für $j = 2$ ist die Behauptung wahr, da

$$h_2 c_2 \frac{f_1}{e_1} = c_2^{\delta_1} c_2 (-1)^{\delta_1+1}/c_2^{\delta_1+1} = (-1)^{\delta_1+1}$$

ist. Nehmen wir an, daß die Behauptung wahr ist für ein $j \ge 2$. Dann gilt

$$\begin{aligned}
h_{j+1} c_{j+1} \prod_{i=1}^{j} \left(\frac{f_i}{e_i}\right) &= c_{j+1}^{\delta_j} h_j^{1-\delta_j} c_{j+1} \frac{(-1)^{\delta_j+1} c_j h_j^{\delta_j}}{c_{j+1}^{\delta_j+1}} \prod_{i=1}^{j-1}\left(\frac{f_i}{c_i}\right) \\
&= (-1)^{\delta_j+1} h_j c_j \prod_{i=1}^{j-1}\left(\frac{f_i}{c_i}\right) = (-1)^{\sum_{i=1}^{j}(\delta_i+1)}.
\end{aligned}$$

Damit ist das Lemma bewiesen. $\square$

Beweis des Satzes 6.25: Unter den gemachten Annahmen werden alle Voraussetzungen des Satzes 6.24 erfüllt, also gilt

$$S_{n_j-1}(x) = \gamma_j P_{j+1}(x)$$

mit

$$\gamma_j = (-1)^{\sigma_j} c_j^{1-\delta_j} \prod_{i=1}^{j-1} c_{i+1}^{n_i-n_{i+2}} \left(\frac{f_i}{e_i}\right)^{n_{i+1}-n_j+1}$$

für alle $2 \le j < k$ nach (6.10). Wir haben also $\gamma_j = 1$ zu zeigen. Das ist wahr für $j = 2$ wegen

$$\gamma_2 = (-1)^{\sigma_2} c_2^{1-n_2+n_3} c_2^{n_1-n_3} \frac{(-1)^{\delta_1+1}}{c_2^{n_1-n_2+1}} = (-1)^{\sigma_2+\delta_1+1}$$

und

$$\sigma_2 + \delta_1 + 1 = 2(n_1 - n_2 + 1) \equiv 0 \pmod 2.$$

Nehmen wir an, daß $\gamma_j = 1$ wahr ist für ein $j \ge 2$. Es gilt

$$
\begin{aligned}
\gamma_{j+1} &= (-1)^{\sigma_{j+1}} c_{j+1}^{1-\delta_{j+1}} \prod_{i=1}^{j-1} c_{i+1}^{n_i-n_{i+2}} \left(\frac{f_i}{e_i}\right)^{n_{i+1}-n_{j+1}+1} \cdot \frac{f_j}{e_j} c_{j+1}^{n_j-n_{j+2}} \\[2mm]
&= (-1)^{\sigma_{j+1}} f_j \prod_{i=1}^{j-1} c_{i+1}^{n_i-n_{i+2}} \left(\frac{f_i}{e_i}\right)^{n_{i+1}-n_{j+1}} \prod_{i=1}^{j-1} \left(\frac{f_i}{e_i}\right)^{n_j-n_{j+1}} \\[2mm]
&= (-1)^{\sigma_{j+1}-\sigma_j+\delta_j+1} \left(c_j h_j \prod_{i=1}^{j-1} \frac{f_i}{e_i}\right)^{\delta_j}.
\end{aligned}
$$

Jetzt können wir Lemma 6.8 anwenden. Wir erhalten $\gamma_{j+1} = (-1)^B$ mit

$$
B = \sigma_{j+1} - \sigma_j + \delta_j + 1 + \delta_j \sum_{i=1}^{j-1} (\delta_i + 1).
$$

Es gilt

$$
\begin{aligned}
B = \sum_{i=1}^{j-1} \big((n_i - n_{j+1} + 1)(n_{i+1} - n_{j+1} + 1) - (n_i - n_j + 1)(n_{i+1} - n_j + 1) \\
+ (n_i - n_{i+1} + 1)(n_j - n_{j+1}) \big) + 2.
\end{aligned}
$$

Man kann den Ausdruck für B einfach zu

$$
B = \sum_{i=1}^{j-1} (n_j - n_{j+1})\big(2(n_i + 1 - n_j) + n_j - n_{j+1} + 1 \big) + 2
$$

umgestalten. Dies zeigt unmittelbar, daß B eine gerade Zahl ist, und damit ist der Satz bewiesen. $\square$

Aufgrund des Satzes 6.25 können wir den Algorithmus für die Berechnung der Subresultante polynomiale Restfolge formulieren:

Algorithmus 6.6 *SRPRS*

Input: $P_1(x), P_2(x)$ *primitiv in* $I[x]$, $\deg(P_1) \geq \deg(P_2)$.
Output: $F = (P_1, P_2, \ldots, P_k)$, *so daß* $P_1(x), P_2(x), \ldots, P_k(x), 0$
            die Subresultantenfolge zu $P_1(x)$ *und* $P_2(x)$ *ist.*

  1. $e \leftarrow 1, f \leftarrow 1, F \leftarrow (P_2, P_1),$
       $P(x) \leftarrow P_2(x), i \leftarrow 3,$

  2. **while** $P(x) \neq 0$ **and** $\deg(P) \neq 0$ **do**
       $\{\delta \leftarrow \deg(P_{i-2}) - \deg(P_{i-1}),$
       $P(x) \leftarrow \mathrm{prest}(P_{i-2}, P_{i-1}),$
       if $P(x) \neq 0$ **then**
       $\{P_i(x) \leftarrow P(x)/(ef^\delta), F \leftarrow \mathrm{comp}(P_i, F),$
       $e \leftarrow \mathrm{lc}(P_{i-1}), f \leftarrow f^{1-\delta} e^\delta,$
       $i \leftarrow i + 1\}\}$

3. $F \leftarrow \text{inv}(F)$, **output** *F,* **return.**

Wir können hier die Komplexität des letzten Algorithmus nicht untersuchen, wir zitieren nur den Satz von L.E. Heindel [53].

Satz 6.26 *Der SRPRS Algorithmus berechnet den größten gemeinsamen Teiler zweier Polynome $P_1(x), P_2(x) \in \mathbb{Z}[x]$ vom Grad $\leq n$ und $\|P_i\| \leq H$ ($i = 1, 2$) in $O(n^4 \log^2 H)$ arithmetischen Operationen.*

6.9 Modulare Berechnung des größten gemeinsamen Teilers

Wir möchten in diesem Abschnitt eine alternative Methode für die Berechnung des größten gemeinsamen Teilers zweier Polynome darstellen. Es sei I_1 ein Integritätsbereich und I_2 ein homomorphes Bild von I_1. Der Homomorphismus $\varphi : I_1 \to I_2$ kann durch die Vorschrift $\Phi(a_n x^n + \ldots + a_0) = \varphi(a_n)x^n + \ldots + \varphi(a_0)$ für alle $a_n x^n + \ldots + a_0 \in I_1[x]$ zu einem Homomorphismus $\Phi : I_1[x] \to I_2[x]$ erweitert werden. Im weiteren werden wir statt Φ der Einfachheit halber ebenfalls φ schreiben.

Wir nehmen noch an, daß ggT sowohl in I_1 als auch in I_2 eine Operation ist. Im allgemeinen ist leider der ggT mit dem Homomorphismus nicht verträglich. Im Falle der Polynomringe können aber die möglichen Änderungen charakterisiert werden.

Satz 6.27 *Es seien $P_1(x), P_2(x) \in I_1[x]$ beide nicht gleich 0, $\deg(P_1) \geq \deg(P_2)$ und $\deg(\text{ggT}(P_1, P_2)) = k$. Es seien $\text{lc}(P_1) = a$, $\text{lc}(P_2) = b$. Wenn $\varphi(a)$ oder $\varphi(b) \neq 0$ ist, dann ist*

$$\deg(\text{ggT}(\varphi(P_1), \varphi(P_2))) \geq \deg(\text{ggT}(P_1, P_2)).$$

Hierin gilt $>$ dann und nur dann, wenn $\varphi(\text{lc}(S_k(P_1, P_2))) = 0$ ist. Dabei bezeichnet $S_k(x)$ die k-te Subresultante von $P_1(x)$ und $P_2(x)$.

Beweis: Es sei $\text{ggT}(P_1, P_2) = D(x)$. Wir haben $D(x)|P_i(x)$ und somit $\varphi(D)|\varphi(P_i)$, $i = 1, 2$. Daraus folgt $\varphi(D)|\text{ggT}(\varphi(P_1), \varphi(P_2))$, das heißt

$$\deg(\varphi(D)) \leq \deg(\text{ggT}(\varphi(P_1), \varphi(P_2))).$$

Andererseits gilt $\text{lc}(D)|a$, und aus $\varphi(a) \neq 0$ folgt $\varphi(\text{lc}(D)) \neq 0$, das heißt $\deg(\varphi(D)) = \deg(D)$. Hieraus folgt die erste Behauptung.

Es sei jetzt $D_1(x) = \text{ggT}(\varphi(P_1), \varphi(P_2))$,

$$S_j(x) = \sum_{i=0}^{j} \det(M(P_1, P_2)_{i,j})x^i$$

und

$$S_j'(x) = \sum_{i=0}^{j} \det(M(\varphi(P_1), \varphi(P_2))_{i,j})x^i$$

für alle $0 \leq j \leq \deg(P_2) - 1$. Dies sind die Subresultanten von $P_1(x)$ und $P_2(x)$, beziehungsweise von $\varphi(P_1)$ und $\varphi(P_2)$. Es gilt offensichtlich $S'_j(x) = \varphi(S_j(x))$.

Es seien weiter $P_1(x), P_2(x), \ldots, P_{\ell+1}(x)$, und $P'_1(x), P'_2(x), \ldots, P'_{s+1}(x)$ mit $P'_1(x) = \varphi(P_1), P'_2(x) = \varphi(P_2)$ jeweils eine polynomiale Restfolge in I_1 und in I_2. Es gilt $S'_j(x) = 0$ für alle $j < \deg(P'_s)$ nach dem grundlegenden Satz 6.8 über polynomiale Restfolgen.

Nehmen wir nun $\deg(D_1) > \deg(D) = k$ an. Dann erhalten wir $S'_k(x) = \varphi(S_k) = 0$, woraus $\varphi(\mathrm{lc}(S_k)) = 0$ unmittelbar folgt.

Es sei umgekehrt $\deg(D_1) = k$. Es gilt $S'_k(x) \sim P'_s(x)$, deswegen ist $S'_k(x) \sim D_1(x)$. Der Grad von $S'_k(x)$ ist k, und es ist $\mathrm{lc}(S'_k) \neq 0$. Wegen $\mathrm{lc}(S'_k) = \varphi(\mathrm{lc}(S_k))$, ist also $\varphi(\mathrm{lc}(S_k)) \neq 0$. Der Satz ist bewiesen. $\square$

Jetzt können wir einen Algorithmus für die modulare Berechnung des größten gemeinsamen Teilers zweier Polynome von $\mathbb{Z}[x]$ darstellen. Wir folgen dabei der in Abschnitt 4.1 beschriebenen Grundidee. Es seien $P_1(x), P_2(x) \in \mathbb{Z}[x]$, und wir suchen den größten gemeinsamen Teiler von $P_1(x), P_2(x)$. Wählen wir Primzahlen $p_1, p_2, \ldots$, so daß $p_i \nmid \mathrm{lc}(P_1)\mathrm{lc}(P_2)$ gilt und berechnen den größten gemeinsamen Teiler $D_i(x) = \mathrm{ggT}(P_1(x) \bmod p_i, P_2(x) \bmod p_i)$ im Polynomring $\mathbb{F}_{p_i}[x], i = 1, 2, \ldots$. (Das Polynom $D(x) \bmod m$ entsteht aus $D(x) \in \mathbb{Z}[x]$, indem man die Koeffizienten von $D(x)$ modulo m reduziert.) Im Beweis von Satz 6.27 haben wir $(D(x) \bmod p_i)|D_i$ gezeigt.

Es seien $F_i(x) \in \mathbb{Z}/(p_1 \cdots p_i)[x]$, mit $F_i(x) \equiv D_j(x) \pmod{p_j}$, $j = 1, \ldots, i$. Dann gilt $(D(x) \bmod p_1 \cdots p_i)|F_i(x)$ im Ring $\mathbb{Z}/(p_1 \cdots p_i)[x]$. Wir berechnen die Polynome $F_1(x), F_2(x), \ldots$ mit dem chinesischen Restalgorithmus 4.2. Es bleibt nur noch die Anzahl der benötigten Primzahlen zu kontrollieren. Hierzu benutzen wir Folgerung 6.4 des Mignotteschen Satzes 6.21.

Algorithmus 6.7 *MODGGT*

Input: $P_1(x), P_2(x) \in \mathbb{Z}[x]$ *primitive Polynome mit* $\deg(P_1) \geq \deg(P_2)$.
Output: $\mathrm{ggT}(P_1, P_2)$.
       (In* $\mathbb{F}_p$ *rechnen wir mit dem absolut kleinsten Restsystem.*)*
       (Die Funktion* nextprime*(x) gibt die kleinste Primzahl aus,*
       *welche größer ist als x. *)*

1. $g \leftarrow |\mathrm{ggT}(\mathrm{lc}(P_1), \mathrm{lc}(P_2))|$, $g1 \leftarrow \mathrm{lc}(P_1)\mathrm{lc}(P_2), p \leftarrow 1$
$$M \leftarrow 2^{\deg(P_2)+1} g \min \left\{ \frac{\|P_1\|}{|\mathrm{lc}(P_1)|}, \frac{\|P_2\|}{|\mathrm{lc}(P_2)|} \right\},$$
(Die Mignottesche Schranke für* $P_1(x)$ *und* $P_2(x)$. *Siehe Folgerung 6.4 *)*

2. $p \leftarrow$ nextprime*(p) mit* $p \nmid g1$,
$C_p(x) \leftarrow \mathrm{ggT}(P_1(x) \bmod p, P_2(x) \bmod p)$, *(* mit* $\mathrm{lc}(C_p) = 1$ **)*
$G_p(x) \leftarrow g \cdot C_p(x) \bmod p$,

3. **if** $\deg(G_p) = 0$ **then output** *1*, **return**.
$q \leftarrow p$,
$G(x) \leftarrow G_p(x)$,

$4.$ **while** $q \leq M$ **do**
$\{p \leftarrow$ nextprime(p) *mit* $p \nmid g1,$
$C_p(x) \leftarrow$ ggT$(P_1(x)$ mod $p, P_2(x)$ mod $p),$ *(* mit* lc$(C_p) = 1$ **)*
$G_p(x) \leftarrow g \cdot C_p(x)$ mod $p,$
if deg$(G_p) <$ deg(G) **then goto** $3.$
if deg$(G_p) =$ deg(G) **then**
$\{G(x) \leftarrow CRA2(G, G_p, q, p)$
$q \leftarrow q \cdot p\} \}$

$5.$ $G(x) \leftarrow$ pp$(G),$
if $G(x)|P_1(x)$ **and** $G(x)|P_2(x)$ **then** { **output** G **return** } **else goto** $2.$

Satz 6.28 *Es seien* $P_1(x), P_2(x) \in \mathbb{Z}[x]$ *mit* $n = \max\{\deg(P_1), \deg(P_2), 1\}$ *und mit* $H = \max\{\|P_1\|, \|P_2\|, e\}$. *Dann terminiert Algorithmus 6.7 erfolgreich nach* $O(n^3 \log^2 H)$ *Schritten.*

Beweis: Eine Primzahl p nennen wir gut, wenn

$$\text{ggT}(P_1(x) \text{ mod } p, P_2(x) \text{ mod } p) = \text{ggT}(P_1(x), P_2(x)) \text{ mod } p$$

ist, sonst nennen wir sie schlecht. Eine schlechte Primzahl ist nach Satz 6.27 dadurch gekennzeichnet, daß p eine der drei Zahlen lc(P_1), lc(P_2) oder lc$(S_k(P_1, P_2))$ teilt für $k = \deg(\text{ggT}(P_1, P_2))$. Es gilt $|\text{lc}(P_1)|, |\text{lc}(P_2)| \leq H$ und $|\text{lc}(S_k(P_1, P_2))| \leq H^{2n}$. Es sei N_1 die Anzahl der schlechten Primzahlen, dann liefert $N_1 \leq O(n \log(H))$ die triviale Abschätzung

$$H^{2n} \geq \prod_{p \text{ schlecht}} p \geq 2^{N_1}.$$

Es sei nun N_2 die Anzahl derjenigen guten Primzahlen, welche wir benötigen, um die Mignottesche Schranke zu erreichen. Aus

$$2^{n+1} H \geq \prod_{p \text{ gut}} p \geq 2^{N_2}$$

folgt $N_2 \leq O(n + \log(H))$.

Die Schleife 4 wird also höchstens $N_1 + N_2$-mal durchlaufen, im schlimmsten Fall also $O(n \log(H))$-mal. Wir müssen also so oft modulare größte gemeinsame Teiler berechnen und $CRA2$ aufrufen. Für den modularen größten gemeinsamen Teiler brauchen wir $O(n \log(H))$ Reduktionen modulo p und $O(n^2)$ Divisionen. Nach dem Satz 4.6 über die Komplexität von $CRA2$ brauchen wir höchstens $O(n(n + \log(H)))$ Operationen, um $CRA2$ durchzuführen. Das gibt insgesamt $O(n(n + \log(H)))$ Operationen für einen Schritt und $O(n^2 \log(H)(n + \log(H))) = O(n^3 \log^2(H))$ insgesamt.
$\square$

Die *Spezialisierung* ist besonders brauchbar für Polynomringe mit mehreren Unbestimmten. Es seien R ein kommutativer Ring, $\alpha \in R$, $P(x_1, \ldots, x_n) \in R[x_1, \ldots, x_n]$ und $1 \leq s \leq r$. Dann ist die Abbildung

$$\varphi_{s,\alpha}(P(x_1,\ldots,x_n)) = P(x_1,\ldots,x_{s-1},\alpha,x_{s+1},\ldots,x_n)$$

ein Homomorphismus von $R[x_1,\ldots,x_n]$ auf $R[x_1,\ldots,x_{s-1},x_{s+1},\ldots,x_n]$. Sie wird die Spezialisierung von x_s auf $x_s = \alpha$ genannt. Im Fall der Spezialisierung erhalten wir aus Satz 6.27:

Folgerung 6.5 *Es seien I ein Integritätsbereich mit der Operation ggT, $\alpha \in I$, $P_1(x,y), P_2(x,y) \in I[x,y]$ und $\varphi_{y,\alpha}$ die Spezialisierung $y = \alpha$ in $I[x,y]$. Wenn*

$$\varphi_{y,\alpha}(\mathrm{ggT}(P_1,P_2)) \neq \mathrm{ggT}(\varphi_{y,\alpha}(P_1),\varphi_{y,\alpha}(P_2))$$

ist, dann teilt $y - \alpha$ entweder $\mathrm{lc}_x(P_1)$ und $\mathrm{lc}_x(P_2)$ oder

$$\mathrm{Res}_x\left(\frac{P_1(x,y)}{\mathrm{ggT}(P_1,P_2)_x}, \frac{P_2(x,y)}{\mathrm{ggT}(P_1,P_2)_x}\right),$$

wobei $\mathrm{ggT}(P_1,P_2)_x$ den größter gemeinsamer Teiler von $P_1(x,y)$ und $P_2(x,y)$ bezüglich x bezeichnet.

Beweis: Nehmen wir an, daß $y - \alpha$ entweder $\mathrm{lc}_x(P_1)$ oder $\mathrm{lc}_x(P_2)$ nicht teilt. Wir können ohne Beschränkung der Allgemeinheit $(y - \alpha) \nmid \mathrm{lc}_x(P_1)$ annehmen. Da $\mathrm{lc}_x(P_1)$ ein Polynom in y ist, bedeutet diese Annahme nichts anderes als $\varphi_{y,\alpha}(\mathrm{lc}_x(P_1)) \neq 0$.

Betrachten wir $P_1(x,y)$ und $P_2(x,y)$ als Polynome in x über dem Integritätsbereich $I[y]$. Da die Polynome $\dfrac{P_1(x,y)}{\mathrm{ggT}(P_1,P_2)_x}$ und $\dfrac{P_2(x,y)}{\mathrm{ggT}(P_1,P_2)_x}$ in $I[y][x]$ teilerfremd sind, so ist ihr größter gemeinsamer Teiler bezüglich x vom Grad 0, das heißt ein Polynom in y. Mit den Bezeichnungen von Satz 6.27 erhalten wir $k = 0$ und somit

$$\varphi_{y,\alpha}\left(\mathrm{Res}_x\left(\frac{P_1(x,y)}{\mathrm{ggT}(P_1,P_2)_x}, \frac{P_2(x,y)}{\mathrm{ggT}(P_1,P_2)_x}\right)\right) = 0.$$

Damit ist die Folgerung bewiesen. $\square$

Der folgende Algorithmus wurzelt in Folgerung 6.5 und wendet die Spezialisierung mehrfach an. Die Funktion $\varphi_{s,\alpha}(P)$ wird hier durch $subs(x_s = \alpha, P)$ bezeichnet. Wir setzen noch voraus, daß ein Zufallszahlengenerator $random()$ zur Verfügung steht.

Algorithmus 6.8 $GGT(P_1,P_2,r,s)$

Input: $P_1, P_2 \in \mathbb{Z}[x_1,\ldots,x_r] \cong \mathbb{Z}[x_1,\ldots,x_{r-1}][x_r]$, $0 \leq s < r$.
Output: $\mathrm{ggT}(P_1,P_2) \in \mathbb{Z}[x_1,\ldots,x_{r-1}][x_r]$.

    1. **if** $s = 0$ **then** *Bestimme* $MODGGT(P_1,P_2,x_r)$, **return**
        $M \leftarrow 1 + \min\{\deg_{x_s}(P_1), \deg_{x_s}(P_2)\}$,

    2. **repeat**
        $v \leftarrow random(\,)$,
        $P_1v \leftarrow subs(x_s = v, P_1)$,
        $P_2v \leftarrow subs(x_s = v, P_2)$,
        until $\deg_{x_r}(P_1v) \neq \deg_{x_r}(P_1)$ *and* $\deg_{x_r}(P_2v) \neq \deg_{x_r}(P_2)$.
        $C \leftarrow GGT(P_1v,P_2v,r,s-1)$,

3. $K \leftarrow x_s - v$, $n \leftarrow 1$, $R \leftarrow C$,
   while $n \leq M$ **do**
   { **repeat**
   $v \leftarrow random(\ )$,
   $P_1 v \leftarrow subs(x_s = v, P_1)$,
   $P_2 v \leftarrow subs(x_s = v, P_2)$,
   until $\deg_{x_r}(P_1 v) \neq \deg_{x_r}(P_1)$ *and* $\deg_{x_r}(P_2 v) \neq \deg_{x_r}(P_2)$,
   $C \leftarrow GGT(P_1 v, P_2 v, r, s - 1)$,
   if $\deg_{x_r}(C) = \deg_{x_r}(R)$ **then**
   { $R \leftarrow CRA2(R, K, C, x_s - v)$,
   $K \leftarrow K(x_s - v)$,
   $n \leftarrow n + 1$ } },
   if $R|P_1$ **and** $R|P_2$ **then output** R, **return**
   goto *2.*

6.10 Resultante

Wir kehren jetzt zu der näheren Untersuchung der Resultanten zurück, was wir in
Abschnitt 6.8 angedeutet haben. Es sei R ein kommutativer Ring mit Einselement
und $P_1(x) = \sum_{j=0}^{n} a_j x^j$, $P_2(x) = \sum_{j=0}^{m} b_j x^j \in R[x]$. Die Determinante der Matrix

$$M = \mathrm{mat}(x^{m-1} P_1(x), \ldots, P_1(x), x^{n-1} P_2(x), \ldots, P_2(x))$$

wurde dort als die Resultante der Polynome $P_1(x)$ und $P_2(x)$ definiert. Wir möchten
bemerken, daß dieser Begriff leer ist, wenn $\deg(P_1) = \deg(P_2) = 0$ ist. In diesem
ausgearteten Fall setzen wir $\mathrm{Res}(P_1, P_2) = 0$.

Die $(m + n) \times (m + n)$ Matrix M hat die Gestalt

$$M = \begin{pmatrix}
a_n & a_{n-1} & & & \cdots & a_0 & & \cdots & 0 \\
0 & a_n & a_{n-1} & & \cdots & a_1 & a_0 & \cdots & 0 \\
 & & \ddots & & & & & & \\
0 & \cdots & a_n & a_{n-1} & \cdots & & & & a_0 \\
b_m & b_{m-1} & & & \cdots & b_0 & & \cdots & 0 \\
\vdots & & \ddots & & & & & & \\
0 & b_m & & & & b_{m-1} & & \cdots & b_0
\end{pmatrix},$$

wobei in den ersten m Zeilen die Koeffizienten von $P_1(x)$ und in den darauffolgenden
n Zeilen die Koeffizienten von $P_2(x)$ sind.

Die Identitäten

$$\mathrm{Res}(P_1, P_2) = (-1)^{mn} \mathrm{Res}(P_2, P_1), \tag{6.12}$$

$$\mathrm{Res}(P_1, a) = a^n \ (a \in R) \tag{6.13}$$

folgen unmittelbar aus der Definition. Wir beweisen nun eine allgemeine Eigenschaft, welche zeigt, daß die Resultante eine ähnliche Rolle für Polynome spielt, wie der größte gemeinsame Teiler für die ganzen Zahlen.

Satz 6.29 *Mit den obigen Bezeichnungen existieren* $S(x), T(x) \in R[x]$ *mit* $\deg(S) < \deg(P_2)$, $\deg(T) < \deg(P_1)$ *und* $P_1(x)S(x) + P_2(x)T(x) = \mathrm{Res}(P_1, P_2)$.

Beweis: Wir addieren das x^{n+m-i}–fache der i–ten Spalte von M zu der letzten Spalte, dann sieht die Transponierte der letzten Spalte wie folgt aus

$$(x^{m-1}P_1(x), x^{m-2}P_1(x), \ldots, P_1(x), x^{n-1}P_2(x), x^{n-2}P_2(x), \ldots, P_2(x)).$$

Darüber hinaus ist die Determinante der neuen Matrix, M', gleich der Determinante von M.

Berechnet man die Determinante von M' durch Entwicklung nach der letzten Spalte, dann erreicht man das behauptete Resultat. $\square$

Im weiteren werden wir in einem Integritätsbereich I arbeiten, da die folgenden Sätze in einer allgemeineren Situation nicht immer wahr bleiben.

Satz 6.30 *Für* $0 \neq P_1(x), P_2(x) \in I[x]$ *gilt* $\mathrm{Res}(P_1, P_2) = 0$ *genau dann, wenn* $\deg(\mathrm{ggT}(P_1, P_2)) > 0$ *ist.*

Beweis: Es sei $P_1(x), P_2(x), \ldots, P_k(x), P_{k+1}(x) \in I[x], P_{k+1}(x) = 0$, eine polynomiale Restfolge in $I[x]$. Sie ist nach Satz 6.23 bis auf Ähnlichkeit eindeutig bestimmt, und $P_k(x) \neq 0$ ist einerseits zu dem größten gemeinsamen Teiler von $P_1(x)$ und $P_2(x)$, andererseits nach Satz 6.24, genauer nach (6.11) zu $S_{n_k}(x)$ ähnlich ist, wobei $n_k = \deg(P_k) = \deg(\mathrm{ggT}(P_1, P_2))$ ist.

Wenn $\deg(\mathrm{ggT}(P_1, P_2)) = 0$ ist, dann ist $S_0 = \mathrm{Res}(P_1, P_2)$ nicht Null. Ist dagegen $n_k > 0$, dann ist $S_0 = 0$, wegen (6.9). $\square$

Lemma 6.9 *Es seien* K *ein Körper,* $P_1(x), P_2(x) \in K[x]$ *mit* $\deg(P_1) = n$, $\deg(P_2) = m$ *und* $0 < n \leq m$. *Nehmen wir* $P_2(x) = Q(x)P_1(x) + R(x)$ *mit* $\deg(R) < \deg(P_1)$ *an. Dann gilt*

$$\mathrm{Res}(P_1, P_2) = \mathrm{lc}(P_1)^{m-\deg(R)}\mathrm{Res}(P_1, R). \tag{6.14}$$

Beweis: Der Beweis ist ähnlich wie der Beweis von Satz 6.24. Es sei $Q(x) = \sum_{j=0}^{m-n} c_j x^j$ und $1 \leq i \leq n$. Wir multiplizieren die i–ten, $(i+1)$–ten, $\ldots, (m - n + i)$–ten Zeilen jeweils mit $c_{m-n}, \ldots, c_0$ und subtrahieren die Ergebnisse von der $(n+i)$–ten Zeile. Dann stehen dort die Koeffizienten von $x^{n-i}R(x)$. Wir erhalten auf diese Weise eine Matrix der Form

$$\begin{pmatrix} M_1 & M_1' \\ 0 & M_2 \end{pmatrix},$$

wobei M_1 eine $(m - n) \times (m - n)$ Diagonalmatrix mit $\mathrm{lc}(P_1)$ in der Hauptdiagonale und M_2 die Resultantenmatrix von $P_1(x)$ und $R(x)$ ist. Darüber hinaus ist die Determinante der transformierten Matrix gleich der Determinante der Ausgangsmatrix, das heißt mit $\mathrm{Res}(P_1, P_2)$. $\square$

Wir sind jetzt in der Lage, die Resultante zweier Polynome durch deren Nullstellen auszudrücken.

Satz 6.31 *Es seien I ein Integritätsbereich, $P_1(x), P_2(x) \in I[x]$ mit $\deg(P_1) = n, \deg(P_2) = m$ und $n + m > 0$. Es seien $\alpha_1, \ldots, \alpha_n$ beziehungsweise $\beta_1, \ldots, \beta_m$ die Nullstellen von $P_1(x)$ beziehungsweise $P_2(x)$ in einem Oberkörper von I. Dann gilt*

$$\mathrm{Res}(P_1, P_2) = \mathrm{lc}(P_1)^m \prod_{i=1}^{n} P_2(\alpha_i) = (-1)^{mn} \mathrm{lc}(P_2)^n \prod_{i=1}^{m} P_1(\beta_i)$$

$$= \mathrm{lc}(P_1)^m \mathrm{lc}(P_2)^n \prod_{i=1}^{n} \prod_{j=1}^{m} (\alpha_i - \beta_j).$$

Beweis: Aus dem Satz 6.12 folgt, daß sowohl der zweite als auch der dritte Ausdruck mit dem vierten identisch sind. Es reicht also,

$$\mathrm{Res}(P_1, P_2) = \mathrm{lc}(P_1)^m \mathrm{lc}(P_2)^n \prod_{i=1}^{n} \prod_{j=1}^{m} (\alpha_i - \beta_j) \tag{6.15}$$

zu beweisen.

Es ist klar, daß die Regeln (6.12), (6.13) und (6.14) die Resultante eindeutig definieren. Genauer gesagt, wenn wir sie oft genug anwenden, erhalten wir schließlich ein Element aus I, welches mit der Resultanten übereinstimmt. Es reicht also zu zeigen, daß (6.15) diesen Regeln gehorcht. Die Gültigkeit von (6.12) und (6.13) sieht man sofort.

Es sei $P_2(x) = Q(x)P_1(x) + R(x)$ mit $Q(x), R(x) \in Q_I[x]$ und $k = \deg(R) < \deg(P_1)$. Dann gilt $P_2(\alpha_i) = R(\alpha_i)$, $i = 1, \ldots, n$, welches wir laut Satz 6.12 in der Form

$$\mathrm{lc}(P_2) \prod_{j=1}^{m} (\alpha_i - \beta_j) = \mathrm{lc}(R) \prod_{j=1}^{k} (\alpha_i - \gamma_j)$$

schreiben dürfen, wobei $\gamma_1, \ldots, \gamma_k$ die Nullstellen von $R(x)$ bezeichnen. Es folgt

$$\mathrm{Res}(P_1, P_2) = \mathrm{lc}^m(P_1) \mathrm{lc}^n(P_2) \prod_{i=1}^{n} \prod_{j=1}^{m} (\alpha_i - \beta_j)$$

$$= \mathrm{lc}^m(P_1) \mathrm{lc}^n(R) \prod_{i=1}^{n} \prod_{j=1}^{k} (\alpha_i - \gamma_j) = \mathrm{lc}^{m-k}(P_1) \mathrm{Res}(P_1, R)$$

und damit ist auch (6.14) bewiesen. $\square$

Für die Analyse des LLL Faktorisierungsalgorithmus 7.5 brauchen wir den folgenden Satz.

Satz 6.32 *Es seien* $0 \neq G(x), F(x) \in \mathbb{Z}[x]$ *teilerfremd mit* $\deg(F) = n$ *und* $\deg(G) = m$ *und* $\alpha \in \mathbb{C}$ *eine Nullstelle von* $F(x)$ *mit* $|\alpha| \leq 1$. *Dann gilt*

$$|G(\alpha)| \geq n^{-1} \|F\|^{-m} \|G\|^{-n+1}.$$

Beweis: Es sei $r = \mathrm{Res}(G, F)$. Wegen der Definition der Resultante ist r eine ganze Zahl und $r \neq 0$ nach Satz 6.30, da $G(x)$ und $F(x)$ teilerfremd sind. Es existieren schließlich $S(x), T(x) \in \mathbb{Z}[x]$ mit $\deg(S) < \deg(F)$ und $\deg(T) < \deg(G)$ mit

$$S(x)G(x) + T(x)F(x) = r \tag{6.16}$$

nach Satz 6.29. Analysiert man den Beweis des Satzes 6.29 genauer, dann sieht man auch $H(S) \leq \|F\|^m \|G\|^{n-1}$ leicht ein. Setzen wir nun $x = \alpha$ in (6.16), dann erhalten wir

$$G(\alpha)S(\alpha) = r$$

wegen $F(\alpha) = 0$. Die Abschätzung für $H(S)$ und $|\alpha| \leq 1$ implizieren

$$|S(\alpha)| \leq n\|F\|^m \|G\|^{n-1}$$

und die Behauptung folgt wegen $|r| \geq 1$. $\square$

Es sei $P(x) \in I[x]$ und $P'(x)$ bezeichne seine Ableitung. Die Resultante $\mathrm{Res}(P, P')$ ist die *Diskriminante* von $P(x)$ und wird mit $\mathrm{Disc}(P)$ bezeichnet. Durch die Kombination der Sätze 6.30 und 7.2 erhalten wir

Satz 6.33 *Das Polynom* $P(x) \in I[x]$ *hat eine mehrfache Nullstelle genau dann, wenn* $\mathrm{Disc}(P) = 0$ *ist.*

6.11 Polynomiale Gleichungsysteme 1.

Von den zahlreichen Anwendungen der Resultanten möchten wir hier nur zwei behandeln. Wir fangen mit der Berechnung gemeinsamer Nullstellen polynomieller Gleichungssysteme an.

Wir möchten zuerst eine Bezeichnung erläutern. Es sei $\underline{x} = (x_1, \ldots, x_n)$ und $P_1(\underline{x}), P_2(\underline{x}) \in I[\underline{x}]$. Wir dürfen laut Abschnitt 6.1 $P_1(\underline{x})$ und $P_2(\underline{x})$ als Elemente des Polynomringes $I_s[x_s]$ mit $1 \leq s \leq n$ und

$$I_s = I[\underline{x}_s] = I[x_1, \ldots, x_{s-1}, x_{s+1}, \ldots, x_n]$$

betrachten. I_s ist ein Integritätsbereich, also ist die Resultante von $P_1(\underline{x})$ und $P_2(\underline{x})$ bezüglich der Unbestimmten x_s wohldefiniert. Sie wird durch $\mathrm{Res}_{x_s}(P_1, P_2)$ bezeichnet. Wir möchten bemerken, daß $\mathrm{Res}_{x_s}(P_1, P_2)$ ein Polynom in den Unbestimmten $x_1, \ldots, x_{s-1}, x_{s+1}, \ldots, x_n$ ist.

Satz 6.34 *Es seien K ein algebraisch abgeschlossener Körper und $P_1(x,y)$, $P_2(x,y) \in K[x,y]$. Wenn*

$$P_1(\alpha,\beta) = P_2(\alpha,\beta) = 0 \tag{6.17}$$

für $(\alpha,\beta) \in K^2$ ist, dann gilt

$$\mathrm{Res}_x(P_1,P_2)(\beta) = 0. \tag{6.18}$$

Umgekehrt folgt aus (6.18) entweder $\mathrm{lc}_x(P_1)(\beta) \cdot \mathrm{lc}_x(P_2)(\beta) = 0$, oder es existiert ein $\alpha \in K$ mit (6.17).

Bemerkung 10 $\mathrm{lc}_x(P_1), \mathrm{lc}_x(P_2)$ *und* $\mathrm{Res}_x(P_1,P_2)$ *sind Polynome in y. Nach dem Satz muß β die Nullstelle eines dieser Polynome sein. Wird die Rolle von α und β vertauscht, dann erhalten wir eine analoge Aussage für α.*

Beweis: Nach Satz 6.29 existieren $S(x,y), T(x,y) \in I[x,y]$, so daß

$$P_1(x,y)S(x,y) + P_2(x,y)T(x,y) = \mathrm{Res}_x(P_1,P_2)$$

gilt. Wenn $(\alpha,\beta) \in K^2$ das Gleichungssystem (6.17) erfüllt, dann folgt (6.18) unmittelbar.

Nehmen wir jetzt an, daß (6.18) mit einem $\beta \in K$ wahr ist. Bezeichne $\alpha_i(y)$, $i = 1,\ldots,\deg_x(P_1) = n$ und $\beta_i(y)$, $i = 1,\ldots,\deg_x(P_2) = m$ die Nullstellen von $P_1(x,y)$ beziehungsweise $P_2(x,y)$ in einem algebraisch abgeschlossenen Oberkörper von $K[y]$. Dann gilt:

$$\mathrm{Res}_x(P_1,P_2) = \mathrm{lc}_x^m(P_1)\mathrm{lc}_x^n(P_2) \prod_{i=1}^{n} \prod_{j=1}^{m} (\alpha_i(y) - \beta_j(y)).$$

Setzen wir hier β für y ein, dann ist entweder $\mathrm{lc}_x(P_1)(\beta) \cdot \mathrm{lc}_x(P_2)(\beta) = 0$, oder es existieren $1 \le i \le n$, $1 \le j \le m$ mit $\alpha_i(\beta) = \beta_j(\beta) = \alpha$. Das Element α gehört zu K wegen seiner algebraischen Abgeschlossenheit. Somit ist der Satz bewiesen. $\square$

Der Sinn dieses Satzes zur Lösung polynomialer Gleichungssysteme besteht darin, daß man eine der Unbekannten eliminieren kann. Wenn mehrere Polynome gegeben sind, dann kann man das Eliminationsverfahren fortsetzen. Wir möchten durch ein in [80] betrachtetes Beispiel veranschaulichen, wie das Verfahren funktioniert. Betrachten wir das Gleichungssystem

$$
\begin{aligned}
P_1 &= x_1 x_2 x_3 - 1 = 0, \\
P_2 &= (x_1 - 1)(x_2 - 1)(x_3 - 1) - 1 = 0, \\
P_3 &= y_1 y_2 y_3 - 1 = 0, \\
P_4 &= (y_1 - x_1)(y_2 - x_2)(y_3 - x_3) - 1 = 0, \\
P_5 &= (y_1 - 1)(y_2 - 1)(y_3 - 1) - 1 = 0, \\
P_6 &= y_3(y_3 + x_3^3 - x_3^2 - 1) - x_3^2 + x_3 = 0.
\end{aligned}
$$

Wir bilden der Reihe nach die Resultanten

$$P_{12} = \mathrm{Res}_{x_1}(P_1, P_2)$$

$$P_{14} = \mathrm{Res}_{x_1}(P_1, P_4)$$

$$P_{124} = \mathrm{Res}_{x_2}(P_{12}, P_{14})$$

$$P_{35} = \mathrm{Res}_{y_1}(P_3, P_5)$$

$$P_{1234} = \mathrm{Res}_{y_1}(P_3, P_{124})$$

$$P_{12345} = \mathrm{Res}_{y_2}(P_{35}, P_{1234})$$

$$P = \mathrm{Res}_{y_3}(P_{12345}, P_6).$$

Das Polynom P hängt nur noch von x_3 ab und hat die Gestalt:

$$x_3^{18}(x_3 - 1)^{14}(2x_3^{13} - 4x_3^{12} + 8x_3^{11} - 23x_3^{10} + 36x_3^9 - 40x_3^8$$

$$+88x_3^7 - 158x_3^6 + 174x_3^5 - 119x_3^4 + 55x_3^3 - 15x_3^2 + x_3 + 1)^2.$$

Die Gleichung $P(x_3) = 0$ hat endlich viele Lösungen, und durch Rücksubstitution erhalten wir die Lösungen des Systems. Das Beispiel zeigt auch, daß zu gewissen Nullstellen der Resultante, das heißt von $P(x_3)$, keine Lösung des Gleichungssystems gehört. $x_3 = 0$ und $x_3 = 1$ sind Nullstellen von $P(x_3)$, aber diese Werte widersprechen den Gleichungen $P_1 = 0$ beziehungsweise $P_2 = 0$.

6.12 Algebraische Zahlen

Es seien I ein Integritätsbereich, Q_I sein Quotientenkörper und K ein solcher Oberkörper von Q_I, welcher den algebraischen Abschluß von Q_I enthält.

Das Element $\alpha \in K$ heißt *algebraisch* über I, wenn ein $0 \neq P(x) \in Q_I[x]$ existiert mit $P(\alpha) = 0$. Wenn $\alpha \in K$ algebraisch ist, dann ist es auch Nullstelle eines irreduziblen Polynoms in $Q_I[x]$, und dieses können wir so normieren, daß sein Hauptkoeffizient 1 ist. Dieses *Minimalpolynom* von α ist offensichtlich eindeutig bestimmt. Den Grad des Minimalpolynoms von α nennen wir den *Grad* von α. Ein algebraisches Element $\alpha \in K$ heißt *ganz algebraisch*, wenn sein Minimalpolynom zu $I[x]$ gehört.

Wir können arithmetische Operationen zwischen algebraischen Elementen durchführen. Der folgende Satz zeigt, daß das Ergebnis wieder algebraisch ist.

Satz 6.35 *Es seien* $P_1(x) = a_n \prod_{i=1}^{n} (x - \alpha_i)$ *und* $P_2(x) = b_m \prod_{i=1}^{m} (x - \beta_i)$ *aus* $I[x]$ *von positivem Grad und mit Nullstellen* $\alpha_1, \ldots, \alpha_n$ *und* $\beta_1, \ldots, \beta_m$ *aus* K. *Dann gilt*

(i) $\mathrm{Res}_y(P_1(x - y), P_2(y)) = (-1)^{nm} a_n^m b_m^n \prod_{i=1}^{n} \prod_{j=1}^{m} (x - (\alpha_i + \beta_j))$,

(ii) $\mathrm{Res}_y(P_1(x + y), P_2(y)) = (-1)^{nm} a_n^m b_m^n \prod_{i=1}^{n} \prod_{j=1}^{m} (x - (\alpha_i - \beta_j))$,

(iii) $\operatorname{Res}_y(y^n P_1(x/y), P_2(y)) = (-1)^{nm} a_n^m b_m^n \prod_{i=1}^{n} \prod_{j=1}^{m} (x - (\alpha_i \beta_j))$,

(iv) $\operatorname{Res}_y(P_2(xy), P_2(y)) = a_n^m P_2(0)^n \prod_{i=1}^{n} \prod_{j=1}^{m} (x - (\alpha_i/\beta_j))$

für $P_2(0) \neq 0$.

Beweis: Im Beweis benutzen wir Satz 6.31.

$$
\begin{aligned}
(i) \quad \operatorname{Res}_y(P_1(x - y), P_2(y)) &= (-1)^{nm} b_m^n \prod_{j=1}^{m} P_1(x - \beta_i) \\
&= (-1)^{nm} a_n^m b_m^n \prod_{i=1}^{n} \prod_{j=1}^{m} (x - (\alpha_i + \beta_j)), \\[2ex]
(ii) \quad \operatorname{Res}_y(P_1(x + y), P_2(y)) &= (-1)^{nm} b_m^n \prod_{j=1}^{m} P_1(x - \beta_j) \\
&= (-1)^{nm} a_n^m b_m^n \prod_{i=1}^{n} \prod_{j=1}^{m} (x - (\alpha_i - \beta_j)), \\[2ex]
(iii) \quad \operatorname{Res}_y(y^n P_1(x/y), P_2(y)) &= (-1)^{nm} b_m^n \prod_{j=1}^{m} \beta_j^n P_1(x/\beta_j) \\
&= (-1)^{nm} a_n^m b_m^n \prod_{i=1}^{n} \prod_{j=1}^{m} (x - \alpha_i \beta_j), \\[2ex]
(iv) \quad \operatorname{Res}_y(P_1(xy), P_2(y)) &= (-1)^{nm} b_m^n \prod_{j=1}^{m} P_1(x\beta_j) \\
&= (-1)^{nm} a_n^m b_m^n \prod_{i=1}^{n} \prod_{j=1}^{m} (x\beta_j - \alpha_i) \\
&= (-1)^{nm} a_n^m b_m^n \prod_{i=1}^{n} \left(\prod_{j=1}^{m} \beta_j \right) \prod_{j=1}^{m} (x - \alpha_i/\beta_j) \\
&= a_n^m P_2(0)^n \prod_{i=1}^{n} \prod_{j=1}^{m} (x - \alpha_i/\beta_j).
\end{aligned}
$$

$\square$

Aus Satz 6.35 folgt die nächste Behauptung.

Satz 6.36 *Die algebraischen Elemente über einem Integritätsbereich bilden einen Körper, in dem die Menge der ganzen algebraischen Elemente ein Ring ist.*

Beweis: Die erste Behauptung ist unmittelbar klar. Zu der zweiten müssen wir bemerken: wenn $P_1(x)$ und $P_2(x)$ die Minimalpolynome von α und β sind, dann sind $P_1(x)$ und $P_2(x)$ normierte Polynome. Bezeichne $R(x)$ eines der Polynome (i)–(iv) aus Satz 6.35. Dann ist $R(x)$ ebenfalls normiert. Das Minimalpolynom von $\alpha \circ \beta$, ($\circ$ bezeichnet eine der Operationen $+, -, *, /$) ist als ein Teiler von $R(x)$ nach dem Gaußschen Lemma 6.2 ein normiertes Polynom in $I[x]$. $\square$

Bemerkung 11 *Wenn $P_1(x)$ und $P_2(x)$ die Minimalpolynome von α und β sind, dann ist das Minimalpolynom $P_{\alpha \circ \beta}(x)$ von $\alpha \circ \beta$ ein Teiler von $R(x)$. $P_{\alpha \circ \beta}(x)$ kann also aus $R(x)$ mit der in Abschnitt 7.3 beschriebenen Methode gewonnen werden.*

Bemerkung 12 *Eine alternative Methode für die Berechnung von $P_{\alpha \circ \beta}(x)$ werden wir in Abschnitt 7.3.2 behandeln. Jene Methode ist weniger formal und ist nur für algebraische Zahlen über $\mathbb{Q}$ anwendbar.*

Nachdem wir uns mit der Arithmetik des ganz großen Körpers aller algebraischen Elemente über einem Integritätsbereich bekannt gemacht haben, möchten wir ähnliches mit etwas kleineren Körpern auch tun. Es seien A_I der Körper der algebraischen Zahlen über I und $0 \neq \alpha \in A_I$. Es existiert ein minimaler Teilkörper K von A_I, welcher sowohl α als auch Q_I enthält. Den werden wir mit $Q_I(\alpha)$ bezeichnen und den *durch α erzeugten Zahlkörper* nennen.

Satz 6.37 *Es sei n der Grad von α. Dann existiert für jedes $\beta \in Q_I(\alpha)$ ein eindeutig bestimmtes $P(x) \in Q_I[x]$ mit $\deg(P) < n$, so daß $\beta = P(\alpha)$ gilt.*

Beweis: Da $Q_I(\alpha)$ sowohl α als auch Q_I enthält und ein Körper ist, gehören die Elemente $\dfrac{P_1(\alpha)}{P_2(\alpha)}$ mit $P_1(x), P_2(x) \in Q_I[x]$, $P_2(\alpha) \neq 0$, zu $Q_I(\alpha)$. Diese Elemente bilden aber offensichtlich einen Körper, also erschöpfen sie $Q_I(\alpha)$.

Es sei $P(x)$ das Minimalpolynom von α. Die Polynome $P_2(x)$ und $P(x)$ sind teilerfremd, da $P_2(\alpha) \neq 0$ und $P(x)$ irreduzibel sind. Somit existieren $U(x), V(x) \in Q_I[x]$ mit

$$U(x)P(x) + V(x)P_2(x) = 1. \tag{6.19}$$

Setzt man hier α ein, dann erhält man $V(\alpha) = \dfrac{1}{P_2(\alpha)}$. Somit ist

$$\frac{P_1(\alpha)}{P_2(\alpha)} = P_1(\alpha) \cdot V(\alpha) = P_3(\alpha)$$

mit einem $P_3(x) \in Q_I[x]$. Die Elemente von $Q_I(\alpha)$ können also als $P_3(\alpha)$ mit $P_3(x) \in Q_I[x]$ dargestellt werden. Führt man jetzt die euklidische Division für $P_3(x)$ durch, dann sieht man, daß der Grad von $P_3(x)$ kleiner als n gewählt werden darf.

Nehmen wir schließlich an, daß ein $\beta \in Q_I(\alpha)$ zwei Darstellungen $\beta = P_1(\alpha) = P_2(\alpha)$ mit $P_1(x), P_2(x) \in Q_I[x]$ und $\deg(P_1), \deg(P_2) < n$ hat. Dann ist $\deg(P_1 - P_2) < n$ und α eine Nullstelle von $P_1(x) - P_2(x)$. Somit gilt $P(x)|(P_1(x) - P_2(x))$ und $P_1(x) = P_2(x)$. $\square$

7 Polynomfaktorisierung

Dieses Kapitel ist der Faktorisierung von Polynomen über endlichen Körpern und über $\mathbb{Z}$ gewidmet. Das erste ist offensichtlich ein endliches Problem, es ist also mit einer systematischen Suche lösbar. Eine solche Suche ist natürlich überhaupt nicht effizient. Eine geniale Idee von Berlekamp ermöglicht es jedoch, die Faktorisierung von Polynomen über endlichen Körpern in polynomialer Zeit bezüglich des Grades durchzuführen.

Die Faktorisierung von Polynomen über $\mathbb{Z}$ ist ein wesentlich schwierigeres Problem. Es ist a priori nicht klar, daß man es algorithmisch lösen kann. Wir präsentieren drei Verfahren: von Kronecker, von Berlekamp und von Lenstra, Lenstra und Lovász zur Lösung dieses Problems. Wir weisen darauf hin, daß der Algorithmus von Lenstra, Lenstra und Lovász in den Eingabeparametern polynomiell ist. Im Gegensatz dazu kennen wir keinen polynomialen Algorithmus zur Faktorisierung ganzer Zahlen.

7.1 Quadratfreie Faktorisierung von Polynomen

Es seien K ein Körper und $P(x) \in K[x]$. Alle gängigen Faktorisierungsalgorithmen setzen voraus, daß $P(x)$ quadratfrei ist, das heißt kein $Q(x) \in K[x]$ mit $0 < \deg(Q) < \deg(P)$ und $Q^2(x)|P(x)$ existiert. Unser Ziel ist, diesen Zustand für breite Körperklassen und für beliebige Ausgangspolynome herzustellen.

Wir starten mit der allgemeinen Definition der *Differentiation*. Es sei R ein kommutativer Ring mit Einselement 1. Die Abbildung $D : R[x] \to R[x]$ heißt *Ableitung* auf $R[x]$, wenn für alle $\alpha, \beta \in R$ und $P(x), Q(x) \in R[x]$

$$
\begin{aligned}
D(\alpha P + \beta Q) &= \alpha D(P) + \beta D(Q), \\
D(P \cdot Q) &= P D(Q) + D(P) Q, \\
D(x) &= 1
\end{aligned}
$$

gelten.

Die einfachsten Eigenschaften der Differentiation fassen wir in dem folgenden Satz zusammen. Er läßt sich einfach beweisen.

Satz 7.1 *Es gilt für alle $\alpha \in R$ und $n \in \mathbb{N}$*

$$
\begin{aligned}
D(\alpha) &= 0, \\
D(x^n) &= n x^{n-1}.
\end{aligned}
$$

Ist $P(x) = \sum_{i=0}^{n} \alpha_i x^i \in R[x]$ mit $n > 0$ und $\alpha_n \neq 0$, dann gilt

$$D(P) = \sum_{i=0}^{n-1} (i+1)\alpha_{i+1}x^i. \tag{7.1}$$

Ist $P(x) = Q(x)^k S(x)$ mit $Q(x), S(x) \in R[x]$, $\deg(Q) \geq 1$, dann gilt

$$D(P) = kQ(x)^{k-1}D(Q)S(x) + Q(x)^k D(S). \tag{7.2}$$

Im weiteren werden wir der Einfachheit halber oft die Bezeichnung $D(P) = P'(x)$ benutzen und $P'(x)$ die *Ableitung* von $P(x)$ nennen. Es ist klar, daß die Ableitung eines Polynoms einfach zu berechnen ist. Eine wichtige Anwendung der Ableitung macht es möglich, die quadratfreie Faktorisierung von Polynomen zu berechnen. Die zu behandelnde Methode funktioniert im allgemeinen nur dann, wenn der *Grundkörper K entweder von Charakteristik Null oder endlich ist.* Wir setzen also diese Bedingung in diesem Abschnitt generell voraus.

Für unendliche Körper mit einer positiven Charakteristik bleiben die Ergebnisse dieses Abschnittes im allgemeinen nicht wahr. Die quadratfreie Faktorisierung von Polynomen über gewissen Körpern mit positiver Charakteristik ist sogar algorithmisch nicht lösbar. Eine ausführliche Studie dieses Falles findet man in [45] und in [48].

Wir kehren nun zu unserem Problem zurück und beweisen folgendes Lemma:

Lemma 7.1 *Es sei $P(x) \in K[x]$ von positivem Grad. Seine Ableitung ist 0 genau dann, wenn $P(x) = Q(x)^p$ und $\mathrm{char}(K) = p$ mit einer Primzahl p ist.*

Beweis: Wenn $\mathrm{char}(K) = 0$ ist, dann folgt $P'(x) \neq 0$ aus (7.1). Im weiteren dürfen wir also $\mathrm{char}(K) = p > 0$ voraussetzen. Ist nun $P(x) = Q(x)^p$, dann ist $P'(x) = pQ(x)^{p-1}Q'(x) = 0$. Die Voraussetzung ist also hinreichend.

Es sei $P(x) = \sum_{i=0}^{n} \alpha_i x^i \in K[x]$ mit $\alpha_n \neq 0$ und $P'(x) = \sum_{i=1}^{n} i\alpha_i x^{i-1} = 0$. Dies ist genau dann möglich, wenn $p|i\alpha_i$ für alle $1 \leq i \leq n$ gilt, das heißt p teilt alle i mit $1 \leq i \leq n$ und $\alpha_i \neq 0$. Das Polynom hat also die Gestalt

$$P(x) = \sum_{i=0}^{m} \alpha_{pi} x^{pi}.$$

Der Frobenius-Automorphismus ist eine bijektive Abbildung von K, weil K endlich ist. Es existiert also für alle $\alpha \in K$ ein $\beta \in K$ mit $\alpha = \beta^p$. Somit erhalten wir

$$P(x) = \sum_{i=0}^{m} \beta_i^p x^{pi} = \left(\sum_{i=0}^{m} \beta_i x^i \right)^p,$$

was zu beweisen war. $\square$

Satz 7.2 *Es sei $P(x) \in K[x]$ mit $\deg(P) > 0$. Das Polynom $P(x)$ ist quadratfrei genau dann, wenn $\mathrm{ggT}(P, P') = 1$ gilt. Außerdem ist das Polynom $Q(x) = \dfrac{P(x)}{\mathrm{ggT}(P, P')}$ immer quadratfrei. Wenn entweder $P'(x) \neq 0$ oder $\mathrm{ggT}(P, P') \neq 1$ ist, dann ist $Q(x)$ ein echter Teiler von $P(x)$.*

Beweis: Nehmen wir zuerst an, daß $P(x)$ nicht quadratfrei ist. Dann existiert ein $S(x) \in K[x]$ mit $\deg(S) > 0$ und $S(x)^2 | P(x)$. Wegen (7.2) teilt $S(x)$ das Polynom $P'(x)$ und somit auch $\text{ggT}(P, P')$, das heißt $\text{ggT}(P, P') \neq 1$.

Umgekehrt sei nun $P(x)$ quadratfrei. Ist $\deg(P) = 1$, dann gilt $P'(x) \in K$ und somit $\text{ggT}(P, P') = 1$. Im weiteren dürfen wir also $\deg(P) > 1$ annehmen. Wir haben $P'(x) \neq 0$ nach Lemma 7.1. Nehmen wir $\text{ggT}(P, P') = D(x)$ mit $\deg(D) \geq 1$ an. Es existiert dann ein $T(x) \in K[x]$ mit $P(x) = D(x) \cdot T(x)$. Es gilt $\text{ggT}(T, D) = 1$, sonst wäre $P(x)$ nicht quadratfrei. Aus

$$P'(x) = T'(x)D(x) + T(x)D'(x)$$

folgt also $D(x) | D'(x)$, ein Widerspruch.

Es sei

$$P(x) = P_1(x)^{e_1} \cdots P_{k+t}(x)^{e_{k+t}}$$

mit irreduziblen Polynomen $P_i(x) \in K[x]$, $i = 1, \ldots, k + t$, $t \geq 0$ und $e_i > 1$ für $1 \leq i \leq k$, $e_{k+j} = 1$ für $1 \leq j \leq t$. Es gilt

$$P'(x) = \sum_{i=1}^{k} e_i P_i'(x) \frac{P(x)}{P_i(x)} + \sum_{j=1}^{t} P_{k+j}'(x) \frac{P(x)}{P_{k+j}(x)}$$

nach (7.2). Daraus folgt: $P_i^{e_i - 1}(x)$, $1 \leq i \leq k$, teilt $\text{ggT}(P, P')$, und $P_{k+j}(x)$, $1 \leq j \leq t$, ist kein Teiler von $\text{ggT}(P, P')$. Das Polynom $P_i(x)^{e_i}$, $1 \leq i \leq k$ teilt $\text{ggT}(P, P')$ genau dann, wenn $D(P_i^{e_i}) = 0$ ist. Wir erhalten somit, daß $Q(x)$ quadratfrei ist, und seine irreduziblen Teiler sind $P_{k+1}(x), \ldots, P_{k+t}(x)$ und diejenigen $P_i(x)$, $1 \leq i \leq k$, für welche die Charakteristik von K den Exponenten e_i nicht teilt.

Nehmen wir $\text{ggT}(P, P') \neq 1$ an. Wenn $\text{ggT}(P, P') \neq P(x)$ ist, dann ist $Q(x)$ offensichtlich ein echter Teiler von $P(x)$. In dem anderen Fall muß $P'(x) = 0$ sein, da $\deg(P') < \deg(P)$ ist. Damit ist der Satz vollständig bewiesen. $\square$

Mit diesem theoretischen Hintergrund sind wir in der Lage, den Algorithmus für quadratfreie Faktorisierung zu formulieren.

Algorithmus 7.1 (Quadratfreie Faktorisierung von Polynomen) *QFF(P)*

Input: $0 \neq P(x) \in K[x]$, $p = \text{char}(K)$.
Output: *Listen* $PL = (P_1, \ldots, P_k) \in K[x]^k$, $k \geq 1$, $(P_i, P_j) = 1$,
           $P_i(x)$ *quadratfrei;* $eL = (e_1, \ldots, e_k) \in \mathbb{Z}_{>0}^k$ *mit der Eigenschaft:*
           $P(x) = P_1(x)^{e_1} \cdots P_k(x)^{e_k}$.

1. $PL \leftarrow (\,)$, $eL \leftarrow (\,)$,

2. $C_1(x) \leftarrow \text{ggT}(P, P')$, $D_1(x) \leftarrow P(x)/C_1(x)$, $i \leftarrow 1$,

*3. **while** $D_1(x) \neq 1$ **do***
   { $D_2(x) \leftarrow \text{ggT}(C_1, D_1)$, $C_2(x) \leftarrow C_1(x)/D_2(x)$,
   $PL \leftarrow \text{comp}(D_1/D_2, PL)$, $eL \leftarrow \text{comp}(i, eL)$,
   $i \leftarrow i + 1$, $C_1(x) \leftarrow C_2(x)$, $D_1(x) \leftarrow D_2(x)$, }

4. **if** $\mathrm{char}(K) = 0$ **or** $C_1'(x) \neq 0$ **then** { **output** { PL, eL }, **return** } .

5. Bestimme $H(x) \in K[x]$ und die größte Zahl $e \geq 1$ mit $C_1(x) = H(x)^{p^e}$,
$PL \leftarrow \mathrm{conc}(QFF(H)[1], PL), \quad eL \leftarrow \mathrm{conc}(i \cdot p^e \cdot QFF(H)[2], eL),$
return.

7.2　Polynomzerlegung über endlichen Körpern

Es sei $\mathbb{F}_q$ ein endlicher Körper und $P(x) \in \mathbb{F}_q[x]$. Wir möchten in diesem Abschnitt den Berlekamp Algorithmus [11] für die Faktorisierung von $P(x)$ in irreduzible Polynome besprechen. Wir dürfen $P(x)$ nach den Ergebnissen des letzten Abschnittes als quadratfrei annehmen. Es seien $\deg(P) = n$ und

$$P(x) = P_1(x) \cdots P_r(x)$$

die gesuchte Zerlegung, wobei r und die irreduziblen und paarweise teilerfremden Polynome $P_1(x), \ldots, P_r(x)$ zu Anfang unbekannt sind. Wir behalten diese Bezeichnungen bis zum Ende des nächsten Abschnittes bei.

Satz 7.3 *Die Polynome $Q(x) \in \mathbb{F}_q[x]$ mit den Eigenschaften $\deg(Q) < \deg(P)$ und*

$$Q(x)^q \equiv Q(x) \quad (\mathrm{mod}\ P(x)) \tag{7.3}$$

bilden einen $r-$dimensionalen Vektorraum über $\mathbb{F}_q$.

Beweis: Bezeichne V_P die Menge der Polynome mit den vorgeschriebenen Eigenschaften. Wir beweisen zuerst, daß V_P ein Vektorraum über $\mathbb{F}_q$ ist. In der Tat, es seien $Q_1(x), Q_2(x) \in V_P$ und $\alpha, \beta \in \mathbb{F}_q$. Dann gilt $\deg(\alpha Q_1 + \beta Q_2) < \deg(P)$ wegen der Eigenschaft des Grades. Satz 4.6 und die Eigenschaften des Frobenius-Automorphismus implizieren die folgende Gleichheitskette:

$$\begin{aligned}
(\alpha Q_1(x) + \beta Q_2(x))^q &= \alpha^q Q_1(x)^q + \beta^q Q_2(x)^q \\
&= \alpha Q_1(x)^q + \beta Q_2(x)^q.
\end{aligned}$$

Die Polynome $Q_1(x)$ und $Q_2(x)$ genügen der Kongruenz (7.3), somit gilt

$$\alpha Q_1(x)^q + \beta Q_2(x)^q \equiv \alpha Q_1(x) + \beta Q_2(x) \quad (\mathrm{mod}\ P(x)).$$

Diese Kongruenz ergibt zusammen mit den letzten Identitäten

$$(\alpha Q_1(x) + \beta Q_2(x))^q \equiv \alpha Q_1(x) + \beta Q_2(x) \quad (\mathrm{mod}\ P(x)),$$

V_P ist also tatsächlich ein Vektorraum über $\mathbb{F}_q$.

Wir müssen nur noch $|V_P| = q^r$ beweisen. Wir haben

$$P(x) \mid (Q(x)^q - Q(x)) = \prod_{\alpha \in \mathbb{F}_q} (Q(x) - \alpha)$$

nach Voraussetzung. Es gibt also zu jedem $P_i(x)$ genau ein $\alpha_i \in \mathbb{F}_q$ mit

$$Q(x) \equiv \alpha_i \pmod{P_i(x)}, \tag{7.4}$$

da die Polynome $Q(x) - \alpha_j$ und $Q(x) - \alpha_k$ für $j \neq k$ teilerfremd und die $P_i(x)$ irreduzibel sind. Daraus folgt $|V_P| \leq q^r$.

Es sei jetzt $(\alpha_1, \ldots, \alpha_r) \in \mathbb{F}_q^r$. Nach dem chinesischen Restsatz 4.4 existiert ein $Q(x) \in \mathbb{F}_q[x]$ mit $\deg(Q) < \deg(P)$, welches das Kongruenzsystem (7.4) löst. Wir haben

$$Q(x)^q \equiv \alpha_i^q \equiv \alpha_i \equiv Q(x) \pmod{P_i(x)}, \qquad i = 1, \ldots, r,$$

woraus $Q(x)^q \equiv Q(x) \pmod{P(x)}$ folgt. Somit erhalten wir $q^r \leq |V_P|$. Die unteren und oberen Abschätzungen implizieren $|V_P| = q^r$, und V_P ist ein r–dimensionaler Vektorraum über $\mathbb{F}_q$. $\square$

Satz 7.4 *Es sei $0 \leq \ell \leq n-1$ und die ℓ–te Spalte $q_{0,\ell}, \ldots, q_{k-1,\ell}$ der $n \times n$ Matrix Q_P durch die Kongruenz*

$$x^{\ell q} \equiv q_{0,\ell} + \cdots + q_{n-1,\ell}x^{n-1} \pmod{P(x)}$$

gegeben. Das Polynom $B(x) = b_0 + \cdots + b_{n-1}x^{n-1} \in \mathbb{F}_q[x]$ löst die Kongruenz (7.3) genau dann, wenn $\underline{b}^T = (b_0, \ldots, b_{n-1})$ ein Eigenvektor von Q_P zum Eigenwert 1 ist, das heißt wenn

$$Q_P \underline{b} = \underline{b} \tag{7.5}$$

erfüllt ist.

Beweis: Mit den Bezeichnungen des Satzes ist (7.5) gleichbedeutend mit

$$
\begin{aligned}
B(x) &= \sum_{j=0}^{n-1} b_j x^j = \sum_{j=0}^{n-1}\sum_{\ell=0}^{n-1} q_{j,\ell}b_\ell x^j = \sum_{\ell=0}^{n-1} b_\ell \sum_{j=0}^{n-1} q_{j,\ell}x^j \\
&\equiv \sum_{\ell=0}^{n-1} b_\ell x^{\ell q} = \left(\sum_{\ell=0}^{n-1} b_\ell x^\ell\right)^q \pmod{P(x)}.
\end{aligned}
$$

Damit ist der Satz bewiesen. $\square$

Nach dieser Vorbereitung formulieren wir den *Berlekamp-Algorithmus* für die Faktorisierung von Polynomen über endlichen Körpern.

Algorithmus 7.2 (Berlekamp Algorithmus)

Input: $P(x) \in \mathbb{F}_q[x]$ *quadratfrei vom Grad n;*
             $\alpha_1, \ldots, \alpha_q$ *die Elemente von $\mathbb{F}_q$.*
Output: *Liste $F = (P_1, \ldots, P_r)$ mit $P_i(x)$ irreduzibel*
             und $P(x) = P_1(x) \cdots P_r(x)$.

  1. $F \leftarrow (\ )$,

2. Bilde die Matrix Q_P von Satz 7.4,

3. Bringe $Q_P - E_n$, wobei E_n die $n \times n$ Einheitsmatrix ist, mit Gauß-Elimination in 'Dreiecksform'. Daraus ergibt sich der Rang $n - r$ von $Q_P - E$, und wir erhalten r unabhängige Vektoren $\underline{b}^{(1)}, \ldots, \underline{b}^{(r)}$, welche (7.5) lösen. Ohne Beschränkung der Allgemeinheit ist $\underline{b}^{(1)} = (1, 0, \ldots, 0)$. Es seien die zu diesen Vektoren gehörigen Polynome $B_1(x), \ldots, B_r(x)$.

*4. Im Fall $r = 1$ ist $P(x)$ irreduzibel, setze $F \leftarrow \mathrm{comp}(P, F)$, **return**. Sonst berechne $\mathrm{ggT}(P(x), B_2(x) - \alpha_s)$ für $1 \leq s \leq q$ und speichere die so gewonnenen Faktoren in F.*

5. Falls $|F| < r$, dann berechne $\mathrm{ggT}(B_t(x) - \alpha_s, G(x))$ für alle $t = 3, \ldots r$ und $G(x) \in F, 1 \leq s \leq q$, und speichere die dabei gewonnenen neuen Faktoren in F solange, bis $|F| = r$ erfüllt ist.

6. **output F, return.**

Satz 7.5 *Der Berlekamp Algorithmus 7.2 ist korrekt. Seine maximale Komplexität ist $O(\max\{rqn^2, n^3 \log(q)\})$ Operationen in $\mathbb{F}_q$.*

Beweis: Nach Satz 7.3 bilden die im Schritt 3 zu bestimmenden Polynome $B_1(x) = 1, \ldots, B_r(x)$ eine Basis des Vektorraumes V_P. Aus dem Beweis desselben Satzes folgt $P(x) = \prod_{\alpha \in \mathbb{F}_q} \mathrm{ggT}(P(x), B(x) - \alpha)$ für alle $B(x) \in V_P$. Wenn $h > 1$ ist, dann gilt $0 < \deg(B_h) < \deg(P)$, und es gibt ein $\alpha \in \mathbb{F}_q$, so daß $\mathrm{ggT}(P(x), B_h(x) - \alpha)$ ein nicht-trivialer Teiler von $P(x)$ ist. Da die Basispolynome dem Kongruenzsystem (7.4) genügen, so existieren für alle $1 \leq i < j \leq r$ ein $h > 1$ und $\alpha_i, \alpha_j \in F_q$, $\alpha_i \neq \alpha_j$, welche $P_i(x)$ und $P_j(x)$ separieren, das heißt $P_i(x)|B_h(x) - \alpha_i$ und $P_j(x)|B_h(x) - \alpha_j$. Für gegebene $2 \leq h \leq r$ und $1 \leq i < j \leq q$ sind die Polynome $B_h(x) - \alpha_i$ und $B_h(x) - \alpha_j$ teilerfremd, somit haben die Polynome $\mathrm{ggT}(P_i(x), B_h(x) - \alpha_i)$ und $\mathrm{ggT}(P_j(x), B_h(x) - \alpha_j)$ keinen nicht-trivialen gemeinsamen Teiler.

In den Schritten 4. und 5. wird in dem ungünstigsten Fall $\mathrm{ggT}(P(x), B_h(x) - \alpha_j)$ für alle $2 \leq h \leq r$ und $1 \leq j \leq q$ bestimmt, deswegen ist der Algorithmus korrekt. Wenn für ein $h \geq 0$ das Polynom $C_h(x) \in \mathbb{F}_q[x]$ vom Grad kleiner als n mit

$$x^{hq} \equiv C_h(x) \pmod{P(x)}$$

bekannt ist, dann kann $C_{h+1}(x)$ mit dem Algorithmus für Potenzierung 4.4 in $O(n^2 \log(q))$ Operationen bestimmt werden. Die Komplexität des Schrittes 2 ist also $O(n^3 \log(q))$. Zu der Gauß-Elimination im Schritt 3 braucht man $O(n^3)$ Operationen. Man muß schließlich höchstens $q(r - 1)$ ggT's berechnen, und für jeden braucht man $O(n^2)$ Operationen. Damit ist der Satz bewiesen. $\square$

Die Schwachstelle des Berlekamp-Algorithmus bilden die vielen ggT Berechnungen in den Schritten 4 und 5 für größere q. Deswegen ist es interessant, einfache Bedingungen zu finden, mit denen man diejenigen Basispolynome, die nicht-triviale Faktoren von $P(x)$ liefern, möglichst schnell erkennen kann. Eine solche Verbesserung stammt von G. Cantor und H. Zassenhaus [26].

Lemma 7.2 *Es sei q ungerade. Nehmen wir an, daß*

$$B(x)^{(q-1)/2} \not\equiv 0, \pm 1 \quad (\mathrm{mod}\ P(x)) \tag{7.6}$$

für ein $B(x) \in V_P$ gilt. Dann ist mindestens eines der Polynome

$$\mathrm{ggT}(P(x), B(x)^{(q-1)/2} - 1), \ \mathrm{ggT}(P(x), B(x)^{(q-1)/2} + 1), \ \mathrm{ggT}(P(x), B(x))$$

ein nicht-trivialer Teiler von $P(x)$.

Beweis: Es existiert ein Vektor $(\alpha_1, \ldots, \alpha_r) \in \mathbb{F}_q$, für den das Kongruenzsystem (7.4) erfüllt ist, da $B(x)$ zu V_P gehört. Daraus folgt

$$B(x)^{(q-1)/2} \equiv \alpha_i^{(q-1)/2} \quad (\mathrm{mod}\ P_i(x))$$

für $i = 1, \ldots, r$. Aus $\alpha^q - \alpha = 0$ folgt $\alpha(\alpha^{(q-1)/2} - 1)(\alpha^{(q-1)/2} + 1) = 0$ für alle $\alpha \in F_q$. Für $1 \leq i \leq r$ erhalten wir somit entweder

$$B(x)^{(q-1)/2} \equiv \pm 1 \quad (\mathrm{mod}\ P_i(x)) \tag{7.7}$$

oder $P_i(x) | B(x)$. Würde in (7.7) für jedes i stets 1 oder -1 oder 0 auftreten, dann wäre die Voraussetzung (7.6) verletzt, die Polynome $B(x), B(x)^{(q-1)/2} - 1$ und $B(x)^{(q-1)/2} + 1$ separieren also einige Faktoren von $P(x)$. $\square$

Wir möchten den Cantor-Zassenhaus Algorithmus nicht näher untersuchen, nur zum Abschluß zeigen, daß die Voraussetzung des Lemmas 7.2 mit hoher Wahrscheinlichkeit erfüllt wird.

Lemma 7.3 *Es sei q ungerade. Die Wahrscheinlichkeit dafür, daß ein zufällig gewähltes $B(x) \in V_P$ der Voraussetzung des Lemmas 7.2 genügt ist:*

$$1 - 2\left(\frac{q-1}{2q}\right)^r - \frac{1}{q^r}.$$

Beweis: Der Vektorraum V_P hat gemäß Satz 7.3 genau q^r Elemente. Wir schätzen nun die Anzahl der Lösungen der Kongruenzen

$$B(x)^{(q-1)/2} \equiv 0, \pm 1 \quad (\mathrm{mod}\ P(x))$$

in $B(x) \in V_P$ ab.

Nehmen wir

$$B(x)^{(q-1)/2} \equiv 1 \quad (\mathrm{mod}\ P(x))$$

für ein $B(x) \in V_P$ an. Dann gilt

$$B(x)^{(q-1)/2} \equiv 1 \quad (\mathrm{mod}\ P_i(x)) \tag{7.8}$$

für alle $i = 1, \ldots, r$. Es seien $K_i = \mathbb{F}_q[x]/(P_i(x)), i = 1, \ldots, r$. Dann sind die K_i Körper, da die Polynome $P_i(x)$ irreduzibel sind.

Es bezeichne y_i das Bild von $B(x)$ bei dem kanonischen Homomorphismus $\mathbb{F}_q[x] \to K_i, i = 1, \ldots r$. Aus (7.8) folgt $y_i^{(q-1)/2} = 1$ in $K_i, i = 1, \ldots, r$. Die Gleichung $y_i^{(q-1)/2} = 1$ hat in K_i höchstens $\dfrac{q-1}{2}$ Lösungen, somit gibt es höchstens $\left(\dfrac{q-1}{2}\right)^r$ verschiedene Möglichkeiten für die Vektoren $(y_1, \ldots, y_r)$, also auch für Polynome $B(x) \in V_P$ mit $B(x)^{(q-1)/2} \equiv 1 \pmod{P(x)}$.

Dieselbe Abschätzung gilt für diejenige $B(x)$ mit $B(x)^{(q-1)/2} \equiv -1 \pmod{P(x)}$. Es gibt ein $B(x) \in V_P$ welches durch $P(x)$ teilbar ist. Damit ist das Lemma bewiesen. $\square$

Die erwartete Laufzeit des probabilistischen Cantor-Zassenhaus Algorithmus ist $O(n^3 + n^2 \log q)$, siehe [26]. L. Rónyai [90, 91] hat einen deterministischen Algorithmus angegeben, welcher für eine große Klasse von Polynomen über endlichen Körper in polynomialer Zeit die Faktorisierung liefert. Sein Ergebnis hängt aber von der verallgemeinerten Riemannschen Vermutung ab.

7.3   Faktorisierung in $\mathbb{Z}[x]$.

Es gibt drei wesentlich verschiedene Grundideen für die Faktorisierung von Polynomen mit ganzen Koeffizienten. Sie gehen auf L. Kronecker [64], E.R. Berlekamp [11] sowie A.K. Lenstra, H.W. Lenstra Jr. und L. Lovász [68] zurück. Wir werden nur die zwei jüngeren Verfahren untersuchen, aber der Vollständigkeit halber präsentieren wir auch grob die Methode von Kronecker. In diesem Abschnitt wird $P(x)$ immer ein zu zerlegendes Polynom mit ganzen Koeffizienten und vom Grad $n > 1$ bezeichnen. Die linearen Polynome mit Inhalt Eins sind immer irreduzibel, also ist der Fall $n = 1$ uninteressant.

Die Grundidee der *Kronecker-Faktorisierung* ist die folgende. Wenn $P_1(x)|P(x)$ erfüllt ist mit einem $P_1(x) \in \mathbb{Z}[x]$, dann gilt auch $P_1(k)|P(k)$ für alle $k \in \mathbb{Z}$. Wir dürfen ohne Beschränkung der Allgemeinheit $\deg(P_1) \leq \deg(P)/2$ voraussetzen. Schließlich ist ein Polynom vom Grad n über einem Körper der Charakteristik 0 durch seine Werte auf $n+1$ Stellen eindeutig bestimmt (vergleiche Satz 6.8). Diese Beobachtungen liegen dem Kronecker Verfahren zugrunde. Wir wählen also ein $0 < \ell \leq [n/2] + 1$ und ganze Zahlen $a_1, \ldots, a_\ell$. Für alle verschiedenen Wahlen der Zahlen $b_1, \ldots, b_\ell$ mit $b_i|P(a_i)$, $i = 1, \ldots \ell$, bestimme das Polynom $P^*(x) \in \mathbb{Q}[x]$ mit der Eigenschaft $P^*(a_i) = b_i$, $i = 1, \ldots, \ell$ bis ein $P^*(x) \in \mathbb{Z}[x]$ mit $P^*(x)|P(x)$ gefunden wird. Tritt dieser Fall nicht auf, dann ist $P(x)$ irreduzibel, sonst iteriere das Verfahren mit $P^*(x)$ und $P(x)/P^*(x)$.

Beide anderen Verfahren sind wesentlich tiefliegender und trickreicher. Nach den Ergebnissen von Abschnitt 7.1 dürfen wir im weiteren wieder $P(x)$ quadratfrei annehmen. Wir setzen zusätzlich $\text{cont}(P) = 1$ voraus.

7.3.1 Berlekamp Faktorisierung

Diesem Verfahren liegt die Polynomfaktorisierung über endlichen Körpern zugrunde. Die Diskriminante von $P(x)$ ist nicht 0, da $P(x)$ nach der Voraussetzung quadratfrei ist. Ist die Höhe von $P(x)$ durch $H = H(P)$ beschränkt, dann erhalten wir unter der Benutzung der Hadamardschen Ungleichung 5.20 die Abschätzung

$$|\mathrm{Disc}(P)| = |\mathrm{Res}(P, P')| \leq (nH)^{2n+1}.$$

Wir können die Anzahl der verschiedenen Primteiler der Diskriminante von $P(x)$ mit $\log(|\mathrm{Disc}(P)|)$ abschätzen. Wir haben $p_k = O(k \cdot \log(k))$ für die k–te Primzahl nach einem Ergebnis der Primzahltheorie (siehe zum Beispiel Hua [56]). Es existiert also eine Primzahl p von der Größenordnung $O(n \log(nH) \log(n \log(nH)))$, welche $\mathrm{Disc}(P)^1$ nicht teilt. Im weiteren wird p eine solche Primzahl bezeichnen.

Aus $p \nmid \mathrm{Disc}(P)$ folgt, daß das homomorphe Bild vom $P(x)$ – welches wir ebenfalls mit $P(x)$ bezeichnen – in $\mathbb{F}_p[x]$ auch quadratfrei ist. Es kann also mit dem Algorithmus 7.2 zerlegt werden. Wir zeigen nun, daß diese Zerlegung modulo p zu einer modulo p^n Zerlegung geliftet werden kann.

Satz 7.6 (Hensel Lifting) *Es seien p eine Primzahl und $F(x), G_0(x), H_0(x) \in \mathbb{Z}[x]$ Polynome mit den folgenden Eigenschaften*

(i) $\mathrm{lc}(G_0) = 1$ und $\deg(G_0) + \deg(H_0) = \deg(F)$,

(ii) p^k sei die höchste Potenz von p, welche $\mathrm{Res}(G_0, H_0)$ teilt, und

(iii) $F(x) \equiv G_0(x)H_0(x) \pmod{p^{1+2k}}$.

Setzen wir $G_{-1}(x) = G_0(x)$ und $H_{-1}(x) = H_0(x)$. Dann existieren für alle $t \geq 0$ Polynome $G_t(x), H_t(x) \in \mathbb{Z}[x]$ mit

(iv) $\mathrm{lc}(G_t) = 1$ und $\deg(G_t) + \deg(H_t) = \deg(F)$,

(v) $G_t(x) \equiv G_{t-1}(x) \pmod{p^{t+k}}$, $H_t(x) \equiv H_{t-1}(x) \pmod{p^{t+k}}$ und

(vi) $F(x) \equiv G_t(x)H_t(x) \pmod{p^{1+2k+t}}$.

Beweis: Wir geben zwei Konstruktionen für $G_t(x)$ und $H_t(x)$ an. In der ersten wächst der Exponent von p linear, dagegen in der zweiten exponentiell.

Erste Konstruktion (Lineares Lifting). Für $t = 0$ erfüllen $G_0(x)$ und $H_0(x)$ die Behauptung. Es seien $t \geq 0$ und $G_t(x), H_t(x) \in \mathbb{Z}[x]$ mit den Eigenschaften (iv)–(vi). Wir suchen $G_{t+1}(x)$ und $H_{t+1}(x)$ in der Form

$$G_{t+1}(x) = G_t(x) + p^{t+k+1}G_t^*(x), \quad H_{t+1}(x) = H_t(x) + p^{t+k+1}H_t^*(x) \tag{7.9}$$

so daß die Polynome $G_t^*(x), H_t^*(x) \in \mathbb{Z}[x]$ die Bedingungen

$$\deg(G_t^*) \leq \deg(G_t) - 1, \quad \deg(H_t^*) \leq \deg(H_t) \tag{7.10}$$

---

[1] Diese Abschätzung läßt sich auf $p = O(n \log(nH))$ verbessern [74]

erfüllen. Mit $G_t(x)$ und $H_t(x)$ genügen alle so gewonnenen Polynome (iv) und (v). In der Tat, nehmen wir an, daß Polynome $G_t^*(x)$, $H_t^*(x) \in \mathbb{Z}[x]$ existieren, so daß die durch (7.9) und (7.10) definierten Polynome (vi) genügen. Dann genügen $G_{t+1}(x)$ und $H_{t+1}(x)$ offensichtlich (v). Die Ungleichung $\deg(G_t^*) \leq \deg(G_t) - 1$ impliziert $\deg(G_{t+1}) = \deg(G_t)$, somit erhalten wir auch $\mathrm{lc}(G_{t+1}) = \mathrm{lc}(G_t) = 1$. Findet man schließlich ein Polynom $H_{t+1}(x) \in \mathbb{Z}[x]$ mit (7.9), (7.10), (v) und (vi), aber so daß $\deg(H_{t+1}) < \deg(H_t)$ gilt, dann kann man zum Leitkoeffizient von $H_t^*(x)$ ein geeignetes Vielfaches von p^{1+2k+t} addieren. Diese Transformation verletzt (v) und (vi) nicht, aber für das neue Polynom gilt $\deg(H_{t+1}) = \deg(H_t)$, somit gewährleisten wir auch (iv).

Es bleibt also nur noch zu zeigen, daß $G_t^*(x)$ und $H_t^*(x)$ so gewählt werden können, daß auch (vi) gilt. Es existiert nach der Induktionsannahme und (vi) ein $R_t(x) \in \mathbb{Z}[x]$ mit

$$F(x) = G_t(x)H_t(x) + p^{1+2k+t}R_t(x).$$

Wir haben

$$\begin{aligned}
&G_{t+1}(x)H_{t+1}(x) \\
&= G_t(x)H_t(x) + p^{t+k+1}(G_t(x)H_t^*(x) + G_t^*(x)H_t(x)) + p^{2t+2k+2}G_t^*(x)H_t^*(x).
\end{aligned}$$

Die Polynome $G_{t+1}(x)$ und $H_{t+1}(x)$ genügen also (vi) genau dann, wenn die Kongruenz

$$p^{1+2k+t}R_t(x) \equiv p^{t+k+1}(G_t(x)H_t^*(x) + G_t^*(x)H_t(x)) \quad (\mathrm{mod}\ p^{2+2k+t})$$

gilt. Durch Division mit p^{t+k+1} erhalten wir

$$p^k R_t(x) \equiv G_t(x)H_t^*(x) + G_t^*(x)H_t(x) \quad (\mathrm{mod}\ p^{1+k}). \tag{7.11}$$

Hier sind $G_t(x)$, $H_t(x)$ und $R_t(x)$ bekannte Polynome. Vergleicht man die entsprechenden Koeffizienten der linken und der rechten Seite, dann erhält man $\deg(F) + 1$ Gleichungen im Ring $\mathbb{Z}/p^{k+1}$. Die Anzahl der Unbekannten ist gleich der Anzahl der Koeffizienten von $G_t^*(x)$ und $H_t^*(x)$, also

$$\deg(H_t^*) + 1 + \deg(G_t^*) + 1 \leq \deg(H_t) + 1 + \deg(G_t) = \deg(F) + 1.$$

Die Determinante dieses Gleichungsystems ist $D = \mathrm{Res}(G_t, H_t)$, welche offensichtlich kongruent zu $\mathrm{Res}(G_0, H_0)$ modulo p^{k+1} ist. Bezeichne D_i die Determinante derjenigen Matrix, welche durch die Ersetzung der i−ten Spalte der Resultantenmatrix durch die linke Seite von (7.11) entsteht. Bezeichne y_i die i−te Unbekannte in (7.11), dann gilt

$$Dy_i \equiv D_i \quad (\mathrm{mod}\ p^{k+1}).$$

Hier ist D nach (ii) und D_i wegen der Gestallt von (7.11) durch p^k teilbar. Man darf also durch p^k dividieren. Da D/p^k und p teilerfremd sind, ist die letzte Kongruenz lösbar. Damit ist die erste Konstruktion vollständig.

Zweite Konstruktion (Quadratisches Lifting). Wir suchen jetzt die neuen Polynome, $G_{t+1}(x), H_{t+1}(x) \in \mathbb{Z}[x]$ statt wie in (7.9) in der Form

$$G_{t+1}(x) = G_t(x) + p^{k+2^t} G_t(x)^*, \quad H_{t+1}(x) = H_t(x) + p^{k+2^t} H_t(x)^*$$

unter der Nebenbedingung (7.10). In diesem Fall erhalten wir

$$F(x) - G_t(x)H_t(x) \equiv p^{k+2^t}\left(G_t(x)H_t(x)^* + H_t(x)G_t(x)^*\right) \quad (\mathrm{mod}\ p^{2k+2^{t+1}}).$$

Es gibt ein $R_t(x) \in \mathbb{Z}[x]$ mit

$$F(x) - G_t(x)H_t(x) = p^{2k+2^t} R_t(x),$$

somit sieht die zu (7.11) analoge Kongruenz wie folgt aus

$$p^{2k+2^t} R_t(x) \equiv p^{k+2^t}\left(G_t(x)H_t(x)^* + H_t(x)G_t(x)^*\right) \quad (\mathrm{mod}\ p^{2k+2^{t+1}})$$

oder nach Kürzung durch p^{k+2^t}

$$p^k R_n(x) \equiv G_t(x)H_t(x)^* + H_t(x)G_t(x)^*) \quad (\mathrm{mod}\ p^{k+2^t}).$$

Man kann sich, wie in dem linearen Fall, überzeugen, daß dieses System ebenfalls lösbar ist. $\Box$

Wir sind jetzt in der Lage, den Berlekamp Algorithmus für die Faktorisierung der Polynome mit ganzen Koeffizienten in groben Schritten zu formulieren.

Algorithmus 7.3 (Berlekamp-Faktorisierung)

Input: $F(x) \in \mathbb{Z}[x]$ *quadratfrei, primitiv und vom Grad n.*
Output: *Die Faktorisierung von $F(x)$.*

1. $M \leftarrow 2^n \|F\|$, *(* M ist die Mignottesche Schranke für $F(x)$. *)*

2. Wähle eine Primzahl p mit $p \nmid \mathrm{Disc}(F)$.

3. Zerlege $F(x)$ in $\mathbb{F}_p[x]$ in $F(x) = F_1(x) \ldots F_k(x)$, wobei $F_i(x) \in \mathbb{F}_p[x]$ irreduzible normierte Polynome sind.

4. Wenn $k = 1$ ist, dann ist $F(x)$ irreduzibel, **output** *F(x),* **return.**

5. **if** *$k > 1$, dann wähle eine Partition der Menge $\{1, 2, \ldots, k\} = S \cup T$ und setze*
$G_0(x) \leftarrow \prod_{i \in S} F_i(x), \quad H_0(x) \leftarrow \prod_{i \in T} F_i(x)$,
(Wir gewährleisten damit $F(x) \equiv G_0(x)H_0(x) \quad (\mathrm{mod}\ p)$
und $\mathrm{Res}(G_0, H_0) \not\equiv 0 \quad (\mathrm{mod}\ p)$. *)*

6. Verfeinere die Zerlegung $F(x) \equiv G_0(x)H_0(x) \quad (\mathrm{mod}\ p)$ mit der Anwendung des Henselschen Lemmas zu $F(x) \equiv G_t(x)H_t(x) \quad (\mathrm{mod}\ p^t)$ für $p^t > M$. Benutze das absolut kleinstes Restsystem modulo p^t.

7. Teste $G_t(x)|F(x)$ in $\mathbb{Z}[x]$
- wenn ja, iteriere das Verfahren mit $G_t(x)$ und $F(x)/G_t(x)$, sonst
- wenn nicht alle Partitionen untersucht wurden, dann **goto** *5. und wähle eine neue Partition,*
- wenn alle Partitionen untersucht wurden, gebe die gefundene Faktorisierung aus und terminiere.

Man kann beweisen, daß die durchschnittliche Komplexität dieses Algorithmus $O((\log n)^2 n^4 (\log nH)^2)$ ist. Darüber hinaus bewährt er sich in der Praxis sehr gut. Alle gängigen Computeralgebra Systeme enthalten eine seiner Implementationen. Für praktische Anwendungen gibt es zur Zeit keine vergleichbare effiziente Methode. Das ist so, obwohl wir wissen, daß Polynome existieren, für die exponentiell in n viele Partitionen untersucht werden müssen, um ihre Irreduzibilität festzustellen. Deswegen ist die maximale Komplexität des Algorithmus in n nur $O(2^{n/2})$. Ein solches, seltenes Beispiel, ist in dem folgende Satz von Swinnerton - Dyer beschrieben. Wir zitieren ihn ohne Beweis.

Satz 7.7 *Es seien $n \geq 1$ und $p_1, \ldots, p_n$ verschiedene Primzahlen. Es existieren irreduzible normierte Polynome $F_{p_1,\ldots,p_n}(x) \in \mathbb{Z}[x]$ vom Grad 2^n, so daß $F_{p_1,\ldots,p_n}(x)$ für jede Primzahl q in $\mathbb{F}_q[x]$ in Faktoren vom Grad höchstens 2 zerfällt .*

7.3.2 LLL-Faktorisierung.

Es gibt zwei Varianten der Polynomfaktorisierung, welche auf dem LLL-Reduktionsalgorithmus 5.9 beruhen. Das erste in [68] beschriebene Verfahren startet wie der Berlekamp-Algorithmus mit einer Faktorisierung in $\mathbb{F}_p$ mit einer geeignet gewählten Primzahl p und liftet sie nach $\mathbb{Z}/p^e$ mit einem groß genug gewählten Exponent e. Man vermeidet dabei die Durchsuche sämtlicher Partitionen der Menge $\{1, 2, \ldots, k\}$ durch eine geschickte Anwendung des LLL-Algorithmus.

Wir möchten uns mit der anderen Variante beschäftigen. Ihre Grundidee wurde schon im [68] angedeutet, sie wurde aber erst in [59] ausgearbeitet. Es sei $P(x) \in \mathbb{Z}[x]$ das zu faktorisierende Polynom vom Grad n mit $H(P) = H$. Wir dürfen wie bei dem Berlekamp-Algorithmus annehmen, daß $P(x)$ quadratfrei ist. Es sei α eine Nullstelle von $P(x)$, dann ist das Minimalpolynom $A(x)$ von α ein Teiler von $P(x)$. Es gilt offensichtlich $\deg(A) = d \leq n$ und nach dem Satz 6.21

$$H(A) \leq 2^n \sqrt{n+1} H(P) = H_1.$$

Bezeichnet man durch $a_0, \ldots, a_d$ die (unbekannte) Koeffizienten von $A(x)$, dann bedeutet die Bestimmung von $A(x)$ nichts anderes, als die Suche nach eine Relation

$$a_0 + a_1\alpha + \cdots + a_d\alpha^d = 0$$

mit $a_i \in \mathbb{Z}, |a_i| \leq H_1$, $i = 0, \ldots, d$, und zwar so, daß nicht alle a_i verschwinden. Wir können leider nicht mit dem tatsächlichen Wert von $\alpha^j, j = 1, \ldots, n$, sondern nur mit ihren rationalen oder solchen komplexen Näherungen arbeiten, bei denen sowohl der reelle als auch der imaginäre Teil rational sind. Nehmen wir an, daß uns $\alpha_j := b_j + c_j i$, $j = 0, \ldots, n$; $b_j, c_j \in \mathbb{Q}$, $i = \sqrt{-1}$ mit

$$|\alpha^j - \alpha_j| < 2^{-s} \qquad (7.12)$$

zur Verfügung stehen. Wir werden s später spezifizieren. Es seien $\underline{v}_0, \ldots, \underline{v}_d$ die Spaltenvektoren der Matrix

$$\begin{pmatrix} 1 & 2^s b_1 & 2^s b_2 & \ldots & 2^s b_d \\ 0 & 2^s c_1 & 2^s c_2 & \ldots & 2^s c_d \\ & 0 & & & 1 \\ \vdots & \vdots & \vdots & & \vdots \\ & & 1 & & 0 \\ & 1 & 0 & & 0 \\ 1 & 0 & 0 & & 0 \end{pmatrix}.$$

Sie erzeugen ein Gitter Λ_s. Jedem $G(x) = \sum_{j=0}^{d} g_j x^j \in \mathbb{Z}[x]$ vom Grad höchstens d können wir einen Vektor $\underline{g} \in \Lambda_s$ durch

$$\underline{g} = \sum_{j=0}^{d} g_j \underline{v}_j$$

zuordnen. Es gilt

$$\begin{aligned} |\underline{g}|^2 &= g_0^2 + \cdots + g_d^2 + 2^{2s} \left(\sum_{j=0}^{d} g_j b_j \right)^2 + 2^{2s} \left(\sum_{j=0}^{d} g_j c_j \right)^2 \\ &= \|G\|^2 + 2^{2s} |G_\alpha|^2, \qquad (7.13) \end{aligned}$$

wobei $G_\alpha = \sum_{j=0}^{d} g_j \alpha_j$ ist. Diese Zuordnung der Gittervektoren und Polynome ist bijektiv. Wir werden zeigen, und das ist die wichtigste Beobachtung, daß sich das Minimalpolynom $A(x)$ von α von anderen Polynomen durch eine geeignete Wahl von s separieren läßt.

Die Richtigkeit des folgenden Lemmas ist offensichtlich,

Lemma 7.4 *Es seien $\alpha, \alpha_j \in \mathbb{C}, 0 \le j \le n$, mit $\alpha_0 = 1$ und $|\alpha^j - \alpha_j| \le \varepsilon, 1 \le j \le n$. Es sei $F(x) \in \mathbb{C}[x]$ vom Grad höchstens n, dann gilt*

$$|F(\alpha) - F_\alpha| \le \varepsilon n H(F).$$

Jetzt können wir die Separierbarkeitseigenschaft beweisen.

Lemma 7.5 *Es seien $\alpha \in \mathbb{C}$ eine algebraische Zahl mit $|\alpha| \le 1$, und $A(x) \in \mathbb{Z}[x]$ das Minimalpolynom von α. Es seien $\deg(A) \le d, d \ge 1$ und $H(A) \le H_1$, und wir nehmen an, daß die $\alpha_j \in \mathbb{C}$ den Eigenschaften $\alpha_0 = 1, |\alpha^j - \alpha_j| \le 2^{-s}, 1 \le j \le d$, genügen. Es sei $G(x) \in \mathbb{Z}[x]$ vom Grad höchstens d mit $G(\alpha) \ne 0$. Wenn noch*

$$2^s \ge 2^{d^2/2} (d+1)^{(3d+4)/2} H_1^{2d} \qquad (7.14)$$

ist, dann gilt für die Koeffizientenvektoren $\underline{a}, \underline{g}$ von $A(x), G(x)$:

$$\begin{aligned} |\underline{a}| &\le (d+1) H_1 \qquad &(7.15) \\ |\underline{g}| &> 2^{d/2} (d+1) H_1. \qquad &(7.16) \end{aligned}$$

Beweis: Aus Lemma 6.15 bekommt man $|A_\alpha| = |A(\alpha) - A_\alpha| \leq 2^{-s} d H_1$, und danach

$$\begin{aligned} |\underline{a}|^2 &\leq \|A\|^2 + d^2 H_1^2 \\ &\leq (d+1)H_1^2 + d^2 H_1^2 \leq (d+1)^2 H_1^2. \end{aligned}$$

Damit ist (7.15) bewiesen.

Ist $\|G\| > 2^{d/2}(d+1)H_1$, dann folgt (7.16) aus (7.13) unmittelbar. Setzen wir also im weiteren $\|G\| \leq 2^{d/2}(d+1)H_1$ voraus. Aus den Sätzen 6.32 und 6.15 folgt

$$\begin{aligned} |G(\alpha)| &\geq d^{-1}((d+1)H_1^2)^{-d/2}(2^{d/2}(d+1)H_1)^{-d+1} \\ &> 2^{-d(d-1)/2}(d+1)^{-3d/2}H_1^{-2d+1}. \end{aligned}$$

Diese Ungleichung zusammen mit (7.13) und Lemma 7.4 implizieren

$$\begin{aligned} |\underline{g}| &> 2^s|G_\alpha| \geq 2^s(|G(\alpha)| - 2^{-s}dH(G)) \\ &> 2^s 2^{-d(d-1)/2}(d+1)^{-3d/2}H_1^{-2d+1} - dH(G). \end{aligned}$$

Schließlich erhalten wir aus (7.14) und $2^{d/2}(d+1)H_1 \geq \|G\| \geq H(G)$

$$\begin{aligned} 2^s 2^{-d(d-1)/2}(d+1)^{-3d/2}H_1^{-2d+1} &\geq 2^{d/2}(d+1)^2 H_1 = (d(d+1)+d+1)2^{d/2}H_1 \\ &\geq dH(G) + 2^{d/2}(d+1)H_1, \end{aligned}$$

was zusammen mit der vorletzen Ungleichung (7.16) beweist. Das Lemma ist bewiesen. $\square$

Satz 7.8 *Es seien* $\alpha, A(x), d, H_1, s$ *und* $\alpha_j, 0 \leq j \leq d$, *wie in Lemma 7.5. Es sei* $1 \leq m \leq d$, *und wir nehmen an, daß* $\underline{g} = \sum\limits_{j=0}^{m} g_j \underline{v}_j$ *der erste Vektor einer reduzierten Basis ist, welche wir aus* $\underline{v}_0, \ldots, \underline{v}_d$ *mittels LLL-Algorithmus 5.9 erhalten. Dann sind die folgenden Aussagen äquivalent:*

(i) $|\underline{g}| \leq 2^{d/2}(d+1)H_1$,

(ii) α *ist eine Nullstelle des Polynoms* $G(x) = \sum\limits_{j=0}^{m} g_j x^j$,

(iii) Der Grad von α *ist höchstens* m.

Wenn darüber hinaus der Grad von α *gleich* m *ist, dann gilt* $A(x) = \pm G(x)$.

Beweis: Das durch die Vektoren $\underline{v}_0, \ldots, \underline{v}_d$ erzeugte Gitter Λ_s liegt in $\mathbb{Q}^{d+3}$, man kann also die Ergebnisse von Satz 5.25 anwenden. Die Voraussetzungen des Lemmas 7.5 werden ebenfalls erfüllt.

Nehmen wir zuerst (i) an. Dann erhalten wir aus Lemma 7.5 $G(\alpha) = 0$, das heißt (ii). Aus (ii) folgt offensichtlich (iii).

Schließlich nehmen wir (iii) an. Aus $\deg(A) \leq m$ folgt $\underline{a} \in \Lambda_s$. Aus Lemma 7.5 folgt $|\underline{a}| \leq (d+1)H_1$, so daß für die Länge des kürzesten Vektors $\lambda(\Lambda_s)$ des Gitters Λ_s die Ungleichung $|\lambda(\Lambda_s)| \leq (d+1)H_1$ gilt. Aus (5.43) erhalten wir $|\underline{g}| \leq 2^{d/2}(d+1)H_1$, und das ist (i).

Wenn der Grad von α gleich m ist, dann ist $G(x)$ ein irreduzibles Polynom und somit ein ganzzahliges Vielfaches vom $A(x)$. Die Vektoren $\underline{a}$ und $\underline{g}$ gehören zu Λ_s und $\underline{g}$ ist ein Mitglied einer Basis, also gilt $G(x) = \pm A(x)$. $\square$

Jetzt sind wir in der Lage, den Algorithmus für die Berechnung des Minimalpolynoms einer algebraischen Zahl α, $|\alpha| < 1$, darstellen zu können. Mit dessen Hilfe können wir dann den Faktorisierungsalgorithmus leicht formulieren.

Algorithmus 7.4 (Minimalpolynom)

Input: d, H, so daß $\deg(\alpha) \leq d$, $H(\alpha) \leq H, |\alpha| < 1$.
            $s = \lfloor d^2/2 + (3d+4)/2 \, \log_2(d+1) + 2d \, \log_2 H \rfloor$.
            $\alpha_1 = b_1 + c_1 i, b_1, c_1 \in \mathbb{Q}$ mit $|\alpha - \alpha_1| \leq 2^{-s}/(4d)$,
Output: *Das Minimalpolynom $A(x)$ von α.*

    1. **for** $j \leftarrow 2$ **to** d **do**
        { *Berechne α_j mit $|\alpha_j - \alpha^j| \leq 2^{-s-1/2}$ durch Potenzierung.* }

    2. **for** $m \leftarrow 1$ **to** d **do**
        { *Call $LLL(\underline{v}_0, \ldots, \underline{v}_m)$*
        (Basisreduktion, die Ausgabe bezeichnen wir mit $\underline{g}_1, \ldots, \underline{g}_n$.*)*
        if $|\underline{g}_1| \leq 2^{d/2}(d+1)H$ **then output** $\{G_1(x)$, **return** }
        }

Man kann sich leicht überlegen, daß die Voraussetzung $|\alpha| < 1$ keine wesentliche Einschränkung ist und daß $|\alpha - \alpha_1| \leq 2^{-s}/(4d)$ die Ungleichung (7.12) impliziert.

In [59] wurde bewiesen, daß die Komplexität des Algorithmus $O(n_0 d^4(d + \log H))$ ist, wobei n_0 den Grad von α bezeichnet.

Wir kehren nun zu der Polynomfaktorisierung zurück. Wir benutzen die am Anfang dieses Abschnittes eingeführten Bezeichnungen.

Algorithmus 7.5 (LLL-Faktorisierung)

Input   : $P(x) \in \mathbb{Z}[x], n = \deg(P)$.
Output : *Die irreduzible Faktorisierung von $P(x)$.*

    1. **if** $n = 1$ **then** { **output** P, **return** } **else** $d \leftarrow n$,

    2. **while** $d \geq 2$ **do**
        { $H_1 \leftarrow \lfloor 2^n \sqrt{n+1} H(P) \rfloor$,
        $s \leftarrow \lfloor d^2/2 + (3d+4)/2 \log_2(d+1) + 2d \, \log_2 H_1 \rfloor$,
        Berechne eine rationale Näherung α_1, einer Nullstelle α von P mit $|\alpha| \leq 1$
        mit der Präzision $|\alpha_1 - \alpha| \leq 2^{-s}/(12d)$,
        $A(x) \leftarrow MP(\alpha)$, *(* $A(x)$ ist das Minimalpolynom von α.*)*

$$P(x) \leftarrow P(x)/A(x),$$
$$d \leftarrow d - \deg(A),$$
output $A(x)$ },
return.

Man kann eine Näherung mit der in dem Algorithmus angegebenen Präzision in polynomialer Zeit berechnen ([59] oder [96]), und so erreicht man folgenden Satz:

Satz 7.9 *Es sei* $P(x) \in \mathbb{Z}[x]$ *ein primitives Polynom vom Grad* n. *Dann kann* $P(x)$ *mit höchstens* $O(n^4(n + \log H(P)))$ *arithmetischen Operationen mit ganzen Zahlen der Länge höchstens* $O(n(n + \log H(P)))$ *in irreduzible Faktoren zerlegt werden.*

Mit einer Verfeinerung des Basisreduktionsalgorithmus von A. Schönhage [97] kann man die Anzahl der Operationen auf $O(n^3(n + \log H(P)))$ reduzieren.

8 Polynomideale

In diesem letzten Abschnitt des Buches konzentrieren wir uns auf Basen mit günstigen Eigenschaften von Idealen der Polynomringe über Körpern. Wir beweisen zuerst, daß diese Ringe Noethersch sind, das heißt jedes Ideal endlich erzeugt ist. Nach Einführung verschiedener Polynomreduktionsbegriffe definieren wir die Gröbner Basen, welche eine zentrale Rolle in der Computeralgebra spielen. Für die Bestimmung einer Gröbner Basis eines Ideals geben wir einen Algorithmus an. Wir präsentieren danach einige Anwendungen von Gröbner Basen. Für ein Polynom $P(\underline{x})$ und Ideale I, J von $K[\underline{x}]$ beweisen wir zum Beispiel, daß die Probleme, ob $P(\underline{x})$ zu I oder zu $\sqrt{I}$ gehört, und die Bestimmung eines Erzeugendersystems von $I \cap J$ algorithmisch lösbar sind. Hierbei bezeichnet $\sqrt{I}$ das Radikal von I. Als Abschluß des Buches beschäftigen wir uns noch einmal mit der Lösung polynomialer Gleichungssysteme. Gröbner Basen bewährten sich bestens auch für die Lösung dieser Aufgabe. Dieser Abschnitt ist zu kurz, um die Theorie der Gröbner Basen vollständig darstellen zu können. Für die Vertiefung der Kenntnisse verweisen wir auf das Buch von Th. Becker und V. Weispfenning [10].

8.1 Noethersche Ringe

Es seien K ein Körper und $\emptyset \neq \mathcal{F} \subseteq K[x_1, \ldots, x_n] = K[\underline{x}]$. Wir betrachten das Gleichungssystem

$$P(\underline{x}) = 0 \quad \text{für alle} \quad P(\underline{x}) \in \mathcal{F}. \tag{8.1}$$

Wir suchen die Lösungen $\underline{\alpha} \in K^n$ von (8.1). Ist $\mathcal{F}$ eine endliche Menge, dann kann (8.1) mit sukzessiver Resultantenbildung, welche wir im Abschnitt 6.11 beschrieben hatten, gelöst werden. Jene Methode liefert einerseits keine Information über die Struktur der Lösungsmenge, andererseits kann sie für unendliche Gleichungssysteme nicht angewandt werden. Wir möchten jetzt diese Frage untersuchen.

Es sei $Q(\underline{x}) \in (\mathcal{F})$, wobei $(\mathcal{F})$ das durch die Menge $\mathcal{F}$ erzeugte Ideal bezeichnet. Dann existieren $F_1(\underline{x}), \ldots, F_t(\underline{x}) \in \mathcal{F}$ und $P_1(\underline{x}), \ldots, P_t(\underline{x}) \in K[x]$ mit

$$Q(\underline{x}) = P_1(\underline{x})F_1(\underline{x}) + \ldots + P_t(\underline{x})F_t(\underline{x}).$$

Ist $\underline{\alpha} \in K^n$ eine Lösung von (8.1), dann folgt $Q(\underline{\alpha}) = 0$. Die Lösungen von (8.1) sind also gemeinsame Nullstellen solcher Polynome, welche zum durch $\mathcal{F}$ erzeugten Ideal gehören. Diese Überlegung zeigt, daß wir zuerst die Ideale von $K[\underline{x}]$ studieren müssen. Wir machen dies unter einer etwas allgemeineren Voraussetzung.

Ein kommutativer Ring R heißt *Noethersch*, wenn jedes Ideal von R endlich erzeugt ist. Die folgende Charakterisierung der Noetherschen Ringe ist oft brauchbar.

Lemma 8.1 *Ein kommutativer Ring ist Noethersch dann und nur dann, wenn jede aufsteigende Idealkette sich nach endlich vielen Schritten stabilisiert.*

Beweis: Nehmen wir zuerst an, daß R ein Noetherscher Ring ist. Es sei $I_0 \subseteq I_1 \subseteq \ldots$ eine aufsteigende Idealkette in R. Wir bilden $I = \cup_{j=0}^{\infty} I_j$. Dann ist I ein Ideal in R. In der Tat, seien $\alpha, \beta \in I$ und $\gamma \in R$. Es existiert ein $j \geq 0$ mit $\alpha, \beta \in I_j$; dann gilt $\alpha - \beta, \alpha\gamma \in I_j \subseteq I$, das heißt I ist ein Ideal. Es ist also endlich erzeugt. Es sei $\alpha_1, \ldots, \alpha_t$ ein Erzeugendensystem von I. Dann existiert ein $j \geq 0$ mit $\alpha_1, \ldots, \alpha_t \in I_j$. Es gilt also $I_j = I$, da beide Ideale dasselbe Erzeugendensystem haben. Somit folgt $I_j = I_{j+k}$ für alle $k \geq 0$ wegen $I_j \subseteq I_{j+k} \subseteq I$.

Es sei jetzt umgekehrt R ein kommutativer Ring, in dem sich jede aufsteigende Idealkette stabilisiert. Es sei I ein Ideal in R. Ist $I = \{0\}$, dann ist I offensichtlich endlich erzeugt. Für $I \neq \{0\}$ existiert ein $0 \neq \alpha_1 \in I$. Im Fall $(\alpha_1) = I$ sind wir wieder fertig, sonst existiert ein $\alpha_2 \in I \backslash (\alpha_1)$. Wenn $\alpha_1, \ldots, \alpha_t \in I$ gewählt sind und $(\alpha_1, \ldots, \alpha_t) \neq I$ gilt, dann wählen wir α_{t+1} mit $\alpha_{t+1} \in I \backslash (\alpha_1, \ldots, \alpha_t)$. Diese Konstruktion liefert die aufsteigende Idealkette

$$(\alpha_1) \subset (\alpha_1, \alpha_2) \subset \ldots \subset (\alpha_1, \ldots, \alpha_{t+1}) \subset \ldots \subset I.$$

Sie bricht nach endlich viele Schritten ab, es existiert also ein v mit $I = (\alpha_1, \ldots, \alpha_v)$. Das Lemma ist bewiesen. $\square$

Jetzt können wir den folgenden klassischen Satz von D. Hilbert [54] beweisen.

Satz 8.1 (Hilbertscher Basissatz) *Es sei R ein Noetherscher Ring. Dann ist der Polynomring $R[x_1, \ldots, x_n]$ ebenfalls Noethersch.*

Beweis: Es reicht, den Satz für $n = 1$ zu beweisen und dann Induktion anzuwenden.

Es seien $I \subseteq R[x]$ ein Ideal, $j \geq 0$, und

$$I_j = \{\alpha \,:\, \alpha \in R, \text{ es existiert ein } P(x) \in I \text{ mit } \deg(P) = j \text{ und } \mathrm{lc}(P) = \alpha\} \cup \{0\}.$$

Mit $\mathrm{lc}(P)$ bezeichnen wir wie zuvor den Leitkoeffizienten des Polynoms $0 \neq P(x) \in R[x]$. Wir zeigen: I_j ist für jedes j ein Ideal in R, und es gilt

$$I_0 \subseteq I_1 \subseteq \ldots \tag{8.2}$$

Es sei $0 \neq P(x) \in I$. Dann existiert ein $j \geq 0$ mit $\mathrm{lc}(P) \in I_j$. Das Polynom $x^k P(x)$ gehört für alle $k \geq 0$ zu I, und es gilt $\mathrm{lc}(x^k P(x)) \in I_{j+k}$. Aus $0 \neq \alpha \in I_j$ folgt also, daß für alle $k \geq 0$ ein $P(x) \in I$ mit $\deg(P) = j + k$ und $\mathrm{lc}(P) = \alpha$ existiert, also gilt (8.2).

Es seien $\alpha, \beta \in I_j$ und $\gamma \in R$. Wenn α oder β Null ist, oder $\alpha = \beta$ gilt, dann gehört $\alpha - \beta$ offensichtlich zu I_j. Dasselbe gilt für $\alpha\gamma$, falls $\alpha\gamma$ Null ist. Sonst existieren $P_\alpha(x), P_\beta(x) \in I$ mit $\deg(P_\alpha) = \deg(P_\beta) = j$ und $\mathrm{lc}(P_\alpha) = \alpha$ und $\mathrm{lc}(P_\beta) = \beta$. Die Polynome $P_\alpha(x) - P_\beta(x)$ und $\gamma P_\alpha(x)$ gehören zu I, und aus $\deg(P_\alpha - P_\beta) \leq j, \deg(\gamma P_\alpha) = j, \mathrm{lc}(P_\alpha - P_\beta) = \alpha - \beta$ und $\mathrm{lc}(\gamma P_\alpha) = \gamma\alpha$ folgt, daß I_j ein Ideal in R ist.

Die aufsteigende Idealkette (8.2) stabilisiert sich nach Lemma 8.1 nach endlich vielen Schritten. Es existiert also ein n mit $I_m = I_n$ für alle $m \geq n$. Es seien $\mathcal{G}_j$ endliche Erzeugendensysteme von I_j mit $\mathcal{G}_m = \mathcal{G}_n$ für $m \geq n$. Für alle $0 \leq j \leq n$ und $\alpha \in \mathcal{G}_j$ sei ein $P_\alpha(x) \in I$ mit $\deg(P_\alpha) = j$ und $\mathrm{lc}(P_\alpha) = \alpha$ gewählt. Wir setzen

$$\mathcal{G} := \bigcup_{j=0}^{n} \{P_\alpha(x) \;:\; \alpha \in \mathcal{G}_j\}.$$

$\mathcal{G}$ ist eine endliche Menge, und wir werden $(\mathcal{G}) = I$ zeigen. Nehmen wir an, daß alle Elemente von I, deren Grad kleiner als m ist, zu $(\mathcal{G})$ gehören. Es sei $Q(x) \in I$ mit $\deg(Q) = m$. Dann gilt $\mathrm{lc}(Q) \in I_m$, und es existieren $s_\alpha \in R$ mit

$$\mathrm{lc}(Q) = \sum_{\alpha \in \mathcal{G}_m} \alpha s_\alpha.$$

Das Polynom $\widetilde{Q}(x) = Q(x) - \sum_{\alpha \in \mathcal{G}_m} s_\alpha P_\alpha(x)$ gehört zu I, und sein Grad ist kleiner als m. Aus der Induktionsannahme folgt $\widetilde{Q}(x) \in (\mathcal{G})$. Die Summanden in der Definition von $\widetilde{Q}(x)$ sind ebenfalls Elemente von $(\mathcal{G})$, also ist $I = (\mathcal{G})$. Der Satz ist bewiesen. $\square$

Ist K ein Körper, dann ist $K[x]$ ein euklidischer Ring nach Satz 6.3 und somit ein Noetherscher Ring. Der Polynomring $K[\underline{x}]$ ist also ebenfalls Noethersch.

Satz 8.2 (Grete Hermann [53]) *Es sei I ein Ideal in $K[\underline{x}]$. Man kann eine Basis $\mathcal{H} = \{H_1(\underline{x}), \ldots, H_m(\underline{x})\}$ von I finden, so daß für alle $G(\underline{x}) \in I$ Polynome $G_1(\underline{x}), \ldots, G_m(\underline{x}) \in R[\underline{x}]$ existieren mit*

$$G(\underline{x}) = \sum_{i=1}^{m} G_i(\underline{x}) H_i(\underline{x}),$$

und mit $\deg(G_i H_i) \leq \deg(G)$ *für alle* $1 \leq i \leq m$.

8.2 Polynomreduktion

Der Hilbertsche Basissatz sichert zwar die Existenz einer endlichen Basis jedes Ideals eines Polynomringes über einem Körper, aber sein Beweis ist nicht konstruktiv. Nach dem Ergebnis von G. Hermann (Satz 8.2) läßt sich dieses Problem algorithmisch lösen. Ihr Resultat hat leider nur theoretische Bedeutung, da ihr Beweis keine brauchbaren Verfahren liefert, eine Basis zu bestimmen. Einen solchen hat erst wesentlich später B. Buchberger [18, 19] gefunden. Die Analyse, die Verallgemeinerungen, Verbesserungen und Anwendungen seines Algorithmus sind eines der Hauptgebiete der Computeralgebra. Der Buchberger Algorithmus hat große praktische Bedeutung. Er wurde in fast alle Computeralgebra Systeme implementiert. Unser Ziel ist es nun, diesen grundliegenden Algorithmus darzustellen.

Es sei $K[\underline{x}]$ ein Polynomring über einem Körper K. Es sei $M[\underline{x}] = M_K[\underline{x}]$ die Menge aller Monome von $K[x]$ und $\preceq$ eine Wohlordnung im Sinne des Abschnittes 6.1 auf $M[\underline{x}]$. Sie heißt *linear*, wenn für alle $T_1(\underline{x}), T_2(\underline{x}), T_3(\underline{x}) \in M[\underline{x}]$ aus $T_1(\underline{x}) \preceq T_2(\underline{x})$ die Relation $T_3(\underline{x})T_1(\underline{x}) \preceq T_3(\underline{x})T_2(\underline{x})$ folgt.

Es seien $P_1(\underline{x}), P_2(\underline{x}) \in K[\underline{x}]$. Wenn auf $M[\underline{x}]$ eine Wohlordnung $\preceq$ definiert ist, dann läßt sie sich auf $K[\underline{x}]$ folgendermaßen erweitern: Es seien

$$P_i(\underline{x}) = \sum_{j=i}^{m_i} a_{ij}\underline{x}^{\underline{e}_{ij}}, \quad i = 1, 2.$$

Eine solche Darstellung existiert nach Lemma 6.1. Wir dürfen annehmen, daß die Exponenten bezüglich $\preceq$ geordnet sind, das heißt $\underline{e}_{im_i} \prec \underline{e}_{im_i-1} \prec \cdots \prec \underline{e}_{i1}$ gilt. Wir setzen $P_1(\underline{x}) \prec P_2(\underline{x})$, wenn entweder $\underline{e}_{11} \prec \underline{e}_{21}$, oder ein $j < m_i$ existiert mit $\underline{e}_{1k} = \underline{e}_{2k}$ für alle $k = 1, \ldots, j$, aber $\underline{e}_{1,j+1} \prec \underline{e}_{2,j+1}$, oder $\underline{e}_{k1} = \underline{e}_{k2}$ für alle $k = 1, \ldots, m_1$ aber $m_2 > m_1$. Wir setzen schließlich $P_1(\underline{x}) \preceq P_2(\underline{x})$ und gleichzeitig $P_1(\underline{x}) \succeq P_2(\underline{x})$, wenn die in $P_1(\underline{x})$ und $P_2(\underline{x})$ auftretenden Monome dieselben sind. Solche Polynome unterscheiden sich also nur in ihren Koeffizienten. Somit ist $\preceq$ auf $K[\underline{x}]$ nur eine sogenannte Quasiordnung, aber sie erbt die Noethersche Eigenschaft. Es gilt nämlich

Lemma 8.2 *Jede bezüglich einer oben beschriebenen Quasiordnung, streng monoton fallende Folge von Polynomen aus $K[\underline{x}]$ bricht nach endlich vielen Schritten ab.*

Beweis: Nehmen wir an, daß

$$P_1(\underline{x}) \succ P_2(\underline{x}) \succ \cdots$$

eine unendliche und streng monoton fallende Folge ist. Es bezeichne $\mathcal{N}$ die Menge sämtlicher in $P_i(\underline{x}), i = 1, 2, \ldots$, auftretenden Monome. Da $\preceq$ auf $M[\underline{x}]$ eine Wohlordnung ist, existiert in $\mathcal{N}$ ein minimales Element, sagen wir $T(\underline{x})$.

Da das führende Monom von $P_1(\underline{x})$ das maximale Element von $\mathcal{N}$ ist, ist $\mathcal{N}$ eine endliche Menge. Aus endlich vielen Monomen kann nur eine endliche streng monoton fallende Polynomfolge gebildet werden. Das Lemma ist bewiesen. $\square$

Wir bemerken noch: wenn $\preceq$ auf $M[\underline{x}]$ linear ist, dann ist die entsprechende Erweiterung auf $K[\underline{x}]$ wegen des Satzes 6.2 ebenfalls linear.

Wir werden im weiteren folgende Bezeichnungen benutzen:
$\mathrm{k}(G, T)$ ist der Koeffizient des Monoms $T(\underline{x})$ in dem Polynom $G(\underline{x})$.

fpp(G) ist das größte Monom (bezüglich der gegebenen Ordnung) von $G(\underline{x})$. Mit dieser Bezeichnung bedeutet lc(G) den Koeffizienten von fpp(G) im $G(\underline{x})$.

Wir führen nun einen Reduktionsbegriff bezüglich einer Menge $\mathcal{F}$ gegebener Polynome ein. Dieser wird später zu einem Reduktionsbegriff bezüglich Ideale spezialisiert und bildet die wichtigste Grundlage des Buchberger Algorithmus.

Es seien $F(\underline{x}), G(\underline{x}), H(\underline{x}) \in K[x], F(\underline{x}) \neq 0$ und $\mathcal{F} \subseteq K[\underline{x}]$. Wir sagen:

(i) *$G(\underline{x})$ reduziert sich zu $H(\underline{x})$ modulo $F(\underline{x})$, indem $T(\underline{x})$ eliminiert wird*, wenn ein $U(\underline{x}) \in M[\underline{x}]$ existiert mit $T(\underline{x}) = U(\underline{x})\,\mathrm{fpp}(F)$, $\mathrm{k}(G, U\,\mathrm{fpp}(F)) \neq 0$ und

$$H(\underline{x}) = G(\underline{x}) - \frac{\mathrm{k}(G, U\,\mathrm{fpp}(F))}{\mathrm{lc}(F)} U(\underline{x})F(\underline{x}).$$

Diese Relation wird mit $G \xrightarrow{F,T} H$ bezeichnet.

(ii) *$G(\underline{x})$ reduziert sich zu $H(\underline{x})$ modulo $F(\underline{x})$*, mit Abkürzung: $G \xrightarrow{F} H$, wenn ein $T(\underline{x}) \in M[\underline{x}]$ existiert mit $G \xrightarrow{F,T} H$.

(iii) *$G(\underline{x})$ reduziert sich zu $H(\underline{x})$ modulo $\mathcal{F}$*, mit Abkürzung $G \xrightarrow{\mathcal{F}} H$, wenn $G \xrightarrow{F} H$ gilt für ein $F(\underline{x}) \in \mathcal{F}$.

(iv) *$G(\underline{x})$ ist reduzierbar modulo $F(\underline{x})$*, wenn ein $H(\underline{x}) \in K[\underline{x}]$ existiert mit $G \xrightarrow{F} H$.

(v) *$G(\underline{x})$ ist reduzierbar modulo $\mathcal{F}$*, wenn ein $H(\underline{x}) \in K[\underline{x}]$ existiert mit $G \xrightarrow{\mathcal{F}} H$.

(vi) Es sei n eine natürliche Zahl. Wir schreiben $G \xrightarrow{n}{}_{\mathcal{F}} H$, wenn $H_0(\underline{x}), H_1(\underline{x}), \ldots,$ $H_n(\underline{x}) \in K[\underline{x}]$ existieren, so daß $H_0(\underline{x}) = G(\underline{x})$, $H_n(\underline{x}) = H(\underline{x})$ und $H_{i-1}(\underline{x}) \xrightarrow{\mathcal{F}} H_i(\underline{x})$ für alle $i = 1, \ldots, n$ gilt.

(vii) Wir schreiben schließlich $G \xrightarrow{*}{}_{\mathcal{F}} H$, wenn entweder $H(\underline{x}) = G(\underline{x})$ ist oder ein $n \in \mathbb{N}$ existiert mit $G \xrightarrow{n}{}_{\mathcal{F}} H$.

Grundliegend in dieser Definitionswelle ist (i). Dies ist im wesentlichen eine Verallgemeinerung der Division mit Rest auf Polynome mit mehreren Unbestimmten. In den univariaten Polynomringen sind die Monome einfach die Potenzen der Unbestimmten. Wenn $G(x), F(x) \in K[\underline{x}]$, $F(\underline{x}) \neq 0$ und $\deg(G) \geq \deg(F)$ sind, dann ist $H(x)$ der Rest der Division $G(x)/F(x)$ genau dann, wenn

$$G \xrightarrow{F,\mathrm{fpp}(G)} H$$

gilt. Die Lage ist in den multivariaten Polynomringen nicht so klar. Man kann in $G(\underline{x})$ verschiedene Monome aussuchen, nach denen reduziert wird. Das folgende Beispiel veranschaulicht, wie die Reduktionsrelation funktioniert. Es sei

$$\mathcal{F} = \{F_1 = yz+xz+z+yx+y+x+1, F_2 = zx^2+2x+yx^2+yx+x^2+x+1\} \subset \mathbb{Q}[x,y,z]$$

und $G = G(x,y,z) = zyx - 1$ und die Quasiordnung auf $\mathbb{Q}[x,y,z]$ sei die lexikographische Ordnung, es sei also $x \prec y \prec z$. Wir können aus G das Monom xyz mittels F_1 eliminieren. Wir erhalten $G \xrightarrow[F_1,xyz]{} H$ mit dem Polynom

$$
\begin{aligned}
H = H(x,y,z) = G - xF_1 &= zyx - 1 - zyx - 2x^2 - 2x - yx^2 - yx - x^2 - x \\
&= -(zx^2 + 2x + yx^2 + yx + x^2 + x + 1) = -F_2.
\end{aligned}
$$

Wir werden später dieses Beispiel fortsetzen.

Zunächst werden aber die wichtigsten Eigenschaften der obigen Relation untersucht.

Lemma 8.3 *Es seien $G(\underline{x}), H(\underline{x}), F(\underline{x}) \in K[\underline{x}], G(\underline{x}), F(\underline{x}) \neq 0$ und $\mathcal{F}$ eine Teilmenge von $K[\underline{x}]$. Dann gelten die folgenden Behauptungen:*

(i) *Wenn $G \xrightarrow[F]{} H$, dann gilt $H \prec G$.*

(ii) *Wenn $G \xrightarrow[\mathcal{F}]{*} H$, dann ist $H \preceq G$ und $H(\underline{x}) = 0$ oder $\mathrm{fpp}(H) \preceq \mathrm{fpp}(G)$.*

Beweis: Nehmen wir zuerst $G \xrightarrow[F]{} H$ an. Dann existiert nach der Definition ein $U(\underline{x}) \in M[\underline{x}]$, so daß $G \xrightarrow[F,T]{} H$ mit $T(\underline{x}) = U(\underline{x})\mathrm{fpp}(F)$ gilt. Es ist $\mathrm{k}(G, U\,\mathrm{fpp}(F)) \neq 0$ und

$$
H(\underline{x}) = G(\underline{x}) - \frac{\mathrm{k}(G, U\,\mathrm{fpp}(F))}{\mathrm{lc}(F)} U(\underline{x})F(\underline{x}).
$$

Aus $\mathrm{k}(G, U\,\mathrm{fpp}(F)) \neq 0$ und aus der Linearität von $\preceq$ folgt

$$
T(x) = U(\underline{x})\,\mathrm{fpp}(F) \preceq G(\underline{x})
$$

und auch $U(\underline{x})F(\underline{x}) \preceq G(\underline{x})$. Schreiben wir $G(\underline{x}) = G_1(\underline{x}) + \mathrm{k}(G,T)T(\underline{x}) + G_2(\underline{x})$, wobei in $G_1(\underline{x})$ diejenigen Monome, welche größer sind als $T(\underline{x})$, und in $G_2(\underline{x})$ diejenigen, welche kleiner sind als $T(\underline{x})$, auftreten.

Wenn $G_1(\underline{x}) \neq 0$ ist, dann gilt $G(\underline{x}) \succ H(\underline{x})$, sonst ist $T(\underline{x})$ das führende Monom von $G(\underline{x})$, und es gilt $G_2(\underline{x}) \prec T(\underline{x})$. Das führende Monom von $U(\underline{x})F(\underline{x})$ ist ebenfalls $T(\underline{x})$. Die erste Behauptung ist damit bewiesen. Die zweite Behauptung folgt aus der ersten und aus der Definition der Relation $\xrightarrow[\mathcal{F}]{*}$. $\square$

Wenn ein $G(\underline{x})$ nicht reduzierbar ist modulo $F(\underline{x})$ (modulo $\mathcal{F}$), dann werden wir diese Tatsache mit $G(\underline{x})$ *ist in Normalform modulo $F(\underline{x})$ (modulo $\mathcal{F}$)* ausdrücken. Eine *Normalform von $G(\underline{x})$ modulo $\mathcal{F}$* ist ein Polynom $H(\underline{x})$, welches in Normalform modulo $\mathcal{F}$ ist und der Relation $G \xrightarrow[\mathcal{F}]{*} H$ genügt. Wir bemerken, daß die Normalform eines Polynoms $G(\underline{x})$ modulo $\mathcal{F}$ im allgemeinem nicht eindeutig bestimmt ist.

Es sei zum Beispiel $G(x) = x + 1 \in \mathbb{Q}[x]$ und $\mathcal{F} = \{x, x+1\} \subseteq \mathbb{Q}[x]$. Dann gilt $G \xrightarrow[x]{} 1$ und $G \xrightarrow[x+1]{} 0$ und sowohl 0 als auch 1 sind in Normalform modulo $\mathcal{F}$.
Der folgende Satz zeigt, daß jedes Polynom eine Normalform hat.

Satz 8.3 *Es sei $\mathcal{F} \subseteq K[\underline{x}]$ endlich und $G(\underline{x}) \in K[\underline{x}]$. Dann existieren eine Normalform $H(\underline{x})$ von $G(\underline{x})$ modulo $\mathcal{F}$ und eine Menge $\mathcal{F}_1 = \{Q_F(\underline{x}) : F(\underline{x}) \in \mathcal{F}\} \subseteq K[x]$ mit*

$$G(\underline{x}) = \sum_{F \in \mathcal{F}} Q_F(\underline{x}) F(\underline{x}) + H(\underline{x}) \tag{8.3}$$

und

$$\max\{\mathrm{fpp}(Q_F F) : F(\underline{x}) \in \mathcal{F}, Q_F(\underline{x})F(\underline{x}) \neq 0\} \preceq \mathrm{fpp}(G). \tag{8.4}$$

Beweis: Wir behaupten, daß der folgende Algorithmus eine Normalform von $G(\underline{x})$ und die Koeffizientenmenge $\mathcal{F}_1$ liefert.

Algorithmus 8.1 (Normalform)

Input: *Eine endliche Menge $\mathcal{F} \subseteq K[\underline{x}]$ und $G(\underline{x}) \in K[\underline{x}]$.*
Output: *Eine Normalform $H(\underline{x})$ von $G(\underline{x})$ modulo $\mathcal{F}$ und*
             eine Menge $\mathcal{F}_1$ mit (8.3) und (8.4).

1. **for** $F(\underline{x}) \in \mathcal{F}$ **do** $Q_F(\underline{x}) \leftarrow 0$,
   $H(\underline{x}) \leftarrow G(\underline{x})$,

2. **while** $H(\underline{x})$ *ist reduzierbar modulo $\mathcal{F}$* **do**
   { *wähle ein $F(\underline{x}) \in \mathcal{F}$, so daß $H(\underline{x})$ reduzierbar ist modulo $F(\underline{x})$,*
   bestimme ein Monom $U(\underline{x})$ mit $H \xrightarrow{F} H - UF$,

$$H(\underline{x}) \leftarrow H(\underline{x}) - \frac{\mathrm{k}(H, U\,\mathrm{fpp}(F))}{\mathrm{lc}(F)} U(\underline{x}) F(\underline{x}),$$

$$Q_F(\underline{x}) \leftarrow Q_F(\underline{x}) + \frac{\mathrm{k}(H, U\,\mathrm{fpp}(F))}{\mathrm{lc}(F)} U(\underline{x}).\}$$

3. $\mathcal{F}_1 \leftarrow \{Q_F(\underline{x}) : F(\underline{x}) \in \mathcal{F}\}$,
   output $\{H, \mathcal{F}_1\}$, **return.**

Wenn $G(\underline{x})$ in Normalform modulo $\mathcal{F}$ ist, dann wird in Schritt 2 nichts gemacht, und die Ausgabe genügt den Behauptungen.

Nehmen wir also an, daß $G(\underline{x})$ reduzierbar modulo $\mathcal{F}$ ist. Es sei $H_0(\underline{x}) = G(\underline{x})$, und $H_i(\underline{x})$ bezeichne das Polynom $H(\underline{x})$ nach dem i-ten Durchlauf der while Schleife. Es gilt offensichtlich $H_i \xrightarrow{\mathcal{F}} H_{i+1}$ und somit $H_{i+1} \prec H_i$ nach Lemma 8.3. Nach Lemma 8.2 bricht die Folge $H_0(\underline{x}), H_1(\underline{x}), \ldots$, folglich auch der Algorithmus nach endlich vielen, sagen wir n, Schritten ab. Es gilt $G \xrightarrow[\mathcal{F}]{n} H_n$, und $H_n(\underline{x})$ ist in Normalform modulo $\mathcal{F}$.

Die Relation (8.3) ist offensichtlich eine Invariante der while Schleife, es bleibt also nur noch (8.4) zu beweisen. Dies ist wahr am Anfang. Nehmen wir an, daß es wahr ist nach dem i-ten, $0 \leq i \leq n$, Durchlauf der while Schleife. Wir haben $G \xrightarrow[\mathcal{F}]{*} H_i$ und folglich $\mathrm{fpp}(H_i) \prec \mathrm{fpp}(G)$ nach Lemma 8.3. Es sei $H_{i+1}(\underline{x}) = H_i(\underline{x}) - \frac{\mathrm{k}(H_i, U\,\mathrm{fpp}(F))}{\mathrm{lc}(F)} U(x)F(x)$. Aus $\mathrm{k}(H_i, U\,\mathrm{fpp}(F)) \neq 0$ folgt $\mathrm{fpp}(UF) \preceq \mathrm{fpp}(H_i) \preceq \mathrm{fpp}(G)$. Damit ist (8.4) ebenfalls bewiesen. $\square$

Wir bemerken, daß dieser Satz für beliebige $\mathcal{F} \subseteq K[\underline{x}]$ gilt. Einen Beweis findet man zum Beispiel in [10]. Eine wichtige Folgerung des Satzes 8.3 ist: wenn $G \xrightarrow[\mathcal{F}]{*} 0$, dann gilt $G(\underline{x}) \in (\mathcal{F})$. Dagegen zeigt unser letztes Beispiel, daß aus $G(\underline{x}) \in (\mathcal{F})$ im allgemeinen $G \xrightarrow[\mathcal{F}]{*} 0$ nicht folgt.

In dem nächsten Lemma untersuchen wir den Zusammenhang zwischen der Reduktionsrelation und der Multiplikation.

Lemma 8.4 *Es seien* $\mathcal{F} \subseteq K[\underline{x}]$ *und* $F(\underline{x}), G(\underline{x}), H(\underline{x}) \in K[\underline{x}]$ *und* $U(\underline{x}) \in M[\underline{x}]$. *Dann gilt:*

(i) $F(\underline{x}) \in \mathcal{F}$ *impliziert* $HF \xrightarrow[\mathcal{F}]{*} 0$.

(ii) $G \xrightarrow[\mathcal{F}]{} H$ *impliziert* $UG \xrightarrow[\mathcal{F}]{} UH$.

(iii) $G \xrightarrow[\mathcal{F}]{*} H$ *impliziert* $UG \xrightarrow[\mathcal{F}]{*} UH$, *speziell folgt* $UG \xrightarrow[\mathcal{F}]{*} 0$ *aus* $G \xrightarrow[\mathcal{F}]{*} 0$.

Beweis: *(i)* Es bezeichne $\mathcal{H}$ die Menge solcher Polynome $H(\underline{x}) \in K[\underline{x}]$ mit $HF \xrightarrow[\mathcal{F}]{*} T$, mit einem $T(\underline{x}) \neq 0$. Wir nehmen $\mathcal{H} \neq \emptyset$ an. Dann gibt es ein minimales Element, sagen wir $H(\underline{x})$, in $\mathcal{H}$. Es gilt offensichtlich $H(\underline{x}) \neq 0$. Setzen wir $U(x) = \mathrm{fpp}(H)$, dann erhalten wir

$$HF \xrightarrow[F,U]{} HF - \frac{\mathrm{k}(HF, U\,\mathrm{fpp}(F))}{\mathrm{lc}(F)} UF = \bar{H}(\underline{x})F(\underline{x})$$

mit $\bar{H}(\underline{x}) \in K[\underline{x}]$ und $\bar{H}(\underline{x}) \prec H(\underline{x})$. Wir haben $\bar{H}(\underline{x}) \notin \mathcal{H}$ wegen der Wahl von $H(\underline{x})$, somit gilt $\bar{H}F \xrightarrow[\mathcal{F}]{*} 0$ und folglich auch $HF \xrightarrow[\mathcal{F}]{*} 0$. Ein Widerspruch.

(ii) Es existiert ein $F(\underline{x}) \in \mathcal{F}$ mit $G \xrightarrow[F]{} H$, das heißt $H(\underline{x}) = G(\underline{x}) - \alpha V(\underline{x})F(\underline{x})$ mit einem $0 \neq \alpha \in K$ und $V(\underline{x}) \in M[\underline{x}]$. Es folgt $U(\underline{x})H(\underline{x}) = U(\underline{x})G(\underline{x}) - \alpha U(\underline{x})V(\underline{x})F(\underline{x})$, wir erhalten also $UH \xrightarrow[F]{} UG$.

(iii) Diese Behauptung folgt aus *(ii)* mit der Anwendung einer Induktion nach der Länge der Reduktion $G \xrightarrow[\mathcal{F}]{k} H$. $\square$

Wir haben in dem letzten Lemma das Verhältnis zwischen der Reduktionsrelation $\xrightarrow[\mathcal{F}]{*}$ und Multiplikation befriedigend gelöst. Es stellt sich natürlich die Frage, wie sich $\xrightarrow[\mathcal{F}]{*}$ gegenüber der Addition verhält. Andererseits ist $\xrightarrow[\mathcal{F}]{*}$ definitionsgemäß reflexiv und transitiv, aber nicht symmetrisch. Eine andere natürliche Frage ist also, ob sich Polynome $G(\underline{x}), H(\underline{x}) \in K[x]$ charakterisieren lassen mit $G \xrightarrow[\mathcal{F}]{*} H$ und $H \xrightarrow[\mathcal{F}]{*} G$? Bezüglich dieser beiden Fragestellungen gibt das folgende Lemma Auskunft.

Lemma 8.5 *Es seien* $F(\underline{x}), G(\underline{x}), H(\underline{x}), H_1(\underline{x}) \in K[x]$ *und* $\mathcal{F} \subseteq K[x]$. *Dann gilt*

(i) Wenn $F(\underline{x}) - G(\underline{x}) = H(\underline{x})$ *und* $H \xrightarrow[\mathcal{F}]{*} H_1$ *ist, dann existieren* $F_1(\underline{x}), G_1(\underline{x}) \in K[\underline{x}]$ *mit* $F_1(\underline{x}) - G_1(\underline{x}) = H_1(\underline{x})$, $F \xrightarrow[\mathcal{F}]{*} F_1$ *und* $G \xrightarrow[\mathcal{F}]{*} G_1$.

(ii) Für $F - G \xrightarrow[\mathcal{F}]{*} 0$ gibt es ein $P(\underline{x}) \in K[x]$ mit $F \xrightarrow[\mathcal{F}]{*} P$ und $G \xrightarrow[\mathcal{F}]{*} P$.

Beweis: (i) Für $H \xrightarrow[\mathcal{F}]{*} H_1$, dann gibt es ein $n \in \mathbb{Z}_{\geq 0}$ mit $H \xrightarrow[\mathcal{F}]{n} H_1$. Im Falle $n = 0$ dürfen wir $F_1(\underline{x}) = F(\underline{x})$ und $G_1(\underline{x}) = G(\underline{x})$ wählen. Es sei also $n > 0$, und wir nehmen an, daß die Behauptung für $H \xrightarrow[\mathcal{F}]{m} H_1$ mit $m < n$ wahr ist. Aus $H \xrightarrow[\mathcal{F}]{n} H_1$ folgt $H \xrightarrow[\mathcal{F}]{n-1} H_2 \xrightarrow[\bar{F}]{} H_1$ mit einem $\bar{F}(\underline{x}) \in \mathcal{F}$ und $H_2(\underline{x}) \in K[\underline{x}]$. Es existierten nach der Induktionsannahme $F_2(\underline{x}), G_2(\underline{x}) \in K[\underline{x}]$ mit $F_2(\underline{x}) - G_2(\underline{x}) = H_2(\underline{x})$ und $F \xrightarrow[\mathcal{F}]{*} F_2$ und $G \xrightarrow[\mathcal{F}]{*} G_2$. Es sei

$$H_1(\underline{x}) = H_2(\underline{x}) - \frac{\mathrm{k}(H_2, U \ \mathrm{fpp}(\bar{F}))}{\mathrm{lc}(\bar{F})} U(\underline{x})\bar{F}(\underline{x})$$

mit $U(\underline{x}) \in M[\underline{x}]$. Es seien $c_1 = \mathrm{k}(F_2, U \ \mathrm{fpp}(\bar{F}))$ und $c_2 = \mathrm{k}(G_2, U \ \mathrm{fpp}(\bar{F}))$. Wir bemerken, daß c_1 oder c_2 auch 0 sein kann, es gilt jedenfalls $c_1 - c_2 = \mathrm{k}(H_2, U \ \mathrm{fpp}(\bar{F}))$. Setzen wir

$$F_1(\underline{x}) = F_2(\underline{x}) - c_1 U(\underline{x})\bar{F}(\underline{x})/\mathrm{lc}(\bar{F})$$

und

$$G_1(\underline{x}) = G_2(\underline{x}) - c_2 U(\underline{x})\bar{F}(\underline{x})/\mathrm{lc}(\bar{F}).$$

Wir erhalten $F_2 \xrightarrow[\mathcal{F}]{*} F_1, G_2 \xrightarrow[\mathcal{F}]{*} G_1$ und $F_1(\underline{x}) - G_1(\underline{x}) = H_1(\underline{x})$, damit ist (i) bewiesen.

(ii) ist der Spezialfall von (i), wenn wir $H(\underline{x}) = 0$ setzen. $\square$

Jedes Ideal $I \subseteq K[\underline{x}]$ erzeugt eine Äquivalenzrelation: $P_1(\underline{x}) \equiv P_2(\underline{x})$ $(\mathrm{mod}\ I)$ mit $P_1(\underline{x}), P_2(\underline{x}) \in K[\underline{x}]$ genau dann, wenn $P_1(\underline{x}) - P_2(\underline{x}) \in I$ ist. Mit einer Menge $\mathcal{F} \subseteq K[\underline{x}]$ können wir ein Ideal $(\mathcal{F})$ und dadurch die eben erwähnte Äquivalenzrelation, aber auch die Reduktionsrelation $\xrightarrow[\mathcal{F}]{*}$ definieren. Wir möchten jetzt einen Zusammenhang zwischen diesen Relationen herstellen.

Wir schreiben $G \xleftrightarrow[\mathcal{F}]{*} H$, wenn eine Polynomfolge

$$G(\underline{x}) = G_0(\underline{x}), G_1(\underline{x}), \ldots, G_{n-1}(\underline{x}), G_n(\underline{x}) = H(\underline{x})$$

existiert, so daß $G_i \xrightarrow[F_i]{} G_{i+1}$ oder $G_{i+1} \xrightarrow[F_i]{} G_i$ mit $F_i \in \mathcal{F}$ für alle $i = 0, \ldots, n-1$ gilt.

Lemma 8.6 *Es seien $\mathcal{F} \subseteq K[\underline{x}]$ und $G(\underline{x}), H(\underline{x}) \in K[\underline{x}]$. Es gilt $G(\underline{x}) \equiv H(\underline{x})$ $(\mathrm{mod}\ \mathcal{F})$ genau dann, wenn $G \xleftrightarrow[\mathcal{F}]{*} H$. Die Relation $G \xrightarrow[\mathcal{F}]{*} H$ impliziert $G(\underline{x}) \equiv H(\underline{x})$ $(\mathrm{mod}\ \mathcal{F})$, und $G \xrightarrow[\mathcal{F}]{*} 0$ impliziert $G(\underline{x}) \in (\mathcal{F})$.*

Beweis: Es reicht, die erste Behauptung zu beweisen, da die weiteren dann unmittelbar folgen.

Nehmen wir zuerst $G \xleftrightarrow{*}_{\mathcal{F}} H$ an. Dann existiert ein $n \in \mathbb{Z}_{\geq 0}$ mit $G \xleftrightarrow{n}_{\mathcal{F}} H$. Wenn $n = 0$ ist, dann ist $G(\underline{x}) = H(\underline{x})$ und $G(\underline{x}) - H(\underline{x}) = 0 \in (\mathcal{F})$. Nehmen wir jetzt an, daß $n > 0$ ist und die Behauptung wahr ist für alle Reduktionsfolgen einer Länge kleiner als n. Dann existiert ein $P(\underline{x}) \in K[\underline{x}]$ mit

$$G \xleftrightarrow{n-1}_{\mathcal{F}} P \xleftrightarrow{}_{\mathcal{F}} H.$$

$G(\underline{x}) - P(\underline{x}) \in (\mathcal{F})$ gilt wegen der Induktionsannahme, und da $P(\underline{x}) - H(\underline{x}) = \alpha U(\underline{x})F(\underline{x})$ mit $\alpha \in K$, $U(\underline{x}) \in M[\underline{x}]$ und $F(\underline{x}) \in \mathcal{F}$ sind, haben wir auch $P(\underline{x}) - H(\underline{x}) \in (\mathcal{F})$. Es folgt $(G(\underline{x}) - P(\underline{x})) + (P(\underline{x}) - H(\underline{x})) = G(\underline{x}) - H(\underline{x}) \in (\mathcal{F})$.

Es sei umgekehrt $G(\underline{x}) - H(\underline{x}) \in (\mathcal{F})$. Dann existieren $P_i(\underline{x}) \in K[\underline{x}]$ und $F_i(\underline{x}) \in \mathcal{F}$, $i = 1, \ldots, k$ mit

$$G(\underline{x}) = H(\underline{x}) + \sum_{i=1}^{k} P_i(\underline{x})F_i(\underline{x}).$$

Wir beweisen $G \xleftrightarrow{*}_{\mathcal{F}} H$ mit Induktion nach k. Für $k = 0$ ist diese Aussage offensichtlich wahr. Es sei $k > 0$, dann gilt $G \xleftrightarrow{*}_{\mathcal{F}} H + P_k F_k$ nach der Induktionsannahme. Aus $P_k(\underline{x})F_k(\underline{x}) = (H(\underline{x}) + P_k(\underline{x})F_k(\underline{x})) - H(\underline{x})$ folgt $P_k F_k \xrightarrow{*}_{\mathcal{F}} 0$ nach Lemma 8.4 (i). Es existiert ein $Q(\underline{x}) \in K[\underline{x}]$ mit $H + P_k F_k \xrightarrow{*}_{\mathcal{F}} Q$ und $H \xrightarrow{*}_{\mathcal{F}} Q$ nach Lemma 8.5 (ii). Somit gilt $H \xleftrightarrow{*}_{\mathcal{F}} H + P_k F_k$ und schließlich auch $G \xleftrightarrow{*}_{\mathcal{F}} H$. $\square$

8.3   Gröbner Basen

Wir haben in Lemma 8.6 einen Zusammenhang zwischen dem Ideal $(\mathcal{F})$ und der Reduktionsrelation $\xrightarrow{}_{\mathcal{F}}$ dargestellt. Wir haben unter anderem die Implikation: $F \xrightarrow{*}_{\mathcal{F}} 0 \Longrightarrow F(\underline{x}) \in (\mathcal{F})$ bewiesen. Diese Implikation läßt sich aber im allgemeinen nicht umkehren.

Der folgende Satz charakterisiert diejenigen $\mathcal{F} \subseteq K[\underline{x}]$, für welche aus $F(\underline{x}) \in (\mathcal{F})$ immer $F \xrightarrow{*}_{\mathcal{F}} 0$ folgt. Wenn für $B(\underline{x}), C(\underline{x}) \in K[\underline{x}]$ und $\mathcal{F} \subseteq K[\underline{x}]$ ein $D(\underline{x}) \in K[\underline{x}]$ existiert mit $B \xrightarrow{*}_{\mathcal{F}} D$ und $C \xrightarrow{*}_{\mathcal{F}} D$, dann werden wir diese Tatsache durch $B \downarrow C$ ausdrücken.

Satz 8.4 *Es sei* $\mathcal{F} \subseteq K[\underline{x}]$. *Dann sind die folgenden Behauptungen äquivalent:*

(i) *Wenn* $B \xleftarrow{}_{\mathcal{F}} A \xrightarrow{}_{\mathcal{F}} C$, *dann* $B \downarrow C$.

(ii) *Wenn* $B \xleftarrow{*}_{\mathcal{F}} A \xrightarrow{*}_{\mathcal{F}} C$, *dann* $B \downarrow C$.

(iii) *Jede* $A(\underline{x}) \in K[\underline{x}]$ *hat eine eindeutige Normalform modulo* $\mathcal{F}$.

(iv) *Wenn* $A \xleftrightarrow{*}_{\mathcal{F}} B$, *dann* $A \downarrow B$.

(v) $A \xrightarrow{*}_{\mathcal{F}} 0$ gilt für alle $A(\underline{x}) \in (\mathcal{F})$.

Beweis: $(i) \Rightarrow (ii)$ Es bezeichne $\mathcal{B}$ die Menge derjenigen Polynome $A(\underline{x}) \in K[\underline{x}]$, für die (ii) falsch ist. Wir nehmen $\mathcal{B} \neq \emptyset$ an. Dann existiert nach den Lemmata 8.3 und 8.2 in $\mathcal{B}$ ein bezüglich $\preceq$ minimales Element. Es sei also $A(\underline{x})$ ein minimales Element von $\mathcal{B}$, und es seien $B(\underline{x}), C(\underline{x}) \in K[\underline{x}]$, so daß $B \xleftarrow{*}_{\mathcal{F}} A \xrightarrow{*}_{\mathcal{F}} C$ gilt, aber $B \downarrow C$ nicht wahr ist. Wenn $B(\underline{x}) = A(\underline{x})$ oder $C(\underline{x}) = A(\underline{x})$ gilt, dann gilt offensichtlich auch $B \downarrow C$. Also müssen Polynome $B_1(\underline{x}), C_1(\underline{x}) \in K[\underline{x}]$ existieren mit

$$B \xleftarrow{*}_{\mathcal{F}} B_1 \xleftarrow{}_{\mathcal{F}} A \xrightarrow{}_{\mathcal{F}} C_1 \xrightarrow{*}_{\mathcal{F}} C.$$

Es sind $C_1(\underline{x}), B_1(\underline{x}) \prec A(\underline{x})$ nach Lemma 8.3, somit gilt $C_1(\underline{x}), B_1(\underline{x}) \notin \mathcal{B}$. Dann existiert nach (i) ein $D(\underline{x}) \in K[\underline{x}]$ mit

$$B_1 \xrightarrow{*}_{\mathcal{F}} D \xleftarrow{*}_{\mathcal{F}} C_1.$$

Wir haben $B \xleftarrow{*}_{\mathcal{F}} B_1 \xrightarrow{*}_{\mathcal{F}} D$ und $B_1(\underline{x}) \notin \mathcal{B}$. Somit existiert ein $E(\underline{x}) \in K[\underline{x}]$ mit $B \xrightarrow{*}_{\mathcal{F}} E \xleftarrow{*}_{\mathcal{F}} D \xleftarrow{*}_{\mathcal{F}} B_1$. Wir haben auch $E \xleftarrow{*}_{\mathcal{F}} D \xleftarrow{*}_{\mathcal{F}} C_1 \xrightarrow{*}_{\mathcal{F}} C$. Es gilt also $E \xleftarrow{*}_{\mathcal{F}} C_1 \xrightarrow{*}_{\mathcal{F}} C$. Aus $C_1(\underline{x}) \notin \mathcal{B}$ folgt die Existenz von $F(\underline{x}) \in K[\underline{x}]$ mit $E \xrightarrow{*}_{\mathcal{F}} F \xleftarrow{*}_{\mathcal{F}} C$. Dann gilt aber $B \xrightarrow{*}_{\mathcal{F}} E \xrightarrow{*}_{\mathcal{F}} F \xleftarrow{*}_{\mathcal{F}} C$, ein Widerspruch.

$(ii) \Rightarrow (iii)$ Es sei $B \xleftarrow{*}_{\mathcal{F}} A \xrightarrow{*}_{\mathcal{F}} C$, und wir nehmen an, daß $B(\underline{x})$ und $C(\underline{x})$ in Normalform modulo $\mathcal{F}$ sind. Es existiert nach (ii) ein $D(\underline{x}) \in K[\underline{x}]$ mit $B \xrightarrow{*}_{\mathcal{F}} D \xleftarrow{*}_{\mathcal{F}} C$. Dann gilt $B(\underline{x}) = D(\underline{x}) = C(\underline{x})$.

$(iii) \Rightarrow (iv)$ Es sei $A \xleftrightarrow{k}_{\mathcal{F}} B$. Ist $k = 0$, dann gilt $A(\underline{x}) = B(\underline{x})$ und speziell $A \downarrow B$. Es sei nun $k > 0$, und wir nehmen an, (iv) ist wahr für $k - 1$. Aus $A \xleftrightarrow{k-1}_{\mathcal{F}} C \xleftrightarrow{}_{\mathcal{F}} B$ und aus der Induktionsannahme folgt: Es existiert ein $D(\underline{x}) \in K[\underline{x}]$ mit $A \xrightarrow{*}_{\mathcal{F}} D \xleftarrow{*}_{\mathcal{F}} C \xleftrightarrow{}_{\mathcal{F}} B$. Im Fall $B \xrightarrow{}_{\mathcal{F}} C$ erhalten wir unmittelbar $B \xrightarrow{*}_{\mathcal{F}} D$.

Es bleibt also der Fall $B \xleftarrow{}_{\mathcal{F}} C$ zu untersuchen. Es seien $D_1(\underline{x})$ beziehungsweise $B_1(\underline{x})$ die Normalformen der Polynome $D(\underline{x})$ und $B(\underline{x})$, dann gilt $D_1 \xleftarrow{*}_{\mathcal{F}} D \xleftarrow{*}_{\mathcal{F}} C \rightarrow B \xrightarrow{*}_{\mathcal{F}} B_1$. Somit ist sowohl $B_1(\underline{x})$ als auch $D_1(\underline{x})$ eine Normalform von $C(\underline{x})$ modulo $\mathcal{F}$. Sie sind also nach (iii) identisch, und wir erhalten die gesuchte Reduktionsfolge

$$A \xrightarrow{*}_{\mathcal{F}} D \xrightarrow{*}_{\mathcal{F}} D_1 = B_1 \leftarrow B.$$

$(iv) \Rightarrow (v)$ Es sei $F(\underline{x}) \in (\mathcal{F})$, dann gilt $F \xleftrightarrow{*}_{\mathcal{F}} 0$ nach Lemma 8.6. Es existiert nach (iv) ein $H(\underline{x}) \in K[\underline{x}]$ mit $F \xrightarrow{*}_{\mathcal{F}} H$ und $0 \xrightarrow{*}_{\mathcal{F}} H$. Es gilt dann $H(\underline{x}) = 0$, da das Polynom 0 immer in Normalform ist.

$(v) \Rightarrow (i)$ Nehmen wir $B \leftarrow A \rightarrow C$ an. Dann gilt $A(\underline{x}) - C(\underline{x}), B(\underline{x}) - A(\underline{x}) \in (\mathcal{F})$ und folglich auch $B(\underline{x}) - C(\underline{x}) \in (\mathcal{F})$. Aus (v) folgt $B - C \xrightarrow{*}_{\mathcal{F}} 0$. Es existiert nach Lemma 8.5 (ii) ein $D(\underline{x}) \in K[\underline{x}]$ mit $B \xrightarrow{*}_{\mathcal{F}} D \xleftarrow{*}_{\mathcal{F}} C$.

Damit ist der Satz vollständig bewiesen. $\square$

Eine endliche Menge $\mathcal{G} \subseteq K[\underline{x}]$ heißt *Gröbner Basis* (bezüglich der Ordnung $\preceq$), wenn $0 \notin \mathcal{G}$ und $F \xrightarrow[\mathcal{G}]{*} 0$ gilt für alle $F(\underline{x}) \in (\mathcal{G})$.

Es sei I ein Ideal von $K[\underline{x}]$. Eine Menge $\mathcal{G} \subseteq I$ heißt eine *Gröbner Basis* von I, wenn $\mathcal{G}$ eine Gröbner Basis ist und $(\mathcal{G}) = I$ gilt.

Unser Ziel ist es, eine brauchbare algorithmische Charakterisierung der Gröbner Basen zu entwickeln. Um dieses Ziel zu erreichen, müssen wir die Eigenschaften der Gröbner Basen näher untersuchen.

Satz 8.5 *Es seien I ein Ideal in $K[\underline{x}]$ und $\mathcal{G}$ eine endliche Teilmenge von I mit $0 \notin \mathcal{G}$. Die Menge $\mathcal{G}$ ist eine Gröbner Basis von I genau dann, wenn eine der folgenden äquivalenten Behauptungen wahr ist.*

(i) $F \xrightarrow[\mathcal{G}]{*} 0$ gilt für alle $F(\underline{x}) \in I$.

(ii) Jedes $0 \neq F(\underline{x}) \in I$ ist reduzierbar modulo $\mathcal{G}$.

(iii) Es existiert für alle $S(\underline{x}) \in \{\mathrm{fpp}(F) \ : \ F(\underline{x}) \in I\}$ ein $T(\underline{x}) \in \{\mathrm{fpp}(G) \ : \ G(\underline{x}) \in \mathcal{G}\}$ mit $T(\underline{x})|S(\underline{x})$.

(iv) Die Polynome $H(\underline{x}) \in K[\underline{x}]$, welche in Normalform modulo $\mathcal{G}$ sind, bilden ein eindeutig bestimmtes Erzeugendensystem des Faktorringes $K[\underline{x}]/I$.

Beweis: Wir beweisen zuerst, daß $\mathcal{G}$ eine Gröbner Basis von I ist, falls (i) wahr ist. In der Tat ist $\mathcal{G}$ eine Gröbner Basis, und es gilt $(\mathcal{G}) \subseteq I$. Es sei $F(\underline{x}) \in I$. Dann gilt $F \xrightarrow[\mathcal{G}]{*} 0$, folglich ist $F(\underline{x}) \in (\mathcal{G})$ nach Lemma 8.6. Somit gilt auch $I \subseteq (\mathcal{G})$, also $I = (\mathcal{G})$. Die Menge $\mathcal{G}$ ist also eine Gröbner Basis von I.

Jetzt beweisen wir die Äquivalenz von $(i) - (iv)$.

$(i) \Rightarrow (ii)$ ist offensichtlich.

Aus (ii) folgt (iii) nach der Definition des Reduktionsbegriffes.

$(iii) \Rightarrow (iv)$ Wir nehmen an: Es existieren $F_1(\underline{x}), F_2(\underline{x}) \in K[\underline{x}]$ in Normalform modulo $\mathcal{G}$ mit $F_1(\underline{x}) \neq F_2(\underline{x})$ und $F_1(\underline{x}) - F_2(\underline{x}) \in (\mathcal{G})$. Dann existiert nach (iii) ein $G(\underline{x}) \in \mathcal{G}$ mit $\mathrm{fpp}(G)|\mathrm{fpp}(F_1 - F_2)$. Das Monom $\mathrm{fpp}(F_1 - F_2)$ kommt in $F_1(\underline{x})$ oder in $F_2(\underline{x})$ mit einem von Null verschiedenen Koeffizienten vor, also ist das betreffende Polynom reduzierbar modulo $\mathcal{G}$. Dies ist ein Widerspruch.

$(iv) \Rightarrow (i)$ Es seien $F(\underline{x}) \in (\mathcal{G})$ und $F \xrightarrow[\mathcal{G}]{*} H$ mit einem $H(\underline{x}) \in K[\underline{x}]$ in Normalform modulo $\mathcal{G}$. Es gilt $F(\underline{x}) \equiv H(\underline{x}) \pmod{\mathcal{G}}$ nach Lemma 8.6 und somit $H(\underline{x}) \in (\mathcal{G})$. Andererseits ist $0 \in (\mathcal{G})$ und ist in Normalform modulo $(\mathcal{G})$. Aus (iv) folgt nun $H(\underline{x}) = 0$, und das Lemma ist bewiesen. $\square$

Wir könnten jetzt die Existenz eine Gröbner Basis für jedes Ideal beweisen. Wir verfolgen aber diese Richtung nicht weiter, sondern suchen nach einem algorithmischen Existenzbeweis.

Lemma 8.7 *Es sei $\mathcal{G} \subseteq K[\underline{x}]$ endlich mit $0 \notin \mathcal{G}$ und mit der folgenden Eigenschaft: Sind $G_1(\underline{x}), G_2(\underline{x}) \in \mathcal{G}$ und $U_1(\underline{x}), U_2(\underline{x}) \in M[\underline{x}]$ mit*

$$\mathrm{fpp}(U_1 G_1) = \mathrm{fpp}(U_2 G_2),$$

dann gilt $\beta_1 U_1 G_1 - \beta_2 U_2 G_2 \xrightarrow[\mathcal{G}]{*} 0$ *für alle* $\beta_1, \beta_2 \in K$. *Dann ist* $\mathcal{G}$ *eine Gröbner Basis.*

Beweis: Wir müssen $F \xrightarrow[\mathcal{G}]{*} 0$ für alle $F(\underline{x}) \in (\mathcal{G})$ zeigen. Es reicht wegen Satz 8.5 folgendes zu beweisen: Wenn $F(\underline{x}), H(\underline{x}), P(\underline{x}) \in K[\underline{x}]$ mit $F \xleftarrow[\mathcal{G}]{} H \xrightarrow[\mathcal{G}]{} P$ sind, dann existiert ein $Q(\underline{x}) \in K[\underline{x}]$ mit $F \xrightarrow[\mathcal{G}]{*} Q \xleftarrow[\mathcal{G}]{*} P$. Nach Lemma 8.5 (ii) genügt es dazu, $F - P \xrightarrow[\mathcal{G}]{*} 0$ zu zeigen.

Es sei $F(\underline{x}) = H(\underline{x}) - \alpha_1 \beta_1 U_1(\underline{x}) G_1(\underline{x})$ und $P(\underline{x}) = H(\underline{x}) - \alpha_2 \beta_2 U_2(\underline{x}) G_2(\underline{x})$ mit $G_i(\underline{x}) \in \mathcal{G}$, $U_i(\underline{x}) \in M[\underline{x}]$ und $\alpha_i \in K$, $i = 1, 2$. Dann gilt

$$F(\underline{x}) - P(\underline{x}) = \alpha_2 \beta_2 U_2(\underline{x}) G_2(\underline{x}) - \alpha_1 \beta_1 U_1(\underline{x}) G_1(\underline{x}).$$

Für $\mathrm{fpp}(U_2 G_2) \neq \mathrm{fpp}(U_1 G_1)$, sagen wir $\mathrm{fpp}(U_1 G_1) \succ \mathrm{fpp}(U_2 G_2)$, gilt

$$F - P = \alpha_2 \beta_2 U_2 G_2 - \alpha_1 \beta_1 U_1 G_1 \xrightarrow[G_1, U_1]{} \alpha_2 \beta_2 U_2 G_2 \xrightarrow[G_2, U_2]{} 0.$$

In dem anderen Fall, das heißt für $\mathrm{fpp}(U_1 G_1) = \mathrm{fpp}(U_2 G_2)$, gilt

$$F - P = \alpha_2 \beta_2 U_2 G_2 - \alpha_1 \beta_1 U_1 G_1 \xrightarrow[\mathcal{G}]{*} 0$$

nach der Voraussetzung des Lemmas. $\square$

Wir führen jetzt einen Begriff ein, mit dem dann die Gröbnersche Eigenschaft einer Basis algorithmisch entscheidbar wird.

Es seien $F(\underline{x}), G(\underline{x}) \in K[\underline{x}]$. Das zu ihnen gehörige *S-Polynom* $S(F, G)$ ist wie folgt definiert:

$$S(F, G) = \frac{[\mathrm{fpp}(F), \mathrm{fpp}(G)]}{\mathrm{fpp}(F)} F(\underline{x}) - \frac{[\mathrm{fpp}(F), \mathrm{fpp}(G)]}{\mathrm{fpp}(G)} \cdot \frac{\mathrm{lc}(F)}{\mathrm{lc}(G)} G(\underline{x}).$$

Für die Monome $U_i(\underline{x}) = x_1^{m_{i1}} \cdots x_n^{m_{in}}$, $i = 1, 2$, bezeichne $[U_1, U_2]$ ihr kleinstes gemeinsames Vielfaches, das heißt

$$[U_1, U_2] = x_1^{m_1} \cdots x_n^{m_n}$$

mit $m_j = \max\{m_{1j}, m_{2j}\}, j = 1, \ldots, n$.

In der Theorie der Gröbner Basen ist der folgende Satz grundlegend.

Satz 8.6 (Buchberger) *Die Menge* $\mathcal{G}$ *ist eine Gröbner Basis des Ideals* $(\mathcal{G})$ *genau dann, wenn* $S(F, G) \xrightarrow[\mathcal{G}]{*} 0$ *für alle* $F(\underline{x}), G(\underline{x}) \in \mathcal{G}$ *gilt.*

Beweis: Es seien $\mathcal{G}$ eine Gröbner Basis und $F(\underline{x}), G(\underline{x}) \in \mathcal{G}$. Dann gehört $S(F, G)$ zu $(\mathcal{G})$, und $S(F, G) \xrightarrow[\mathcal{G}]{*} 0$ gilt nach Satz 8.5.

Zum Beweis der umgekehrten Richtung benutzen wir das Resultat des Lemmas 8.7. Es seien also $G_1(\underline{x}), G_2(\underline{x}) \in \mathcal{G}$ und $U_1(\underline{x}), U_2(\underline{x}) \in M[\underline{x}]$ mit

$$\mathrm{fpp}(U_1 G_1) = \mathrm{fpp}(U_2 G_2).$$

Diese Identität läßt sich in der Form

$$U_1(\underline{x})T_1(\underline{x}) = U_2(\underline{x})T_2(\underline{x}) \tag{8.5}$$

mit $T_i(\underline{x}) = \mathrm{fpp}(G_i)$, $i = 1,2$, schreiben. Es seien $W(\underline{x}) = U_1(\underline{x})T_1(\underline{x})$ und $T_i^*(\underline{x}) \in M[\underline{x}]$, so daß $T_i^*(\underline{x})T_i(\underline{x}) = [T_1, T_2]$, $i = 1,2$, gilt. Aus (8.5) folgt, daß sowohl $T_1(\underline{x})$ als auch $T_2(\underline{x})$ das Polynom $W(\underline{x})$ teilen, somit existiert ein $V(\underline{x}) \in M[\underline{x}]$ mit

$$W(\underline{x}) = U_i(\underline{x})T_i(\underline{x}) = V(\underline{x})[T_1, T_2] = V(\underline{x})S_i(\underline{x})T_i(\underline{x}), \ i = 1,2.$$

Wir erhalten also

$$\begin{aligned}
U_1(\underline{x})G_1(\underline{x}) - \frac{\mathrm{lc}(G_1)}{\mathrm{lc}(G_2)}U_2(\underline{x})G_2(\underline{x}) &= V(\underline{x})\left(T_1^*(\underline{x})G_1(\underline{x}) - T_2^*(\underline{x})\frac{\mathrm{lc}(G_1)}{\mathrm{lc}(G_2)}G_2(\underline{x})\right) \\
&= V(\underline{x})S(G_1, G_2).
\end{aligned}$$

Es gilt $S(G_1, G_2) \xrightarrow[\mathcal{G}]{*} 0$ nach Voraussetzung, und somit gilt $V \cdot S(G_1, G_2) \xrightarrow[\mathcal{G}]{*} 0$ nach Lemma 8.4 (*iii*); $\mathcal{G}$ ist also ein Gröbner Basis nach Lemma 8.7. $\square$

Wir setzen nun unser Beispiel von Seite 200 fort. Es wird zuerst das S-Polynom von $F_1(x,y,z)$ und $F_2(x,y,z)$ bestimmt, und dann wird es modulo $\mathcal{F} = \{F_1, F_2\}$ reduziert.

$$\begin{aligned}
F_3 \ &= \ S(F_1, F_2) = \frac{zyx^2}{zy}F_1 - \frac{zyx^2}{zx^2}F_2 = x^2 F_1 - yF_2 \\
&= \ -zyx + zx^3 + zx^2 - y^2x^2 - y^2x + yx^3 - yx - y + x^3 + x^2 \\
F_3 \ \xrightarrow[F_1]{} \ &\ zx^3 + 2zx^2 + zx - y^2x^2 - y^2x + yx^3 + yx^2 - y + x^3 + 2x^2 + x \\
\xrightarrow[F_2]{} \ &\ zx^2 + zx - y^2x^2 - y^2x - y + x^2 \\
\xrightarrow[F_2]{} \ &\ -y^2x^2 - y^2x - yx^2 - yx - x - 1.
\end{aligned}$$

Das Polynom $F_3(x,y,z)$ ist also nicht auf 0 reduzierbar modulo $\mathcal{F}$, also ist $\mathcal{F}$ keine Gröbner Basis. Versuchen wir, $\mathcal{F}$ mit $F_3(x,y,z)$ zu ergänzen, also

$$\mathcal{F}' = \{F_1, F_2, F_3\}$$

zu betrachten. $S(F_1, F_2) = F_3 \xrightarrow[\mathcal{F}']{} 0$, daher müssen wir dieses Polynom nicht mehr betrachten. Wir müssen nur die Normalform von $S(F_1, F_3)$ und $S(F_2, F_3)$ modulo $\mathcal{F}'$ bestimmen.

$$\begin{aligned}
F_4 \ &= \ S(F_2, F_3) = y^2 F_2 - zF_3 \\
&= \ zyx^2 + zyx + zy + zx + z - y^3x^2 - y^3x - y^2x^2 - y^2x - y^2 \\
\xrightarrow[F_1]{} \ &\ zyx + zy - zx^3 - zx^2 + zx + z - y^3x^2 - y^3x - y^2x^2 - y^2x \\
&\ -y^2 - yx^3 - yx^2 - x^3 - x^2
\end{aligned}$$

$$
\begin{aligned}
\overrightarrow{F_1} \quad & zy - zx^3 - 2zx^2 + z - y^3x^2 - y^3x - y^2x^2 - y^2x - y^2 - yx^3 \\
& -2yx^2 - yx - x^3 - 2x^2 - x \\
\overrightarrow{F_1} \quad & -zx^3 - 2zx^2 - zx - y^3x^2 - y^3x - y^2x^2 - y^2x - y^2 - x^3y \\
& -2yx^2 - 2yx - y - x^3 - 2x^2 - 2x - 1 \\
\overrightarrow{F_2} \quad & -zx^2 - zx - y^3x^2 - y^3x - y^2x^2 - y^2x - y^2 - yx^2 - 2yx \\
& -y - x^2 - x - 1 \\
\overrightarrow{F_2} \quad & -y^3x^2 - y^3x - y^2x^2 - y^2x - yx - y^2 - y \\
\overrightarrow{F_3} \quad & 0
\end{aligned}
$$

Ähnlich kann man $S(F_1, F_3) \xrightarrow[\mathcal{F'}]{} 0$ beweisen. Die Menge $\mathcal{F'}$ ist also eine Gröbner Basis!

Mit der Verallgemeinerung dieser Idee kann aus jeder endlichen Menge eine Gröbner Basis konstruiert werden. Wir formulieren jetzt den entsprechenden Algorithmus.

Algorithmus 8.2 (Gröbner-Basis)

Input: $\mathcal{F} \subseteq K[\underline{x}]$ *eine endliche Menge*
Output: $\mathcal{G}$: *eine Gröbner Basis für das Ideal* $(\mathcal{F})$.

1. $\mathcal{G} \leftarrow \mathcal{F}$,

2. Paare $\leftarrow \{(F, G) \;:\; F(\underline{x}), G(\underline{x}) \in \mathcal{G}, F(\underline{x}) \neq G(\underline{x})\}$,

3. **while** *Paare* $\neq \emptyset$ **do**
   $\{(F, G) \leftarrow$ *ein Element aus Paare,*
   Paare $\leftarrow$ *Paare* $\setminus \{(F, G)\}$,
   $H(\underline{x}) \leftarrow S(F, G)$,
   $H_1(\underline{x}) \leftarrow$ *eine Normalform von* $H(\underline{x})$ *modulo* $\mathcal{G}$,
   if $H_1(\underline{x}) \neq 0$ **then**
   $\{$ *Paare* $\leftarrow$ *Paare* $\cup \{(G, H_1), G(\underline{x}) \in \mathcal{G}\}$
   $\mathcal{G} \leftarrow \mathcal{G} \cup \{H_1(\underline{x})\}\}\}$

4. **output** $\mathcal{G}$, **return**

Satz 8.7 *Algorithmus 8.2 ist korrekt und bricht nach endlich vielen Schritten ab.*

Beweis: Nehmen wir an, daß der Algorithmus nicht nach endlich vielen Schritten abbricht. Es bezeichne $\mathcal{F} = \mathcal{G}_0 \subset \mathcal{G}_1 \subset \mathcal{G}_2 \subset \dots$ diejenigen sukzessiven Werte von $\mathcal{G}$, für die diese Menge tatsächlich größer wird. Dann existiert eine unendliche streng monoton wachsende Folge $\{n_i\}$ natürlicher Zahlen, so daß für alle i ein $H_i(\underline{x}) \in \mathcal{G}_{n_i} \setminus \mathcal{G}_{n_{i-1}}$ in Normalform modulo $\mathcal{G}_{n_{i-1}}$ existiert. Wir dürfen ohne Beschränkung der Allgemeinheit $n_i = i$ annehmen. Es sei $T_i(\underline{x}) = \mathrm{fpp}(H_i)$, $i = 1, 2, \dots$. Für $i < j$ teilt $T_i(\underline{x})$ nicht $T_j(\underline{x})$, da sonst $T_j(\underline{x})$ nicht in Normalform modulo $T_i(\underline{x})$ und somit nicht in Normalform modulo $\mathcal{G}_i$ sein würde.

Es sei $T_i(\underline{x}) = \underline{x}^{\underline{e}_i}$, $i \in \mathbb{N}$, mit $\underline{e}_i = (e_{i1}, \ldots, e_{in})$. Wir bemerken: $T_i(\underline{x}) | T_j(\underline{x})$ genau dann, wenn $e_{ik} \leq e_{jk}$ für alle $1 \leq k \leq n$ gilt. Da die Folge $\{\underline{e}_i\}$ unendlich viele Elemente enthält, existiert für jedes $1 \leq k \leq n$ eine unendliche Teilfolge $\{\underline{e}_{k_i}\}$ mit $\{k_i\} \subseteq \{(k-1)_i\}$ und $e_{k_i k} \leq e_{k_{i-1} k}$ für alle $i \in \mathbb{N}$. Dann gilt $T_{n_1}(\underline{x}) | T_{n_i}(\underline{x})$ für alle $i \geq 1$, ein Widerspruch. Der Algorithmus ist also endlich.

Jetzt können wir die Korrektheit beweisen. Am Anfang gilt $\mathcal{G} \subseteq (\mathcal{F})$. Aus $F(\underline{x})$, $G(\underline{x}) \in (\mathcal{F})$ folgt offensichtlich $S(F, G) \in (\mathcal{F})$ und nach Satz 8.3 gehört $H_1(\underline{x})$ ebenfalls zu dem Ideal $(\mathcal{F})$. Somit gilt $\mathcal{G} \subseteq (\mathcal{F})$ für die Ausgabe $\mathcal{G}$. Am Ende des Algorithmus gilt $Paare = \emptyset$ und $S(F, G) \xrightarrow[\mathcal{G}_i]{*} 0$ für alle $F(\underline{x}), G(\underline{x}) \in \mathcal{G}$ und ein $i \geq 0$. Aus $\mathcal{G}_i \subseteq \mathcal{G}$ folgt nun $S(F, G) \xrightarrow[\mathcal{G}]{*} 0$ für alle $F(\underline{x}), G(\underline{x}) \in \mathcal{G}$. Somit ist $\mathcal{G}$ eine Gröbner Basis von $(\mathcal{F})$ nach Satz 8.6. $\square$

Aus den Sätzen 8.1 und 8.7 folgt der folgende Satz fast unmittelbar.

Satz 8.8 *Jedes Ideal hat eine Gröbner Basis.*

Beweis: Jedes Ideal $I \subseteq K[\underline{x}]$ hat nach dem Hilbertschen Basissatz 8.1 ein endliches Erzeugendensystem, woraus mittels Algorithmus 8.2 eine Gröbner Basis gewonnen werden kann. $\square$

Im allgemeinen ist das Resultat des Algorithmus 8.2 nicht eindeutig. Die Ursache dafür ist, daß $H_1(\underline{x})$ in Schritt 3 nur bezüglich der alten Basis getestet wird. Es kann aber passieren, daß nach der Vergrößerung des Erzeugersystems einige frühere Elemente weggelassen werden können. Darüber hinaus ist die Normalform des Polynoms $S(F, G)$ nicht immer eindeutig.

Andererseits ist die Redundanz eines Erzeugersystems nicht schädlich, wenn es auch schöner wäre, wenn wir die Existenz einer kanonischen Basis sichern könnten. Die Ideale von $K[\underline{x}]$ haben immer eine kanonische Gröbner Basis. Bevor wir diese Tatsache beweisen, brauchen wir einen neuen Begriff.

Eine Gröbner Basis $\mathcal{G} \subseteq K[\underline{x}]$ heißt *reduziert*, wenn $\text{lc}(G) = 1$ und $G(\underline{x})$ in Normalform modulo $\mathcal{G} \backslash \{G\}$ für alle $G(\underline{x}) \in \mathcal{G}$ gilt.

Satz 8.9 *Es sei $\preceq$ eine Ordnung auf $K[\underline{x}]$. Dann hat jedes Ideal von $K[\underline{x}]$ eine eindeutig bestimmte reduzierte Gröbner Basis bezüglich $\preceq$.*

Beweis: Jedes Ideal hat eine Gröbner Basis $\mathcal{G}$ nacht Satz 8.8. Läßt man diejenigen Elemente aus $\mathcal{G}$ weg, die reduzierbar sind modulo der Menge der restlichen Elemente, und normiert man die verbleibenden Elemente gemäß $\text{lc}(G) = 1$, dann erhält man eine reduzierte Gröbner Basis.

Nehmen wir an, $\mathcal{G}_1$ und $\mathcal{G}_2$ sind verschiedene, reduzierte Gröbner Basen des Ideals I. Dann ist $\mathcal{H} = (\mathcal{G}_1 \backslash \mathcal{G}_2) \cup (\mathcal{G}_2 \backslash \mathcal{G}_1)$ nicht leer. Es sei $F(\underline{x})$ ein minimales Element aus H. Wir dürfen $F(\underline{x}) \in \mathcal{G}_1 \backslash \mathcal{G}_2$ annehmen. Es gilt $f \xrightarrow[\mathcal{G}_2]{*} 0$ nach Satz 8.5 (i), das heißt es existieren $G(\underline{x}) \in \mathcal{G}_2$ und $F_1(\underline{x}) \in I$ mit $F \xrightarrow[G]{} F_1 \xrightarrow[\mathcal{G}_2]{*} 0$. Wir haben $G(\underline{x}) \notin \mathcal{G}_1$, da $G(\underline{x}) \neq F(\underline{x})$ und $F(\underline{x})$ nicht reduzierbar modulo $\mathcal{G}_1 \backslash \{F(\underline{x})\}$ ist. Das Polynom $G(\underline{x})$

gehört also zu $\mathcal{H}$, und da $F(\underline{x})$ ein minimales Element ist, gilt $G \succeq F$. Schließlich ist $\mathrm{fpp}(G) \succeq \mathrm{fpp}(F)$. Die Relation $\mathrm{fpp}(G) \succ \mathrm{fpp}(F)$ ist nicht möglich, da $F(\underline{x})$ reduzierbar modulo $G(\underline{x})$ ist. Wir haben also $F_1(\underline{x}) = F(\underline{x}) - G(\underline{x}) \neq 0$. Aus $G \succeq F$ folgt $k(G, \mathrm{fpp}(F_1)) \neq 0$.

Aus $F(\underline{x}), G(\underline{x}) \in I$ folgt $F_1(\underline{x}) \in I$. Es existiert nach Satz 8.5 (iii) ein $F_2(\underline{x}) \in \mathcal{G}_2$ mit $\mathrm{fpp}(F_2)|\mathrm{fpp}(F_1)$, $G(\underline{x})$ ist also reduzierbar modulo $F_2(\underline{x})$ im Widerspruch zur Wahl der Gröbner Basis $\mathcal{G}_2$. $\square$

Algorithmus 8.2 berechnet zwar eine Gröbner Basis, aber seine Effizienz kann durch folgende Beobachtungen wesentlich verbessert werden:

– Man sollte zuerst solche Paare (P, Q) auswählen, für die $[\mathrm{fpp}(P), \mathrm{fpp}(Q)]$ minimal bezüglich der gewählten Ordnung ist.

– Bei der Aufnahme eines neuen Polynoms in die Basis ist es sinnvoll, die Basis zu vereinfachen, das heißt man sollte zuerst einmal mit dem neuen Polynom reduzieren.

Algorithmus 8.3 (Buchberger)

Input: $\mathcal{F} \subseteq K[\underline{x}]$ *eine endliche Menge.*
Output: $\mathcal{G}$: *eine Gröbner Basis von* $(\mathcal{F})$.

1. reduzierbare $\leftarrow \mathcal{F}$,
   reduzierte $\leftarrow \emptyset$,
   $\mathcal{G} \leftarrow \emptyset$,
   Paare $\leftarrow \emptyset$,

2. ReduziereAlle(reduzierbare, reduzierte, $\mathcal{G}$, Paare),

3. NeueBasis(reduzierte, $\mathcal{G}$, Paare),

4. **while** *Paare* $\neq \emptyset$ **do**
   $\{(F, G) \leftarrow$ *Paar aus Paare mit* $[\mathrm{fpp}(F), \mathrm{fpp}(G)]$ *minimal,*
   Paare $\leftarrow$ *Paare* $\setminus \{(F, G)\}$,
   if (**not** *Kriterium*$(F, G, \mathcal{G}, Paare)$ **and** $[\mathrm{fpp}(F), \mathrm{fpp}(G)] \neq \mathrm{fpp}(F) \cdot \mathrm{fpp}(G))$ **then**

      $\{H(\underline{x}) \leftarrow$ *eine Normalform von* $S(F, G)$ *modulo* $\mathcal{G}$,
      if $H(\underline{x}) \neq 0$ **then**

         $\{\mathcal{G}_0 \leftarrow \{G(\underline{x}) \in \mathcal{G} : \mathrm{fpp}(H) \preceq \mathrm{fpp}(G)\}$,
         reduzierbare $\leftarrow \mathcal{G}_0$,
         reduzierte $\leftarrow \{H(\underline{x})\}$,
         $\mathcal{G} \leftarrow \mathcal{G} \setminus \mathcal{G}_0$,
         Paare $\leftarrow$ *Paare* $\setminus \{(F, G) \in$ *Paare* $: F(\underline{x}) \in G_0$ *oder* $G(\underline{x}) \in \mathcal{G}_0\}$,
         ReduziereAlle(reduzierbare, reduzierte, $\mathcal{G}$, Paare),
         NeueBasis(reduzierte, $\mathcal{G}$, Paare) $\}$,
         $\} \}$

5. **output** $\mathcal{G}$, **return**

In dem Algorithmus haben wir zwei Unterprogramme und eine Boolsche Funktion benutzt. Das erste Unterprogramm testet alle in die Gröbner Basis aufzunehmenden Elemente, ob sie modulo der restlichen Elementen reduzierbar sind. Das zweite bestimmt die neue potentielle Gröbner Basis. Die Boolsche Funktion hat rein technische Bedeutung und vereinfacht nur die Darstellung.

Prozedur *ReduziereAlle(reduzierbare, reduzierte, $\mathcal{G}$, Paare)*

1. **while** *reduzierbare* $\neq \emptyset$ **do**
$\{H(\underline{x}) \leftarrow$ *Element aus reduzierbare,*
reduzierbare $\leftarrow$ *reduzierbare* $\setminus \{H(\underline{x})\}$,
$H(\underline{x}) \leftarrow$ *eine Normalform von* $H(\underline{x})$ *modulo* $\mathcal{G} \cup$ *reduzierbare,*
if $H(\underline{x}) \neq 0$ **then**

$\quad \{\mathcal{G}_0 \leftarrow \{G(\underline{x}) \in \mathcal{G} \; : \; \mathrm{fpp}(H) \preceq \mathrm{fpp}(G)\},$
$\quad \mathcal{G}_1 \leftarrow \{P(\underline{x}) \in$ *reduzierte* $: \; \mathrm{fpp}(H) \preceq \mathrm{fpp}(P)\},$
$\quad \mathcal{G} \leftarrow \mathcal{G} \setminus \mathcal{G}_0,$
$\quad$ *reduzierte* $\leftarrow$ *reduzierte* $\setminus \mathcal{G}_1,$
$\quad$ *reduzierbare* $\leftarrow$ *reduzierbare* $\cup \mathcal{G}_0 \cup \mathcal{G}_1,$
$\quad$ *Paare* $\leftarrow$ *Paare* $\setminus \{(F,G) \in$ *Paare* $: \; F(\underline{x}) \in \mathcal{G}_0$ *oder* $G(\underline{x}) \in \mathcal{G}_0\},$
$\quad$ *reduzierte* $\leftarrow$ *reduzierte* $\cup \{H(\underline{x})\}$ $\}$ $\}$

return

Prozedur *NeueBasis(reduzierte, $\mathcal{G}$, Paare)*

1. $\mathcal{G} \leftarrow \mathcal{G} \cup$ *reduzierte,*
Paare $\leftarrow$ *Paare* $\cup \{(F,G) \; : \; F(\underline{x}) \in \mathcal{G}, G(\underline{x}) \in$ *reduzierte,* $F(\underline{x}) \neq G(\underline{x})\},$
$\mathcal{H} \leftarrow \mathcal{G},$
$\mathcal{F} \leftarrow \emptyset,$

2. **while** $\mathcal{H} \neq \emptyset$ **do**

$\quad \{H(\underline{x}) \leftarrow$ *Element aus* $\mathcal{H},$
$\quad \mathcal{H} \leftarrow \mathcal{H} \setminus \{H(\underline{x})\},$
$\quad F(\underline{x}) \leftarrow$ *eine Normalform von* $H(\underline{x})$ *modulo* $\mathcal{G} \setminus \{\mathcal{H}\},$
$\quad \mathcal{F} \leftarrow \mathcal{F} \cup \{F\}$ $\}$

3. $\mathcal{G} \leftarrow \mathcal{F}$, **return**

Prozedur *Kriterium(F,G,$\mathcal{G}$,Paare)*

1. Kriterium $\leftarrow$ **false**

2. **If** *existiert ein* $P(\underline{x}) \in \mathcal{G}$, *so daß*
$F(\underline{x}) \neq P(\underline{x})$ **and** $G(\underline{x}) \neq P(\underline{x})$ **and** $\mathrm{fpp}(P) \prec [\mathrm{fpp}(F), \mathrm{fpp}(G)]$ **and**
not$((F,P) \in$ *Paare*$)$ **and** **not**$((P,G) \in$ *Paare*$)$
then *Kriterium* $\leftarrow$ **true**
return

8.4 Anwendungen der Gröbner Basen

In dem letzten Abschnitt haben wir die Existenz einer Gröbner Basis jedes Ideals von $K[\underline{x}]$ bewiesen. Eine unmittelbare Folgerung der Definition der Gröbner Basis ist, daß das Problem $F(\underline{x}) \in I$, wobei $F(\underline{x}) \in K[\underline{x}]$ und I ein Ideal von $K[\underline{x}]$ sind, algorithmisch entscheidbar ist. In der Tat wird man zuerst eine Gröbner Basis $\mathcal{G}$ von I bestimmen und dann testen, ob $F \xrightarrow[\mathcal{G}]{*} 0$ wahr ist.

Sind I und J Ideale von $K[\underline{x}]$ und $\mathcal{H}_1$ beziehungsweise $\mathcal{H}_2$ ein Erzeugendensystem von I beziehungsweise J, dann ist $H_1 \cup H_2$ ein Erzeugendensystem von $I \cup J$. Schwieriger ist es, ein Erzeugendensystem von $I \cap J$ zu bestimmen. Wir wollen nun die algorithmische Lösbarkeit dieses und einiger ähnlicher Probleme zeigen.

8.4.1 Elimininationsideale

Die folgenden technischen Definitionen und Ergebnisse werden später sehr nützlich sein. Es sei I ein Ideal in $K[\underline{x}]$ mit $\underline{x} = (x_1, \ldots, x_n)$ und $\{u_1, \ldots, u_r\} \subseteq \{x_1, \ldots, x_n\}$. Es ist einfach zu sehen, daß $I_{\underline{u}} = I \cap K[\underline{u}]$ mit $K[\underline{u}] = K[u_1, \ldots, u_r]$ ein Ideal in $K[\underline{u}]$ ist. $I_{\underline{u}}$ wird das *Elimininationsideal* von I bezüglich $\underline{u}$ genannt.

Ist $\{u_1, \ldots, u_r\} \subseteq \{x_1, \ldots, x_n\}$, dann wird $\preceq$ im weiteren die lexikographische Ordnung mit $u \prec v$ für alle $u \in \{u_1, \ldots, u_r\}$ und $v \in \{v_1, \ldots, v_{n-r}\}$ bezeichnen, wobei $\{v_1, \ldots, v_{n-r}\} = \{x_1, \ldots, x_n\} \setminus \{u_1, \ldots, u_r\}$ ist. Dann gilt $T(\underline{u}) \prec S(\underline{v})$ für alle $T(\underline{u}) \in M[\underline{u}]$ und $S(\underline{v}) \in M[\underline{v}]$.

Lemma 8.8 *Es sei* $\{u_1, \ldots, u_r\} \subseteq \{x_1, \ldots, x_n\}$*. Dann gelten:*

(i) *Es seien* $S(\underline{x}) \in M[\underline{x}]$ *und* $T(\underline{u}) \in M[\underline{u}]$*. Wenn* $S(\underline{x}) \preceq T(\underline{u})$ *ist, dann gilt* $S(\underline{x}) \in M[\underline{u}]$*.*

(ii) *Es seien* $F(\underline{u}) \in K[\underline{u}]$ *und* $P(\underline{x}), G(\underline{x}) \in K[\underline{x}]$*. Wenn* $F \xrightarrow[P]{} G$ *ist, dann gilt* $P(\underline{x}), G(\underline{x}) \in K[\underline{u}]$*.*

(iii) *Es seien* $F(\underline{u}) \in K[\underline{u}]$ *und* $\mathcal{G} \subseteq K[\underline{x}]$*, dann gehören die Normalformen von* $F(\underline{x})$ *modulo* $\mathcal{G}$ *zu* $K[\underline{x}]$*.*

Beweis:
(i) Nehmen wir $S(\underline{x}) \notin M[\underline{u}]$ an. Dann existieren $1 \neq V(\underline{v}) \in M[\underline{v}]$ und $W(\underline{x}) \in M[\underline{u}]$ mit $S(\underline{x}) = V(\underline{v})W(\underline{u})$. Es folgt $S \prec T \prec V$ im Widerspruch zur Linearität der gewählten Ordnung.

(ii) $\mathrm{fpp}(P)$ teilt ein Monom in der Darstellung von $F(\underline{u})$, es gilt also $\mathrm{fpp}(P) \in M[\underline{u}]$. Die in der Darstellung von $P(\underline{x})$ auftretenden Monome sind bezüglich $\prec$ kleiner als $\mathrm{fpp}(P)$, somit gehören sie wegen (i) ebenfalls zu $M[\underline{u}]$, das heißt es ist $P(\underline{x}) \in K[\underline{u}]$. Die Relation $G(\underline{x}) \in K[\underline{u}]$ folgt nun aus der Definition der Reduktion.

(iii) folgt aus (ii) mittels Induktion nach der Länge der Reduktionskette. $\square$

Der folgende Algorithmus berechnet die Gröbner Basis des Eliminationsideals.

Algorithmus 8.4 (Eliminierung)

Input: $\mathcal{F} \subseteq K[\underline{x}]$ *endlich und* $\{u_1, \ldots, u_r\} \subseteq \{x_1, \ldots, x_n\}$
Output: $\mathcal{G}$: *eine Gröbner Basis des Ideals* $(\mathcal{F})_{\underline{u}}$

   1. $\mathcal{G}' \leftarrow$ *eine Gröbner Basis des Ideals* $(\mathcal{F})$ *bezüglich* $\prec$,

   2. $\mathcal{G} \leftarrow \mathcal{G}' \cap K[\underline{u}]$,
     output $\mathcal{G}$, **return**

Die Korrektheit des Algorithmus folgt unmittelbar aus dem folgenden Satz.

Satz 8.10 *Es seien* $\{u_1, \ldots, u_r\} \subseteq \{x_1, \ldots, x_n\}$, I *ein Ideal von* $K[\underline{x}]$ *und* $\mathcal{G}'$ *eine Gröbner Basis von* I. *Dann ist* $\mathcal{G}' \cap K[\underline{u}]$ *eine Gröbner Basis des Ideals* $I_{\underline{u}}$.

Beweis: Es sei $0 \neq F(\underline{u}) \in I_{\underline{u}} \subseteq I$. Dann gibt es ein $G(\underline{x}) \in \mathcal{G}'$, so daß $F(\underline{u})$ reduzierbar modulo $G(\underline{x})$ ist. Es gilt $G(\underline{x}) \in K[\underline{u}]$ und somit $G(\underline{x}) \in K[\underline{u}] \cap \mathcal{G}' = \mathcal{G}$ nach Lemma 8.8 *(ii)*. Das Polynom $F(\underline{u})$ ist also reduzierbar modulo $\mathcal{G}$, also ist $\mathcal{G}$ eine Gröbner Basis nach Satz 8.5 *(ii)*. $\square$

Folgerung 8.1 *Es sei* I *ein Ideal. Es gilt* $I = K[\underline{x}]$ *dann und nur dann, wenn jede Gröbner Basis von* I *ein* $0 \neq \alpha \in K$ *enthält.*

Beweis: Wenn $\alpha \in K$ zu einer Gröbner Basis von I gehört, dann ist $\alpha \neq 0$ und somit $1 \in I$, das heißt $I = K[\underline{x}]$.

Nehmen wir umgekehrt $I = K[\underline{x}]$ an. Es sei $\mathcal{G}$ eine Gröbner Basis von I, und wir wenden Satz 8.10 mit $\{u_1, \ldots, u_r\} = \emptyset$ an. Dann sind $I_{\underline{u}} = K$ und $\mathcal{G} \cap K$ eine Gröbner Basis von $I_{\underline{u}}$. Die Menge $\mathcal{G} \cap K$ ist also nicht leer. $\square$

Als erste Anwendung des Eliminationsideals zeigen wir, wie der Durchschnitt zweier Ideale bestimmt werden kann. Es seien also I_1, I_2 Ideale aus $K[\underline{x}]$ und z eine von $x_1, \ldots, x_n$ verschiedene Unbestimmte.

Satz 8.11 *Es sei*

$$J = ((1 - z)I_1 \cup zI_2)$$

in dem Ring $K[\underline{x}, z]$. *Dann gilt*

$$I_1 \cap I_2 = J_{\underline{x}}.$$

Beweis: Es sei $F(\underline{x}) \in J_{\underline{x}}$. Dann existieren $G_1(\underline{x}, z), G_2(\underline{x}, z) \in K[\underline{x}, z]$ und $H_i(\underline{x}) \in I_i$, $i = 1, 2$, mit

$$F(\underline{x}) = (1 - z)G_1(\underline{x}, z)H_1(\underline{x}) + zG_2(\underline{x}, z)H_2(\underline{x}).$$

Für $z = 1$ erhalten wir $F(\underline{x}) = G_2(\underline{x}, 1)H_2(\underline{x})$, das heißt $F(\underline{x}) \in I_2$. Mit der Wahl $z = 0$ bekommen wir in ähnlicher Weise $F(\underline{x}) \in I_1$. Also gilt $J_{\underline{x}} \subseteq I_1 \cap I_2$.
Es sei nun $F(\underline{x}) \in I_1 \cap I_2$. Aus der Identität

$$F(\underline{x}) = (1 - z)F(\underline{x}) + zF(\underline{x})$$

folgt nun $F(\underline{x}) \in J_{\underline{x}}$, also $J_{\underline{x}} \supseteq I_1 \cap I_2$. $\square$

8.4.2 Radikale der Ideale

Für eine $\mathcal{F} \subseteq K[\underline{x}]$ sei

$$V(\mathcal{F}) = \{\underline{\alpha} \ : \ \underline{\alpha} \in K^n \text{ und } F(\underline{\alpha}) = 0 \text{ für alle } F(\underline{x}) \in \mathcal{F}\},$$

das heißt $V(\mathcal{F})$ sei die Menge der gemeinsamen Nullstellen der Elemente von $\mathcal{F}$. Es sei $G(\underline{x}) \in (\mathcal{F})$, wobei $(\mathcal{F})$ das durch $\mathcal{F}$ erzeugte Ideal bezeichnet. Dann existieren $G_i(\underline{x}) \in K[\underline{x}]$ und $F_i(\underline{x}) \in F$, $i = 1, \ldots, m$, mit

$$G(\underline{x}) = \sum_{i=1}^{m} G_i(\underline{x}) F_i(\underline{x}).$$

Es folgt $G(\underline{\alpha}) = 0$ für alle $\underline{\alpha} \in V(\mathcal{F})$. Damit haben wir $V((\mathcal{F})) \supseteq V(\mathcal{F})$ bewiesen. Im allgemeinen ist die Umkehrung dieser Relation falsch.

In einem wichtigen Fall, wenn nämlich K algebraisch abgeschlossen ist, können wir $V(\mathcal{F})$ charakterisieren. Dazu brauchen wir den folgenden Begriff. Für ein Ideal $I \subseteq K[x]$ heißt

$$\sqrt{I} := \{F(\underline{x}) \ : \ F(\underline{x}) \in K[x], \text{ es existiert ein } m \in \mathbb{N} \text{ mit } F^m(\underline{x}) \in I\}.$$

das *Radikal* von I.

Lemma 8.9 $\sqrt{I}$ *ist ein Ideal in* $K[\underline{x}]$, *welches* I *enthält.*

Beweis: Die Relation $I \subseteq \sqrt{I}$ ist trivial. Wir müssen also nur beweisen, daß $\sqrt{I}$ ein Ideal ist.

Es seien $F_1(\underline{x}), F_2(\underline{x}) \in \sqrt{I}$ und $m_1, m_2 \in \mathbb{N}$ mit $F_i^{m_i}(\underline{x}) \in I$, $i = 1, 2$, schließlich sei $G(\underline{x}) \in K[\underline{x}]$. Dann gilt $(G(\underline{x})F_1(\underline{x}))^{m_1} = G^{m_1}(\underline{x})F_1^{m_1}(\underline{x}) \in I$ und somit $G(\underline{x})F_1(\underline{x}) \in \sqrt{I}$.

Betrachten wir

$$(F_1(\underline{x}) - F_2(\underline{x}))^{m_1 + m_2} = \sum_{i=0}^{m_1 + m_2} \binom{m_1 + m_2}{i} (-1)^i F_1(\underline{x})^{m_1 + m_2 - i} F_2^i(\underline{x}).$$

Für $i \leq m_2$ gilt $m_1 + m_2 - i \geq m_1$ und somit

$$\binom{m_1 + m_2}{i} (-1)^i F_1(\underline{x})^{m_1 + m_2 - i} F_2^i(\underline{x}) \in I$$

wegen $F_1^{m_1}(\underline{x}) \in I$. Die restlichen Summanden gehören zu I wegen $F_2^i(\underline{x}) \in I$ für $i \geq m_2$. Es folgt $(F_1(\underline{x}) - F_2(\underline{x}))^{m_1 + m_2} \in I$, also $F_1(\underline{x}) - F_2(\underline{x}) \in I$. $\square$

Den folgenden klassischen Satz von D. Hilbert [55] zitieren wir ohne Beweis.

Satz 8.12 (Hilbertscher Nullstellensatz) *Es seien I ein Ideal in $K[\underline{x}]$ und K algebraisch abgeschlossen. Weiterhin sei $G(\underline{x}) \in K[\underline{x}]$ mit $G(\underline{\alpha}) = 0$ für alle $\underline{\alpha} \in V(I)$. Dann gehört $G(\underline{x})$ zu $\sqrt{I}$.*

Wir möchten nun zeigen, daß die Frage, ob $G(\underline{x}) \in \sqrt{I}$ gilt, mit der Anwendung der Gröbner Basen algorithmisch entscheidbar ist. Um diese Aussage beweisen zu können, brauchen wir einen weiteren Begriff.

Es seien I ein Ideal in $K[\underline{x}]$ und $\mathcal{F} \subseteq K[\underline{x}]$. Der *Quotient* von I nach $\mathcal{F}$ ist.

$$I : \mathcal{F} := \{G(\underline{x}) \in K[\underline{x}] \; : \; G(\underline{x})F(\underline{x}) \in I \text{ für alle } F(\underline{x}) \in \mathcal{F}\}.$$

Wenn $\mathcal{F} = \{F(\underline{x})\}$ ist, dann werden wir $I : F$ statt $I : \{F\}$ schreiben.

Lemma 8.10 *Es seien I_1, I_2 Ideale in $K[\underline{x}]$ und $\mathcal{F}_1, \mathcal{F}_2 \subseteq K[\underline{x}]$. Dann gelten:*

(i) $I_1 : \mathcal{F}_1$ ist ein Ideal in $K[\underline{x}]$.

(ii) $I_1 : (\mathcal{F}_1) = I_1 : \mathcal{F}_1$.

(iii) Wenn $I_1 \subseteq I_2$ und $\mathcal{F}_2 \subseteq \mathcal{F}_1$ sind, dann gilt $I_1 : \mathcal{F}_1 \subseteq I_2 : \mathcal{F}_2$.

Beweis: (i) und (ii) folgen einfach aus der Definition von $I_1 : \mathcal{F}_1$.

(iii) Es seien $G(\underline{x}) \in I_1 : \mathcal{F}_1$. Dann gilt $G(\underline{x})F(\underline{x}) \in I_1 \subseteq I_2$ für alle $F(\underline{x}) \in \mathcal{F}_1 \supseteq \mathcal{F}_2$, folglich ist $G(\underline{x}) \in I_2 : \mathcal{F}_2$. $\square$

Lemma 8.11 *Es seien I ein Ideal in $K[\underline{x}]$ und $F(\underline{x}) \in K[\underline{x}]$. Dann existiert ein $s \in \mathbb{N}$ mit*

$$I : F^s = \bigcup_{i \in \mathbb{N}} I : F^i =: I : F^\infty.$$

Beweis: Es gilt $(F(\underline{x})) \supseteq (F^2(\underline{x})) \supseteq \ldots$, also ist $I : F \subseteq I : F^2 \subseteq \ldots$ nach Lemma 8.10 (ii) und (iii). Nach Lemma 8.1 bricht jede monoton wachsende Idealfolge in $K[\underline{x}]$ nach endlich vielen Schritten ab. Das Lemma ist bewiesen. $\square$

Jetzt können wir die Elemente des Radikals eines Ideals charakterisieren.

Lemma 8.12 *Es seien I ein Ideal in $K[\underline{x}]$ und $0 \neq F(\underline{x}) \in K[\underline{x}]$. Es gilt $F(\underline{x}) \in \sqrt{I}$ genau dann, wenn $I : F^\infty = (1) = K[\underline{x}]$ ist.*

Beweis: Wenn $F(\underline{x}) \in \sqrt{I}$ ist, dann gibt es ein $s \in \mathbb{N}$ mit $F^s(\underline{x}) \in I$, also ist $1 \in I : F^s \subseteq I : F^\infty$.

Nehmen wir andererseits $1 \in I : F^\infty$ an. Nach Lemma 8.11 existiert ein $s \in \mathbb{N}$ mit $I : F^\infty = I : F^s$, also ist $F^s(\underline{x}) \in I \subseteq \sqrt{I}$. $\square$

Wir sind jetzt in der Lage, die Frage, ob $F(\underline{x}) \in \sqrt{I}$ ist, algorithmisch zu entscheiden. Wir können sogar die Exponenten s mit $F^s(\underline{x}) \in I$ bestimmen.

Satz 8.13 *Es seien I ein Ideal in $K[\underline{x}]$, $0 \neq F(\underline{x}) \in K[\underline{x}]$ und J das Ideal $(I \cup (1 - yF(\underline{x})))$ in $K[\underline{x}, y]$. Dann gilt*

$$I : F^\infty = J_{\underline{x}}.$$

Sind weiterhin $\{F_1(\underline{x}), \ldots, F_k(\underline{x})\}$ *eine Basis von* I *und* $\{G_1(\underline{x}), \ldots, G_m(\underline{x})\}$ *eine Basis von* $J_{\underline{x}}$, *so daß*

$$G_i(\underline{x}) = H_i(\underline{x}, y)(1 - yF(\underline{x})) + \sum_{j=1}^{k} H_{ij}(\underline{x}, y)F_j(\underline{x})$$

für $1 \leq i \leq m$, $H_i(\underline{x}, y), H_{ij}(\underline{x}, y) \in K[\underline{x}, y]$ *sind, dann gilt*

$$I : F^s = I : F^\infty$$

für $s = \max\{\deg_y(H_{ij}) \ : \ 1 \leq i \leq m, \ 1 \leq j \leq k\}$.

Beweis: Es sei $G(\underline{x}) \in J_{\underline{x}}$. Dann existieren $P(\underline{x}) \in I$ und $Q_1(\underline{x}, y), Q_2(\underline{x}, y) \in K[\underline{x}, y]$ mit

$$G(\underline{x}) = Q_1(\underline{x}, y)P(\underline{x}) + Q_2(\underline{x}, y)(1 - yF(\underline{x})).$$

Es sei $d = \max\{\deg_y(Q_1), \deg_y(Q_2)\}$. Substituiert man hier $y = 1/F(\underline{x})$ und multipliziert beide Seiten mit $F^d(\underline{x})$, dann erhält man $F^d(\underline{x})G(\underline{x}) = Q(\underline{x})P(\underline{x}) \in I$ mit $Q(\underline{x}) = F^d(\underline{x})Q_1(\underline{x}, 1/F(\underline{x})) \in K[\underline{x}]$, das heißt es ist $G(\underline{x}) \in I : F^\infty$.

Nehmen wir umgekehrt $G(\underline{x}) \in I : F^\infty$ an, etwa $G(\underline{x}) \in I : F^d$. Aus $1 - yF(\underline{x}) \in J$ folgt $1 \equiv yF(\underline{x}) \pmod{J}$, daraus $1 \equiv y^d F^d(\underline{x}) \pmod{J}$ und schließlich

$$G(\underline{x}) \equiv y^d F^d(\underline{x})G(\underline{x}) \pmod{J}.$$

Wir erhalten somit $G(\underline{x}) \in J$, da $F^d(\underline{x})G(\underline{x}) \in I \subseteq J$ ist.

Wir müssen nur noch $I : F^s = I : F^\infty$ mit dem im Lemma angegebenen s beweisen. Es sei also $G(\underline{x}) \in I : F^\infty = J_{\underline{x}}$. Dann existieren $Q_i(\underline{x}) \in K[\underline{x}], 1 \leq i \leq m$, mit

$$\begin{aligned}
G(\underline{x}) &= \sum_{i=1}^{m} Q_i(\underline{x})G_i(\underline{x}) \\
&= \sum_{i=1}^{m} Q_i(\underline{x}) \left(H_i(\underline{x}, y)(1 - yF(\underline{x})) + \sum_{j=1}^{k} H_{ij}(\underline{x}, y)F_j(\underline{x}) \right).
\end{aligned}$$

Setzen wir hier wieder $y = 1/F(\underline{x})$ ein und multiplizieren beide Seiten mit $F^s(\underline{x})$, dann gilt $H_{ij}(\underline{x}, 1/F(\underline{x}))F^s(\underline{x}) \in K[\underline{x}]$. Aus $F_j(\underline{x}) \in I$ folgt $F^s(\underline{x})G(\underline{x}) \in I$, also $G(\underline{x}) \in I : F^s$. $\square$

8.4.3 Polynomiale Gleichungssysteme 2.

Als Abschluß dieses Abschnittes und des Buches kehren wir noch einmal auf das Problem der Charakterisierung der Lösungsmenge des algebraischen Gleichungssystems (8.1) zurück. Wir möchten insbesondere untersuchen, wann (8.1) nur endlich viele Lösungen hat. Dieses Problem läßt sich zufriedenstellend nur für algebraisch abgeschlossene Körper lösen. Für die weiteren Überlegungen sind die folgenden Begriffe grundlegend.

Es seien K ein Körper, I ein echtes Ideal vom $K[\underline{x}]$ und $U = \{u_1, \ldots, u_r\}$ eine Teilmenge von $X = \{x_1, \ldots, x_n\}$. Die Menge U heißt *unabhängig* modulo I, wenn $I_{\underline{u}} = \{0\}$ ist. Sie heißt *maximal unabhängig* modulo I, wenn sie unabhängig modulo I ist und $I_{\underline{v}} \neq \{0\}$ für alle $U \subset V \subseteq X$ gilt.

Die *Dimension* des Ideals I, $\dim(I)$, ist nun folgendermaßen definiert:

$$\dim(I) := \max\{|U| \ : \ U \subseteq X \text{ unabhängig modulo } I\}.$$

Die Richtigkeit des folgenden Lemmas folgt unmittelbar aus Satz 8.10.

Lemma 8.13 *Es seien I ein echtes Ideal von $K[\underline{x}]$ und $U \subseteq X$. Die Menge U ist unabhängig modulo I genau dann, wenn $\mathcal{G} \cap K[\underline{u}] = \emptyset$ für alle Gröbner Basen $\mathcal{G}$ von I gilt.*

Wir können jetzt die nulldimensionalen Ideale charakterisieren.

Lemma 8.14 *Ein echtes Ideal I von $K[\underline{x}]$ ist nulldimensional genau dann, wenn für alle $1 \leq i \leq n$ ein $P_i(x_i) \in I \cap K[x_i]$, $\deg(P_i) > 0$, existiert.*

Beweis: Es sei $\dim(I) = 0$, dann ist x_i für alle $1 \leq i \leq n$ abhängig modulo I. Es bezeichne $\mathcal{G}_i$ eine Gröbner Basis von I bezüglich der Ordnung der Unbestimmten $x_i < x_j$ für alle $1 \leq j \leq n$, $j \neq i$. Es gilt $\mathcal{G}_i \cap K[x_i] \neq \emptyset$ nach Lemma 8.13. Es existiert also ein $P_i(x_i) \in \mathcal{G}_i \cap K[x_i]$. Es gilt $P_i(x_i) \neq 0$, da keine Gröbner Basis das Nullpolynom enthält. Schließlich ist $P_i(x_i)$ kein konstantes Polynom, da I ein echtes Ideal ist.
Die Richtigkeit der anderen Richtung ist offensichtlich. $\square$

Die nulldimensionalen Primideale erlauben eine genauere Charakterisierung.

Satz 8.14 *Es seien I ein nulldimensionales Primideal von $K[\underline{x}]$ und $\mathcal{G}$ die reduzierte Gröbner Basis bezüglich der lexikographischen Ordnung der Unbestimmten von I. Dann ist I ein maximales Ideal, und $\mathcal{G}$ hat n Elemente $G_1(\underline{x}), \ldots, G_n(\underline{x})$, so daß $\mathrm{fpp}(G_i) = x_i^{\nu_i}$ mit $\nu_i \geq 1$ für alle $1 \leq i \leq n$ gilt.*

Beweis: Für $n = 1$ ist die Behauptung offensichtlich wahr, da dann $K[x_1]$ ein ZPE-Ring, also Hauptidealring, ist. Nehmen wir also $n > 1$ an und daß die Behauptung für $n - 1$ wahr ist.
Es seien $\underline{x}' = (x_1, \ldots, x_{n-1})$ und I_{n-1} das Eliminationsideal von I bezüglich $\{x_1, \ldots, x_{n-1}\}$, also $I_{n-1} = I \cap K[\underline{x}']$ und $\mathcal{G}_{n-1} = \mathcal{G} \cap K[\underline{x}']$. Das Ideal I_{n-1} ist ein nulldimensionales Primideal in $K[\underline{x}']$, wie man leicht nachprüfen kann. Nach der Induktionsannahme ist I_{n-1} ein maximales Ideal, es gilt $G_1(\underline{x}), \ldots, G_{n-1}(\underline{x}) \in \mathcal{G}_{n-1}$, und $\mathcal{G}_{n-1}$ ist nach Satz 8.10 eine reduzierte Gröbner Basis von I_{n-1}. Die Menge

$$\mathcal{N} = \{F(\underline{x}) \in I \ : \ \mathrm{fpp}(F) = x_n^{\nu}, \nu \in \mathbb{N}, F(\underline{x}) \text{ ist in Normalform modulo } \mathcal{G}_{n-1}\}$$

ist nach Lemma 8.14 nicht leer. Es sei $G_n(\underline{x})$ ein Element mit minimalem Grad in x_n, sagen wir ν_n, von $\mathcal{N}$. Die Menge $\{G_1(\underline{x}), \ldots, G_n(\underline{x})\}$ ist nach der Wahl von $G_n(\underline{x})$ eine reduzierte Gröbner Basis.

Wir müssen nur noch $I = (G_1(\underline{x}), \ldots, G_n(\underline{x}))$ zeigen. Nehmen wir an, es existiert ein $0 \neq P(\underline{x}) \in I \backslash (G_1(\underline{x}), \ldots, G_n(\underline{x}))$. Wir dürfen ohne Beschränkung der Allgemeinheit annehmen, daß $P(\underline{x})$ in Normalform modulo $\{G_1(\underline{x}), \ldots, G_n(\underline{x})\}$ ist. Betrachten wir $P(\underline{x})$ als ein Element von $K[\underline{x}'][x_n]$, dann können wir es in der Form

$$P(\underline{x}) = \sum_{i=0}^{r} P_i(\underline{x}') x_n^i$$

mit $P_i(\underline{x}') \in K[\underline{x}']$, $i = 1, \ldots, r$, $P_r(\underline{x}') \neq 0$ darstellen. Wir haben $r < \nu_n$ und $P_r(\underline{x}') \notin I_{n-1}$, sonst wäre $P(\underline{x})$ reduzierbar modulo $\{G_1(\underline{x}), \ldots, G_n(\underline{x})\}$.

Der Faktorring $K[\underline{x}']/I_{n-1}$ ist nach Satz 4.3 ein Körper, somit ist $P_r(\underline{x}')$ modulo I_{n-1} invertierbar, es existieren also $Q(\underline{x}') \in K[\underline{x}']$ und $S(\underline{x}') \in I_{n-1}$ mit $Q(\underline{x}') P_r(\underline{x}') + S(\underline{x}') = 1$. Setzen wir $G(\underline{x}) = Q(\underline{x}') P(\underline{x}) + S(\underline{x}') x_n^r$. Dann gilt einerseits $G(\underline{x}) \in I$ und andererseits

$$\begin{aligned}
G(\underline{x}) &= Q(\underline{x}') P_r(\underline{x}') x_n^r + Q(\underline{x}') \sum_{i=0}^{r-1} P_i(\underline{x}') x_n^i + S(\underline{x}') x_n^r \\
&= x_n^r + Q(\underline{x}') \sum_{i=0}^{r-1} P_i(\underline{x}') x_n^i.
\end{aligned}$$

Das Polynom $G(\underline{x})$ gehört also zu $\mathcal{N}$, und sein Grad r ist kleiner als ν_n im Widerspruch zur Wahl von ν_n.

Nehmen wir an, daß I nicht maximal ist. Dann existiert ein maximales Ideal J mit $I \subset J \subset K[\underline{x}]$. Das Ideal J ist ebenfalls nulldimensional. Es bezeichne J_{n-1} das Eliminationsideal von J bezüglich der Menge $\{x_1, \ldots, x_{n-1}\}$. Das Ideal I_{n-1} ist ein maximales und J_{n-1} ein echtes Ideal von $K[\underline{x}']$. Aus $I_{n-1} \subseteq J_{n-1}$ folgt deswegen $I_{n-1} = J_{n-1}$, somit ist $\mathcal{G}_{n-1}$ eine Gröbner Basis auch von J_{n-1}. Die Gröbner Basis $\mathcal{G}_{n-1}$ kann also, auf dieselbe Weise, nicht nur zu der Gröbner Basis $\mathcal{G} = \{G_1(\underline{x}), \ldots, G_{n-1}(\underline{x}), G_n(\underline{x})\}$ von I, sondern auch zu der Gröbner Basis $\mathcal{G}^* = \{G_1(\underline{x}), \ldots, G_{n-1}(\underline{x}), G_n^*(\underline{x})\}$ von J erweitert werden. Aus $G_n(\underline{x}) \in I \subset J$ folgt

$$\nu_n' = \deg_{x_n}(G_n^*) \leq \deg_{x_n}(G_n) = \nu_n.$$

Dividiert man $G_n(\underline{x})$ durch $G_n^*(\underline{x})$ in $K[\underline{x}'][x_n]$ mit Rest, dann erhält man $Q(\underline{x}) \in K[\underline{x}]$ und $H(\underline{x}) \in J$ mit

$$H(\underline{x}) = G_n(\underline{x}) - Q(\underline{x}) G_n^*(\underline{x})$$

und mit $\deg_{x_n}(H) < \deg_{x_n}(G_n^*)$ oder mit $H(\underline{x}) = 0$. Das Polynom $H(\underline{x})$ ist auf Null reduzierbar modulo $\mathcal{G}^*$, aber wegen der Gradbedingung gilt das auch modulo $\mathcal{G}_{n-1}$. Es folgt daher $H(\underline{x}) \in I$. Aus $Q(\underline{x}) G_n^*(\underline{x}) = G_n(\underline{x}) - H(\underline{x}) \in I$, aus $G_n^*(\underline{x}) \notin I$ (sonst wäre $I = J$) und aus der Primalität von I folgt $Q(\underline{x}) \in I$. Wir haben $\deg_{x_n}(Q) = \nu_n - \nu_n'$. Der Fall $\nu_n > \nu_n'$ widerspricht der Wahl von $G_n(\underline{x})$, und im Fall $\nu_n = \nu_n'$ ist das Polynom $Q(\underline{x})$ eine Konstante, I ist also kein echtes Ideal. Damit ist der Satz vollständig bewiesen. $\square$

Als natürliche Verallgemeinerung des letzten Satzes beweisen wir jetzt die Existenz einer 'diagonalen' Darstellung jedes Primideals eines Polynomringes.

Satz 8.15 *Es seien I ein Primideal von $K[\underline{x}]$ und $\{x_1,\dots,x_d\}$, $1 \le d \le n$, maximal unabhängig modulo I. Dann existieren von Null verschiedene Polynome $F(\underline{x}), G_{d+1}(\underline{x}),\dots,G_n(\underline{x}) \in K[x_1,\dots,x_n]$ mit*

(i) $F \in K[x_1,\dots,x_d]$,

(ii) $G_i \in K[x_1,\dots,x_i]$ für alle $d+1 \le i \le n$,

(iii) der Leitkoeffizient von G_i, wenn wir ein Polynom in $K[x_1,\dots,x_{i-1}][x_i]$ betrachten, gehört zu $K[x_1,\dots,x_d]$,

(iv) $I = (\{G_{d+1},\dots,G_n\}) : F$.

Beweis: Es bezeichne $K(x_1,\dots,x_d)$ den Quotientenkörper von $K[x_1,\dots,x_d]$ und I^e das kleinste I enthaltende Ideal von $K(x_1,\dots,x_d)[x_{d+1},\dots,x_n]$. Die Identität

$$I = I^e \cap K[x_1,\dots,x_n]$$

kann leicht bewiesen werden.

Es seien $P,Q \in K(x_1,\dots,x_d)[x_{d+1},\dots,x_n]$, und wir nehmen $PQ \in I^e$ an. Es existieren $R,S \in K[x_1,\dots,x_d]$ mit $PR, QS \in K[x_1,\dots,x_n]$. Es folgt $PR \cdot QS \in I$ und daher PR oder $QS \in I$ wegen der Primidealeigenschaft von I. Somit gehört P oder Q zu I^e, also ist I^e ein Primideal. I^e ist auch nulldimensional, da $\{x_1,\dots,x_d\}$ maximal unabhängig modulo I ist. Nach Satz 8.14 hat I^e eine Basis $\{F_{d+1},\dots,F_n\}$, so daß

$$F_i \in K(x_1,\dots,x_d)[x_{d+1},\dots,x_i]$$

für alle $d+1 \le i \le n$ gilt und jedes F_i als Polynom in x_i nicht konstant mit führendem Koeffizienten in $K(x_1,\dots,x_d)$ ist. Multipliziert man jetzt F_i, $d+1 \le i \le n$, mit seinem Nenner, dann erhält man von Null verschiedene Polynome $G_{d+1},\dots,G_n$ mit (ii) und (iii). Darüber hinaus ist $\{G_{d+1},\dots,G_n\}$ eine Basis von I^e.

Es sei $H_1,\dots,H_m$ eine Basis von I. Es existieren

$$Q_{ij} \in K(x_1,\dots,x_d)[x_{d+1},\dots,x_n], \ \ 1 \le i \le m, \ d+1 \le j \le n$$

mit

$$H_i = \sum_{j=d+1}^{n} Q_{ij} G_j, \ 1 \le i \le m,$$

wegen $I \subseteq I^e$. Ist F das Produkt der Nenner der Polynome Q_{ij}, $1 \le i \le m$, $d+1 \le j \le n$, dann gilt (i).

Für alle $G \in I$ existieren $Q_i \in K[x_1,\dots,x_n]$, $1 \le i \le m$, mit

$$G = \sum_{i=1}^{m} Q_i H_i = \sum_{i=1}^{m} Q_i \sum_{j=d+1}^{n} Q_{ij} G_j,$$

woraus $FG \in (G_{d+1}, \ldots, G_n)$ folgt. Es sei umgekehrt G ein Element aus $K[\underline{x}]$ mit $FG \in (G_{d+1}, \ldots, G_n) \subseteq I$. Es gilt $F \notin I$, da die Menge $\{x_1, \ldots, x_d\}$ unabhängig modulo I ist. Somit gilt $G \in I$ wegen der Primidealeigenschaft von I. Damit ist (iv) gezeigt und der Satz bewiesen. $\square$

Die folgenden drei Lemmata bereiten den Beweis des Hauptergebnisses vor.

Lemma 8.15 *Es seien R ein Integritätsbereich mit unendlich vielen Elementen und $0 \neq P(\underline{x}) \in R[\underline{x}]$. Dann existieren unendlich viele $\underline{\alpha} \in R^n$ mit $P(\underline{\alpha}) \neq 0$.*

Beweis: Die Behauptung ist für $n = 1$ wahr, da ein Polynom über einem Körper, folglich über einem Integritätsbereich, höchstens so viele Nullstellen wie sein Grad haben kann. Nehmen wir an, die Behauptung ist für alle $m < n$ wahr. Betrachten wir $P(\underline{x})$ als ein Polynom in $R[x_1, \ldots, x_{n-1}][x_n]$. Das besitzt dann einen von Null verschiedenen Koeffizienten, sagen wir $G \in R[x_1, \ldots, x_{n-1}]$. Es existieren nach der Induktionsannahme $\alpha_1, \ldots, \alpha_{n-1} \in R$ mit $G(\alpha_1, \ldots, \alpha_{n-1}) \neq 0$. Das Polynom $P(\alpha_1, \ldots, \alpha_{n-1}, x_n)$ ist also von Null verschieden, und es existieren unendlich viele Möglichkeiten für die Wahl von $\alpha_n \in R$ mit $P(\alpha_1, \ldots, \alpha_{n-1}, \alpha_n) \neq 0$. Damit ist das Lemma bewiesen. $\square$

Lemma 8.16 *Es seien L ein algebraisch abgeschlossener Oberkörper des Körpers K und I ein Primideal von $K[x_1, \ldots, x_n]$, so daß $\{x_1, \ldots, x_d\}$, $1 \leq d \leq n$, maximal unabhängig modulo I ist. Dann existiert ein $P \in K[x_1, \ldots, x_d]$, so daß für alle $(\alpha_1, \ldots, \alpha_d) \in L^d$, mit Ausnahme der Nullstellen von P, Elemente $\alpha_{d+1}, \ldots, \alpha_n \in L$ existieren mit $(\alpha_1, \ldots, \alpha_n) \in V_L(I)$.*

Beweis: Es seien $F, G_{d+1}, \ldots, G_n$ die Polynome vom Satz 8.15 und H_i deren führende Koeffizienten, wenn wir sie als Polynome in den Unbestimmten x_i, $d+1 \leq i \leq n$, betrachten. Setzen wir

$$P = F \prod_{i=d+1}^{n} H_i$$

und wählen wir $\alpha_1, \ldots, \alpha_d \in L$ mit $P(\alpha_1, \ldots, \alpha_d) \neq 0$. Dann sind die Leitkoeffizienten der nicht konstanten Polynome

$$G_i(\alpha_1, \ldots, \alpha_d, x_{d+1}, \ldots, x_i) \in L[x_{d+1}, \ldots, x_i], \quad d+1 \leq i \leq n,$$

von Null verschiedene Elemente von L. Wegen der algebraischen Abgeschlossenheit von L existiert also ein $\alpha_{d+1} \in L$ mit $G_{d+1}(\alpha_1, \ldots, \alpha_{d+1}) = 0$. Es seien $d+1 \leq i < n$ und $\alpha_{d+1}, \ldots, \alpha_i \in L$ mit $G_j(\alpha_1, \ldots, \alpha_i) = 0$ für alle $d + 1 \leq j \leq i$. Das Polynom $G_{i+1}(\alpha_1, \ldots, \alpha_i, x_{i+1})$ ist keine Konstante, hat also eine Nullstelle α_{i+1} in L. Somit erhalten wir Elemente $\alpha_{d+1}, \ldots, \alpha_n \in L$ mit

$$G_i(\alpha_1, \ldots, \alpha_n) = G(\underline{\alpha}) = 0$$

für alle $d + 1 \leq i \leq n$.

Wir behaupten $\underline{\alpha} \in V_L(I)$. In der Tat, für $G(\underline{x}) \in I$ ist $F(\underline{x})G(\underline{x}) \in (G_{d+1}, \ldots, G_n)$ nach Satz 8.15 und somit

$$0 = (FG)(\underline{\alpha}) = F(\alpha_1, \ldots, \alpha_d)G(\underline{\alpha}).$$

Wegen $F(\alpha_1, \ldots, \alpha_d) \neq 0$ ist also $G(\underline{\alpha}) = 0$. Das Lemma ist bewiesen. $\square$

Lemma 8.17 *Es seien $d > 0$ und $\{x_1, \ldots, x_d\}$ maximal unabhängig modulo I. Dann existiert ein I umfassendes Primideal J in $K[\underline{x}]$ mit $J \cap K[x_1, \ldots, x_d] = \{0\}$.*

Beweis: Es existiert nach Lemma 8.1 ein maximales, I umfassendes Ideal J mit $J \cap K[x_1, \ldots, x_d] = \{0\}$. Wir behaupten, daß J ein Primideal ist. Dazu seien $P_1(\underline{x}), P_2(\underline{x}) \in K[\underline{x}]$ mit $P_1(\underline{x}), P_2(\underline{x}) \notin J$ vorgegeben. Bezeichne $J_i, i = 1, 2$, das durch J und $P_i(\underline{x})$ erzeugte Ideal. Es gilt $J_i \cap K[x_1, \ldots, x_d] \neq \{0\}$ wegen der Wahl von J. Es seien $0 \neq Q_i(\underline{x}) \in J_i \cap K[x_1, \ldots, x_d]$, dann existieren $R_i(\underline{x}) \in J$ und $S_i(\underline{x}) \in K[\underline{x}]$ mit

$$Q_i(\underline{x}) = R_i(\underline{x}) + S_i(\underline{x})P_i(\underline{x}), \quad i = 1, 2.$$

Wird diese Identität für $i = 1$ mit $P_2(\underline{x})$ multipliziert, dann erhält man $Q_1(\underline{x})P_2(\underline{x}) \in J$. Wird jetzt die Identität für $i = 2$ mit $Q_1(\underline{x})$ multipliziert, dann folgt $Q_1(\underline{x})Q_2(\underline{x}) \in J$. Das ist ein Widerspruch. $\square$

Wir sind jetzt in der Lage, das Hauptergebnis dieses Abschnittes formulieren und beweisen zu können.

Satz 8.16 *Die Dimension eines echten Ideals I von $K[\underline{x}]$ ist genau dann Null, wenn $V_L(I) < \infty$ für alle algebraisch abgeschlossenen Oberkörper L von K gilt.*

Beweis: Wenn die Dimension von I Null ist, dann existiert nach Lemma 8.14 für alle $1 \leq i \leq n$ ein $P_i(x_i) \in I \cap K[x_i]$ mit $\deg(P_i) > 0$. Ist $\underline{\alpha} \in V_L(I)$, dann gilt $P_i(\alpha_i) = 0$ für alle $i = 1, \ldots, n$. Es gibt höchstens $\deg(P_i)$ Möglichkeiten für die Wahl von α_i, also enthält $V_L(I)$ höchstens $\deg(P_1) \cdots \deg(P_n)$ Elemente.

Nehmen wir jetzt $\dim(I) = d > 0$ an. Es bezeichne L einen algebraisch abgeschlossenen Oberkörper von K. Wir dürfen ohne Beschränkung der Allgemeinheit $\{x_1, \ldots, x_d\}$ maximal unabhängig modulo I annehmen. Dann existiert nach Lemma 8.17 ein I umfassendes Primideal J in $K[\underline{x}]$ mit $J \cap K[x_1, \ldots, x_d] = \{0\}$. Die Menge $\{x_1, \ldots, x_d\}$ ist maximal unabhängig auch modulo J.

Nach Lemma 8.16 existiert ein $P \in K[x_1, \ldots, x_d]$, so daß für alle $(\alpha_1, \ldots, \alpha_d) \in L^d$ bis auf die Nullstellen von P, Elemente $\alpha_{d+1}, \ldots, \alpha_n \in L$ existieren mit $(\alpha_1, \ldots, \alpha_n) \in V_L(I)$. Ein algebraisch abgeschlossener Körper hat immer unendlich viele Elemente. Dies ist offensichtlich, wenn seine Charakteristik Null ist. Für den Fall von positiver Charakteristik folgt diese Zwischenbehauptung aus Folgerung 4.3. Es existieren nach Lemma 8.15 unendlich viele $\underline{\alpha} \in L^n$ mit $P(\underline{\alpha}) \neq 0$. Alle diese lassen sich zu einem Element von $V_L(I)$ erweitern, $V_L(I)$ ist also unendlich. Der Satz ist bewiesen. $\square$

Sachwortverzeichnis

Literaturverzeichnis

[1] L.M. ADLEMAN and M.A. HUANG, *Primality Testing and Abelian Varieties over Finite Fields*, Lecture Notes in Mathematics, Vol. 1512, Springer Verlag, Berlin, 1992.

[2] W.R. ALFORD, A. GRANVILLE and C. POMERANCE, *There are infinitely many Carmichael numbers*, Ann. of Math. **139** (1994), no. 3, 703–722.

[3] A. BAKER, *Contribution to the theory of Diophantine equations I. On the representation of integers by binary forms*, Philos. Trans. Roy. Soc. London Ser. A **263** (1968), 173–191.

[4] A. BAKER, *Transcendental Number Theory*, Cambridge Univ. Press, Cambridge, 1975.

[5] A. BAKER, Ed. *Transcendence Theory: Advances and Applications*, Academic Press, London, 1977.

[6] A. BAKER, Ed. *New Advances in Transcendence Theory*, Cambridge Univ. Press, Cambridge, 1988.

[7] A. BAKER and H. DAVENPORT, *The equations $3x^2 - 2 = y^2$ and $8x^2 - 7 = z^2$*, Quart. J. Math. Oxford, **20** (1969), 129–137.

[8] A. BAKER and G. WÜSTHOLZ, *Linear forms and group varieties*, J. reine und angew. Math. **442** (1993), 19–62.

[9] B. BEAUZAMY, *Products of polynomials and a priori estimates for coefficients in polynomial decompositions*, J. Symbolic Comput. **13** (1992), 463–472.

[10] TH. BECKER and V. WEISPFENNING in cooperation with H. KREDEL, *Gröbner Bases: a Computational Approach to Commutative Algebra*, Graduate Texts in Mathematics, Vol. 141, Springer Verlag, New York, 1993.

[11] E.R. BERLEKAMP, *Factoring polynomials over large finite fields*, Math. Comp. **24** (1970), 713–715.

[12] L. BIEBERBACH, *Lehrbuch der Funktionentheorie, Band II: Moderne Funktionentheorie*, B.G. Teubner Verlag, Leipzig, 1927.

[13] Y. BILU and G. HANROT, *Solving Thue equations of high degree*, J. Number Theory **60** (1996), 373–392.

[14] S.I. BOREWICZ und I.R. ŠAFAREVIČ, *Zahlentheorie*, Birkhäuser Verlag, Basel-Stuttgart, 1966.

[15] J.M. BORWEIN, P.B. BORWEIN, *Srinivasa Ramanujan und die Zahl Pi*, Spektrum der Wissenschaft, April 1988, 96–103.

[16] R.P. BRENT, *An improved Monte-Carlo factorization algorithm*, BIT **20** (1980), 176–184.

[17] R.P. BRENT and J.M. POLLARD, *Factorization of the eighth Fermat number*, Math. Comp. **36** (1981), 627–630.

[18] B. BUCHBERGER, *Ein Algorithmus zum Auffinden der Basiselemente des Restklassenringes nach einem nulldimensionalen Polynomideal*, Inaugural-Dissertation, Math. Inst. der Universität Innsbruck, 1965.

[19] B. BUCHBERGER, *Ein algorithmisches Kriterium für die Lösbarkeit eines algebraischen Gleichungssystems*, Aequ. Math. 4 (1970), 374–383.

[20] B. BUCHBERGER, G. E. COLLINS and R. LOOS eds., in cooperation with R. ALBRECHT, *Computer Algebra Symbolic and Algebraic Computation*, Springer Verlag, Wien, 1982.

[21] J. BUCHMANN and A. PETHŐ, *Computation of independent units in number fields by Dirichlet's method*, Math. Comp. **52** (1989), 149-159 und S1-S14.

[22] Y. BUGEAUD and K. GYŐRY, *Bounds for the solutions of Thue-Mahler equations and norm form equations*, Acta Arith. **74** (1996), 273–292.

[23] P. BUNDSCHUH, *Einführung in die Zahlentheorie*, Springer Verlag, Berlin, 1988.

[24] D.A. BURGESS, *On character sums and primitive roots*, Proc. London Math. Soc. **12** (1962), 179–192.

[25] M.C.R. BUTLER, *On the reducibility of polynomials over a finite field*, Quart. J. Math. Oxford Ser. (2), **5** (1954), 102–107.

[26] D.G. CANTOR and H. ZASSENHAUS, *A new algorithm for factoring polynomials over finite fields*, Math. Comp. **36** (1981), 587–592.

[27] J.W.S. CASSELS, *An Introduction to the Geometry of Numbers*, Springer Verlag, Berlin, 1971.

[28] R.F. CHURCHOUSE, *Efficient computation of algebraic continued fractions*, Astérisque **38–39** (1976), 23–32.

[29] M. CIPOLLA, *Un metodo per la risoluzione della congruenza di secondo grando*, Rend. Accad. Sci. Fiz. Mat. Napoli **9** (1903), 154-163.

[30] H. COHEN, *A Course in Computational Algebraic Number Theory*, Graduate Texts in Mathematics, Vol. 138, Springer Verlag, Berlin, 1993.

[31] G.E. COLLINS, *The computing time of the euclidean algorithm*, SIAM J. Comput. **3** (1974), 1-10.

[32] G.E. COLLINS and D.R. MUSSER, *Analysis of the Pope-Stein division algorithm*, Inf. Process. Lett. **6** (1977), 151–155.

[33] *Computeralgebra in Deutschland: Bestandsaufnahme, Möglichkeiten, Perspektiven*, Herausgegeben von der Fachgruppe Computeralgebra der GI, DMV, GAMM, 1993.

[34] D. COX, J. LITTLE and D. O'Shea, *Ideals, Varieties, and Algorithms: an Introduction to Computational Algebraic Geometry and Computational Algebra*, Springer Verlag, Berlin, 1991.

[35] R. CRANDALL and B. FAGIN, *Discrete weighted transforms and large-integer arithmetic*, Math. Comp. **62** (1994), 305–324.

[36] H. DAUDÉ and B. VALLÉE, *An upper bound on the average number of iterations of the LLL algorithm*, Theoretical Computer Science **123** (1994), 95–115.

[37] J. H. DAVENPORT, Y. SIRET and E. TOURNIER, *Computer Algebra Systems and Algorithms for Algebraic Computation*, Academic Press, London, 1988.

[38] M. DAVIS, Y. MATIJASEVIC and J. ROBINSON, *Hilbert's tenth problem, Diophantine equations: positive aspects of a negative solution*, in: *Mathematical Developments Arising from Hilbert Problems*, Ed.: F.E. Browder, Symp. in Pure Math., 1974, AMS, Providence, RI., 1976, pp. 323–378.

[39] A. DUJELLA and A. Pethő, *Generalization of a theorem of A. Baker and H. Davenport*, Quart. J. Math. Oxford **49** (1998), 291–306.

[40] P. ERDŐS, *On the coefficients of the cyclotomic polynomials*, Bull. Amer. Math. Soc. **52** (1946), 179–181.

[41] A. ESWARATHASAN, *On square pseudo–Lucas numbers*, Canad. Math. Bull. **21** (1978), 297–303.

[42] U. FINCKE and M. POHST, *Improved methods for calculating vectors of short length in a lattice, including a complexity analysis*, Math. Comp. **44** (1985), 463–471.

[43] G. FISCHER, *Lineare Algebra*, II. Aufl., Vieweg Verlag, Braunschweig, 1997.

[44] V.R. FRIDLENDER, *Über den kleinsten $n-ten$ Potenznichtrest* (Russisch), Dokl. Akad. Nauk SSSR (N.S.) **66** (1949), 351–352.

[45] A. FRÖHLICH and J.C. SHEPHERDSON, *Effective procedures in field theory*, Phil. Trans. Roy. Soc. Ser. A, **248** (1955/56), 407–432.

[46] F.R. GANTMACHER, *Matrizenrechnung I-II*, Deutscher Verlag der Wissenschaften, Berlin, 1966.

[47] J. GEBEL, A. PETHŐ and H.G. ZIMMER, *Computing integral points on elliptic curves*, Acta Arith. **68** (1994), 171–192.

[48] P. GIANNI and B. TRAGER, *Square-free algorithms in positive characteristic*, Appl. Algebra Engrg. Comm. Comput. **7** (1996), 1–14.

[49] J. GRANTHAM, *A probable prime test with high confidence*, J. Number Theory, **72** (1998), 32–47.

[50] D.H. GREENE and D.E. KNUTH, *Mathematics for Analysis of Algorithms*, Progress in Math. Vol. 1., Birkhäuser Verlag, Boston, 1981.

[51] K. GYŐRY, *Résultats effectifs sur la representation des entiers par des formes decomposables*, Queen's University, Kingston, Ontario, 1980.

[52] L.E. HEINDEL, *Integer arithmetic algorithms for polynomial real zero determination*, Journal ACM **18** (1971), 533–548.

[53] G. HERMANN, *Die Frage der endlich vielen Schritte in der Theorie der Polynomideale*, Math. Ann. **95** (1926), 736–788.

[54] D. HILBERT, *Über die Theorie der algebraischen Formen*, Math. Ann. **36** (1890), 473–534.

[55] D. HILBERT, *Über die vollen Invariantensysteme*, Math. Ann. **42** (1893), 313–373.

[56] L.K. HUA, *Introduction to Number Theory*, Springer Verlag, Berlin, 1982.

[57] K-H. INDLEKOFER and A. JÁRAI, *Largest known twin primes*, Math. Comp. **65** (1996), 427–428.

[58] T. JEBELEAN, *A double-digit Lehmer-Euclid algorithm for finding the GCD of long integers*, J. Symbolic Comput. **19** (1995), 145–157.

[59] R. KANNAN, A.K. LENSTRA and L. LOVÁSZ, *Polynomial factorization and nonrandomness of bits of algebraic and some transcendental numbers*, Math. Comp. **50** (1988), 235–250.

[60] A. KARATSUBA and YU. OFMAN, *Multiplication of multidigit numbers on automata* (Russisch), Dokl. Akad. Nauk SSSR **145** (1962), 293–294.

[61] A. KARATSUBA, *The complexity of computations*, Proc. Steklov Inst. Math. **211** (1995), 169–183.

[62] D.E. KNUTH, *The analysis of algorithms*, in: *Proc. Internat. Congress Math.* (Nice, 1970), Vol 3., Gauthier-Villars, Paris, 1971, pp. 269-274.

[63] D.E. KNUTH, *The Art of Computer Programming, Vol. 2, Seminumerical Algorithms*, 2nd edn. Addison-Wesley, Reading, Mass., 1981.

[64] L. KRONECKER, *Grundzüge einer arithmetischen Theorie der algebraischen Größen*, Journal für reine angew. Math. **92** (1882), 1–122.

[65] D.H. LEHMER, *Euklid's algorithm for large numbers*, Amer. Math. Monthly **45** (1938), 227–233.

[66] D.H. LEHMER and R.E. Powers, *On factoring large numbers*, Bull. Amer. Math. Soc. **37** (1931), 770–776.

[67] A.K. LENSTRA and H.W. LENSTRA, JR. Eds., *The Development of the Number Field Sieve*, Lecture Notes in Mathematics, Vol 1554, Springer Verlag, Berlin, 1993.

[68] A.K. LENSTRA, H.W. LENSTRA, JR. and L. LOVÁSZ, *Factoring polynomials with rational coefficients*, Math. Ann. **261** (1982), 515-534.

[69] H.W. LENSTRA, JR., *Factoring integers with elliptic curves*, Ann. of Math. (2) **126** (1987), 649–673.

[70] R. LIDL and H. NIEDERREITER, *Finite Fields*, Encyc. of Math. and Its Appl., Vol. 20, Addison-Wesley Publ. Co., Reading, Mass., 1983.

[71] L. LOVÁSZ, *An Algorithmic Theory of Numbers, Graphs and Convexity*, CBMS-NSF Regional Conference Series in Appl. Math. Vol. 50, SIAM, Philadelphia, Pa., 1986.

[72] K. MAHLER, *An application of Jensen's formula to polynomials*, Mathematika **7** (1960), 98–100.

[73] M. MIGNOTTE, *An inequality about factors of polynomials*, Math. Comp. **28** (1974), 1153–1157.

[74] M. MIGNOTTE, *Mathematics for Computer Algebra*, Springer Verlag, Berlin, 1992.

[75] G. MILLER, *Riemann's hypothesis and test for primality*, J. Comput and System Sci. **13** (1976), 300–317.

[76] M.A. MORRISON and J. BRILLHART, *A Method of factoring and the factorisation of F_7*, Math. Comp. **29** (1975), 183–205.

[77] W. PATZ, *Tafel der regelmäßigen Kettenbrüche und ihrer vollständigen Quotienten für die Quadratwurzeln aus den natürlichen Zahlen von 1–10000*, Akademie Verlag, Berlin, 1955.

[78] A. PETHŐ und R. SCHULENBERG, *Effektives Lösen von Thue Gleichungen*, Publ. Math. Debrecen **34** (1987), 189–196.

[79] A. PETHŐ, J. STEIN, TH. WEIS and H.G. ZIMMER, *Computing the torsion group of elliptic curves by the method of Groebner bases*, in: *Progress in Computer Science and Applied Logic*, Vol.15, Ed.: V. Weisspfenning, Birkhäuser Verlag, Basel, 1998, 245–265.

[80] A. PETHŐ, TH. WEISS and H.G. ZIMMER, *Torsion groups of elliptic curves with integral j-invariant over general cubic number fields*, Intern. J. Alg. Comp. **7** (1997), 353–413.

[81] M. POHST and H. ZASSENHAUS, *Algorithmic Algebraic Number Theory*, Cambridge Univ. Press, Cambridge, 1989.

[82] M. POHST, *Computational Algebraic Number Theory*, DMV Seminar Band 21, Birkhäuser Verlag, Basel, 1993.

[83] J.M. POLLARD, *A Monte-Carlo method for factorization*, BIT **15** (1975), 331–334.

[84] J.M. POLLARD, *Factoring with cubic integers*, in [67], 4–10.

[85] G. PÓLYA, *Über ganzwertige Polynome in algebraischen Zahlkörpern*, J. reine angew. Math. **149** (1919), 97–116.

[86] C. POMERANCE, *Analysis and comparison of some integer factoring algorithms*, in *Computational Methods in Number Theory*, Eds.: H.W. Lenstra Jr. and R. Tijdeman, Mathematisch Centrum Tract Vol. 154, Amsterdam 1982, pp. 89–139.

[87] D.A. POPE and M.L. STEIN, *Multiple precision arithmetic*, Commun. ACM **3** (1960), 652–654.

[88] M. RABIN, *Probabilistic algorithms for testing primality*, J. Number Theory **12** (1980), 128–138.

[89] K. ROGERS and E.G. STRAUS, *Infinitely integer-valued polynomials over an algebraic number field*, Pacific J. Math. **118** (1985), 507–522.

[90] L. RÓNYAI, *Factoring polynomials modulo special primes*, Combinatorica **9** (1989), 199–206.

[91] L. RÓNYAI, *Galois groups and factoring polynomials over finite fields*, SIAM J. Discrete Math. **5** (1992), 345–365.

[92] I. RUZSA, *A kongruenciatartó függvényekről,* Matematikai Lapok, **22** (1971), 125–134.

[93] H. SALIÉ, *Über den kleinsten positiven quadratischen Nichtrest einer Primzahl,* Math. Nachr. **3** (1949), 7–8.

[94] W.M. SCHMIDT, *Diophantine Approximation,* Lecture Notes in Mathematics, Vol. 785, Springer Verlag, Berlin, 1980.

[95] A. SCHÖNHAGE, *Schnelle Berechnung von Kettenbruchentwicklungen,* Acta Informatica **1**, (1971), 139-144.

[96] A. SCHÖNHAGE, *The fundamental theorem of algebra in terms of computational complexity,* Technical Report, Math. Inst. Univ. Tübingen, Tübingen, 1982.

[97] A. SCHÖNHAGE, *Factorization of univariate integer polynomials by diophantine approximation and an improved basis reduction algorithm,* Proc. 11th International Colloquium on Automata, Languages and Programming, 1984, LNCS Vol. 172, Springer Verlag, Berlin, 1984, 436–447.

[98] A. SCHÖNHAGE, *Equation solving in terms of computational complexity,* in Proc. Internat. Congress Math. Berkeley, 1986, ICM Series, AMS, Providence, RI, 1988, 131–153.

[99] A. SCHÖNHAGE und V. STRASSEN, *Schnelle Multiplikation großer Zahlen,* Computing **7** (1971), 139–144.

[100] D. SHANKS, *Class number, a theory of factorization, and genera,* Amer. Math. Soc. Proc. Symposia in Pure Math. **20** (1971), 415–440.

[101] T.N. SHOREY and R. TIJDEMAN, *Exponential Diophantine Equations,* Cambridge Univ. Press, Cambridge, 1986.

[102] N. SMART, *The Algorithmic Resolution of Diophantine Equations,* LMS Student Texts, Vol. 41, Cambridge Univ. Press, Cambridge, 1998.

[103] R. SOLOVAY and V. Strassen, *A fast Monte-Carlo test for primality,* SIAM J. Comput. **6** (1977), 84–85; erratum ibid. **7** (1978), 118.

[104] STROEKER and N. TZANAKIS, *Solving elliptic diophantine equations by estimating linear forms in elliptic logarithms,* Acta Arith. **67** (1994), 177–196.

[105] T. SZELE, *Bevezetés az algebrába,* Tankönyvkiadó, Budapest, 1964.

[106] A. THUE, *Annäherungswerte algebraischer Zahlen,* J. reine angew Math. **135** (1909), 284–305.

[107] N. TZANAKIS and B.M.M. DE WEGER, *On the practical solution of Thue equations,* J. Number Theory **31** (1989), 99–132.

[108] B.L. VAN DER WAERDEN, *Algebra* Teil I., Fünfte Auflage. Heidelberger Taschenbücher, Band 23, Springer Verlag, Berlin, 1967.

[109] B.L. VAN DER WAERDEN, *Algebra* Teil II., Siebte Auflage. Heidelberger Taschenbücher, Band 12, Springer Verlag, Berlin, 1966.

[110] B.M.M. DE WEGER, *Algorithms for Diophantine Equations,* Ph. D. Thesis, Centrum voor Wiskunde en Informatica, Amsterdam, 1987.

[111] M. WALDSCHMIDT, *Minoration de combinaisons linéaires de logarithmes de nombres algébriques,* Canadian J. Math., **45** (1993), 176–224.

[112] F. WINKLER, *Computer Algebra I. (Algebraische Grundalgorithmen),* RISC-LINZ Series No. 88–88.0, Linz, 1988.

[113] F. WINKLER, *Polynomial Algorithms in Computer Algebra,* Texts and Monographs in Symbolic Computation, Springer Verlag, Vienna, 1996.

[114] F. WINKLER, B. KUTZLER and F. LICHTENBERGER, *Computer- Algebra Systeme,* RISC-LINZ Series No. 88–10.0, Linz, 1988.

[115] P.H. WINSTON und B.K. HORN, *LISP,* Addison-Wesley Publ. Co., Reading, Mass., 1981.

[116] H. G. ZIMMER, *Computational Problems, Methods and Results in Algebraic Number Theory,* Lecture Notes in Mathematics, Vol. 262, Springer Verlag, Berlin, 1972.